二氧化碳封存及利用研究进展丛书

Numerical Simulation of CO_2 Injection for Enhanced Recovery and Sequestration in Shale Gas Reservoirs

页岩气藏注CO_2提采与封存数值模拟

赵玉龙　张芮菡　等 编著

化学工业出版社

·北京·

内容简介

本书以页岩气藏注 CO_2 提采与封存数值模拟为主线，立足多尺度模拟方法，从分子尺度的相互作用机理到宏观尺度的数值模型构建与求解，全方位多角度剖析了页岩气藏注 CO_2 过程中多组分流体传输动态变化规律及关键因素，内容包括绪论、页岩气藏储渗特征及多尺度流动机理、页岩有机纳米孔隙中 CH_4/CO_2 竞争吸附、CO_2 提高采收率分子模拟、页岩气藏注 CO_2 多组分数学模型、页岩气藏注 CO_2 数值模型及求解方法以及页岩气藏注 CO_2 提采封存模型的应用等。

本书具有较强的针对性和参考价值，可供从事油气田勘探和开发、二氧化碳封存及利用等的科研人员、工程技术人员及管理人员等参考，也可供高等学校石油与天然气工程、地质工程及相关专业师生参阅。

图书在版编目（CIP）数据

页岩气藏注 CO_2 提采与封存数值模拟 / 赵玉龙等编著.
北京：化学工业出版社，2025. 11. --（二氧化碳封存及利用研究进展丛书）. -- ISBN 978-7-122-48768-1

Ⅰ. TE377

中国国家版本馆 CIP 数据核字第 2025P6M023 号

责任编辑：杜　熠　刘　婧　　　文字编辑：杜　熠

责任校对：刘曦阳　　　装帧设计：韩　飞

出版发行：化学工业出版社

（北京市东城区青年湖南街 13 号　邮政编码 100011）

印　　装：涿州市般润文化传播有限公司

787mm×1092mm　1/16　印张 20　彩插 17　字数 399 千字

2026 年 3 月北京第 1 版第 1 次印刷

购书咨询：010-64518888　　　售后服务：010-64518899

网　　址：http：//www.cip.com.cn

凡购买本书，如有缺损质量问题，本社销售中心负责调换。

定　　价：180.00 元

前言

实现二氧化碳地下封存与利用是实现“双碳”目标的“托底”技术。利用 CO_2 置换强化页岩气开采（CO_2-EGR）是二氧化碳利用与封存研究的重要方向之一。通过该技术不仅能够有效提高页岩气采收率，还能够实现以枯竭页岩气藏为目标地层的 CO_2 地质封存，有效缓解 CO_2 排放所引起的一系列环境问题。而页岩气储层具有低孔渗透、微纳孔隙普遍发育等特点，难以通过开展原位物理实验的方式深入探析 CO_2 驱替提高页岩气采收率的作用机理。因此，本书以多尺度数值模拟为主线，主要介绍了以下内容：第 1 章主要概述页岩气的吸附机理、注 CO_2 置换页岩气机理及注 CO_2 多组分渗流及数值模拟等内容；第 2 ～第 4 章基于分子动力学（MD）模拟方法，刻画了地层条件下原始页岩气分布特征，耦合 CH_4-CO_2- 壁面间相互作用，追踪流体分子运动轨迹，研究了多组分流体与页岩不同矿物壁面微观作用变化对孔隙内气体赋存状态的控制作用，基于动静态多角度揭示页岩气藏注 CO_2 提高采收率机理；第 5 章考虑注入 CO_2 后页岩储层中流体组分的变化，构建了页岩气藏注 CO_2 多组分数学模型，通过引入定解条件及特殊参数处理方法对数学模型进行求解演算，建立综合的渗流传输模型对多组分、多尺度渗流规律进行耦合表征；第 6 章基于非结构网格生成及空间离散方法，形成页岩气藏注 CO_2 多组分流体流动传输数值模拟技术，结合控制体积有限元方法，建立全隐式数值模型，从宏观角度阐释 CO_2 提高采收率机制；第 7 章立足气田现场实际工况，综合注 CO_2 提高页岩气采收率机理研究开展川南页岩气藏实际应用等研究内容，旨在丰富提高页岩气藏采收率的 CO_2 注入理论基础与实际操作可行性。本书具有较强的针对性和参考价值，可为从事油气田勘探和开发、二氧化碳封存及利用等的研究人员、工程技术人员及管理人员提供有益的参考，也可供高等学校石油与天然气工程、地质工程及相关专业师生参阅。

本书由赵玉龙、张芮菡等编著，具体分工如下：第 1 章、第 7 章由赵玉龙编著；第 2 章、第 5 章由张芮菡编著；第 3 章、第 4 章由张涛、熊伟、关博文编著；第 6 章由唐慧莹、田野编著；全书最后由赵玉龙、张芮菡统稿并定稿。本书的编著和出版得到了国家自然科学基金重点项目“海相页岩水平井超临界二氧化碳压裂机理与一体化模拟研究”（编号：52234003）、国家自然科学基金优秀青年科学基金项目“页岩气多尺度非线性渗流力学”（编号：52222402）、国家自然科学基金区域创新联合基金项目“四川盆地有水气藏CO_2驱提高采收率及其有效封存研究”（编号：U23A2022）的大力资助，在编著过程中得到中国石油西南油气田分公司领导，西南石油大学油气藏地质及开发工程全国重点实验室的多位专家、教授以及作者的博士研究生们的帮助，在此一并表示感谢。

限于编著者水平及编著时间，书中难免存在不足和疏漏之处，敬请读者批评指正。

赵玉龙

2025 年 2 月

目录

第 1 章

绪 论

1.1 碳达峰碳中和目标和意义

气候变化是当今世界各国需要共同面对的一个重要问题。为了积极应对这一挑战，我国已明确提出“碳达峰、碳中和”的发展战略。在新时代背景下，人们对于良好生态环境和高质量生态产品的追求越来越强烈。同时，生态文明建设是关系中华民族永续发展的根本大计[1]。碳达峰和碳中和需要与我国经济社会的高质量发展相协调。

碳达峰碳中和为我国经济高质量发展带来了机遇，显著推动了经济增长、产业结构的升级转型以及绿色低碳技术的研发。在“十一五”规划中，我国便提出了节能减排要求，为后续的碳达峰碳中和目标奠定了基础。2020 年 9 月，习近平总书记向世界庄严宣告这一目标，中国将力争于 2030 年前实现二氧化碳排放达到峰值、2060 年前实现碳中和，这不仅是对国内发展方式的深刻变革，也是我国实现可持续发展的承诺，更是对全球环境治理的积极贡献[2]。2021 年 4 月 16 日，习近平总书记在中法德领导人视频峰会上指出：这一目标意味着中国作为世界上最大的发展中国家，将完成全球最高碳排放强度降幅，用全球历史上最短的时间实现从碳达峰到碳中和。这无疑将是一场硬仗[3]。在此过程中，应转变传统的“取舍”思维，妥善处理短期利益与长期利益之间的关系。

《中共中央 国务院关于完整准确全面贯彻新发展理念做好碳达峰碳中和工作的意见》[4]（2021 年 9 月 22 日）明确了我国完成碳达峰碳中和目标的具体时间表。到 2025 年，绿色低碳循环发展的经济体系初步形成，重点行业能源利用效率大幅提升。单位国内生产总值能耗比 2020 年下降 13.5%；单位国内生产总值二氧化碳排放比 2020 年下降 18%；非化石能源消费比重达到 20% 左右；森林覆盖率达到 24.1%，森林蓄积量达到 180 亿立方米，为实现碳达峰、碳中和奠定了坚实基础。到 2030 年，经济社会发展全面绿色转型取得显著成效，重点耗能行业能源利用效率达到国际先进水平。单位国内生产总值能耗大幅下降；单位国内生产总值二氧化碳排放比 2005 年下降 65% 以上；非化石能源消费比重达到 25% 左右，风电、太阳能发电总装机容量达到 12 亿千瓦以上；森林覆盖率达到 25% 左右，森林蓄积量达到 190 亿立方米，二氧化碳排放量达到峰值并实现稳中有降，如图 1.1 所示。

到 2060 年，绿色低碳循环发展的经济体系和清洁低碳安全高效的能源体系全面建立，能源利用效率达到国际先进水平，非化石能源消费比例达 80% 以上，碳中和目标顺利实现，如图 1.2 所示。生态文明建设取得丰硕成果，开创了人与自然和谐共生的新境界。

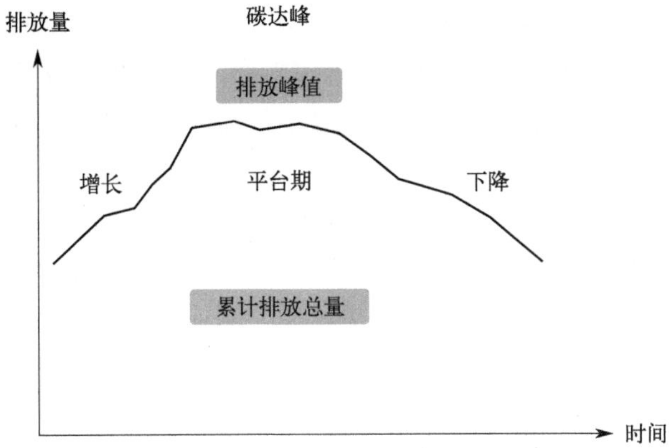

图 1.1 碳达峰示意图

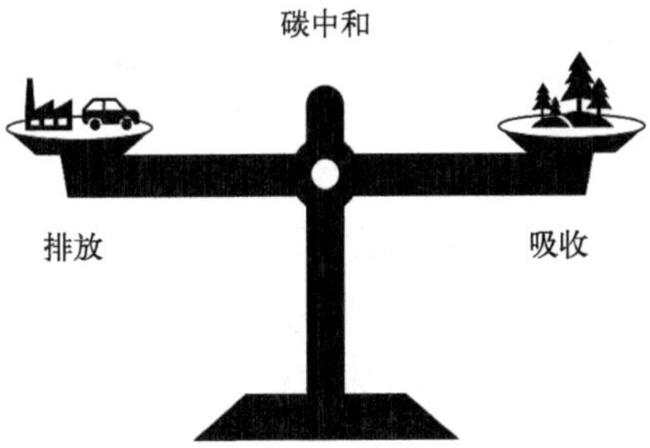

图 1.2 碳中和示意图

实现碳达峰碳中和目标是一项长期而艰巨的任务，需要全社会的共同努力和持续推动。中国设定这一目标是时代之选择，亦是国家之担当。碳达峰作为近期目标，为我们指明了具体的行动方向；而碳中和则是中长期愿景，描绘了更绿色、低碳的未来。二者相辅相成，共同推进可持续发展。越早实现碳达峰，我们在实现碳中和时所拥有的空间和灵活性就越大。积极稳妥推进碳达峰碳中和，这是新时期党中央对国内国外发展作出的重大战略决策部署[5]。“双碳”工作的有序推进能够有效解决资源和环境约束问题，满足当前社会实现可持续发展的迫切需求。资源约束和环境容量不足依然是我国发展面临的主要挑战。此外，随着我国工业化、城市化进程的加快，对能源的需求量越来越大。目前，我国的资源使用效率与国外相比仍有差距，石油、天然气等资源对外依存度较高，能源安全成为一大难题[6]。要实现经济转型升级，必须坚定不移地推进“双碳”目标。在新技术、新业态的产业发展模式下，我国各个产业经济的发展势头向好[7]。在“双碳”目标下，绿色低碳投资为我国经济发展创造了新机遇。“双碳”工作的顺利推进，更好地满足了人们不断提高的生态需求，促进人与自然的和谐共存。良好的生态环境是民生之本，建设美丽中国与人民利益息息相关[8]。

页岩气藏注 CO_2 与双碳目标紧密关联，是实现能源领域减碳的重要技术路径。一方面，页岩气藏注 CO_2 能实现 CO_2 的地质封存，将工业排放的 CO_2 注入地下页岩层，使其长期固定，直接减少大气中的温室气体含量；另一方面，CO_2 注入页岩气藏可有效驱替页岩气，提升页岩气采收率，提高能源开采效率，减少因能源短缺而过度开发高碳能源带来的碳排放。此外，注入的 CO_2 还能改善页岩气藏的渗流条件，降低开采过程中的能耗，间接减少碳排放。通过页岩气藏注 CO_2 技术，不仅能解决 CO_2 的减排问题，还能优化能源开采结构，提高能源利用效率，助力我国能源行业向低碳化、清洁化转型，对实现双碳目标具有显著的促进作用。

1.2　页岩气吸附机理

1.2.1　页岩气吸附脱附理论及模型

页岩气吸附性能研究的核心内容之一就是泥页岩对天然气的吸附特征。为了刻画这些特征，从而找到描述更准确的页岩气吸附机理，需要运用到相应的吸附理论中。以下是较为常见的吸附理论，即使被大量且广泛地使用，但它们也有着自身的局限性。Polanyi 在 1914 年提出了吸附势理论，该理论认为吸附剂表面与行星重力场相似，对周围吸附质分子施加了引力，分子被吸引到吸附剂表面并形成多分子吸附层[9]。1918 年，Langmuir 根据动力学理论，推导出了单分子层吸附等温式。该理论假设吸附剂表面具有吸附位，用于储存吸附质分子。吸附行为是吸附与解吸的动态平衡，即吸附质接触到吸附剂表面时，一些吸附质分子将被吸附，当气体分子能量足以克服自由场的势能面时，吸附、脱附速率相等，吸附达到平衡[10]。1947 年，苏联科学院院士 Dubinin 等在吸附势理论的基础上，结合吸附剂相关孔隙结构提出了微孔充填理论。该理论认为，当孔隙空间较小时相对的孔壁面吸附势场产生重叠，吸附质不再发生逐层吸附，而是从吸附势能最大的区域开始进行填充，导致低压时可以达到较大的吸附量。目前，该理论被广泛使用于页岩气、煤层气的吸附过程解释[11]。2012 年，Allan 等使用了一种新式方法，通过在气体吸附层中考虑 Knudsen 扩散建立孔隙网络的单相流模型。通过个体孔隙与平均分子自由程的大小比较，可以进行更为精确的模型建立及得到更为精确的模拟结果。这种方法的优点在于高效、可靠及快速仿真性[12]。2013 年，杨峰等对比了页岩甲烷吸附拟合模型，对川南下寒武纪筇竹寺组黑色页岩设计了甲烷等温吸附实验，测定了 35℃、65℃下页岩的吸附曲线，采用 Langmuir、Freundlich、Langmuir-Freundlich、D-R 及 Toth 模型对吸附等温线进行拟合，检验了各模型的拟合精度。结果表明：所用模型拟合页岩甲烷吸附数据效果都较好，三参数方程的拟合结果较两参数方程而言更好。此外，页岩组成复杂多样，具有不均匀的表面吸附位能量分布，这会影响模型在低压下的拟合精度，使用 Toth 方程能够更加贴近其吸附规律[13]。2014 年，盛茂等指出，超临界吸附是指当吸附发生时，吸附温度高于吸附质临界温度的吸附过程，甲烷的临界温度、临界压力分别为 −76.55℃及 4.54MPa，常温下已为超临界气体，压力升高也不会发生液化。因此，在大多数页岩气储层环境下泥页岩中的甲烷吸附与解吸属于典型的超临界气体吸附，并因此提出了 DA-Langmuir 模型[14]。

通过运用以上吸附理论建立不同性质的模型能够满足诸多的运用需要。现阶段较为常用的吸附数学模型大致有如下几类。

（1）动力学模型

在动力学模型的理论中，吸附平衡是一种动态的平衡，若吸附、解吸速率相同则气体就不再发生吸附，达到吸附平衡，但事实上吸附及解吸过程仍在继续进行[15]。该理论有 Langmuir 模型及 BET 模型两个主要的模型。单层吸附使用 Langmuir 模型进行表征；多层吸附则使用 BET 模型进行描述，如固体比表面测定及孔径分布表征等。

（2）热力学模型

热力学模型通过吸附进程中的热力学性质变化探究体系的内能变化规律，从而得到相关吸附模型。Gibbs 公式从热力学方程出发，对表面张力、表面浓度及化学位间的关系进行了表征，它是一切吸附理论的基础[16]。例如，Henry、Langmuir、BET、Viral 等方程都可由 Gibbs 公式推导得到。

（3）统计热力学方法与模型

统计热力学将吸附质与吸附剂构成的系统作为巨正则系统考虑。其中，Ruthven 统计热力学吸附模型在相关参数简化后，可回归为经典 Langmuir 模型。统计热力学模型常用于沸石单组分或多组分气体吸附的相关计算。

（4）Polanyi 势理论模型

势理论模型运用吸附势描述了吸附剂表面的吸附现象，该理论也称 Polanyi 吸附势理论（Polanyi potential theory）[17]。后来，在此基础上 Deboning 等又提出了 Dubinin-Radushkevich（D-R）方程及 Dubinin-Astakhov（D-A）方程，也被称为微孔充填理论（micropore filling theory）。C R Aarkson 使用 4 种吸附方程来描述煤对甲烷的吸附，通过实验数据得到的拟合精度顺序为：D-A 方程＞ D-R 方程＞ BET 方程＞ Lanmguir 方程[18]。而后 Ch.Laxniinarayana 也对这 4 种模型进行了实验数据拟合，拟合精度顺序依次为：D-A 方程＞ BET 方程＞ D-R 方程＞ Langmuir 方程[19]。

（5）吸附溶液模型

吸附溶液模型将气体在固体表面的吸附相作为与气相平衡的溶液看待，包含空穴溶液模型、理想溶液模型、点阵溶液模型等。理想溶液模型（IAS）由 Myers 及 Pransitz 在 1965 年提出。理想溶液模型在 Gibbs 吸附等温式的基础上忽略了活度系数，将吸附相作为与气相平衡的理想溶液。后来该模型分化为两类不同的模型：一类在模型中考虑活度系数，将吸附相作为真实溶液处理，改进为真实溶液模型（RIAS）；另一类则考虑吸附表面能非均匀分布，推出非均质性理想溶液模型（HIAS）。1973 年 Lee 提出了适用于所有的微孔吸附剂条件的点阵溶液模型。1980 年，Suwanayuen 和 Danner 提出了空穴溶液模型（VSM），同样，在 Gibbs 吸附等温式的基础上，认为吸附剂表面由“空穴”及吸附位组成，吸附相则是由“空穴”、吸附位及吸附质三者相互作用所形成的溶液，由此推出了 Wilson-VSM 模型，后人在此基础上继续研究，推导了 FH-VSM 模型。

1.2.2 页岩气吸附机理及其影响因素

页岩气在吸附机理及其载体方面一直存在较多争论，有机质中发育的较多空隙的巨大内表面积与其相对亲油的特性对于甲烷气体吸附十分有利，也是泥页岩的重要储集空间。除此以外，部分学者则认为大部分吸附态页岩气都存在于伊利石表面，其次才是干酪根。由于页岩气具有独特的成藏机理，因此，在储量评估及开发过程中吸附气都占有十分重要的地位。对泥页岩吸附性能的研究有助于进一步深入了解泥页岩气藏并能够对相应产能进行更为准确的预测。

1995 年，Lu X 等开展室内实验，认为有机质总量与甲烷吸附性能之间呈现良好的正相关关系，而有机质较少的泥页岩中伊利石的吸附作用则相当重要[20]。

2005 年，Bustin R M 指出，微孔孔壁间距很小，吸附能较大孔更高，表面与吸附质之间的作用也更为强烈，吸附气体分子的能力也就更强，因此孔隙大小影响页岩气成藏，实际上是影响其储存性能。此外，研究得出流体移动的体积大小受制于孔隙大小，孔隙中心分子间以及分子与孔壁间的相互作用力最弱，通常可忽略不计；孔径＜ 2nm 的孔隙内则没有足够的活动空间，气体分子通常在孔壁作用场影响下处于吸附态，而超临界甲烷在有机质微孔中以结构化方式存在[21]。

2007 年，Ross 等对加拿大东北部侏罗系 Gordondale 地层进行研究，发现有机质含量高的钙、硅质页岩对泥页岩吸附气有更好的存储能力。泥页岩矿物组分对于其吸附性能也有影响，黏土矿物吸附能力较强，因其具有较高的微孔体积及较大的比表面积[22]。

2008 年，Ross 和 Bustin 在研究中指出，黏土矿物在页岩气储层中具有较高的微孔体积和较大的比表面积，因此吸附能力也较强。黏土矿物含量与微孔体积之间呈现良好的正相关性，与中孔呈现较弱的正相关性。此外，中 - 微孔隙中赋存的页岩气主要呈吸附态，而大孔及微裂缝中的页岩气主要以游离态赋存。泥页岩的一个显著特点是孔隙结构以微孔隙和中孔隙为主，这也决定了吸附作用是页岩气的主要赋存状态[23]。

2012 年，Zhang T 等对源自美国 3 个不同的页岩气储层富含有机质的泥页岩及干酪根进行一系列的甲烷吸附实验，以研究不同干酪根对气体吸附的影响。实验温度设定为 35℃、50℃及 65℃，最高吸附压力为 15MPa。研究发现，总的甲烷吸附量与总有机碳含量有直接的正比关系，在实验条件下不同热成熟度并没有在总的吸附气量上表现出很大的差异。用拉氏吸附能够很好地拟合吸附曲线。拉氏压力随着干酪根类型的不同产生变化，Ⅰ型＞Ⅱ型＞Ⅲ型。根据实验数据拟合出受有机质、温度、压力等参数影响的气体吸附经验模型关系式，在一定程度上可以表征各参数之间的关系[24]。

2012 年，刘洪林和王红岩对中国南方海相页岩吸附特征及影响因素进行了研究。实验对川南下志留统龙马溪组海相页岩样品进行了等温吸附测试，对比了不同温度下页岩吸附能力的差异。研究认为温度、有机质总量皆是影响页岩吸附能力的主控因素[25]。

2013 年，Zhang T 等在研究有机质性质、黏土矿物类型和热成熟度对富有机质页岩系统气体吸附的影响时指出，在甲烷吸附中起主导作用的是物理吸附，无论是富有机质页岩或黏土矿物；页岩中大部分 2 ～ 50nm 的孔隙都是在有机质热解时形成的，而这一部分孔隙贡献了大部分比表面积[26]。

2014 年，张烈辉等研究了川南下志留统龙马溪组取心岩样的吸附特征及相关控制因素，研究认为该区块泥页岩吸附能力较强，储气性良好，但不利于解吸。研究得出温度、有机质含量、湿度、比表面积等是吸附能力的主控因素。其中，温度、湿度与吸附能力呈负相关，有机质含量、比表面与吸附能力呈正相关。

2014 年，Heller R 等在测试甲烷的页岩及纯矿物样品的吸附状况后得出，当页岩中游离气消耗完后，吸附气的存在有利于保持压力（使得孔喉开启），而其吸附与解吸附特征也与压力息息相关；有时甲烷吸附等温线的形状也可由碳吸附特征较好地揭示，TOC 对吸附气量贡献最大，但伊利石含量也会对吸附气量有较大影响。

1.3 注 CO_2 置换页岩气机理

1.3.1 CH_4-CO_2 竞争吸附机理

页岩气通常以三种形式储存：一是裂缝和大孔隙中的自由气；二是液相中溶解的吸收气；三是有机和无机表面上的吸附气。其中，吸附气占页岩气总量的 20% ～ 85%[27]，并存储在纳米孔中，这得益于纳米孔的较大比表面积和较强的吸附潜力[28]。因此，页岩中气体的吸附与解吸过程是极为重要的机理之一。其中 CO_2 与 CH_4 之间的竞争吸附是 CO_2 注入过程中促进气体生产和储存的关键机制。

多项研究表明，页岩形成过程中吸附 CO_2 的能力显著高于 CH_4。Nuttal 等[29]首次观察到在相同条件下，泥盆纪黑色页岩对纯 CO_2 气体的吸附能力约为 CH_4 的 5 倍。后续进行的单组分气体吸附实验和 CO_2-CH_4 混合体系的吸附实验[30]表明，各种页岩对 CO_2 的吸附能力始终高于 CH_4，Klewiah 等[31]总结了 CO_2 和 CH_4 的相关吸附实验结果，发现干页岩的 CO_2/CH_4 吸附比始终在 1.3 ～ 10 范围内，对 CO_2 的吸附能力显著强于 CH_4。这是由于 CO_2 分子尺寸较小、表面张力低，可以很容易地进入直径较小的微米级、纳米级孔隙，有利于 CO_2 在页岩基质中接触较大的表面积和吸附位点。此外，CO_2 具有更高的四极矩，与干酪根中的官能团相互作用更强，因此 CO_2 比 CH_4 更容易发生由范德瓦尔斯力引起的物理吸附。CO_2 进入页岩储层后，一部分 CO_2 分子占据未被利用的吸附位点，另一部分则与 CH_4 分子竞争吸附位点，以取代被吸附的 CH_4，迫使吸附气变为游离气[32]（图 1.3，书后另见彩图）。

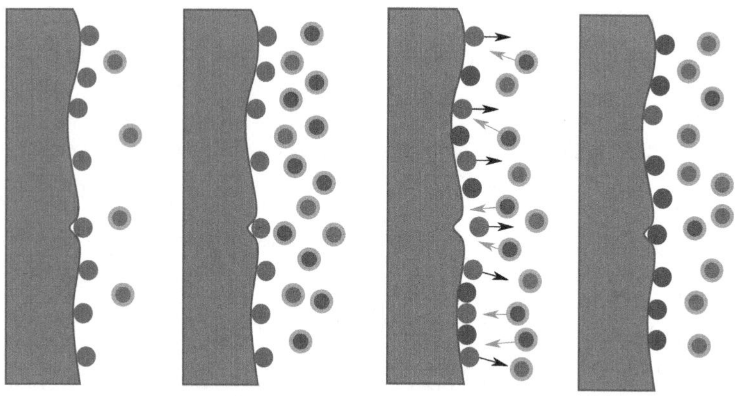

图 1.3　CO_2 竞争吸附置换 CH_4 示意图

吸附选择性系数 $\alpha_{(CO_2/CH_4)}$ 可以反映 CO_2 替代 CH_4 的可能性和潜力，以及 CO_2 的封存能力，是评价 CO_2 与 CH_4 竞争吸附的重要参数，具有重要的实用价值与工程意义，其定义如下：

$$\alpha_{(CO_2/CH_4)}=\frac{x_{CO_2}y_{CH_4}}{x_{CH_4}y_{CO_2}} \tag{1.1}$$

式中　x_{CO_2}、x_{CH_4}——CO_2、CH_4 在吸附相中的摩尔分数；

y_{CO_2}、y_{CH_4}——CO_2、CH_4 在体相中的摩尔分数。

吸附选择性系数越大，说明 CO_2 对 CH_4 的竞争吸附作用越强，CO_2/CH_4 吸附比越大。

吸附选择性系数会受如下几个因素影响：

① 储层温度和压力。由于 CO_2 与 CH_4 的吸附量对压力和温度变化敏感性不同，因此随压力和温度上升，吸附选择性系数呈下降趋势（图 1.4）。

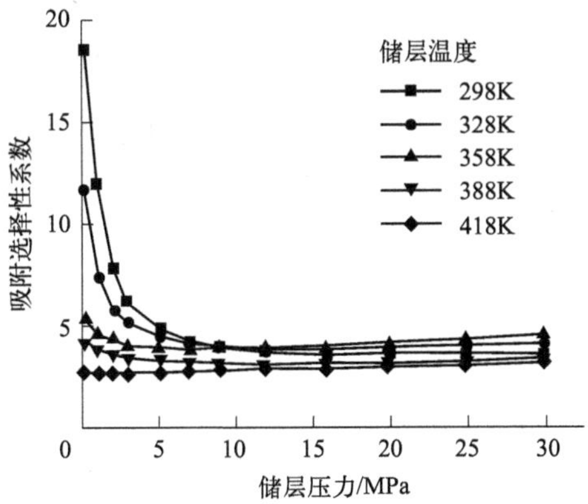

图 1.4 吸附选择性系数随压力的变化

② 地层水含量。H_2O 分子也会抢占页岩内部的吸附点位，进而对 CO_2 与 CH_4 的吸附量产生影响。吸附选择性系数随湿度升高先减小后增大（图 1.5），这是因为在相对湿度较低时水分子占据含硫基团与含氧基团的吸附点位，由于这两个基团对 CO_2 的亲和性大于 CH_4，导致吸附选择性系数下降，而在相对湿度较高时水分子倾向于聚集成簇并迁移，使得吸附点位重新暴露，导致吸附选择性系数增大。

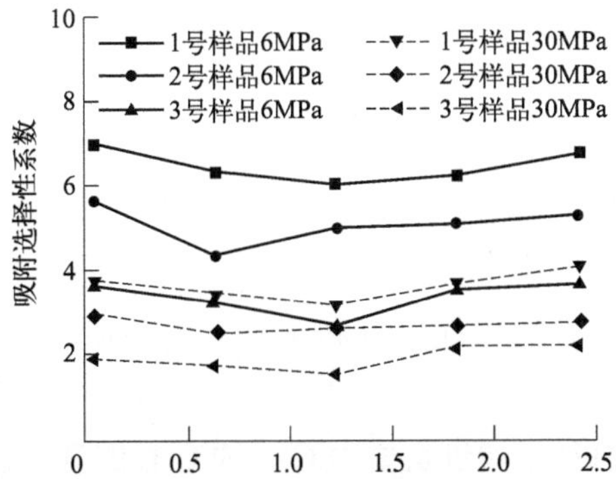

图 1.5 吸附选择性系数随相对湿度的变化

③ 总有机碳含量（TOC）和黏土矿物含量。TOC 决定了页岩内有机质孔隙的数量，而黏土矿物决定了页岩内无机孔隙的数量，由于不同类型孔隙对 CO_2 与 CH_4 分子的亲和力不同，吸附选择性系数随 TOC 升高而增大，随黏土矿物含量升高而减小（图 1.6）。

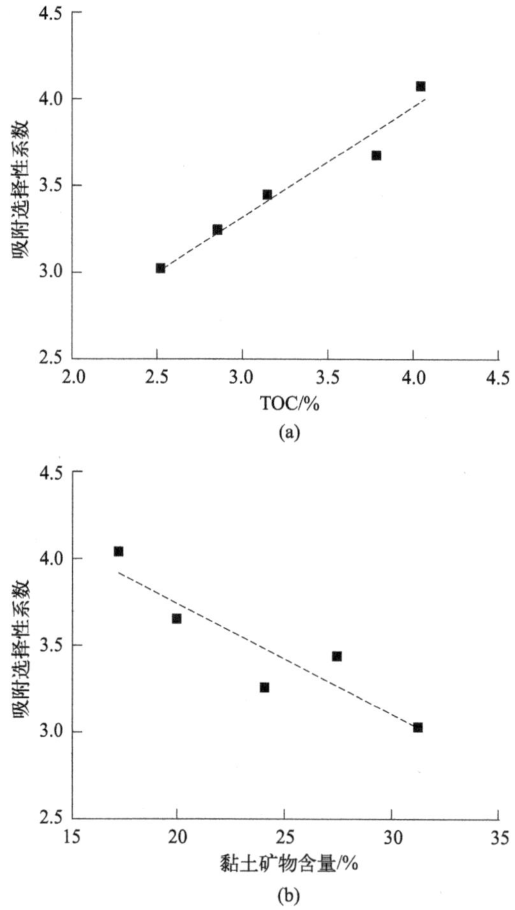

图 1.6　吸附选择性系数随 TOC 和黏土含量的变化

④ 页岩表面润湿性。页岩的润湿性控制着 CO_2 与 CH_4 分子对孔隙壁面的作用力，CO_2 处理后页岩 - 水接触角会增大（图 1.7），表明页岩亲水性下降，这将减小水分子对吸附点位的亲和性，有利于 CO_2 的吸附，有助于增大吸附选择性系数。

除此以外，表 1.1 总结了通过页岩中 CO_2 和 CH_4 的竞争性吸附机制影响页岩气采收率的其他因素。

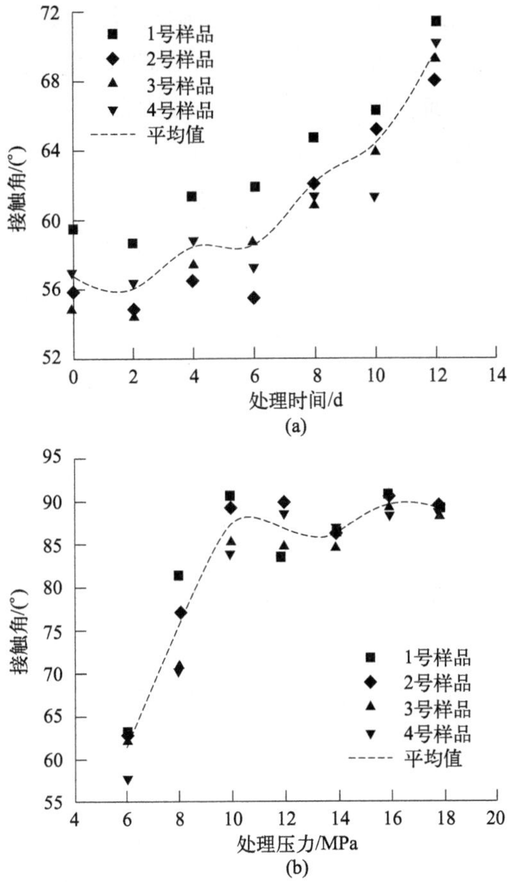

图 1.7　接触角随处理时间和压力的变化

表 1.1　通过竞争吸附机制影响页岩气采收率的因素

因素	影响	受影响的气体
范德瓦尔斯力	极性和非极性气体分子的键合强度	CO_2、CH_4
静电力	两极性的键合强度	CO_2
含氧官能团	为带电离子提供吸引力	CO_2
无机矿物上带正电的离子	为带电离子提供吸引力	CO_2
微孔径和体积、总有机碳含量和相互作用能	影响竞争吸附	CO_2、CH_4
分子结构和大小、四倍力矩和扩散速率	竞争性地使 CO_2 能够进入任何吸附位点，以增强 CH_4 的解吸	CO_2、CH_4
CO_2 注入条件（压力、温度、流量）	对储层重新加压并影响对 CH_4 产量产生影响的其他参数	CO_2、CH_4

常规页岩气吸附能力通常表示为单位页岩体积（或质量）所含的吸附气量，常用的评价方法有测井解释法、现场解吸法、页岩气等温吸附实验法、核磁共振

(NMR)法以及分子模拟法。测井解释法和现场解吸法主要应用于矿场，其中测井解释法需要开展等温吸附实验和岩石物理实验，而现场解吸法须进行岩心取样，在装入解吸罐的过程中无法避免因产生损失气导致的误差。因此，两种方法受环境、设备以及人为因素的影响较大，测试精度及操作简便性均不如室内评价方法。页岩气等温吸附实验是目前研究页岩气吸附规律的重要手段之一，测试方法有容积法和重量法。容积法是主要借鉴于煤层气等温吸附实验的测试方法，但由于页岩吸附能力远低于煤岩吸附能力，同时页岩储层埋深大多深于煤层，使得页岩气吸附实验对测试装置的气密性和温压监测系统的精度以及监测范围均提出了更高的要求。此外，容积法需要通过状态方程来计算每一温度、压力下的吸附量，而不同的状态方程间的计算结果相差较大，这一误差是无法避免的。相比容积法，重量法利用高精度磁悬浮天平进行吸附测试，过程中无需使用状态方程，因此测试结果更可靠，缺点就是装置的制作及后期维护费用均十分昂贵。分子模拟技术通常是基于蒙特卡罗（MC）方法和分子动力学（MD）方法来分别模拟吸附质在吸附剂上的吸附和扩散行为，能够分析吸附质分子间以及吸附质分子与吸附剂间的作用机制。

张杰等利用巨正则蒙特卡罗（GCMC）方法揭示了黏土矿物中伊利石、蒙脱石、高岭石对甲烷的吸附能力依次减弱，且呈现了甲烷吸附量随含水饱和度增加而降低的吸附规律。Chen 等利用分子模拟技术模拟了甲烷在页岩孔道内的吸附和扩散行为。Guo 等利用 GCMC 方法对比了甲烷在干酪根狭缝模型中吸附与吸收的变化特征，即压力低于 3.5MPa 时吸收占优，高于 3.5MPa 时吸附占优。Chen 等建立了石墨烯 - 蒙脱石狭缝模型来模拟页岩基质中的有机质 - 无机质吸附特征，由 MD 法模拟结果发现石墨烯比蒙脱石具有更强的吸附能力。Hu 等基于 MD 法计算了甲烷在蒙脱石孔内的扩散系数。

尽管室内物理模拟实验是测试多组分吸附平衡最为直接的手段，通过实验测试和经典吸附理论，国内外学者针对甲烷 / 二氧化碳在页岩上的多组分竞争吸附开展了一部分研究，但单组分吸附特征、吸附点位的演化规律难以通过室内的宏观实验捕获。其次，目前所采用的实验装置大多是在煤层气吸附装置上进行改装扩展，高温高压页岩气藏分布广泛，其最高的实验温压条件与实际页岩储层存在较大的差异，难以开展原位条件下的气体赋存机制刻画及吸附能力标定。由于页岩纳米孔隙的强非均质性以及混合组分的协同作用，气体的吸附行为更为复杂。目前，传统实验方法难以精确揭示纳米孔隙内甲烷与二氧化碳竞争吸附的微观机理。

页岩纳米孔隙中以 CH_4 气体为主，占比为 75% ～ 90%，其他成分如乙烷、其他烃类化合物、N_2 和 CO_2 仅占 20%。页岩气藏开井降压开采过程中，吸附在孔隙壁面的 CH_4 发生解吸 - 扩散 - 渗流，然而吸附态 CH_4 的解吸能力往往是制约气藏中后期开发的关键因素。地层中的页岩气有多种储存机制，它不仅以自由态的形式存在于裂缝和大孔隙中，还以吸附态的形式存在于孔隙表面和纳米孔隙中。此外，还有少量溶解气存在于有机物中。气体的吸附量在很大程度上取决于总有机碳含量。有机物中有很大一部分孔隙是纳米级的，气体分子吸附在纳米孔表面。近些年研究认为高压下向页岩储层注入 CO_2 会取代储层中吸附的 CH_4，这可以提高页岩气的采收率。在此背景下，了解 CH_4-CO_2 多元组分条件下的相互作用机制，针对多重分子间相互作用进行解耦合，明确静态条件下 CH_4-CO_2 的竞争吸附机制，是准确认识注 CO_2 动态驱替过程演化规律的先决条件，对页岩气提高采收率具有重要的指导意义。

2000 年，Clarkson 和 Bustin 通过分析含水率和煤成分的影响，研究了混合气体吸附的特性。结果表明，在 CO_2/CH_4 混合物中，未观察到煤成分与 CO_2 选择性之间的明确关系，煤水分的减少会降低 CO_2 选择性。

2010 年，Lin 等对煤上的二元气体混合物进行了实验和建模研究。结果表明，所有气体混合物的总吸附量随压力增加而增加，随着 CO_2 浓度的增加，吸附总量增加。

2018 年，Huang 等利用巨正则蒙特卡罗方法研究了含水率（质量分数）（0、0.7%、1.4%、2.1%、2.8%）对 CH_4/CO_2 在干酪根上选择性吸附的影响。结果表明，气体分子的最大吸附量随着含水率或干酪根成熟度的增加而增加，但在高含水量的条件下，气体分子的最大吸附量随干酪根成熟度的增大而减小；平均等温吸附热与干酪根模型的硫 / 氧含量有关。

同年，Wang 等利用巨正则蒙特卡罗方法模拟了页岩干酪根纳米孔中 CH_4 和 CO_2 的竞争吸附行为，讨论了温度、密度分布、水分含量、吸附选择性的影响。结果表明，不同温度条件下，CO_2 总是优先于 CH_4 吸附在基质上。随着温度的升高，CH_4 的吸附量减小；相反，吸附量和压力呈正相关。并且，水分含量对 CH_4 的解吸量有负影响。

2019 年，Liu 等通过巨正则蒙特卡罗方法研究了不同温度、压力、孔径和摩尔比例下的纯组分和二元组分系统在石墨狭缝孔中的吸附行为，讨论了页岩气成分、温度和压力对 CO_2 吸附选择性的影响。考虑了孔隙中不同含量的水分和有机基质中气体溶解的影响，模拟了孔隙中的 CO_2/CH_4 吸附。结果表明，纳米孔内水的存在大大降低了 CO_2 的吸附能力，但增加了 CO_2 相对于 CH_4 的选择性，有机物干酪根的存在也增加了 CO_2 的选择性。

同年，Huang 等采用巨正则蒙特卡罗方法，定量分析了 CH_4/CO_2 竞争吸附作用下的干酪根变形，讨论了各种因素的影响及其相应的贡献。研究了干酪根变形对 CH_4/CO_2 扩散的影响，提出了 CO_2 封存和提高气体采收率的一些启示。结果表明，CO_2 与干酪根的亲和力较 CH_4 更强，扩散系数较 CH_4 低，有利于 CO_2 取代 CH_4 并保留在干酪根基质中。CH_4/CO_2 竞争吸附可引起干酪根明显膨胀，应考虑干酪根的灵活性，提高对页岩气和 CO_2 储存能力的评价。

2021 年，Sun 等采用分子动力学模拟，将石墨烯 - 蒙脱土非均质表面作为孔隙模型，提出了基于 CO_2 和 CH_4 在页岩总孔隙中固定摩尔分数的绝对吸附选择性，以评价相对吸附选择性的竞争吸附特征。结果表明，CO_2 和 CH_4 具有很强的不对称竞争吸附行为；在 3 ～ 8nm 的基质孔隙中，与石墨烯的吸附行为相比，蒙脱土表面的吸附滞后行为更加显著；孔径大小对竞争吸附的影响机制认为是由于孔径的约束效应导致非均质表面之间在孔隙中的竞争吸附。

2022 年，Xie 等采用分子动力学方法模拟了 CO_2 和 CH_4 的竞争吸附行为，探讨了二元气体组分、页岩性质和孔隙结构对 CO_2 吸附亲和力的影响。结果表明，CO_2 相对于 CH_4 的选择性系数随 CO_2 摩尔分数的增加而减小，随总有机碳含量（TOC）和黏土含量的增加而增大。

同年，Lu 等采用核磁共振和气相色谱相结合的方法，研究了 CH_4 和 CO_2 在纳米孔中的竞争吸附选择性。并利用分子动力学方法模拟了 CH_4 和 CO_2 在不同孔隙结构、孔隙大小和形状的页岩纳米孔中的竞争吸附和选择性。结果表明，随着压力、CO_2 摩尔分数、温度和孔径的增加，竞争吸附选择性降低，但吸附选择系数的值始终大于 1，充分说明 CO_2 的吸附能力强于 CH_4。

综上，尽管学者已经对页岩孔道内 CH_4 和 CO_2 的竞争吸附开展了大量相关研究，但是目前主要针对中低压条件下（≤ 30MPa）的竞争吸附。CH_4 的临界温度和压力分别为 190.55K 和 4.59MPa，中低压的竞争吸附研究不能反映深层页岩气藏的实际特征，因此需要开展高温高压的 CH_4/CO_2 竞争吸附模拟。另外，许多研究的吸附参数的设置大多参考纯组分吸附的实验结果，忽略了 CH_4 和 CO_2 分子间的相互作用，对二元气体吸附不具有代表性。因此，为了表征页岩气储层条件下 CH_4 和 CO_2 的竞争吸附，有必要开展高压下的二元吸附模拟。

1.3.2　气体解吸

气体解吸是页岩气井后期产量的重要来源，当页岩基质中的压力降低到临界解吸压力时，吸附在页岩表面的 CO_2 和 CH_4 会开始解吸。实验发现，在页岩与煤层中，CO_2 与 CH_4 存在解吸滞后现象，压力升高过程中发生吸附的气体分子在压力降低时并不会全部解吸，导致解吸曲线位于吸附曲线之上[33]（图 1.8），且 CO_2 的解吸滞后程度大于 CH_4 解吸滞后程度[34,35]。

孔喉大小对气体的解吸滞后有重要影响[36]，由于页岩内部的纳米孔径小于 CH_4 和 CO_2 的动力学直径，随着气体吸附量的增加，页岩基质膨胀，导致孔喉收缩。孔喉的比表面积增加后，对气体分子的吸引力更强，导致气体从孔喉脱离比进入孔喉需要更多的能量，产生解吸滞后效应。从热力学的角度看，CO_2 的解吸滞后程度大于 CH_4 是因为 CH_4 的吸附热小于 CO_2 的吸附热，吸附热大小可以反映气体分子与固体表面之间作用力的强弱，吸附热越大，气体吸附能力越强[37]。解吸是吸热反应，由于 CH_4 的解吸过程所需要的热量相对低于 CO_2，因此在 CO_2 与 CH_4 共存时 CH_4 更容易从页岩表面解吸。

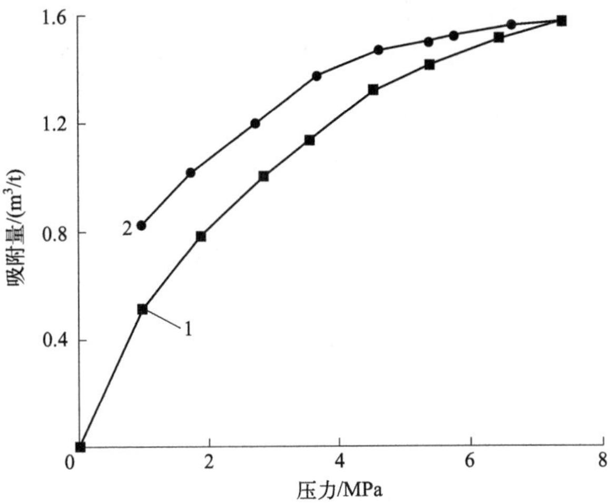

图 1.8 页岩样品吸附－解吸曲线

1—吸附曲线；2—解吸曲线

由于页岩矿物组成复杂，不同矿物对 CH_4 的吸附解吸存在差异，再加上储层原始含水对 CH_4 吸附解吸的影响，导致目前建立的吸附解吸表征方法难以与实验测试结果完全匹配，还需要在今后的研究中不断完善；其次，目前的研究主要集中在吸附过程上，但对 CO_2 与 CH_4 解吸模型的研究还比较缺乏，解吸过程多是作为吸附过程的逆过程进行研究，若针对解吸滞后现象，需要单独研究解吸过程。

1.3.3 CO_2 对 CH_4 驱替机理

当 CO_2 注入页岩储层后，其分子会与 CH_4 争夺吸附位点，从而导致 CH_4 的置换和 CO_2 在页岩中的储存[32]。CO_2 和 CH_4 在页岩中的流动动态主要由页岩基质中的解吸、孔隙中的扩散以及裂缝中的达西流三个机制控制（图 1.9）。最初，裂缝中的游离气体首先流出，然后基质孔隙中的气体转移到天然裂缝中；随后，当压力降

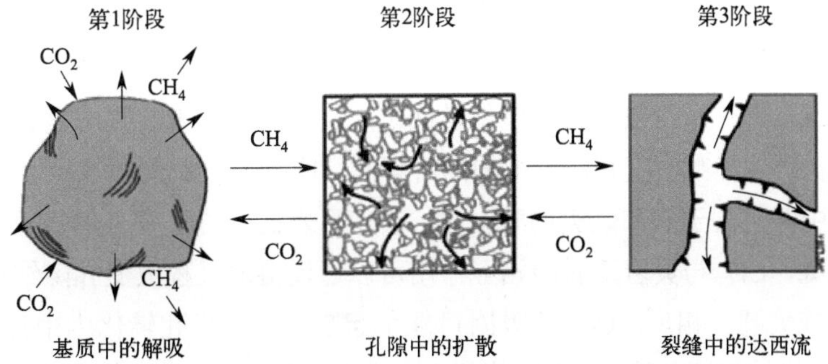

图 1.9 注入 CO_2 后页岩气中 CO_2 和 CH_4 的流动动力学示意图

至吸附阈值以下时，吸附在页岩表面的气体解吸，而有机物中的溶解气体由于压力梯度而扩散[38]。这一系列过程表明，竞争性吸附和页岩储层中的压力下降是提高页岩气回收效率和促进 CO_2 储存的关键机制。

在二氧化碳增强页岩气采收率的过程中，页岩内除了气体分子的吸附和解吸，还伴随着气体分子从页岩基质和裂缝网络最后到井筒的多场流动与传质，由于页岩纳米尺度孔隙发育且孔隙结构复杂，气体分子流动和传质过程非常复杂。对于单组分气体传质，目前国内外学者已经开展了大量的研究并取得了丰富的成果[39-41]。对于多组分气体传质，学者们研究认为由于 CO_2 分子量更大、极性更强、拥有更大的四极矩与吸附能力，所以在相同地层条件下，CH_4 的扩散系数总是大于 CO_2 的扩散系数[42]。由于 CO_2 与 CH_4 两者之间巨大的特性差异，CO_2 在运移时不会与 CH_4 进行大范围的混合，而是倾向于形成三区类活塞状驱替（图 1.10）[43]，有利于提高 CH_4 的采收率。Du 等[44]在页岩破碎层中进行了一系列 CO_2-CH_4 驱替实验，研究了 CO_2-CH_4 的驱替特性和分散特性，实验结果表明，CO_2 的传质系数和混相区面积随着注入压力的增加而增大，由于 CO_2 具有较大的动态吸附速率和吸附容量，以及 CO_2 对 CH_4 具有较好的驱替效果，CH_4 的采收率得到了显著提高。Seo 等[45]开展了一维岩心驱替实验，发现气态 CO_2 和 $SCCO_2$ 对 CH_4 的驱替效果都很好，CH_4 的累计驱出程度都在 80% 以上，保证了 $SCCO_2$-ESGR 技术的可行性。Shi 等[46]采用分子模拟方法对比了 CO_2 与 N_2 对 CH_4 的驱替效率，发现 CO_2 驱替的效果优于 N_2，验证了 CO_2 驱替页岩气具有更大的采收率。

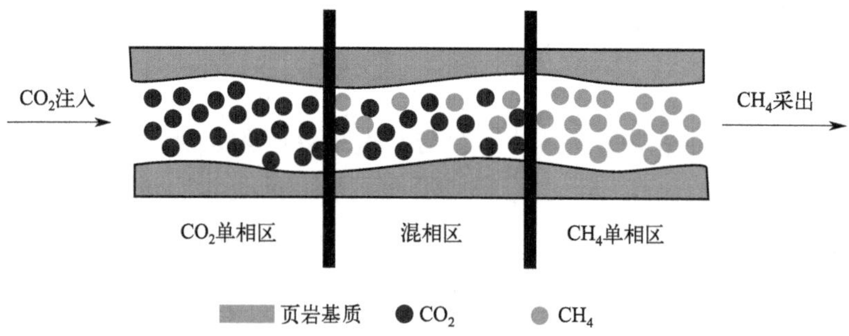

图 1.10　CO_2 驱替 CH_4 示意图

此外，CO_2 具有一些独特的物理化学性质，使其在页岩气回收中具有优势。包括低黏度、高扩散性、高密度和液体中的高溶解性，以及零表面张力等[47]。当 CO_2 渗透到页岩岩石中并溶解于水和烃类物质中时，会使页岩储层的性质产生各种物理和化学变化[48]。例如，CO_2 与页岩基质的相互作用可以通过溶解过程改变孔隙结构，将微孔转化为中孔或大孔。相反，CO_2 的吸附可能引起膨胀，将大孔转化为中孔或微孔[49]。这些转变提高了储层的可进入性和吸附能力，进一步促进了气体回收和 CO_2 封存。

1.4 注 CO_2 多组分渗流及数值模拟

近年来，随着常规气藏产量不断降低，开采殆尽，非常规致密气藏、页岩气藏等作为全球能源的重要补充已成为勘探开发的热点和重点。页岩气因为其丰富的储量，在美国、加拿大和中国等国家进行了大规模的投产开发，并形成了 Barnett、Marcellus、Haynesville 以及重庆涪陵、四川长宁 - 威远等多个高产页岩区块。然而，对比常规气藏，页岩气藏在成藏特征、孔隙类型和结构、气体储集和流动特征以及开采方式等方面都存在着显著差异。因此，本书认为为了实现对页岩气藏多级压裂水平井生产动态进行准确预测，需要重点解决三大问题：

① 流体通过页岩气藏复杂多尺度孔隙结构时的强非线性、多重输运机制渗流体系的描述；

② 多级压裂水平井及其复杂缝网形态和流动特征的刻画和表征；

③ 渗流数学模型的数值计算和空间网格离散方法的优选。

大批国内外学者针对上述问题进行了室内实验、理论方法等方面的探索研究，并取得了一定的成果。同时，为减少温室效应，向页岩气藏中注入 CO_2 气体以实现 CO_2 封存和提高多级压裂水平井采收率的研究工作也取得了一定进展，本书将在上述成果的基础上，进一步阐述超临界 CO_2 注入页岩气藏的流动机理和数值模拟研究成果。

1.4.1 页岩气藏多尺度渗流机理

页岩气藏中的孔隙结构呈现显著的多尺度特征，包括无机矿物基质孔隙、有机质纳米孔以及天然微裂缝网络。这些孔隙结构在纳米至微米级别范围内复杂分布，为多组分流体的扩散与运移提供了特殊的储集与传输空间。

页岩孔隙类型及结构研究表明，页岩储层基质中普遍发育了大量的有机孔，无机质粒内孔、粒间孔等微纳尺度孔隙；同时，还存在着微小尺度的构造裂缝、层间页理缝、成岩收缩缝等，以及大尺度的由水力压裂改造形成的人工压裂缝网。开井生产后，流体在压差和浓度差作用下通过复杂的多尺度孔隙，从而呈现出多尺度、多重输运机制的强非线性渗流特征。对于不同尺度下的渗流特征，国内外学者基于实验数据和流体动力学理论，建立了不同的渗流方程进行描述和表征。

1.4.1.1 微纳尺度和宏孔隙渗流

目前，对于页岩气藏微纳尺度孔隙中的渗流描述，主要分为分子模拟和连续流动模型两大类[50]。分子模拟主要基于分子动力学[51]、蒙特卡罗模拟方法[52]和格子 - 玻尔兹曼方法[53]，通过建立气体分子模型和黏土矿物、有机质干酪根等晶体结构，模拟在微纳尺度孔隙中一定压力和边界条件下的气体分子运动。通过分子模拟，可以实现气体分子在黏土矿物（石英、伊利石等）孔隙和有机质干酪根孔隙及表面在不同时间下的运动状态的直观模拟。但是，如何将数量庞大的微纳尺度孔隙中众多的分子运动过程同宏观渗流相结合，实现矿场尺度页岩气藏的数值模拟，仍有待研究。因此，在页岩气藏渗流和数值模拟中普遍采用了连续流动模型来描述页岩气藏中的微纳尺度流动过程。

不同于常规储层中的达西渗流特征，当页岩气体通过微纳尺度孔隙时，气体与孔隙壁之间的碰撞将更加剧烈，从而导致气体渗流呈现出非达西流动特征。Ertekin 等 [54]、Javadpour 等 [55] 均提出了采用 Knudsen 数，即气体平均分子自由程与基质孔隙直径的比值，来反映在微纳孔隙中气体分子间碰撞作用和气体 - 壁面碰撞作用的影响大小。当 $K_n < 0.001$ 时，气体分子平均自由程远小于孔隙直径，说明在此类孔隙中，气体分子间的碰撞作用占据主要流动形态，气体与壁面的碰撞作用可以忽略不计，可以由传统的达西渗流规律进行表征；当地层压力或者孔隙直径变小时，气体分子间的碰撞作用减弱，气体与壁面的碰撞作用增强，气体表现出了沿壁面的滑脱流动特征。Klinkenberg 最早研究了多孔介质中的滑脱流动特征，并定义了“克氏渗透率”来描述这一非达西流动特征 [56]。Clarkson 等采用了一个动态的滑脱系数来修正气体渗透率 [57]。而学者 Rushing 等 [58]、Zhu 等 [59] 均通过室内实验发现随着储层孔隙含水饱和度的增加，滑脱效应将逐渐减小，从而提出了考虑含水饱和度的滑脱效应等效渗透率公式。当 $K_n \geqslant 1$ 时，气体分子与孔隙壁面的碰撞作用占据主导地位，即为 Knudsen 扩散阶段。Ruthven[60]、Florence 等 [61] 分别推导了不同形式的 Knudsen 扩散系数表达式来描述气体分子 Knudsen 扩散运动。

当孔隙尺寸或气体稀薄程度不足以支撑克努森扩散时，菲克扩散则成为主要扩散机制。菲克扩散由浓度差驱动，其扩散系数与流体黏度相关，但与压力和孔径无关 [62, 63]。因此，在页岩的不同孔隙尺度下，克努森扩散与菲克扩散常呈现主次交替的过程；当 $K_n < 0.1$ 时，菲克扩散更为显著，而在孔径极小时克努森扩散占据主导地位，两者之间可能发生耦合。

表面扩散是页岩有机质孔隙中独特的流动机制，描述了被吸附的气体分子在壁面上沿浓度梯度或化学势梯度的迁移。在纳米级孔隙内，表面扩散因高吸附量和孔壁作用而变得显著 [64]。模拟结果显示，若孔径＜ 4nm，表面扩散可能在任何压力下都成为气体运移的主要贡献机制 [65]。关于表面扩散在宏观输运中的总体影响，学术界尚存分歧。部分研究指出，吸附气体在页岩储层总气量中占较大比重，因此表面扩散在总体运移中具有重要地位 [66]；另有研究认为其贡献有限，可忽略不计 [67]。在低压条件下，表面扩散可能占据相当比例的流量 [68]；但当流 - 固耦合作用导致渗透率显著改变时，表面扩散的影响则可忽略 [69]。此外，数值试验表明，表面扩散系数较小时，其对总产量的贡献有限 [70-73]。这主要是因为表面扩散系数受孔壁性质、温度、压力等多种因素影响，不同储层环境差异较大，因而结论并不一致。对于孔

隙尺度在 $0.001 < K_n < 0.1$ 区间的流态，滑移流在页岩气运输中不可或缺。滑移流与连续流的主要区别在于孔壁处气体分子存在有限流速，而非传统假定的零流速。Klinkenberg 提出了考虑滑移效应的渗透率修正方程，但在实际应用中，不同储层的滑移系数常表现出明显差异，导致模型结果不尽相同[74, 75]。滑移流的边界条件问题亦存在争议，研究者提出了多种修正方法，以期更真实地反映气体与固体表面的相互作用，但尚无普适通用的边界条件能够覆盖所有页岩地层情况。

如何耦合页岩基质微纳孔隙和宏孔隙随着 Knudsen 数的不同而导致达西连续流动、滑脱流动、过渡流动以及自由分子 Knudsen 扩散流动，Javadpour[76]、Civan 等[77]、Li 等[78] 提出了采用简单的线性叠加方法来构建考虑微纳尺度非达西流动等效渗透率表达式。而学者 Wu 等[79]、Ren 等[50] 以及吴克柳等[80] 均指出需要考虑在不同 Knudsen 数范围内的流动阶段影响程度，从而提出了加权叠加的耦合方法。同时，Wu 等[81, 82] 进一步考虑了实际页岩储层条件下的真实气体效应和表面吸附扩散，对加权叠加等效渗透率进行了修正。随后，Geng 等[83]、Cai 等[84]、Zhang 等[85] 指出无论是线性叠加方法还是加权叠加方法，都存在经验参数赋值且孔隙半径为平均孔隙半径的缺陷，不能准确描述页岩储层中随着孔隙半径和尺度变化导致的非达西流动特征。因此，提出了页岩储层基于分形多孔介质的微纳尺度渗流理论。

同时，目前广泛认为在页岩储层中，气体主要以游离态和吸附态的储集方式存在。Hill 和 Nelson[86] 研究表明，除了少量自由气存在于裂缝和基质孔隙外，有 20% ～ 85% 的气体吸附在基质表面。Silin 和 Kneafsey[87]、Mengal 和 Wattenbarger[88] 以及 Huang 等[89] 认为有机质干酪根微纳孔隙表面是气体主要的吸附空间，而学者 Liu 等[90]、Bacon 等[91] 通过将页岩岩样中的有机物质剔除后进行的等温吸附实验表明：气体也可以少量吸附在蒙脱石和高岭石等黏土矿物表面。对于气体随着压力变化的吸附解吸特征，目前应用最广泛的是基于单层吸附的 Langmuir 公式[92]，其次是基于吸附势理论的 BET 模型[93] 和基于分子间作用势能的单层 / 多层 One-Kondo 格子模型（OK 模型）[94]。

1.4.1.2 天然裂缝中的流动

在页岩气藏原始储层中，大量发育微小尺度的天然裂缝。无支撑剂作用的天然裂缝，在水力压裂施工和页岩气生产过程中，会随着裂缝内外压力或应力的改变而发生开启、闭合或渗透率降低等现象，即天然裂缝的应力敏感效应[95]。

Raghavan 和 Chin[96] 以及 Cho 等[97] 根据实验数据拟合，通过回归应力敏感系数建立了裂缝渗透率和孔隙度随应力变化的指数式应力敏感公式。Chen 等[98]、Cao 等[99] 考虑地质力学参数影响，建立了 x、y、z 3 个方向的耦合岩石和孔隙形变的天然裂缝应力敏感公式。Jiang 和 Rami[100] 在流 - 固耦合应力敏感公式基础上，通过平均地应力获得了天然裂缝渗透率在空间变化的简化公式。

1.4.1.3 大尺度离散压裂缝网渗流

Chen 和 Raghavan[101] 以及 Wang[102] 均提出了采用沿压裂裂缝延伸方向的线性流动公式来描述流体在大尺度离散压裂裂缝中的流动。Forchheimer 通过大量的流动实验发现了在高速流动时，渗流速度与压力降落梯度之间会表现出偏离达西渗流规律的非达西流动特征，并通过增加一个附加的压力梯度项来描述高速非达西流动，即 Forchheimer 公式 [103]。Wu[104] 将 Forchheimer 公式推广到多相流动方程中，建立了非常规致密裂缝性储层和页岩储层中考虑多相流动高速非达西效应的渗流数学模型。随后，Barree 和 Conway[105] 建立了 1 个新的非达西流动公式，可以实现对流体从低速到高速全过程流动的特征描述。

国内学者张烈辉等 [106]、刘启国等 [107]、李元生等 [108] 分别针对常规气藏直井和水平井建立了近井地带的高速非达西渗流方程。Jiang 和 Rami[109] 认为在页岩气藏中，当气体通过高渗透率水力压裂裂缝时，将存在着高速非达西流动特征，并结合紊流系数推导了 Forchheimer 变形公式来修正气体在压裂裂缝中的渗流方程。

1.4.2 页岩气藏注 CO_2 多组分渗流

页岩气藏中天然气通常由甲烷、乙烷、丙烷及其他重烃类气体等多种组分组成。这些组分在孔隙介质中的扩散与流动行为复杂多样，受组分间相互作用、孔隙结构特征及储层条件等多种因素影响。因此，深入理解多组分扩散与流动机理对于准确预测页岩气产量、优化开采策略及提高采收率具有重要意义。

页岩气藏中流体迁移行为的复杂性不仅源于孔隙结构的多尺度特征，更与地层中不同烃类及非烃组分的相互作用、竞争吸附和扩散机制密切相关。近年来，多组分扩散与传输机理的研究已成为精准描述页岩气运移过程的重要环节。在基础理论研究方面，许多学者将经典的菲克扩散理论与 Maxwell-Stefan 扩散模型相结合，尝试从分子动力学层面揭示多组分气体在纳米级孔道中的扩散特征。此外，为突破传统达西流动范式的局限性，研究者基于 Knudsen 扩散、表面扩散及滑移流动等非达西效应，对多组分流体在狭窄孔隙中的输运现象进行了修正与拓展，这有助于在理论层面厘清多组分气体在不同流态区间内的扩散主控机理，为构建高精度数学模型提供了支持。

近年来，众多学者基于分形几何理论及引入不同的参数推导了许多气体扩散系数的数学模型 [110-117]，部分学者基于分形理论提出了归一化的气体扩散系数模型 [118, 119]。Qian Zheng 等 [120] 结合体积扩散和努森扩散建立了基于 Y 形树状分形网络的多孔介质气体扩散系数模型。马亮和何榕 [121] 基于随机漫步法生成的分形孔模型和气体分子扩散的控制方程，通过大量数值模拟得到了 Knudsen 区和过渡区内气体扩散系数的表达式。李长俊等[122]通过PR状态方程对Fuller模型计算的二元气体扩散系数进行校正，通过热力学因子矩阵校正后得到的CH_4-CO_2-H_2三组分Fick扩散系数矩阵研究了混合气体扩散特征。张舒等[123]通过气体扩散的经验公式和校正因子估算多孔介质气体扩散系数，建立CO_2气体扩散模拟三维模型用以研究孔隙半径和孔隙度对CO_2扩散的影响。Ismail Adewale Olumegbon等[124]使用机器学习算法通过实验数据集训练，然后通过3种二元气体扩散系数经验关系式验证，预估了一定温度（293～313K）和压力（0.05～12.0MPa）范围内多种气体的二元气体扩散系数。

此外，分子动力学（molecular dynamics，MD）及格子玻尔兹曼（Lattice Boltzmann，LB）等数值模拟方法在多组分扩散机制研究中也得到了广泛应用。通过MD模拟，研究者能够在原子级精度上分析甲烷、乙烷、丙烷及非烃气体（如CO_2、N_2）在纳米孔中的扩散参数与相互作用势分布，帮助理解气体分子在有机孔道内的空间占据与动力学特征。另一方面，LB方法及其他数值手段则在介观尺度下对多组分流体的耦合输运进行模拟与预测，实现了多尺度模型的初步统一。一些最新研究尝试将热、力、化学反应及应力场变化与多组分扩散过程相耦合，构建更加符合实际地层条件和复杂环境下的传输模型。这类多物理场耦合研究不仅为非常规资源评价与开发策略优化提供了理论依据，也为预测不同比例和类型流体组分在微纳米孔隙系统中的时空分布提供了量化手段。页岩中常见的分子模型如图1.11所示（书后另见彩图）。

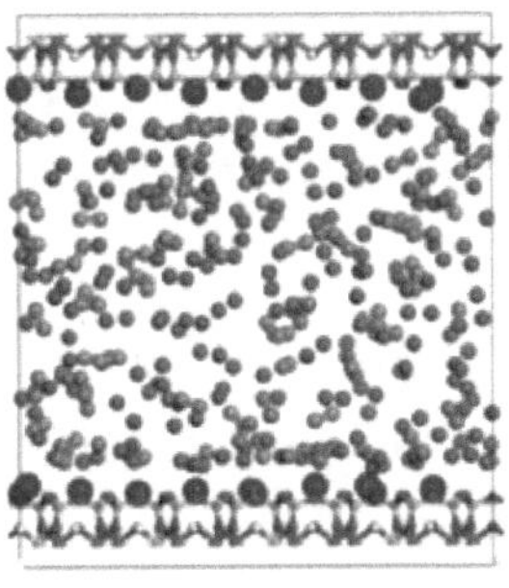

(a) 蒙脱石裂缝

(b) 高岭石裂缝

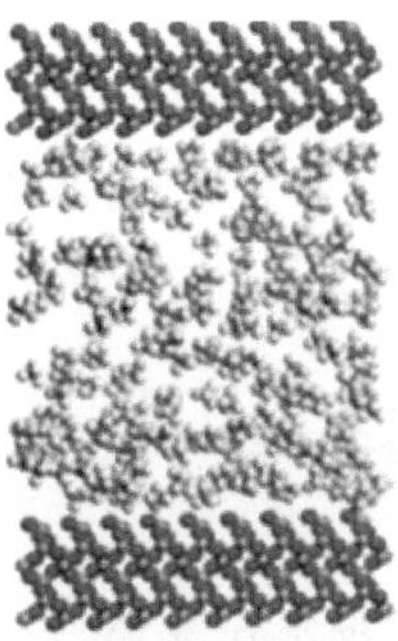

(c) 石英裂缝

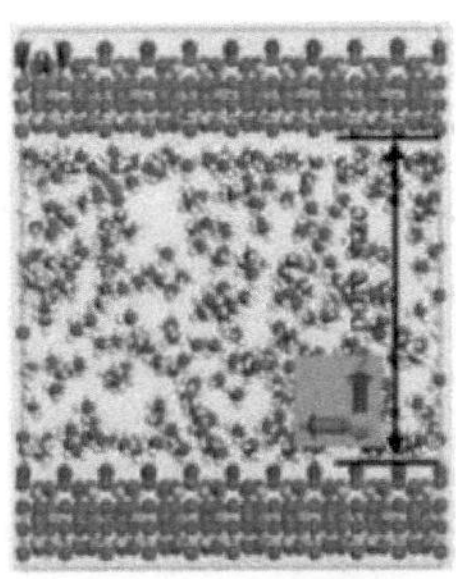

(d) 伊利石裂缝

图1.11

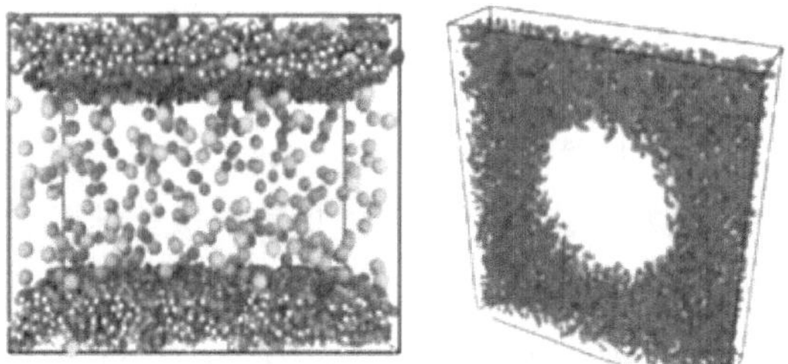

(e) 干酪根裂缝　　(f) 干酪根孔隙

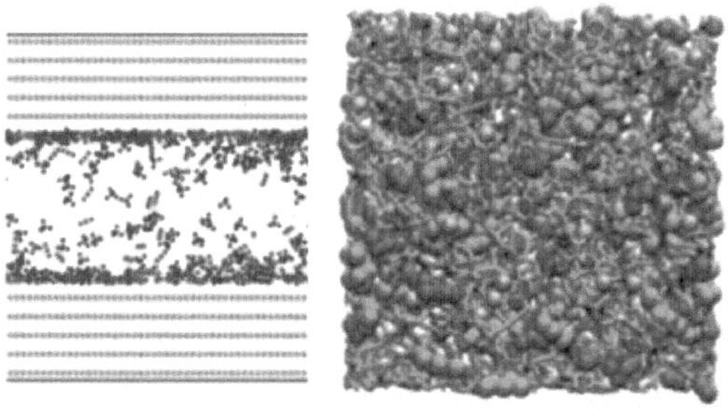

(g) 石墨烯裂缝　　(h) 干酪根无定形

图 1.11　页岩中主要采用的分子模型 [125]

分子动力学是研究单组分和多组分流体在纳米受限空间中扩散静态和动态特征的有效工具。如图 1.12 所示，页岩气微尺度下的开发特征主要包括流动、扩散以及吸附。计算扩散系数的方法主要包括平衡分子动力学（EMD）和非平衡分子动力学（NEMD）。体系压力和组分的确定对于气体的扩散能力具有重要影响。由于气体分子自由程较大，纳米孔隙中的页岩气体系可以通过两种方式来确定组分和压力条件：第一种是通过巨正则蒙特卡罗模拟（GCMC）在特定温度和压力下获得吸附气体组分，保证化学势不变，从而间接获得对应条件下的气体组分；第二种是通过在裂缝表面施加作用力，改变裂缝宽度，使孔隙内体相气体密度达到设定值，以间接控制温度和压力。但第二种方法不适用于多组分气体，这两种方法各有优势。

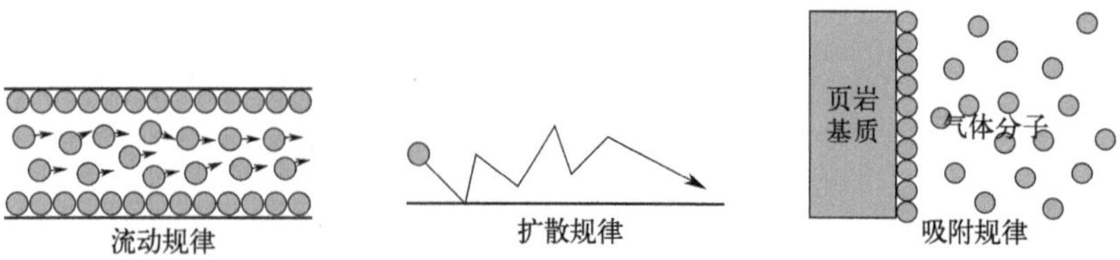

图 1.12　页岩气微尺度开发特征 [125]

从分子相互作用的角度来看，分子动力学常用于验证理论模型和实验数据，而页岩的几何结构及其气体组分是估算气体扩散能力的关键因素。近年来，页岩气扩散的研究主要集中在有机/黏土裂缝或纳米孔中的单组分和多组分气体扩散行为。例如，Sharma 等[126]模拟了甲烷（CH_4）与乙烷（C_2H_6）在蒙脱石黏土裂缝中的扩散特性，发现混合气体中各组分的互扩散特征研究较少。Wang 和 Sui 等[127, 128]研究了Ⅱ型干酪根中二氧化碳（CO_2）与甲烷（CH_4）的自扩散，结果表明 CO_2 的自扩散系数小于 CH_4，且水平方向的自扩散系数大于垂直方向的自扩散系数。在纯组分中，CO_2/CH_4 的自扩散系数随压力的增加而减小，随温度的升高而增大。对于多组分气体体系，Wang 等[127]进一步研究了干酪根的各向异性影响，发现混合气体的压力和摩尔比对 CH_4 和 CO_2 的自扩散影响较小。Collell 等[129]利用非平衡动力学方法研究了干酪根无定形结构中多组分（CH_4、C_2H_6、C_3H_8、n-C_4H_{10} 和 n-C_8H_{18}）的扩散行为，并计算了典型富凝析气体混合物在无定形干酪根中的 Onsager 输运系数，发现直链烷烃的自扩散系数与碳链长度有关，可以通过纯 CH_4 和基团的关系进行预测。

输运扩散系数和自扩散系数之间的一个重要区别在于，自扩散描述单个粒子的扩散运动，是一种粒子性质，而输运扩散描述系统中质量输运和密度波动变化的整体性质。Maginn[130]利用非平衡动力学方法研究了 CH_4 在硅质岩中的输运扩散系数，发现硅质岩中的 CH_4 输运扩散系数随浓度增加而增大，而自扩散系数则随浓度增大而减小，但修正扩散系数基本不受浓度影响。这表明 3 种扩散系数具有不同的物理意义，只有在无限稀释的极限情况下才会相等。Bhatia 和 Nicholson[131, 132]在 2003 年采用 3 种方法［EMD、NEMD 和双控制体积巨正则分子动力学方法（DCV-GCMD）］研究了 CH_4 在圆柱状二氧化硅孔中的输运行为，结果表明在黏性流范围内，NEMD 方法获得的输运系数与统计结果差异最小。随着密度增大，输运系数表现出典型的黏性特征，主要是由于高密度下粒子间强烈相互作用使 Knudsen 亚层变薄，摩擦系数显著增加，此时孔壁上的动量交换和黏性流动起主导作用。Zhao 等[133]在 2016 年结合 GCMC 和 MD 方法研究了 CO_2-CH_4 混合物在煤基质中的吸附和扩散，发现 CO_2 的输运扩散系数比 CH_4 高，并且在微孔中 CO_2 在煤基质中优先扩散。2019 年，Tao 等[134]从吸附选择性和扩散选择性参数角度出发，根据分子模拟结构优化了驱替气体（CO_2、N_2）和 CH_4 在煤质镜质体中的地质条件，研究了不同注入深度下的扩散特征。此外，Li 等[135]评估了 CH_4 在有机纳米缝隙中的传输扩散系数，发现干酪根中 CH_4 的自扩散和输运扩散系数随着压力的增加而降低，且输运扩散系数接近自扩散系数。截至目前，页岩气中 CH_4 气体的扩散特征已逐渐受到关注，但多组分气体在纳米尺度下的扩散性质评估仍未充分考虑孔径等因素[136, 137]。

综上所述，多组分扩散与传输机理的研究正从单一组分向多组分、从宏观表征向微纳尺度解析、从单一机理考察向多物理场耦合方向不断拓展。这些研究进展不仅为后续数学模型的精细化构建奠定了理论与数据基础，也为页岩气开发决策与增产技术优化提供了重要参考。

1.4.3 页岩气藏注 CO_2 数值模拟

目前，多级水力压裂水平井技术是国内外页岩气藏开采的主要方式。在压裂液返排阶段结束之后，页岩气井开井生产时往往获得很高的早期产量，但是，由于返排率普遍较低，随着生产进行，页岩气藏压裂井也伴随着产量下降太快、采收率较低等问题。随着全球能源转型和碳中和目标的推进，CO_2-EGR 技术被认为是提高页岩气采收率和减少温室气体排放的“双赢”方案。CO_2-EGR 技术通过将 CO_2 注入页岩储层，不仅能驱替甲烷（CH_4），还能够实现 CO_2 的长期地质封存。近年来，数值模拟技术被广泛应用于分析 CO_2 注入对页岩气采收率和储层封存能力的影响，通过构建储层模型、优化注入策略及评估关键影响因素，为技术应用提供了重要的理论支持和实践参考。

在数值模拟研究中，CMG 和 TOUGH2 等专业模拟软件被广泛应用于 CO_2 注入页岩储层的过程分析 [138, 139]。Van 等 [140] 通过数值模拟验证了 CO_2 提高天然气采收率的可行性，并且发现 CO_2 在储层中的相性是可控的。为了明确影响 CO_2 提高天然气采收率的因素，Al-Hasami 等 [141] 利用组合储层模拟器研究了将 CO_2 注入气体储层的过程，研究了气体混合、CO_2 扩散以及 CO_2 溶解度对水生成的影响，并分析了 CO_2 封存项目的经济可行性。研究表明注入 CO_2 可提高储层 8% 的采收率。

Patel 等 [142] 利用高保真度的储层模拟技术进行增强气体回收的研究，发现 CO_2 与天然气在储层中的混相受到多种机制的影响，主要包括流体性质、储层性质以及 CO_2 注入速率等生产策略的影响。该模型通过模拟不同的生产策略以评估 CO_2 提高天然气采收率的效果。

时贤等 [143] 考虑了页岩孔渗特征以及应力敏感性，建立了页岩气注气开采多组分气体扩散和流动控制方程组，并进行数值模拟，研究了不同气体组分与渗透率敏感性对提高采收率的影响。研究表明：注入 CO_2 可以有效提高页岩气产量，应力敏感性对采收效果有较大的影响，CO_2 注入成分在一定程度上也会影响采收率。

刘树阳等 [144] 通过 TOUGH2 开展均质模型 CO_2 提高天然气采收率的研究，探讨了重力效应对 CO_2 运移扩散与提高天然气采收率的影响规律。研究认为，重力效应减缓了 CO_2 的纵向运移，抑制了纵向 CO_2 与天然气的混相，有利于提高天然气采收率。

Zhao 等 [145] 基于吸附 / 解吸、扩散、裂缝应力敏感性和体积压裂（simulated reservoir volume，SRV）等多种迁移机制，针对天然裂缝及压裂裂缝，建立了完全耦合模型，对裂缝页岩气藏中 CO_2 提高天然气采收率进行可行性分析。研究进一步发现，分子扩散对天然气产量的影响随着矩阵渗透率的降低而增加；压裂裂缝的长度和数量对天然气产量和 CO_2 封存量具有重要影响；注入速率、注入时机和产出压力仅对天然气累计产量具有显著影响。

Nuttall 等[146]通过数值模拟研究证明了相比于咸水含水层，页岩储层中 CO_2 的吸附性强于 CH_4，表明 CO_2 在页岩储层中储存具有巨大潜力，证实了页岩储层作为新的 CO_2 “汇” 来储存 CO_2 的可行性。美国能源部国家实验室的研究人员利用数值模拟方法，研究了 CO_2 残余气体埋存的效果和影响因素[141]。结果表明在合适的地质条件下 CO_2 残余气体埋存可以有效地减少大气中的 CO_2 含量。

Tang 等[147]建立了考虑 Knudsen 扩散的数值模型，进一步考虑页岩气藏动力学机制，包括黏性流动、气体滑移、不同气体组分的竞争吸附和真实气体效应。研究 CO_2 封存与提高天然气采收率的可行性，结果表明：地层温度、平均孔隙度、初始渗透率是影响 CO_2-EGR 的重要因素，注入 CO_2 可提高 10% ～ 15% 的采收率。

2019 年，美国加州大学伯克利分校 Thomas A. Dewers 等[148]通过实验和数值模拟，研究了 CO_2 溶解封存技术的可行性和安全性，结果表明该技术可以在不影响地下水资源和地表生态的情况下，有效减少大气中 CO_2 的浓度。

虽然向页岩气藏注入 CO_2 的研究尚处于理论探索阶段，未见成功的矿场应用实例。但部分学者仍建立了考虑 CO_2 注入的模拟模型，或者借助成熟的商业软件组分模型模块，开展了 CO_2 注入页岩气藏的生产动态预测和关键参数敏感性分析。在表 1.2 中，本书对上述模型和数值模拟方法进行了调研总结，并给出了模型商业应用的局限性。

表 1.2　页岩气藏注 CO_2 模拟模型对比分析

模拟模型	模型描述	局限性
多组分尘气模型[149]	考虑 CO_2 注入的多组分尘气模型，由基于非结构网格的有限元方法进行求解	直井注入和生产；储层条件：注入和生产方案参数均未超过 CO_2 的临界条件
嵌入式离散裂缝模型[150]	基于 MINC 和嵌入式离散裂缝模型的页岩气藏多级压裂水平井注 CO_2 模型	2D 网格；单相气体；用扩展的多组分 Langmuir 公式来计算吸附 / 解吸量
考虑 Langmuir 吸附的 CO_2 注入模型[91]	采用 STOMP-EOR 模拟器，考虑了气 - 水两相渗流、竞争吸附机制以及双压裂井一注一采和单井吞吐注气方案	页岩储层为单重介质；储层和注气压力控制在 6 ～ 11MPa 以保证采用 Langmuir 公式描述超临界 CO_2 吸附 / 解吸特征的适用性
三重孔隙连续介质模型[32, 152]	包含有机质微纳孔隙，无机质宏孔和裂缝系统的三重连续介质模型	1D/2D 页岩储层区域；单相气体流动；忽略了 CO_2 在超临界条件下的物性变化
CMG-GEM 组分模型[153-154]	基于压力裂缝周围局部网格加密的商业软件 CMG-GEM 组分模型模块	压裂裂缝对称分布；基于常规气藏的模型改进忽略了页岩基质微纳孔隙的非达西流动特征

近年来，人工智能和机器学习技术也逐渐融入 CO_2-EGR 的数值模拟研究中。这些技术通过处理大量的模拟数据，能够快速识别储层参数与采收率之间的非线性关系，并优化注入策略。例如，基于深度学习的模型能够预测不同注入速率和压力

条件下的储层响应，从而显著提高数值模拟的效率和精度。此外，机器学习还可用于不确定性分析，帮助研究者评估储层异质性和气体运移路径对最终采收率和封存能力的影响。

综上所述，CO_2-EGR 技术的数值模拟研究正在不断深入，涵盖了从储层物性表征到注采优化设计的多个层面。通过高分辨率三维模型和多物理场耦合计算，研究者能够更精确地模拟 CO_2 在页岩储层中的运移与封存行为。未来，随着人工智能和机器学习技术的引入，数值模拟研究有望进一步提升参数优化和结果预测的效率，为页岩气高效开发和 CO_2 封存提供更精准的技术支撑。

1.5　本书研究目标及主要内容

1.5.1　研究目标

本书的研究目标是：基于页岩气藏的多尺度孔隙结构、多重输运机制，开展分子模拟，并建立耦合多尺度渗流的页岩气藏，考虑超临界 CO_2 物性和 CH_4-CO_2 竞争吸附机制的注 CO_2 组分模型，构建相应的全隐式数值模型，最终形成页岩气藏多级压裂水平井从复杂缝网形态描述和表征、CO_2 压裂扩展模拟，到压后生产动态预测和参数优化的一体化数值模拟理论、方法和技术，以指导页岩气藏注 CO_2 提采与封存实践。

1.5.2　主要内容

围绕本书的研究目标，本书主要研究内容如下：

(1) 页岩气藏储渗特征及多尺度流动机理

在广泛文献调研的基础上，以四川盆地龙马溪页岩为背景，结合 X 射线衍射、扫描电镜、低压氮气吸附、有机碳（TOC）测试、单轴 / 三轴岩石力学测试、页岩岩样核磁共振、岩屑压力衰竭测试以及 CH_4、CO_2 超临界等温吸附等室内实验，系统总结和分析页岩岩石学特征、页岩组成、页岩孔隙结构特征、页岩物性（孔隙度、渗透率）特征等。

(2) 有机纳米孔隙中 CH_4/CO_2 竞争吸附

系统开展 CO_2-CH_4 在页岩有机质纳米孔隙中的吸附研究，旨在通过分子力学行为及热力学变化揭示 CO_2-CH_4 竞争作用机理及微观作用演化规律；通过干酪根非均质模型揭示微孔赋存空间下多重固 - 气相互作用势叠加条件下的吸附及剥离的控制机理；联合多组分吸附曲线及吸附选择性系数，定量刻画气体竞争吸附影响变化；基于石墨烯介孔模型，在相对均质孔隙壁面条件下进一步揭示密度变化演化规律，直观反映注 CO_2 对 CH_4 吸附在静态上的作用机理。

（3）CO_2 提高采收率分子模拟

为了研究页岩纳米孔隙中的气体流动特征及注 CO_2 驱替效率评价，采用非平衡分子动力学方法刻画原始条件下页岩气传输规律，揭示气体分子在孔隙壁面受黏性流动和努森扩散共同作用下的微观渗流特征体现；采用 DCV-GCMD 模型进行注 CO_2 驱替 CH_4 的模拟过程，通过三维可视化分子轨迹演化规律，根据驱替过程中的驱替前缘图像变化、驱替过程轨迹图以及 CO_2/CH_4 注入量 / 残余量随时间的变化关系明确 CO_2 驱替 CH_4 的作用机制，系统论述 CH_4 单组分传输特征到 CH_4-CO_2 双组分渗流特征演化规律及驱替动态演化规律。

（4）页岩气藏注 CO_2 多组分数学模型

综合考虑吸附 - 解吸、滑脱、Knudsen 扩散、表面扩散、应力敏感效应以及气体高速非达西流动等非线性渗流机理，建立不同尺度下的页岩气渗流数学模型，并通过连续介质 - 离散裂缝模型耦合多尺度渗流机理，构建页岩气藏多级压裂水平井综合渗流模型；在此基础上，采用 Langmuir 模型、One-Kondo（OK）格子模型、SLD 模型和分压原理对 CH_4 和 CO_2 的吸附 / 解吸特征以及竞争吸附机理进行数学表征，考虑超临界 CO_2 的物性特征，进一步建立页岩气藏多级压裂水平井注 CO_2 组分模型。

（5）页岩气藏注 CO_2 数值模型及求解方法

采用整体和局部复合区域模型、分支缝网模型、随机压裂裂缝模型、Monto Carlo 随机天然裂缝分布模型、基于微地震数据的离散裂缝模型，对页岩气藏水力压裂改造形成的复杂缝网形态进行了表征；基于位移不连续方法，构建了考虑天然裂缝形态和地应力分布影响的 CO_2 压裂裂缝扩展模型、水平井筒和裂缝内流动的流 - 固耦合模型；为避免传统正交网格对裂缝周围进行局部加密，导致网格数目和计算量大幅增加，考虑层间物性差异，基于非结构三角形网格和三棱柱网格，采用控制体积有限元算法，构建了多层页岩储层多级压裂水平井注 CO_2 组分模型的全隐式数值模型，并给出了大型稀疏矩阵的求解方法。

（6）页岩气注 CO_2 提采封存模型的应用

采用 Matlab 和 C++ 混合编程语言，研制了页岩气藏 CO_2 压裂裂缝缝网扩展和压后生产一体化模型，实现了从压裂缝网扩展预测，模拟结果输出与输入，网格粗化，数值模拟结构建模和属性建模，到生产动态预测的一体化模拟。应用该模型，

开展了注 CO_2 提高页岩气藏采收率和 CO_2 封存可行性模拟，并进一步应用与川南页岩气实际井提采封存模拟。

参考文献

[1] 中共中央宣传部 . 习近平总书记系列重要讲话读本 [M]. 北京 : 人民出版社，2016：30.

[2] 习近平 . 习近平在第七十五届联合国大会一般性辩论上的讲话 [N]. 人民日报，2020-9-23（3）.

[3] 习近平同法国德国领导人举行视频峰会 [N]. 人民日报，2021-4-17.

[4] 中共中央 国务院关于完整准确全面贯彻新发展理念做好碳达峰碳中和工作的意见 [N]. 人民日报，2021-10-25（001）.

[5] 尹迪 . 能源革命视域下实现碳达峰、碳中和目标的对策研究 [J]. 西部学刊，2022（06）：66-69.

[6] 邢广益 . 推进碳达峰碳中和促进人与自然和谐共生 [J]. 新湘评论，2022（05）：58-59.

[7] 陈向国 . 打赢“碳达峰、碳中和”这场硬仗离不开绿色金融 [J]. 节能与环保，2021（04）：20-22.

[8] 本刊编辑部 . 助力碳中和，让人与自然和谐共生 [J]. 青海国土经略，2021（02）：1.

[9] 近藤精一，石川达雄 . 吸附科学 [M]. 北京：化学工业出版社，2005.

[10] Langmuir I. The adsorption of gases on plane surfaces of glass，mica and platinum[J]. Journal of the American Chemical Society，1918，40（9）：1361-1403.

[11] 高德霖，张琪，孙小玉 . 气相吸附平衡的推算——吸附势理论和微孔吸附容积充填理论 [J]. 精细化工原料及中间体，2005（12）：10-13.

[12] Allan A M，Mavko G. The effect of adsorption and diffusion on the gas permeability of kerogen[C]. 2012 SEG Annual Meeting. Society of Exploration Geophysicists，2012.

[13] 杨峰，宁正福，孔德涛，等 . 页岩甲烷吸附等温线拟合模型对比分析 [J]. 煤炭科学技术，2013，41（11）：86-89.

[14] 盛茂，李根生，陈立强，等 . 页岩气超临界吸附机理分析及等温吸附模型的建立 [J]. 煤炭学报，2014，39（S1）：179-183.

[15] Brunauer S，Deming L S，Deming W E，et al. On a theory of the van der Waals adsorption of gases[J]. Journal of the American Chemical Society，1940，62（7）：1723-1732.

[16] 赵振国 . 界面化学基础 [M]. 北京：化学工业出版社，1996.

[17] Dubinin M M. The potential theory of adsorption of gases and vapors for adsorbents with energetically nonuniform surfaces[J]. Chemical Reviews，1960，60（2）：235-241.

[18] C R Clarkson. Adsorptionp potential theories to coal methane adsorption isotherms at elevated temperature and pressure[J]. Carbon，1997（35）：1689-1705.

[19] Laxminarayana C，Crosdale P J. Modeling methane adsorption isotherms using pore filling models : a case study on Indian coals[C]. Proc. of the 1999 International Coalbed Methane

Symposium. Tuscaloosa : University of Alabama，1999：117-128.

[20] Lu X C，Li F C，Watson A T. Adsorption measurements in Devonian shales[J]. Fuel，1995，74（4）：599-603.

[21] Bustin R M. Factors influencing the reservoir capacity of gas shales and coal（abs）：Key note address[C]. Gussow Conference Canadian Society of Petroleum Geologists，Banff，Alberta，Calgary : CSPG，2005.

[22] Ross D J K，Bustin R M. Sediment geochemistry of the lower Jurassic Gordondale member，northeastern British Columbia[J]. Bulletin of Canadian Petroleum Geology，2006，54（4）：337-365.

[23] Ross D J K，Bustin R M. Characterizing the shale gas resource potential of Devonian mississippian strata in the Western Canada sedimentary Basin : application of an integrated formation evalution [J]. AAPG Bulletin，2008，92（1）：87-125.

[24] Zhang T，Ellis G S，Ruppel S C，et al. Effect of organic-matter type and thermal maturity on methane adsorption in shale-gas systems[J]. Organic Geochemistry，2012，47：120-131.

[25] 刘洪林，王红岩 . 中国南方海相页岩吸附特征及其影响因素 [J]. 天然气工业，2012，32（9）：5-9.

[26] Zhang Tongwei，Geoffrey S Ellis，Stephen C Ruppel，et al. Effect of organic-matter type and thermal maturity on methane adsorption in shale-gas systems[J]. Organic Geochemistry，2012，47：120-131.

[27] John B Curtis. Fractured Shale-Gas Systems[J]. AAPG Bulletin 2002，86（11）：1921-1938.

[28] Huang Liang，Ning Zhengfu，Wang Qing，et al. Effect of organic type and moisture on CO_2/CH_4 competitive adsorption in kerogen with implications for CO_2 sequestration and enhanced CH_4 recovery[J]. Applied Energy，2018，210：28-43.

[29] Brandon C Nuttal，Cortland Eble，R Mark Bustin，et al. Analysis of Devonian black shales in Kentucky for potential carbon dioxide sequestration and enhanced natural gas production[C]. Greenhouse Gas Control Technologies 7. Amsterdam : Elsevier Science，2005：2225-2228.

[30] 张臣，周世新，李靖，等 . 高压条件下页岩对 CH_4、CO_2 气体吸附特征及其在二元混合气体中应用 : 以四川盆地焦石坝地区龙马溪组页岩为例 [J]. 地球化学，2019，48（6）：580-589.

[31] Isaac Klewiah，Dhruvit S Berawala，Hans Christian Alexander Walker，et al. Review of experimental sorption studies of CO_2 and CH_4 in shales[J]. Journal of Natural Gas Science and Engineering，2020，73：103045.

[32] Ebrahim Fathi，I Yucel Akkutlu. Multi-component gas transport and adsorption effects during CO_2 injection and enhanced shale gas recovery[J]. International Journal of Coal Geology，2014，123：52-61.

[33] 郭为，熊伟，高树生，等 . 页岩气等温吸附 / 解吸特征 [J]. 中南大学学报（自然科学版），2013，44（07）：2836-2840.

[34] He Junwei，Shi Yao，Sol Ahn，et al. Adsorption and Desorption of CO_2 on Korean Coal under subcritical to supercritical conditions[J]. The Journal of Physical Chemistry B，2010，114（14）：4854-4861.

[35] 熊健，林海宇，李原杰，等 . 富有机质页岩中不同矿物的解吸规律 [J]. 石油学报，2022，43（7）：989-997.

[36] Chen Jie，Wang Fengchao，Liu He，et al. Molecular mechanism of adsorption/desorption hysteresis：dynamics of shale gas in nanopores[J]. Science China Physics，Mechanics & Astronomy，2017，60：014611.

[37] 薛培，张丽霞，梁全胜，等 . 页岩吸附超临界 CH_4 的热力学特征 [J]. 天然气地球科学，2020，31（9）：1261-1270.

[38] Wu Minglu，Ding Mingcai，Yao Jun，et al. Development of a multi-continuum quadruple porosity model to estimate CO_2 storage capacity and CO_2 enhanced shale gas recovery[J]. Journal of Petroleum Science and Engineering，2019，178：964-974.

[39] Zhang Liehui，Shan Baochao，Zhao Yulong，et al. Review of micro seepage mechanisms in shale gas reservoirs[J]. International Journal of Heat and Mass Transfer，2019，139：144-179.

[40] Farzam Javadpour，Harpreet Singh，Arash Rabbani，et al. Gas flow models of shale：A review[J]. Energy & Fuels，2021，35（4）：2999-3010.

[41] 姚军，黄朝琴，孙海，等 . 油气渗流力学多尺度研究方法进展 [J]. 石油科学通报，2023，8（1）：32-68.

[42] 陈强，孙雷，潘毅，等 . 页岩纳米孔内超临界 CO_2、CH_4 传输行为实验研究 [J]. 西南石油大学学报（然科学版），2018，40（5）：154-162.

[43] Sun Jingyue，Chen Zherui，Wang Xi，et al. Displacement characteristics of CO_2 to CH_4 in heterogeneous surface slit pores[J]. Energy & Fuels，2023，37（4）：2926-2944.

[44] Du Xidong，Gu Min，Duan Shuo，et al. The influences of CO_2 injection pressure on CO_2 dispersion and the mechanism of CO_2-CH_4 displacement in shale[J]. Journal of Energy Resources Technology，2018，140（1）：012907.

[45] J G Seo，D D Mamora. Experimental and simulation studies of sequestration of supercritical carbon dioxide in depleted gas reservoirs[C]. SPE/EPA/DOE Exploration and Production Environmental Conference，2003，SPE-81200-MS.

[46] Shi Jihong，Gong Liang，Sun Shuyu，et al. Competitive adsorption phenomenon in shale gas displacement processes[J]. RSC Advances，2019，9（44）：25326-25335.

[47] Jiang Yongdong，Luo Yahuang，Lu Yiyu，et al. Effects of supercritical CO_2 treatment time，pressure，and temperature on microstructure of shale[J]. Energy，2016，97：173-181.

[48] Ao Xiao，Lu Yiyu，Tang Jiren，et al. Investigation on the physics structure and chemical properties of the shale treated by supercritical CO_2[J]. Journal of CO_2 Utilization，2017，20：274-281.

[49] Yin Hong，Zhou Junping，Jiang Yongdong，et al. Physical and structural changes in shale associated with supercritical CO_2 exposure[J]. Fuel，2016，184：289-303.

[50] Ren W，Li G，Tian S，et al. An analytical model for real gas flow in shale nanopores with non-circular cross-section[J]. AIChE Journal，2016，62（8）：2893-2901.

[51] Vandenbroucke M. Kerogen：from types to models of chemical structure[J]. Oil & gas science and technology，2003，58（2）：243-269.

[52] Jin Z，Firoozabadi A. Methane and carbon dioxide adsorption in clay-like slit pores by Monte Carlo simulations[J]. Fluid Phase Equilibria，2013，360：456-465.

[53] Luan H B，Xu H，Chen L，et al. Evaluation of the coupling scheme of FVM and LBM for fluid flows around complex geometries[J]. International Journal of Heat and Mass Transfer，2011，54（9-10）：1975-1985.

[54] Ertekin T，King G R，Schwerer F C. Dynamic gas slippage：a uniquedual-mechanism approach to the flow of gas in tight formations [J]. SPE Formation Evaluation，1986，1（1）：43-52.

[55] Javadpour F，Fisher D，Unsworth M. Nanoscale gas flow in shale gas sediments[J]. Journal Gas of Canadina Petroleum Technology，2007，46（10）：55-61.

[56] Klinkenberg L J. The permeability of porous media to liquids and gases[J]. API Drilling and Production Practice，1941.

[57] Clarkson C R，Nobakht M，Kaviani D，et al. Production analysis of tight-gas and shale-gas reservoirs using the dynamic-slippage concept[J]. SPE Journal，2012，17：230-242.

[58] Rushing J A，Newsham K E，Vanfraasen K C. Measurement of the two-phase gas slippage phenomenon and its effect on gas relative permeability in tight gas sands[C]. Paper SPE 84297 presented at the SPE Annual Technical Conferecne and Exhibition，Denver，Colorado，2003.

[59] Zhu W Y，Song H Q，Huang X H，et al. Pressure characteristics and effective deployment in a water-bearing tight gas reservoir with low-velocity non-Darcy flow[J]. Energy & Fuels，2011，25：1111-1117.

[60] Ruthven D M. Principles of adsorption and adsorption processes[M]. John Wiley and Sons，1984：80-109.

[61] Florence F A，Rushing J A，Newsham K E，et al. Improved permeability prediction relations for low-permeability sands[C]. Paper SPE 107954 presented at SPE Rocky Mountain Oil & Gas Technology Symposium，Denver，Colorado，USA，2007.

[62] Sigal R，Qin B. Examination of the importance of self diffusion in the transportation of gas in shale gas reservoirs[J]. Petrophysics，2008，49（3）：406-413.

[63] Kim C，Jang H，Lee Y，et al. Diffusion characteristics of nanoscale gas flow in shale matrix from Haenam basin，Korea[J]. Environmental Earth Sciences，2016，75（4）：8.

[64] Wu K，Chen Z，Li X，et al. A model for multiple transport mechanisms through nanopores of shale gas reservoirs with real gas effect-adsorption-mechanic coupling[J]. International Journal of

Heat and Mass Transfer，2016，93：408-426.

[65] Wu K，Li X，Guo C，et al. A Unified Model for Gas Transfer in Nanopores of Shale-Gas Reservoirs：Coupling Pore Diffusion and Surface Diffusion[J]. SPE Journal，2016，21（5）：1583-1611.

[66] Yin Y，Qu Z G，Zhang J F. An analytical model for shale gas transport in kerogen nanopores coupled with real gas effect and surface diffusion[J]. Fuel，2017，210：569-577.

[67] Zhang L，Shan B，Zhao Y，et al. Review of micro seepage mechanisms in shale gas reservoirs[J]. International Journal of Heat and Mass Transfer，2019，139：144-179.

[68] Zhang L，Li D，Lu D，et al. A new formulation of apparent permeability for gas transport in shale[J]. Journal of Natural Gas Science and Engineering，2015，23：221-226.

[69] Wang J，Liu H，Wang L，et al. Apparent permeability for gas transport in nanopores of organic shale reservoirs including multiple effects[J]. International Journal of Coal Geology，2015，152：50-62.

[70] Naraghi M E，Javadpour F，Kol T. An object-based shale permeability model：Non-darcy gas flow，sorption，and surface diffusion effects[J]. Transport in Porous Media，2018，125（1）：23-39.

[71] Yucel Akkutlu I，Fathi E. Multiscale gas transport in shales with local kerogen heterogeneities[J]. SPE journal，2012，17（04）：1002-1011.

[72] Yang B，Kang Y，You L，et al. Measurement of the surface diffusion coefficient for adsorbed gas in the fine mesopores and micropores of shale organic matter[J]. Fuel，2016，181：793-804.

[73] Chen M，Kang Y，Zhang T，et al. Methane diffusion in shales with multiple pore sizes at supercritical conditions[J]. Chemical Engineering Journal，2018，334：1455-1465.

[74] Florence F，Newsham K，Blasingame T. Improved permeability prediction relations for low permeability sands[C]. The 2007 SPE Rocky Mountain Oil and Gas Technology Symposium，Denver，Colorado，U.S.A.，2007.

[75] Jones F，Owens W. A laboratory study of low-permeability gas sands[J]. Journal of Petroleum Technology，1980，32：1631-1640.

[76] Javadpour F. Nanopores and apparent permeability of gas flow in mudrocks（shales and siltstone）[J]. Journal gas of Canadina Petroleum Technology，2009，48（8）：16-21.

[77] Civan F，Rai C S，Sondergeld C H. Shale-Gas Permeability and Diffusivity Inferred by Improved Formulation of Relevant Retention and Transport Mechanisms[J]. Transport in Porous Media，2011，86（3）：925-944.

[78] Mi L，Jiang H，Li J. The impact of diffusion type on multiscale discrete fracture model numerical simulation for shale gas[J]. Journal of Natural Gas Science & Engineering，2014，20（2）:74-81.

[79] Wu K，Li X，Guo C，et al. A unified model for gas transfer in nanopores of shale-gas reservoirs：coupling pore diffusion and surface diffusion[J]. SPE Journal，2016：1-29.

[80] 吴克柳，李相方，陈掌星 . 页岩气纳米孔气体传输模型 [J]. 石油学报，2015，36（7）.

[81] Wu K，Li X，Guo C，et al. Adsorbed gas surface diffusion and bulk gas transport in nanopores of shale reservoirs with real gas effect-adsorption-mechanical coupling[C]. SPE 173201 Presented at the SPE Reservoir Simulation Symposium，Houston，Texas，USA，2015.

[82] Wu K L，Chen Z X，Li X F，et al. Flow behavior of gas confined in nanoporous shale at high pressure：Real gas effect[J]. Fuel，2017，205：173-183.

[83] Geng L D，Li G S，Tian S C，et al. A fractal model for real gas transport in porous shale[J]. AIChE J，2016，63（4）：1430-1440.

[84] Cai J C，Lin D L，Singh H，et al. Shale gas transport model in 3D fractal porous media with variable pore sizes[J]. Marine and Petroleum Geology，2018，98：437-447.

[85] Zhang T，Li X F，Wang X Z，et al. A discrete model for apparent gas permeability in nanoporous shale coupling initial water distribution[J]. Journal of Natural Gas Science & Engineering，2018，59：80-96.

[86] Hill D G，Nelson C R. Gas productive fractured shales：an overview and update[J]. Gas Tips，2000，6：4-13.

[87] Silin D，Kneafsey T. Gas shale：from nanometer-scale observations to well modeling[C]. Paper SPE 149489 presented at the Canadian Unconventional Resources Conference，Calgary，Alberta，Canada，2011.

[88] Mengal S A，Wattenbarger R A. Accounting for adsorbed gas in shale gas reservoirs[C]. Paper SPE 141085 presented at the SPE Middle East Oil and Gas Show and Conference，Manama，Bahrain，2011.

[89] Huang T，Guo X，Chen F F. Modeling transient flow behavior of a multiscale triple porosity model for shale gas reservoirs[J]. Journal of Natural Gas Science & Engineering，2015，23：33-46.

[90] Liu D，Yuan P，Liu H，et al. High-pressure adsorption of methane on montmorillonite，kaolinite and illite[J]. Applied Clay Science，2013，85（1）：25-30.

[91] Bacon D H，Ruprecht C M，Schaef H T，et al. CO_2 storage by sorption on organic matter and clay in gas shale[J]. Journal of Unconventional Oil and Gas Resources，2015，12：123-133.

[92] Zhang R H，Zhang L H，Wang R H，et al. Simulation of a multistage fractured horizontal well with finite conductivity in composite shale gas reservoir through finite-element method[J]. Energy & Fuels，2016，30（11）：9036-9049.

[93] Altwaijri M，Xia Z H，Yu W，et al. Numerical study of complex fracture geometry effect on two-phase performance of shale-gas wells using the fast EDFM method[J]. Journal of Petroleum Science and Engineering，2018，164：603-622.

[94] Sudibandriyo M，Mohammad S A，Robinson R L，et al. Ono-Kondo model for high-pressure mixed-gas adsorption on activated carbons and coals[J]. Energy & Fuels，2011，25（7）：3355-3367.

[95] 张德良 . 基于非结构网格的页岩气藏多级压裂水平井产能动态研究 [D]. 成都：西南石油大学，2016.

[96] Raghavan R，Chin L Y. Productivity changes in reservoirs with stress dependent permeability[J]. SPE Reservoir Evaluation & Engineering，2004，7（4）：308-315.

[97] Cho Y，Ozkan E，Apaydin O G. Pressure-dependent natural-fracture permeability in shale and its effect on shale-gas well production[J]. SPE Reservoir Evaluation & Engineering，2013，16（2），216-228.

[98] Chen D，Pan Z J，Ye Z H. Dependence of gas shale fracture permeability on effective stress and reservoir pressure：model match and insights[J]. Fuel，2015，139：383-92.

[99] Cao P，Liu J，Leong Y K. A fully coupled multiscale shale deformation-gas transport model for the evaluation of shale gas extraction[J]. Fuel，2016，178：103-117.

[100] Jiang J M，Rami M Y. A multimechanistic multicontinuum model for simulating shale gas reservoir with complex fractured system[J]. Fuel，2015，161：333-344.

[101] Chen C C，Raghavan R. A multiply-fractured horizontal well in a rectangular drainage region[J]. SPE Journal，1997，2：455-465.

[102] Wang H T. Performance of multiple fractured horizontal wells in shale gas reservoirs with consideration of multiple mechanisms[J]. Journal of Hydrology，2013，510：299-312.

[103] Cornell D，Katz D L. Flow of gases through consolidated porous media[J]. Industrial and Engineering Chemistry，2002，45：2145-2152.

[104] Wu Y S. Numerical simulation of single-phase and multiphase non-Darcy flow in porous and fractured reservoirs[J]. Transport in Porous Media，2002，49：209-240.

[105] Barree R D，Conway M W. Beyond beta factors：a complete model for Darcy，Forchheimer，and Trans-Forchheimer flow in porous media[C]. Paper SPE 89325 presented at the SPE Annual Technical Conference and Exhibition，Houston，Texas，2004.

[106] 张烈辉，朱水桥，王坤，等. 高速气体非达西渗流数学模型 [J]. 新疆石油地质，2004，25（2）：165-167.

[107] 刘启国，王瑞，李邗，等. 考虑启动压力梯度和高速非达西效应的低渗透气藏水平井产能 [J]. 油气地质与采收率，2010，17（5）：53-56.

[108] 李元生，李相方，藤赛男，等. 考虑变启动压降和高速非达西渗流的产能计算新方法 [J]. 石油钻探技术，2012，40（2）：70-75.

[109] Jiang J M，Rami M Y. A generic physics-based numerical platform with hybrid fracture modelling techniques for simulating unconventional gas reservoirs[C]. Paper SPE 173318 presented at the SPE Reservoir Simulation Symposium，Houston，USA，2015.

[110] Zheng Q，Yu B M，Wang S F，et al. A diffusivity model for gas diffusion through fractal porous media[J]. Chemical Engineering Science，2012，68（01）：650-655.

[111] 徐鹏，李翠红，柳海成，等. 多尺度多孔介质有效气体输运参数的分形特征 [J]. 地球科学，2017，42（08）：1373-1378.

[112] 牟新竹，陈振乾. 多尺度分形多孔介质气体有效扩散系数的数学模型 [J]. 东南大学学报（自

然科学版），2019，49（03）：520-526.

[113] 王昌进，张赛，徐静磊 . 基于渗透率修正因子的气体有效扩散系数分形模型 [J]. 岩性油气藏，2021，33（03）：162-168.

[114] 王昌进 . 多孔介质单相气体扩散及气液两相扩散的分形模型研究 [D]. 昆明：昆明理工大学，2021.

[115] 尹作壮 . 具有粗糙表面的分形多孔介质中气体输运特性的数值模拟 [D]. 武汉：武汉纺织大学，2022.

[116] Xueqi Zhang，Shanshan Yang，Sheng Zheng，et al. Fractal study on the effective diffusion coefficient of gases in rough porous media[J]. Journal of Materials Engineering and Performance，2023：1-13.

[117] Xu P，Qiu S X，Cai J C，et al. A novel analytical solution for gas diffusion in multi-scale fuel cell porous media[J]. Journal of Power Sources，2017，362：73-79.

[118] Shou D H，Fan J T，Mei M F，et al. An analytical model for gas diffusion though nanoscale and microscale fibrous media[J]. Microfluidics and nanofluidics，2014，16（43132）：381-389.

[119] Xiao B Q，Yan H X，Xiao S X，et al. An analytical model for gas diffusion through fractal nanofibers in complex resources[J]. Journal of Natural Gas Science and Engineering，2016，33：1324-1329.

[120] Zheng Q，Xu J，Yang B，et al. Research on the effective gas diffusion coefficient in dry porous media embedded with a fractal-like tree network[J]. Physica A：Statistical Mechanics and its Applications，2013，392（6）：1557-1566.

[121] 马亮，何榕 . 分形多孔介质中气体稳态扩散 [J]. 清华大学学报（自然科学版），2013，53（10）：1459-1463.

[122] 李长俊，刘雨寒，贾文龙 . 多组分非理想气体扩散系数的改进 [J]. 油气储运，2019，38(03)：297-302.

[123] 张舒，刘思嘉，杨雅敏，等 . 基于气凝胶气体扩散的二氧化碳浓度梯度平台的设计 [J]. 生命科学仪器，2021，19（02）：55-60.

[124] Ismail Olumegbon Adewale，Ibrahim Olanrewaju Alade，Mojeed Oyedeji Opeyemi，et al. Development of machine learning models for the prediction of binary diffusion coefficients of gases[J]. Engineering Applications of Artificial Intelligence，2023，123：106279.

[125] 张路 . 多孔介质中页岩气赋存及输运机理研究 [D]. 重庆：重庆大学，2022.

[126] Sharma A，Namsani S，Singh J K. Molecular simulation of shale gas adsorption and diffusion in inorganic nanopores[J]. Molecular Simulation，2014，41（5-6）：414-422.

[127] Wang Z，Li Y，Liu H，et al. Study on the adsorption，diffusion and permeation selectivity of shale gas in organics[J]. Energies，2017，10（1）：142.

[128] Sui H，Yao J. Effect of surface chemistry for CH_4 /CO_2 adsorption in kerogen：A molecular simulation study[J]. Journal of Natural Gas Science and Engineering，2016，31：738-746.

[129] Collell J，Galliero G，Vermorel R，et al. Transport of multicomponent hydrocarbon mixtures in shale organic matter by molecular simulations[J]. The Journal of Physical Chemistry C，2015，119（39）：22587-22595.

[130] Maginn E J，Bell A T，Theodorou D N. Transport diffusivity of methane in silicalite from equilibrium and nonequilibrium simulations[J]. The Journal of Physical Chemistry，1993，97（16）：4173-4181.

[131] Bhatia S K，Nicholson D. Molecular transport in nanopores[J]. The Journal of Chemical Physics，2003，119（3）：1719-1730.

[132] Bhatia S K，Nicholson D. Hydrodynamic origin of diffusion in nanopores[J]. Physical Review Letters，2003，90（1）：016105.

[133] Zhao Y，Feng Y，Zhang X. Selective adsorption，and selective transport diffusion of CO_2-CH_4 binary mixture in coal ultramicropores[J]. Environmental Science & Technology，2016，50(17)：9380-9389.

[134] Tao H，Zhang L，Liu Q，et al. Competitive adsorption and selective diffusion of CH_4 and the intruding gases in coal vitrinite[J]. Energy & Fuels，2019，33（8）：6971-6982.

[135] Li Y，Hu Z，Duan X，et al. The general form of transport diffusivity of shale gas in organic-rich nano-slits-A molecular simulation study using Darken approximation[J]. Fuel，2019，249：457-471.

[136] Kazemi M，Maleki H，Takbiri-Borujeni A. Molecular dynamics study of transport and storage of methane in kerogen[C]. SPE Eastern Regional Meeting. OnePetro，2016.

[137] Kazemi M，Takbiri-Borujeni A. Effect of adsorption in flow of gases in organic nanopores：A molecular dynamics study[C]. SPE/AAPG/SEG Unconventional Resources Technology Conference. OnePetro，2016.

[138] 曹成，陈星宇，张烈辉，等.气藏注 CO_2 提高采收率及封存评价方法研究进展 [J]. 科学技术与工程，2024，24（18）：7463-7475.

[139] 王亚男.页岩储层 CO_2 埋存数值模拟研究 [D]. 成都：西安石油大学，2023.

[140] Van D B M J，Cantle J，Boutkan V K. Carbon dioxide disposal from coal-based IGCC's in depleted gas fields[J]. Energy Conversion and Management，1992，33（5）：603-610.

[141] Al-Hashami A，Ren S R，Tohidi B. CO_2 injection for enhanced gas recovery and geo-storage：reservoir simulation and economics [C]// Proceedings of the SPE Europec/EAGE Annual Conference. Madrid：SPE Joumal，2005.

[142] Patel M J，May E F，Johns M L. High-fidelity reservoir simulations of enhanced gas recovery with supercritical CO_2[J]. Energy，2016，111：548-559.

[143] 时贤，祝东峰，杨柳，等.注 CO_2 提高页岩气采收率数值模拟研究 [C]// 中国力学大会-2017暨庆祝中国力学学会成立 60 周年大会论文集．北京：中国石油大学（华东）非常规油气与新能源研究院，中国石油煤层气有限责任公司，中国科学院力学研究所，中国石油大学（华

东）石油工程学院，2017：1164-1172.

[144] 刘树阳，孙宝江，宋永臣，等 . CO_2 提高天然气采收率的重力效应与气藏压力影响模拟 [J]. 中国石油大学学报（自然科学版），2020，44（3）：81-89.

[145] Zhao X，Chen Z，Wang B，et al. A multi-medium and multimechanism model for CO_2 injection and storage in fractured shale gas reservoirs[J]. Fuel，2023，345 : 128167.

[146] Nuttal B C，Eble C，Bustin R M，et al. Analysis of Devonian black shales in Kentucky for potential carbon dioxide sequestration and enhanced natural gas production[M]//Greenhouse Gas Control Technologies 7. Elsevier，2005:2225-2228.

[147] Tang C，Zhou W，Chen Z，et al. Numerical simulation of CO_2 sequestration in shale gas reservoirs at reservoir scale coupled with enhanced gas recovery[J].Energy，2023，277：127657.

[148] Olajire A A，Dewers T A. A review of mineral carbonation technology in sequestration of CO_2 [J]. Journal of Petroleum Science and Engineering，2019，109：364-392.

[149] Sun H，Yao J，Gao S H，et al. Numerical study of CO_2，enhanced natural gas recovery and sequestration in shale gas reservoirs[J]. International Journal of Greenhouse Gas Control，2013，19（11）：406-419.

[150] Jiang J M，Shao Y，Rami M Y. Development of a multi-continuum multi-component model for enhanced gas recovery and CO_2 storage in fractured shale gas reservoirs[C]. Paper SPE 169114 presented at the SPE Improved Oil Recovery Symposium，Tulsa，Oklahoma，USA，2014.

[151] Xu R N，Zeng K C，Zhang C W，et al. Assessing the feasibility and CO_2 storage capacity of CO_2 enhanced shale gas recovery using Triple-Porosity reservoir model[J]. Applied Thermal Engineering，2017，115：1306-1314.

[152] Liu F，Ellett K，Xiao Y，et al. Assessing the feasibility of CO_2 storage in the New Albany Shale（Devonian-Mississippian）with potential enhanced gas recovery using reservoir simulation[J]. International Journal of Greenhouse Gas Control，2013，17：111-126.

[153] Liu D，Li Y，Agarwal R K. Numerical simulation of long-term storage of CO_2 in Yanchang shale reservoir of the Ordos basin in China [J]. Chemical Geology，2016，440：288-305.

[154] Kim T H，Cho J，Lee K S. Evaluation of CO_2 injection in shale gas reservoirs with multi-component transport and geomechanical effects [J]. Applied Energy，2017，190：1195-1206.

第 2 章

页岩气藏储渗特征及多尺度流动机理

泥页岩通常被认为是薄层状或者薄页状节理发育并主要由细粒碎屑、黏土矿物和有机质物质等组成的碎屑沉积岩[1]。而页岩气则是指主要以吸附态吸附于页岩黏土和有机质表面，以游离态存在于泥页岩孔隙中的非常规天然气，其成分以甲烷为主。由于页岩储层低孔隙度、超低渗透率的特征，以及不同于常规储层的自身集生烃层、储层和盖层为一体的特殊成藏系统，页岩气藏形成了复杂的多尺度孔隙结构和多样的气体赋存状态。同时，对于页岩气藏，常规的开采方式几乎无自然产能或产能极低，往往需要采用长水平井结合大规模体积压裂方式沟通天然裂缝形成复杂的裂缝网络系统来获得经济产能，从而导致了页岩储层的多尺度、强非线性渗流特征。

对于页岩气藏开展数值模拟研究，准确掌握页岩储层的基本地质、地化特征和复杂多尺度渗流机理是基础。因此，本章在广泛调研文献的基础上，以四川盆地龙马溪页岩为研究背景，结合 X 射线衍射、扫描电镜、低压氮气吸附、有机碳（TOC）测试、单轴 / 三轴岩石力学测试等实验和测试成果，进一步开展了页岩岩样核磁共振、岩屑压力衰竭测试、CH_4 和 CO_2 超临界等温吸附等室内实验，系统总结和分析了页岩岩石学特征、页岩孔隙结构特征、页岩物性（孔隙度、渗透率）特征等；开展页岩气藏多尺度储集空间中强非线性、多重输运机制渗流理论研究，并建立耦合渗流模型进行描述和表征。

2.1　页岩气藏基本特征

2.1.1　页岩气藏成藏特征

页岩气是赋存于富含有机质的泥页岩或泥页岩夹层中的非常规天然气。页岩气藏具有生储盖一体、连续成藏、低孔隙度、超低渗透率、无明显圈闭等特征。同常规油气藏相比，页岩气在成藏方面主要表现为以下几个方面的差异。

（1）成藏地质年代较早

地下油气在由生烃层产生之后，通常会在地层压力、地热力、重力以及水动力等共同作用下沿着诸如裂缝、断层等高渗透通道运移到具有一定构造和岩性的渗透性储层中聚集成藏。而剩下的存在于泥页岩或夹层中的气体则会以吸附态附着于页岩基质表面，以游离态储存在基质孔隙和微裂缝中以及少量气体以溶解态存于干酪根、沥青质和残留水中。因此，页岩成藏时间普遍早于常规油气藏，据研究，北美页岩气藏地质年代主要为古生代泥盆纪、密西西比纪等，而我国四川盆地页岩气藏地质年代主要为志留纪。

（2）无明显圈闭特征

圈闭是常规油气藏中油气保存聚集的必要条件，而圈闭控制理论已成为石油工程师们勘探发现油气藏的重要指导性理论。页岩气藏虽然被称为“藏”，但其相关特征并不明显，页岩气藏通常呈广泛的连片分布且不存在传统油气藏定义的边界，“自生自储”也决定了页岩气藏不受构造和岩性等因素控制。

（3）埋深较深、地层压力异常高压

据统计，国内外页岩气藏的埋藏深度普遍较深（图 2.1），北美巴尼特（Barnett）页岩埋藏深度为 1950 ～ 2550m，海恩斯维尔（Haynesville）页岩气藏为 3200 ～ 4100m；而我国四川盆地龙马溪组页岩气藏埋藏深度为 2000 ～ 4000m，延长三叠系页岩气藏为 2800 ～ 4000m。同时，在页岩储层相对密闭的空间中，随着生烃物质转化为低密度天然气，物质密度变小造成了体积膨胀和地层压力升高。因此，页岩气藏的地层压力比常规油气藏偏高，且存在异常高压特征。从矿场统计数据来看，北美页岩气藏地层压力系数范围为 0.9 ～ 2.0，四川盆地龙马溪组压力系数范围为 1.3 ～ 2.3。

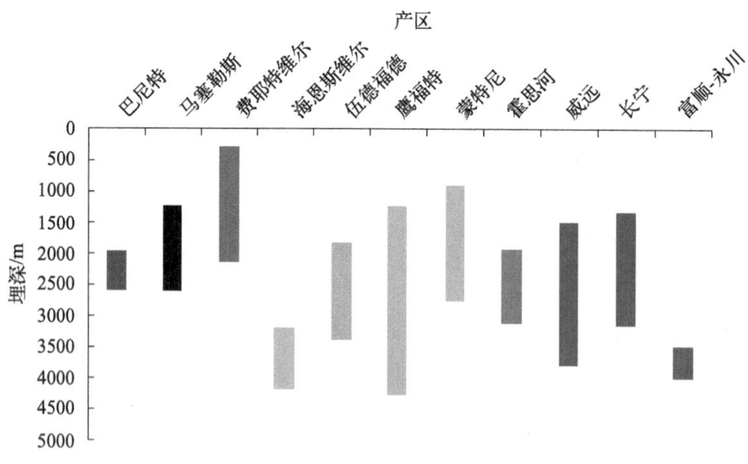

图 2.1　国内外主要页岩气产区页岩储层埋深统计

2.1.2　页岩气藏岩石学及有机地化特征

2.1.2.1　矿物组成

泥页岩矿物组成非常复杂，除蒙脱石、伊利石等黏土矿物外，还包括石英等碎屑和黄铁矿等自生矿物。页岩的不同矿物组成对页岩孔隙结构、地质力学性质和吸附解吸特性等都有一定影响。通常采用弹性模量和泊松比来表征页岩脆性，从而反映页岩在地应力作用下水力压裂裂缝形成时的破坏力。因此，结合矿物组成对页岩进行脆性评价是对页岩进行水力压裂改造的基础，对形成复杂的人工压裂缝网意义重大。同时，黏土矿物虽然会减小页岩脆性，伊利石 - 蒙脱石混层的水敏性造成遇水膨胀，阻塞孔道，降低页岩渗透率和孔隙度。但是，黏土矿物也提供了更大的比表面积，能增加气体的吸附量。

据文献 [2]，通过对龙马溪组岩样进行 X 射线衍射实验，得到龙马溪组岩样中石英等脆性矿物含量较高，平均含量超过 50%，表明龙马溪组页岩脆性较强；总黏土矿物平均含量为 40%，且不含蒙脱石等膨胀性黏土矿物。同时，如图 2.2 所示，相较于 Barnett 页岩，龙马溪组石英含量略低，总黏土含量相对偏高。

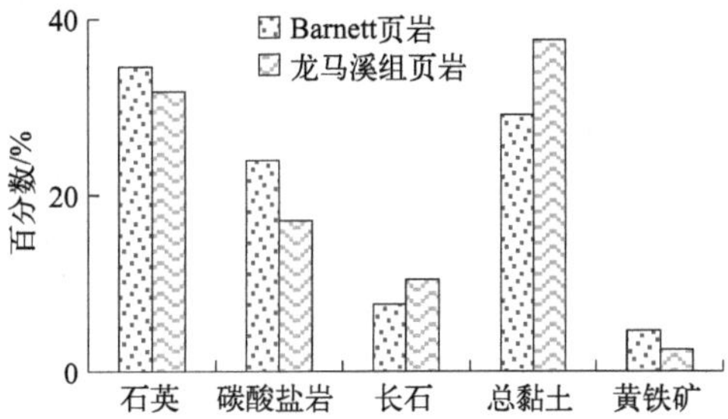

图 2.2　龙马溪组页岩与 Barnett 页岩的矿物组分对比柱状图（龙马溪组页岩数据源于文献 [2]，Barnett 页岩数据源于 Kale 等 [3]）

2.1.2.2　化学元素

通过分析岩石化学元素组成，可以获得岩石基本属性参数，特定的化学元素还可以反映相应的沉积环境。刘佳 [4] 和陈果 [5] 采用 X 射线荧光光谱仪对龙马溪组的岩样样品进行化学元素组成测试。对测试结果进行分析可知：龙马溪页岩含大量 Si 元素，其次为 Al 元素、C 元素和 Ca 元素。另外，还少量存在 Fe、Mg、K、Na 等元素以及 Ba、Sr、Zr 、Rb、Cu 等微量元素。同时，蒋裕强等 [6] 指出，一般情况下，页岩 Si 含量在 45% ～ 80% 之间，Al 含量在 12% ～ 25% 之间，Ga 含量在 0.2% ～ 12% 之间。

2.1.2.3　有机质丰度

有机质丰度是指烃源岩中有机质的质量百分含量，在页岩气藏中，通常采用总有机碳含量（TOC）来表征 [2]。在北美页岩气研究中 [7]，将 TOC 下限作为优质页岩的重要评价指标，并给出了 2% 的下限值。本书中，通过调研龙马溪页岩 TOC

测试数据[4,5]，分析得到：龙马溪组页岩 TOC 含量相比北美页岩气较低，其分布范围在 0.6% ～ 8% 之间，平均值为 1.9%。同时，结合四川盆地已开采获得工业产量的页岩区块 TOC 含量分析，对于我国的海相页岩气藏，采用 1% 的 TOC 下限更为合理。

近年来，学者 Zuber 等[8]、Chen 等[9] 和陈果[5] 在进行页岩岩样等温吸附实验中，均发现了 TOC 含量与饱和吸附量之间存在着线性相关性。如图 2.3 所示（书后另见彩图），龙马溪组 TOC 与饱和吸附量之间呈现了类似北美页岩气藏较好的正相关性，说明了有机质孔隙为甲烷提供了巨大的吸附表面。而在本书第 5 章中构建的页岩气藏渗流数学模型中，也通过定义有机质体积比 f_O 来定量表征有机质含量大小对甲烷吸附解吸量和总产气量的影响。

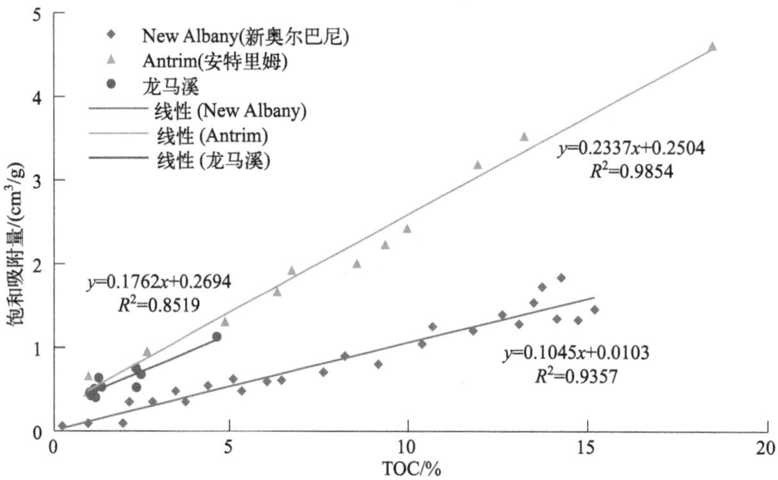

图 2.3　TOC 与饱和吸附量关系（龙马溪组页岩数据源于文献 [104]，New Albany 和 Antrim 页岩数据源于文献 [107]）

2.1.2.4　有机质类型和热成熟度

四川龙马溪组泥页岩干酪根类型主要为Ⅰ型～Ⅱ$_{1\text{-}2}$型，易于生油，并随热演化程度增加，原油裂解生气[9]。龙马溪组均为陆棚环境，有机质来源于浮游生物，而且此时植物尚未登陆，故龙马溪页岩干酪根为海相成因的干酪根。

有机质的成熟度（R_o）即有机质热演化程度，用于划分有机质演化阶段，能够反映富含有机质烃源岩的生烃潜力。$R_o < 0.5\%$，未成熟，生物化学生气阶段；$0.5\% < R_o < 1.5\%$，成熟，热催化生油气阶段；$1.5\% < R_o < 2.0\%$，高成熟，热裂解生凝析气阶段；$R_o > 2.0\%$，过成熟，深部高温生气阶段。四川龙马溪组泥页岩的 R_o 在 1.85% ～ 3.3% 范围内，属于高成熟晚期至过成熟期。

2.1.3　页岩气藏孔隙类型及结构特征

2.1.3.1　孔隙和裂缝类型

页岩气藏孔隙和裂缝类型非常复杂，且存在较大尺度差异的多尺度孔隙分布特征。目前，国内外针对页岩储层的孔隙类型都缺少行业标准。国外学者 Loucks 等[10]针对北美页岩孔隙发育特征，将页岩孔隙类型分为如下 5 种。

① 极微孔：孔径＜ 1nm。

② 纳米孔：孔径在 1nm ～ 1μm 之间。

③ 微孔：孔径在 1 ～ 62.5μm 之间。

④ 中孔：孔径在 62.5μm ～ 4mm 之间。

⑤ 宏孔：孔径＞ 4mm。

而国内学者张金川等[11]和聂海宽等[12]针对四川盆地页岩气进行了储层类型分类。

如表 2.1 所列，本书结合国内外泥页岩文献描述的孔隙分类方案和孔隙类型，将泥页岩储集空间分为裂缝和基质孔隙两大类。按照成因，基质孔隙可进一步区分为无机孔、有机质孔，其中无机孔主要包括粒间孔和粒内孔；裂缝可分为构造张裂缝、构造剪裂缝、层间页理缝及成岩收缩缝。

表 2.1　泥页岩储集空间分类[5, 13]

大类	亚类		类型	成因
裂缝	裂缝		构造张裂缝	岩石受到外力后在垂直于张应力的方向上产生的裂缝
			构造剪裂缝	剪切变形而形成的破裂缝
			层间页理缝	因沉积作用而形成的页理间孔缝
			成岩收缩缝	成岩作用中黏土等矿物失水形成
基质孔	无机孔	粒间孔	颗粒粒间孔	石英等粒状颗粒之间存在的孔隙
			黏土片间孔	集合状片层、层状黏土颗粒间的孔隙
			晶间孔	自生矿物晶间架构成的孔隙，包括黄铁矿、自生黏土等颗粒
			边缘孔	粒状颗粒与片状矿物间、有机质与碎屑颗粒间等存在的压扁状孔或拉伸孔
		粒内孔	粒内溶孔	长石、球粒和粪球粒等颗粒内部溶蚀形成的孔隙
			解理缝	矿物颗粒内部的解理缝及其经压实扭曲扩大形成的孔隙，主要包括碳酸盐、长石、黏土等颗粒内部的解理缝
			生物孔	生物体腔孔、铸模孔等
	有机质孔			有机质的演化排烃形成，包括干酪根控制的有机孔隙和干酪根演化后留下的类似“溶蚀孔”的有机孔

（1）页岩有机孔

页岩基质中的有机质孔隙主要形成于页岩气的热裂解生烃阶段，有机质孔隙大小与有机质发育程度和演化程度密切相关。大量文献研究表明有机孔形态不规则，孔径在 1 ～ 1000nm 之间。

四川盆地龙马溪组页岩基质中有机质孔隙尺寸一般分布在几纳米至几百纳米之间（图 2.4），结合 N_2 吸附法测试结果表明，四川盆地龙马溪组泥页岩中的有机质孔隙多为微孔和中孔，也有少量大孔发育。

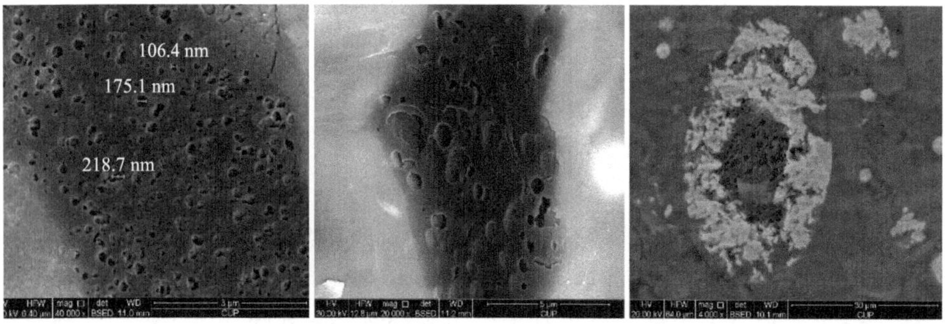

图 2.4　龙马溪组页岩基质中有机质孔隙

页岩气藏中的有机质纳米级孔隙及其发育在页岩气的储存方面起着非常重要的作用。与微孔隙相比，纳米级孔隙比表面积更大。对于相同的孔隙体积，孔隙比表面积与孔隙直径成反比。同时有机孔内部呈纤维状的结构，增加了孔隙内部气体吸附的比表面积。页岩气藏中有 20% ～ 85% 的页岩气都以吸附态赋存于干酪根和黏土矿物表面。有机质孔隙与页岩气藏渗透率、气藏产能之间都具有非常紧密的联系。

四川盆地龙马溪组泥页岩储层中发育的有机质孔隙按其形成原因又可分为干酪根控制的有机孔隙和干酪根演化后留下的类似“溶蚀孔”的有机孔；其中，干酪根控制的有机孔大小分布相对比较均匀，粒径 10nm ～ 2μm，一般呈网状分布，不同孔隙间的连通性较好［图 2.5（a）］；而有机“溶蚀孔”大小差异则较大，粒径 50nm ～ 10μm，孔隙形状不规则，一般独立分布，不同孔隙间的连通性较差［图 2.5（b）和图 2.5（c）］。龙马溪组泥页岩中有机孔以干酪根控制占绝对优势，有机“溶蚀”较少见。Milner 和 McLin[14] 在 Barnett 页岩、Marcellus 页岩等中也发现了类似有机质孔隙［图 2.5（d）～图 2.5（f）］。

（2）无机质孔

页岩储层基质中除了有机质之外，还存在大量的无机矿物质，包括石英、斜长石、方解石、白云石等。综合分析扫描电镜结果，可将页岩基质中的无机质孔隙分为粒间孔和粒内孔两大类（表 2.1）。

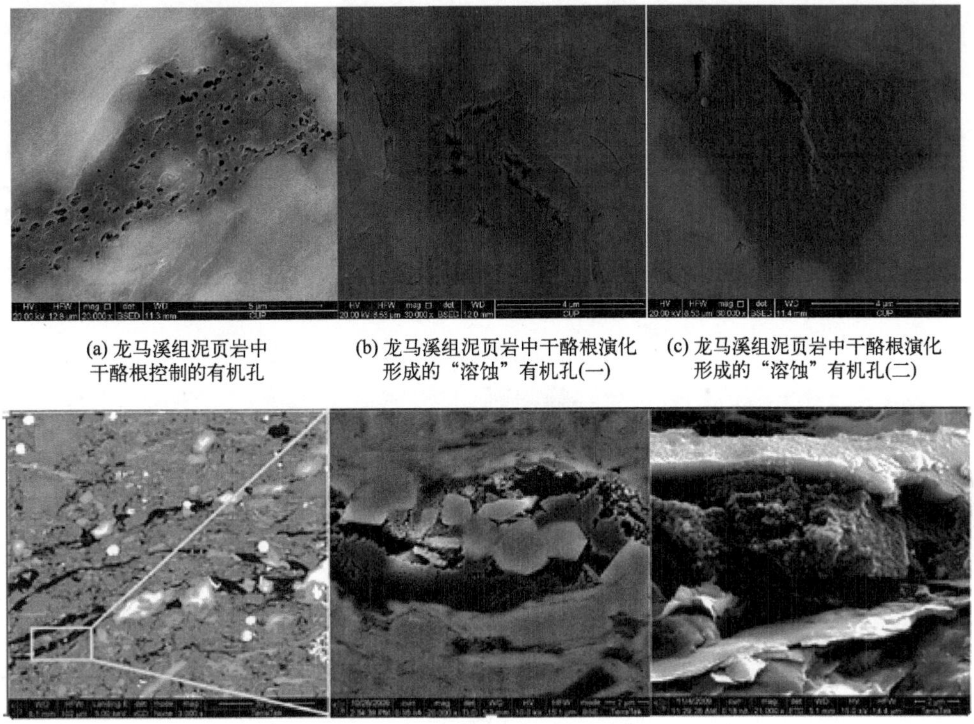

(a) 龙马溪组泥页岩中干酪根控制的有机孔　(b) 龙马溪组泥页岩中干酪根演化形成的“溶蚀”有机孔(一)　(c) 龙马溪组泥页岩中干酪根演化形成的“溶蚀”有机孔(二)

(d) Marcellus页岩孔隙结构总览 (Milner和Mclin[14])　(e) (d) 中黄色框线内放大图像(一) (显示了干酪根转变后留下的较大孔隙)　(f) (d) 中黄色框线内放大图像(二)

图 2.5　龙马溪组页岩基质中有机质孔隙

1）颗粒粒间孔

颗粒粒间孔隙主要包括原生粒间孔、残余粒间孔和溶蚀粒间孔（图 2.6）。原生粒间孔是泥页岩中石英等粒状颗粒间保存下来的原生孔，主要分布在粒状矿物间，未见溶蚀和自生矿物充填；残余粒间孔是指原生粒间孔中被胶结物所充填，剩余部分的孔隙；溶蚀粒间孔指原生粒间孔有被溶蚀的特征，例如粒状颗粒边缘呈港湾状等。四川盆地龙马溪组泥页岩由于压实作用强烈，通过电镜下观察到的残余粒间孔并不发育。整体上讲，岩石中粒状颗粒间的粒间孔不是主要的孔隙类型，以原生粒间孔占优，存在少量残余粒间孔，难见溶蚀粒间孔。

2）黏土片间孔

片状、纤状黏土集合状中，片状黏土颗粒间的孔隙，一般为弯片状或者缝网状；这类孔隙主要存在片状黏土集合体颗粒之间，与颗粒粒间孔相比，颗粒粒间孔多呈不规则多边形。龙马溪组泥页岩中，黏土片间孔是主要的储集空间类型，各个黏土片间孔相互连通形成缝网。黏土片间孔的孔径一般较小，大概在几纳米至几百纳米之间变化（图 2.7）。

(a) 原生粒间孔　　(b) 残余粒间孔　　(c) 溶蚀粒间孔

图 2.6　龙马溪组页岩基质中颗粒粒间孔

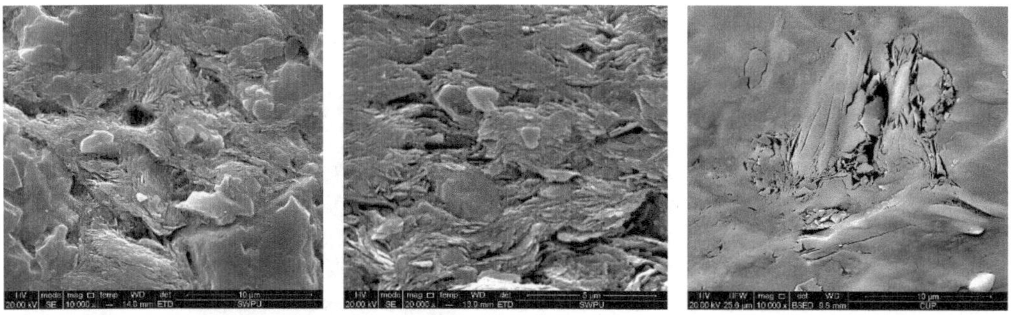

(a)　　(b)　　(c)

图 2.7　龙马溪组页岩基质中黏土片间孔

3）晶间孔

晶间孔是自生矿物晶间架构成的孔隙。主要发育于晶体粗大、晶形较好的矿物集合体中，四川盆地龙马溪组页岩储层中的晶间孔孔径多分布在 10 ～ 500nm 之间，最常见的草莓状黄铁矿晶粒间的孔隙（图 2.8）。此外，还可以观察到少量自生碳酸盐矿物、自生石英和长石间的晶间孔。整体上晶间孔含量比较少。

(a) 黄铁矿晶间孔　　(b) 自生方解石晶体晶间孔　　(c) 自生石英间晶间孔

图 2.8　龙马溪组页岩基质中晶间孔

4）边缘孔

粒状颗粒与片状矿物间、有机质与碎屑颗粒间等存在的压扁状孔或拉伸孔（图 2.9）。可能是由于两种颗粒间塑性程度不同，导致不均衡压实作用的结果；以及加上泥页岩本身胶结作用弱，两种颗粒间缺乏胶结物。龙马溪组干酪根与无机颗粒间的边缘孔比较常见。

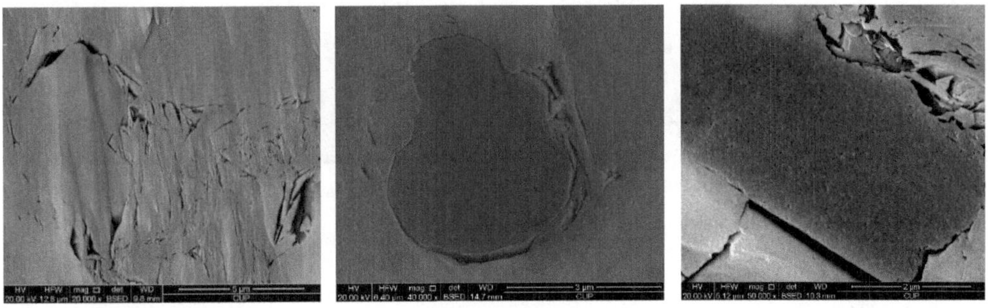

(a) 粒状颗粒与片状矿物间边缘孔间孔(1)　(b) 粒状颗粒与片状矿物间边缘孔间孔(2)　(c) 有机质与碎屑颗粒间边缘孔

图 2.9　龙马溪组页岩基质中边缘孔

页岩基质有机质与无机矿物之间存在的边缘孔虽然只占页岩总孔隙体积的小部分，但它却起着连通页岩储层中有机质孔隙和无机质孔隙的作用，对于页岩气的储存和运移产出有着重要的作用。

5）粒内溶蚀孔

四川盆地马溪组泥页岩中发育有大量溶蚀孔（图 2.10）。在扫描电镜下可以观察到，粒内溶孔相对较小，孔径多分布在 0.05 ～ 2μm 范围内；粒间溶孔则较大，孔径多分布在 1 ～ 10μm 范围内。

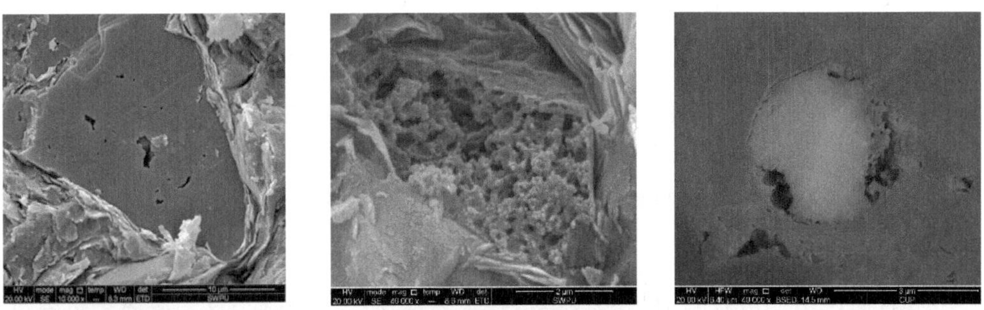

(a) 长石溶蚀孔　(b) 磷酸盐颗粒的粒内溶孔　(c) 黄铁矿形成的溶蚀孔

图 2.10　龙马溪组页岩基质中粒内溶孔

6）解理缝

颗粒内部的解理缝及其经压实扭曲扩大形成的孔隙，是矿物固有的物理性质，单个矿物颗粒内部的孔缝，并因溶蚀作用形成扩大的解理缝（图 2.11）。解理缝是有规律的分布，这是与其他储集空间的最大区别。黏土矿物和云母属于层状硅酸盐矿物，这类矿物解理发育，是泥页岩中主要的储集空间类型之一。

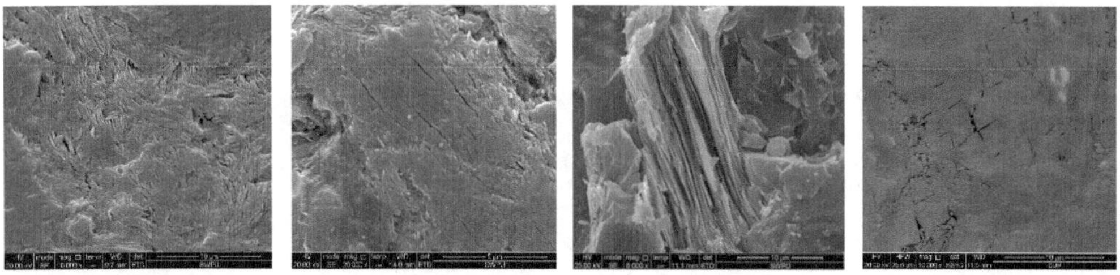

(a) 黏土矿物形成的解理缝　　(b) 云母解理缝　　(c) 方解石解理缝

图 2.11　龙马溪组页岩中的解理缝

7）生物孔

Yang 等 [15] 在牛蹄塘组中观察到微化石，且大多数微化石中的生物孔都被次生石英、方解石或者有机颗粒充填，且这些孔隙最大直径为 30μm［图 2.12（a）］。牛蹄塘组中的硅质细菌和藻类孢子中都发现了纳米孔，硅质鱼鳞藻在牛蹄塘组海相泥页岩中常见，这些藻类的体腔内含有生物孔和有机质［图 2.12（b）］。

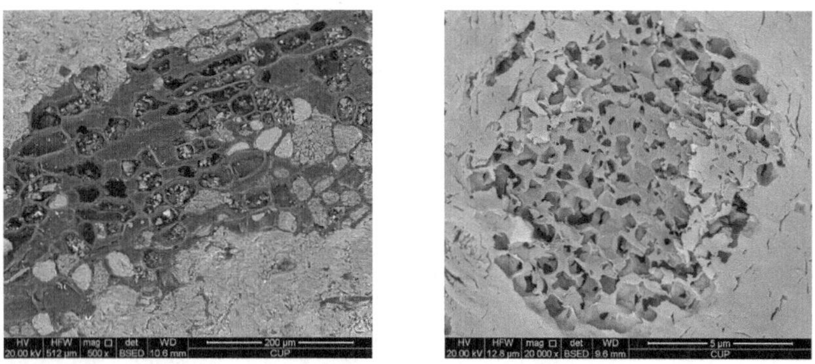

(a)　　(b)

图 2.12　牛蹄塘组中微化石和细菌中的纳米孔（部分被充填）（Yang 等 [15]）

页岩储层中一般发育有天然裂缝，在页岩储层中，裂缝不仅为游离态页岩气提供了储存空间，更重要的是它可以连通页岩中发育的各类孔隙。借助于裂缝，页岩储层中发育的各类孔隙形成了一个相互连通的孔隙网络，从而有利于页岩气的产出。页岩储层中天然裂缝的规模和发育程度直接影响页岩中孔隙的连通程度和页岩储层渗透率的大小，对裂缝的分布及形态特征进行研究有助于理解页岩气在储层中的运移过程及规律。

页岩气藏中的裂缝大多形成于烃源岩有机质演化过程中，并且随着气藏压力的变化，会出现开启和闭合等现象。页岩中发育的天然裂缝主要分为构造缝、层间页理缝及成岩收缩缝。

① 构造缝。构造缝是指岩石在构造应力作用下形成的裂缝系统，是裂缝中最主要的类型，也是四川盆地龙马溪组页岩储层中最常见的裂缝类型。构造缝常成组出现，边缘裂隙面比较平直，具有明显的方向性且延伸较远。在宏观岩心上观察，构造裂缝缝面较平直，具有穿层性，有些裂缝局部或全部被方解石充填。主要包括了张裂缝和剪裂缝两类。

张裂缝是岩石受到外力后在垂直于张应力的方向产生的裂缝。在岩心观察上可看到构造张裂缝缝面不平整，多数已被矿物半充填或完全充填[图 2.13(a) 和图 2.13(c)]，且多为高角度缝，缝宽和长度变化较大。

剪裂缝是因剪切变形而形成的裂缝，其裂缝缝面通常平直光滑 [图 2.13 (b) 和图 2.13 (d)]。

(a) 贵州省江口县I1n页岩张性构造缝　(b) 四川省长宁县S1l页岩剪性构造缝

(c) 川南龙马溪组泥页岩构造张裂缝　(d) 川南龙马溪组泥页岩构造剪裂缝

图 2.13　泥页岩中的构造缝（龙鹏宇等[16]）

② 层间页理缝。层间页理缝是页岩储层中平行层理与层面之间的微裂缝，该类微裂缝在龙马溪组层理发育的页岩中较为常见（图 2.14），其开度一般较小。

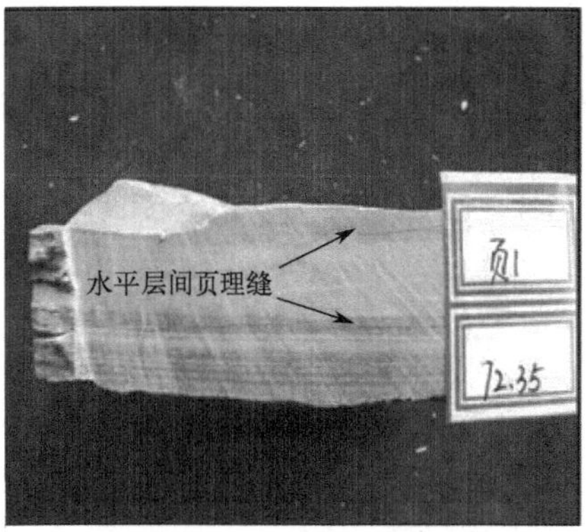

(a) 重庆市彭水县S1l页岩层间页理缝

(b) 川南龙马溪组泥页岩扫描电镜下的层间页理缝

图 2.14　层间页理缝

③ 成岩收缩缝。成岩收缩缝主要形成于成岩过程中，在上覆岩石压力的作用下，泥页岩发生收缩、脱水等导致岩石体积减小而产生微裂缝。扫描电镜下的成岩收缩缝主要存在于黏土矿物中（图 2.15）。

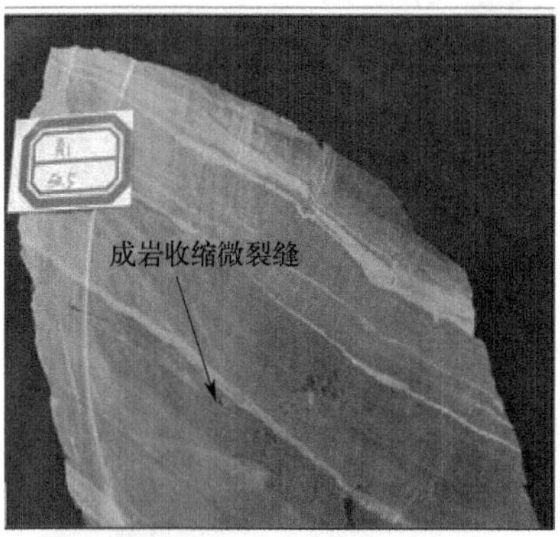

(a) 重庆市彭水县S1l页岩成岩收缩缝

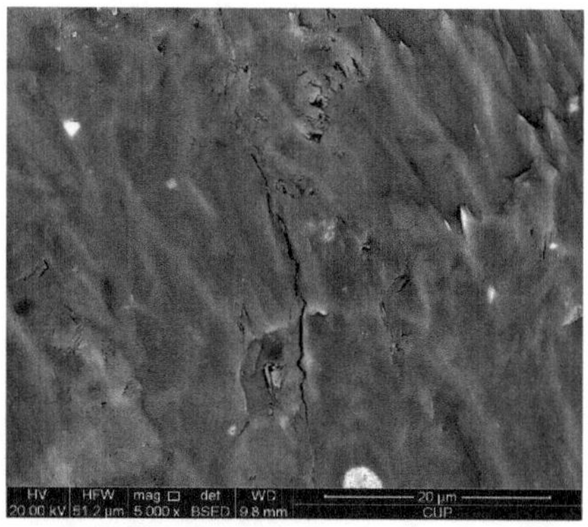

(b) 川南龙马溪组泥页岩扫描电镜下的成岩收缩缝

图 2.15　成岩收缩缝

（3）水力压裂裂缝

同时，在页岩气藏中，除了天然发育的孔隙和微裂缝之外，由于页岩储层的超低渗透率特征，往往需要采用水平井结合多级水力压裂技术构造人工压裂缝网，实现对页岩储层的增产改造。由图 2.16 所示的微地震云图和离散水力压裂缝网分布表明（书后另见彩图）：在地应力和天然裂缝分布的作用下，水力压裂产生了复杂的、不规则的离散裂缝缝网。在第 4 章中，将针对不同的水力压裂缝网形态，构建缝网形态表征模型并在第 6 章中开展压裂水平井压后生产动态预测研究。

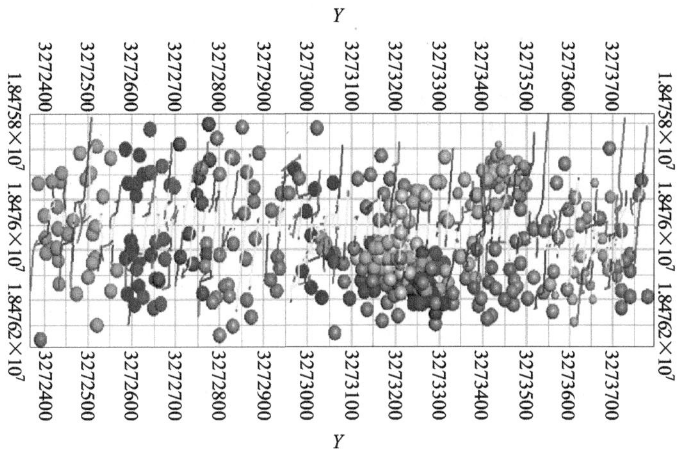

(a) 微地震测试数据云图

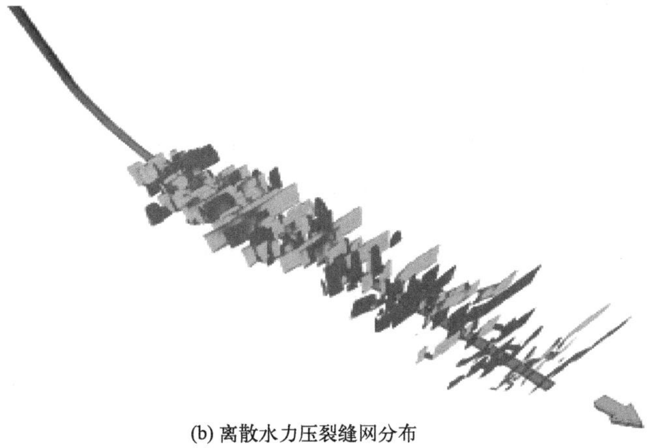

(b) 离散水力压裂缝网分布

图 2.16　龙马溪组某水平井水力压裂裂缝网络

2.1.3.2　孔径分布及核磁共振实验

在 2.1.3.1 部分中，结合岩心观察、电镜扫描、氮气吸附等已有的室内实验成果，实现了对页岩储层孔隙类型和结构的系统认识和分析。为了对页岩孔隙的孔径分布进行定量分析，获取不同尺度孔隙的大致尺度分布范围，通常采用氮气吸附法、高压压汞法和核磁共振法等室内实验手段对页岩岩样进行测试。在本书中，主要介绍采用核磁共振法获取页岩岩样孔径分布的基本原理，进而开展四川盆地龙马溪组岩样的核磁共振测试。

由文献 [17] 可知，在核磁共振测试中，对脉冲信号进行反演可以获得 T_2 横向弛豫时间分布特征，基于核磁共振基本原理，T_2 横向弛豫时间满足：

$$\frac{1}{T_2}=\frac{1}{T_{2B}}+\frac{1}{T_{2D}}+\frac{1}{T_{2S}} \tag{2.1}$$

式中 $1/T_2$——孔隙流体总弛豫率；

T_{2B}——流体的体积弛豫时间；

T_{2D}——分子的扩散弛豫时间；

T_{2S}——表面弛豫时间。

本书采用低场核磁共振仪，磁场梯度可以忽略；同时对于流体，$T_{2B} \gg T_{2S}$，则上式可以简化为：

$$\frac{1}{T_2}\approx\frac{1}{T_{2S}}=\rho\frac{S}{V} \tag{2.2}$$

式中 S——孔隙总表面积；

V——孔隙体积。

特别地，针对球形孔隙模型，$S/V=3/r$；而对于圆柱体孔隙模型，满足 $S/V=2/r$。因此，假设 D 为孔隙直径，则式（2.2）可以改写为：

$$D=2r=4\rho T_2=CT_2 \tag{2.3}$$

由此，建立了弛豫时间与孔隙直径的相关关系。在本书中，采用纽曼公司研制的低场核磁共振仪 MacoMR12-150H-I 对龙马溪组页岩岩样进行核磁共振测试。在测试前，先对不规则岩样抽真空 12h，再在 60MPa 下加压饱和 48h。如图 2.17 所示（书后另见彩图），将测试获得的 T_2 横向弛豫时间分布由式中的拟合系数 C 转化为孔径分布曲线。由图 2.17 可知：龙马溪组页岩样品普遍具有“双峰”特征的孔径分布曲线，左锋峰值位于 2 ～ 50nm 之间，表明微纳尺度孔隙大量发育；而右峰峰值基本超过 100nm，说明介孔和宏孔也对龙马溪组页岩孔隙体积有所贡献。

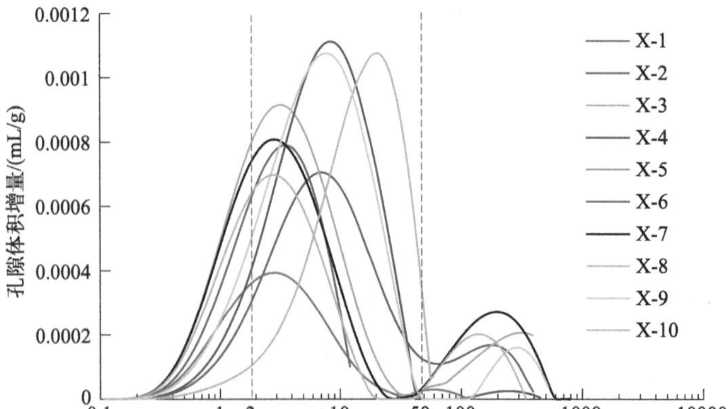

图 2.17 龙马溪组页岩岩样孔径分布

2.1.3.3　孔隙度和渗透率测试

由于页岩储层的低孔、超低渗透率特征，准确获取页岩气藏物性特征（孔隙度和渗透率等）对页岩气藏渗流和数值模拟研究非常重要。目前，对于页岩气藏孔隙度的主要室内实验测试方法包括 GRI 法、低温氮气吸附法、核磁共振法等[2]；对于渗透率的测试方法主要包括压力脉冲衰减法[18]、岩屑压力衰竭法[19]、核磁共振法[20]等。在本书中，针对龙马溪组页岩岩样，主要采用核磁共振法获得孔隙度分布范围，采用岩屑压力衰竭法获得渗透率分布结果。

如图 2.18 所示，采用纽曼公司的低场核磁共振仪 MacoMR12-150H-I 对龙马溪组页岩进行孔隙度测试。类似地，通过核磁共振试验，获得 T_2 横向弛豫时间与信号幅度的变化曲线。为了获得孔隙度，需要采用流体标样进行刻度，获得核磁信号量与孔隙度之间的线性拟合关系，从而将核磁信号量转化为孔隙度，线性拟合公式为：

$$X=a_1\phi_{N_{MR}}+a_2 \tag{2.4}$$

式中　X——测试岩样的单位体积核磁信号量；

$\phi_{N_{MR}}$——核磁孔隙度；

a_1，a_2——拟合系数。

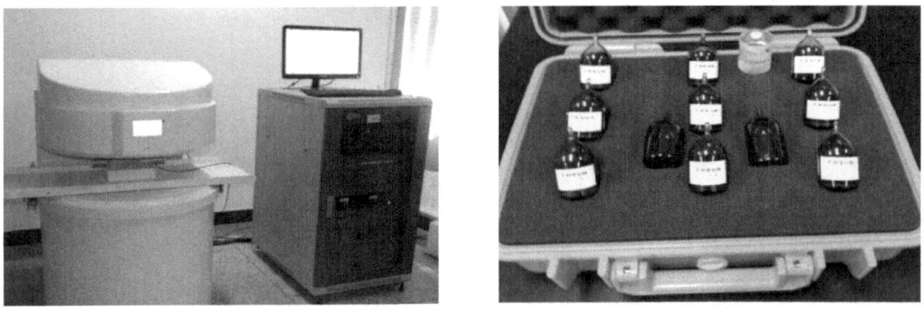

(a) 核磁岩心分析仪　　(b) 孔隙度流体标样

图 2.18　孔隙度测试仪和流体标样

15 个龙马溪组页岩岩屑岩样饱和地层水之后的核磁孔隙度测试结果如表 2.2 所列。其中裂缝百分比和有效孔隙度计算方法可以参考李太伟等[21]的研究成果。由表 2.2 可知：龙马溪组页岩的核磁总孔隙度范围为 3.38% ～ 5.57%，平均为 4.4%；有效孔隙度为 0.84% ～ 2.79%，平均为 1.75%。而 Gannaway 测得北美 Barnett 页岩平均核磁总孔隙度为 7.4%[22]。

表 2.2　龙马溪组页岩岩样孔隙度测试结果

岩样号	核磁总孔隙度 /%	裂缝百分比 /%	有效孔隙度 /%
#1	3.51	1.42	0.84
#2	5.57	5.61	1.31

续表

岩样号	核磁总孔隙度 /%	裂缝百分比 /%	有效孔隙度 /%
#3	4.48	1.01	1.22
#4	5.31	2.62	1.15
#5	4.83	3.45	2.23
#6	3.38	2.09	1.06
#7	4.59	4.52	2.57
#8	4.02	4.12	2.76
#9	4.71	2.23	1.48
#10	3.92	2.61	1.89
#11	5.14	3.77	2.79
#12	4.52	3.32	2.35
#13	5.38	4.81	1.34
#14	3.61	2.31	1.25
#15	3.63	1.42	2.04

如图 2.19 所示，本书采用美国 Temco 公司 SMP-200 型渗透率测试仪对龙马溪组 15 个岩样进行页岩基质渗透率测试。SMP-200 测试仪基于岩屑压力衰竭方法，其渗透率测试范围为 10^{-12} ～ 10^{-3} mD，适合于超低渗页岩储层的基质岩样测试。

(a) SMP-200型渗透率测试仪

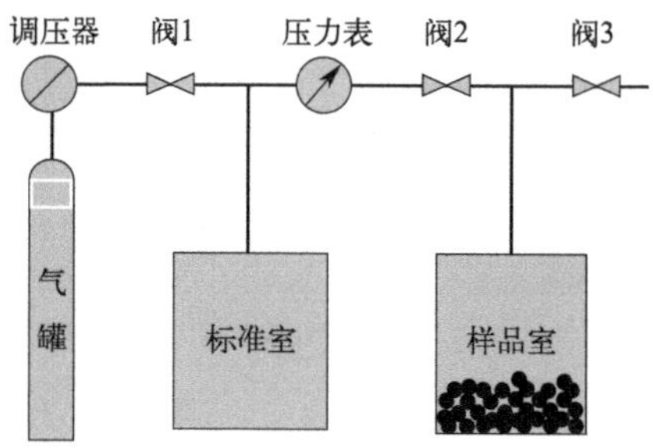

(b) 压力衰竭法实验装置简图

图 2.19 渗透率测试仪及实验装置简图

考虑气体吸附的岩屑压力衰竭方法计算渗透率值的基本原理为：

$$k_{\mathrm{m}}=\frac{R_{\mathrm{a}}^{2}\left[\left(1-\phi_{\mathrm{m}}\right)F_{\mathrm{a}}+\phi_{\mathrm{m}}\right]\mu c_{\mathrm{g}}S}{\xi^{2}} \tag{2.5}$$

$$\tan\xi=\frac{3\xi}{3+F_{\mathrm{c}}\xi^{2}} \tag{2.6}$$

式中 k_{m}——基质渗透率；

R_{a}——岩屑颗粒半径；

F_a——样品吸附气体密度与总气体密度的比值；

c_g——气体压缩系数；

S——样品室剩余气体与样品排开气体体积比值与时间的半对数关系曲线的直线段的斜率；

F_c——样品室体积与样品孔隙体积的比值。

在实验开始前，如图 2.20 所示，需要利用研钵、杵和不同数目的筛选网制备不同粒径大小的页岩岩屑，之后在 80℃条件下烘干约 48h。

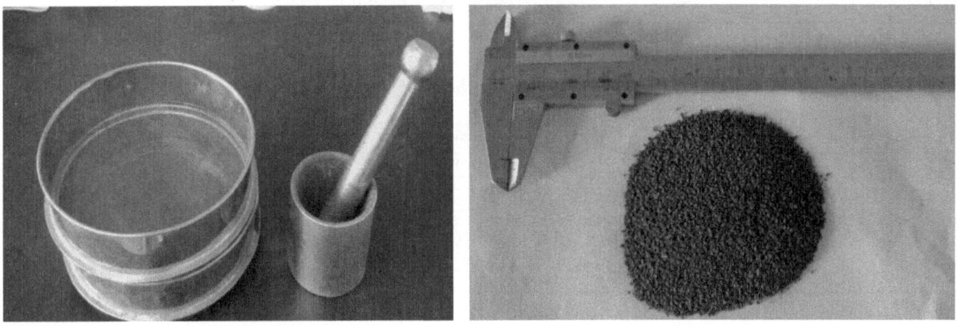

(a) 筛选网、研钵和杵　　(b) 研磨岩样

图 2.20　渗透率测试岩样准备

如表 2.3 所列，对龙马溪组 15 个岩样采用岩屑压力衰竭法测试得到的基质渗透率范围为：（0.101 ～ 3.87）$\times10^{-4}$mD，平均值为 1.79×10^{-4}mD。

表 2.3　龙马溪组页岩岩样渗透率测试结果

岩样号	基质渗透率 /（10^{-4}mD）	岩样号	基质渗透率 /（10^{-4}mD）
#1	0.291	#9	3.87
#2	2.33	#10	2.06
#3	1.71	#11	1.72
#4	0.285	#12	2.01
#5	3.272	#13	1.28
#6	0.141	#14	3.74
#7	0.101	#15	1.76
#8	2.235		

2.1.4　页岩气藏地质力学特征

由于页岩储层的超低渗透率特征，必须进行大规模体积压裂改造才能获得有效产能。因此，准确认识页岩岩石力学性质和特征对压裂施工作业具有重要的作用。

龙马溪组页岩单轴岩石力学实验结果如表 2.4 所列。可以看出：单轴抗压强度分布范围为 34.231 ～ 115.926MPa，平均值为 76.742MPa；杨氏模量分布范围为 0.686×10^4 ～ 2.281×10^4MPa，平均值为 1.16×10^4MPa；泊松比分布范围为 0.034 ～ 0.258，平均值为 0.105。同时，三轴岩石力学实验结果如表 2.5 所列，三轴抗压强度分布范围为 95.2 ～ 444.5MPa，平均值为 199.965MPa；杨氏模量分布范围为 1.002×10^4 ～ 5.651×10^4MPa，平均值为 2.052×10^4MPa；泊松比分布范围为 0.115 ～ 0.3，平均值为 0.220。总体显示较高的杨氏模量和较低的泊松比特征。

表 2.4　龙马溪组单轴岩石力学实验结果

井号	层位	单轴					
		抗压强度 /MPa		杨氏模量 /10^4MPa		泊松比	
		范围	平均值	范围	平均值	范围	平均值
W1	龙马溪组	67.42 ～ 95.05	76.86	—	—	—	—
W2	龙马溪组	71 ～ 92	79.144	0.874 ～ 1.408	1.137	0.034 ～ 0.258	0.13
W3	龙马溪组	34.231 ～ 115.926	74.223	0.686 ～ 2.281	1.183	0.034 ～ 0.113	0.079

表 2.5　龙马溪组三轴岩石力学实验结果

井号	层位	三轴					
		抗压强度 /MPa		杨氏模量 /10^4MPa		泊松比	
		分布范围	平均值	分布范围	平均值	分布范围	平均值
W1	龙马溪组	95.2 ～ 100.2	97.7	1.002 ～ 1.190	1.096	0.27 ～ 0.3	0.285
W2	龙马溪组	164.22 ～ 214.868	189.117	1.517 ～ 2.775	2.026	0.139 ～ 0.238	0.174
W3	龙马溪组	177.195 ～ 263.201	228.773	1.249 ～ 5.651	3.337	0.115 ～ 0.238	0.198
W4	龙马溪组	175.8 ～ 444.5	284.27	1.460 ～ 2.628	1.75	0.187 ～ 0.258	0.222

如表 2.6 所列，分析龙马溪组某区块岩样室内的地应力大小实验表明：最小水平主应力梯度范围为 0.0230 ～ 0.0235MPa/m；最大水平主应力梯度范围为 0.0243 ～ 0.0247MPa/m；垂向应力梯度范围为 0.0255 ～ 0.0272MPa/m。地应力方向对于水平井井轨迹的方位选择影响较大。如图 2.21 所示，由测井数据可以获得区块中部分井的地应力方向情况。

表 2.6　龙马溪组某页岩气区块地应力大小实验数据　　单位：MPa/m

井号	层位	最小水平主应力梯度	最大水平主应力梯度	垂向应力梯度
W1	龙一$_1$亚段	0.023	0.0247	0.026
W2	龙一$_1$亚段	0.023	0.0245	0.0255
W3	龙一$_1$亚段	0.0232	0.0246	0.0255
W4	龙一$_1$亚段	0.0235	0.0243	0.0272

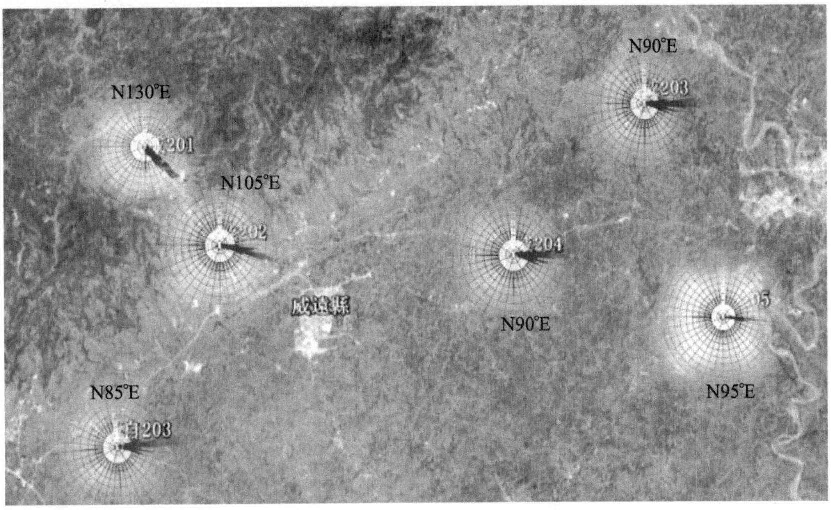

图 2.21　龙马溪组某区块测井地应力分布

如表 2.7 所列，本书对比了龙马溪组页岩与北美页岩气藏基本物性参数的差异，并给出了页岩气藏经济开发的评价指标和指标下限（表 2.8）。从而突出说明了开发龙马溪组页岩的必要性和复杂性。

表 2.7　龙马溪组页岩区块储层关键物性参数与北美主要页岩气藏统计参数对比

页岩名称	Barnett	Ohio	New Albany	Lewis	龙马溪组
盆地	沃斯堡	阿巴拉契亚	伊利诺斯	圣湖安	四川盆地
层位	石炭系	泥盆系	泥盆系	白垩系	下志留统
深度 /m	1980 ～ 2590	611 ～ 1525	185 ～ 1495	90 ～ 1825	2000 ～ 4000
毛厚度 /m	60 ～ 90	90 ～ 611	30 ～ 123	150 ～ 580	80 ～ 180
TOC/%	1.1 ～ 4.5	0.6 ～ 23	1 ～ 21	0.5 ～ 2.4	0.6 ～ 8
成熟度 R_o/%	1 ～ 1.4	1 ～ 1.4	0.6 ～ 1.4	1.6 ～ 1.89	1.85 ～ 3.3
总孔隙度 /%	4.1 ～ 5.1	4.6	10 ～ 15	3.1 ～ 5.6	1 ～ 5
含气量 /（m^3/t）	8.48 ～ 9.90	1.68 ～ 2.84	1.13 ～ 2.27	0.3 ～ 1.28	0.3 ～ 5

表 2.8　页岩气藏经济开采关键参数指标

关键参数	经济开采指标	关键参数	经济开采指标
充气孔隙度 /%	＞ 2	渗透率 /mD	＞ 0.0001
TOC/%	＞ 1	R_o/%	＞ 1.1
脆性矿物含量 /%	＞ 40	黏土矿物含量 /%	＜ 30
有效页岩厚度 /m	＞（30 ～ 50）		

2.2 微纳尺度流动机理

2.2.1 页岩气藏基本储集特征

由 2.1 部分中的分析可知，页岩储层中存在着复杂的多尺度孔隙系统，不仅发育了大量的微纳尺度有机质和无机质孔隙，还有无机质宏孔以及微小尺度天然裂缝等。复杂的孔隙系统也导致了气体在页岩储层中赋存方式的多样性。不同于常规油气藏，页岩气藏中大量气体以吸附态赋存于黏土矿物和有机质干酪根的微纳孔隙表面。同时，在无机质宏孔隙和天然裂缝中还存在着一定量的游离气。而溶解在干酪根和原始气藏束缚水中的溶解气含量相对较少。在对页岩储层中渗流机理进行刻画和表征之前，准确认识页岩气藏气体赋存方式是非常重要的。

2.2.1.1 游离态页岩气

页岩气藏中的游离气主要分布于基质宏孔隙和天然裂缝中。虽然游离气含量相比常规储层较少，但是其在生产的早期阶段却是主要的供气来源。在页岩气井开井生产的早期阶段，游离气在生产压差的作用下，沿着微裂缝和人工压裂缝网等高渗透通道向井供气；而在富含吸附气的基质储层，由于页岩储层的低孔、低渗特征，早期阶段的基质储层压力下降所导致的吸附气脱气量较少。因此，页岩储层中的游离气含量对页岩气井获得工业产能有着积极作用。

2.2.1.2 溶解气

页岩气藏中的溶解气主要是指溶解在有机质干酪根和储层原生水中的溶解气。由于干酪根在生烃之后的气体主要受干酪根微纳尺度孔隙提供的巨大吸附表面而吸附在干酪根表面上，且气体在水中的溶解度很小，所以目前国内外学者对页岩气藏渗流及矿场尺度数值模拟研究时，普遍都忽略了溶解气的含量。

2.2.1.3 吸附气

页岩气藏中存在的吸附气赋存方式是其最大的非常规特征。由于页岩储层微纳尺度孔隙大量发育，孔喉结构复杂且比表面积大，天然气在黏土矿物和有机质表面的吸附赋存量巨大。因此，研究页岩气藏的吸附解吸特性，有助于构建考虑吸附解吸特征的渗流机理模型和研究解吸气量对页岩产量的影响。

在前面的研究中，本书结合室内实验手段和国内外研究成果，揭示了页岩储层中存在的多尺度孔隙类型和结构特征以及复杂的流体赋存形式。在采用多级压裂水平井单井和井组平台对页岩气藏进行开采过程中，流体在浓度和生产压差的作用下通过多尺度孔隙时，呈现出了多尺度、多重输运机制的强非线性流动特征。同时，在水力压裂缝网及其周围储层中，还存在着气 - 水两相流动等复杂流动特征。因此，对页岩气藏的多尺度、多重输运机制渗流特征进行系统分析和准确描述，对后续渗流数学模型和数值模型的建立起着至关重要的作用。

2.2.2　页岩微纳尺度流态划分

目前，对于页岩气藏微纳尺度孔隙中的渗流描述，主要分为分子模拟和连续流动模型两大类。分子模拟主要基于分子动力学，蒙特卡罗模拟方法和格子 - 玻尔兹曼方法，通过建立气体分子模型和黏土矿物、有机质干酪根等晶体结构，模拟在微纳尺度孔隙中一定压力和边界条件下的气体分子运动和气体与孔隙壁面的吸附解吸特征。通过分子模拟，可以实现气体分子在黏土矿物（石英、伊利石等）孔隙和有机质干酪根孔隙及表面在不同时间下的运动状态的直观模拟。但是，如何将数量庞大的微纳尺度孔隙中众多的分子运动过程同宏观渗流相结合，实现矿场尺度页岩气藏的数值模拟仍有待研究。因此，在页岩气藏渗流和数值模拟中普遍采用连续流动模型来描述页岩气藏中的微纳尺度流动过程。

基于连续流动模型，通常采用 Knudsen 数（K_n）对气体在微纳尺度孔隙中的流动阶段进行判断。在储层中，考虑真实气体的 Knudsen 数计算式为：

$$\lambda=31.6\times\frac{\mu_{\mathrm{g}}}{p}\sqrt{\frac{\pi ZRT}{2r_{\mathrm{g}}M_{\mathrm{air}}}}\tag{2.7}$$

$$K_n=\frac{\lambda}{2r_{\mathrm{n}}}\tag{2.8}$$

式中　μ_{g}——气体黏度；

R——气体常数；

M_{air}——空气分子摩尔质量；

r_{g}——相对气体比重；

Z——气体压缩因子；

λ——平均分子自由程；

r_{n}——孔隙半径。

由式（2.8）可知，Knudsen 数即为气体平均分子自由程与基质孔隙直径的比值，同时也反映了在孔隙中气体分子间碰撞作用和气体 - 壁面碰撞作用的影响大小。如图 2.22 所示，当 $K_n < 0.001$ 时，λ 远小于 r_{n}，说明在此类孔隙中，气体分子间的碰撞作用占据主要流动形态，气体与壁面的碰撞作用可以忽略不计，可以由传统的达西渗流规律进行表征；当地层压力或者孔隙直径变小时，气体分子间的碰撞作用减弱，气体与壁面的碰撞作用增强，气体表现出了沿壁面的滑脱流动特征。对于滑脱系数的计算，学者 Klinkenberg[23]、Ertekin 等[24]、Florence 等[25]、Javadpour[26] 通过

理论和室内实验方法推出了各自的滑脱系数表达公式。在本书中，采用了 Beskok 和 Karniadakis [27] 以及 Civan 等 [28] 推导的耦合了连续流动和滑脱流动的计算公式：

$$v_s = \frac{k_\infty}{\mu_g}\left[1 + a\left(K_n\right)K_n\right]\left(1 + \frac{4K_n}{1 - bK_n}\right)\nabla p \tag{2.9}$$

式中　k_∞——页岩基质原始渗透率；

b——滑脱系数（由滑脱边界条件，可以取 0 或者 −1）。

在本书中，由文献［29］可得，取 b=−1，a（K_n）为稀薄系数函数，将随着 K_n 的增加，由 0 增大到渐进值 a_0：

$$a\left(K_n\right) = a_0 \frac{2}{\pi} \tan^{-1}\left(4K_n\right)^{0.4} \tag{2.10}$$

$$a_0 = a_{K_n \to \infty} = \frac{64}{3\pi\left(1 - 4b\right)} \tag{2.11}$$

当 $K_n \geqslant 1$ 时，气体分子与孔隙壁面的碰撞作用占据主导地位，即为 Knudsen 扩散阶段，由浓度差或者压力梯度导致的气体分子运动符合拟稳态 Fick 定律：

$$v_k = -D_k c_g \nabla p \tag{2.12}$$

$$c_g = \frac{1}{p} - \frac{1}{Z(p)}\frac{dZ(p)}{dp} \tag{2.13}$$

式中　c_g——气体压缩系数；

D_k——Knudsen 扩散系数。

由文献［24］，计算得到：

$$D_k = \frac{0.3395}{\sqrt{r_g M_{air}}}\left(k_\infty\right)^{0.67} \tag{2.14}$$

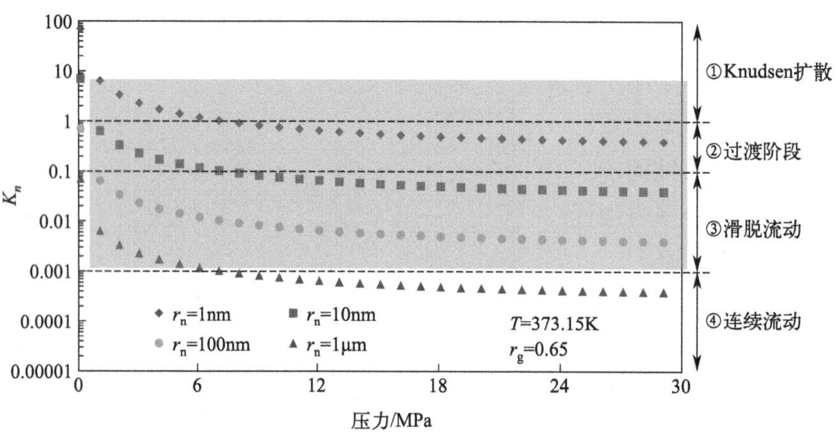

图 2.22　不同压力和孔隙直径下页岩基质孔隙中流动阶段划分

2.2.3 微观渗流数学模型表征

基于连续流动模型，气体在通过微纳尺度孔隙时，随着地层压力和孔隙尺度的变化，存在着连续流动、滑脱流动、过渡流动、Knudsen 扩散和吸附扩散等流动阶段。由文献［30］可知，在页岩气藏的开发过程中，Knudsen 系数的变化范围在 0.002 ～ 6。因此，需要建立耦合流动方程来表征微纳尺度孔隙中全流动阶段渗流特征。目前，流动方程的主要构建方法有 3 种。

（1）线性叠加方法

以 Javadpour[26]、Civan 等[28]为代表，将达西流动、滑脱流动和 Knudsen 扩散运动等通过线性叠加的方式结合起来，得到了微纳尺度孔隙渗流的表观渗透率 k_{app} 的具体表达式：

$$k_{\mathrm{app}} = Fk_i + C_{\mathrm{g}}\mu_{\mathrm{g}}D_{\mathrm{k}} \tag{2.15}$$

$$F=1+\left(\frac{8\pi RT}{M_{\mathrm{g}}}\right)^{0.5}\frac{\mu_{\mathrm{g}}}{pr}\left(\frac{2}{\alpha}-1\right) \tag{2.16}$$

（2）加权叠加方法

以 Ren 等[31]、Wu 等[30]为代表，通过对达西流动 - 滑脱流动和 Knudsen 扩散运动设置基于 K_n 变化的加权因子，实现了随着流动阶段不同，流动方程中主要控制方程的变化。加权叠加方法的 k_{app} 具体表达式为：

$$k_{\mathrm{app}} = \frac{k_\infty}{1+K_n}\left[1+a\left(K_n\right)K_n\right]\left(1+\frac{4K_n}{1-bK_n}\right)+\frac{\mu_{\mathrm{g}}D_{\mathrm{k}}C_{\mathrm{gm}}}{1+1/K_n} \tag{2.17}$$

（3）微纳尺度渗流理论

Geng 等[32]和 Cai 等[33]指出前两种方法都存在经验参数赋值且孔隙半径均为平均孔隙半径，不能准确描述页岩储层中随着孔隙半径和尺度变化导致的非达西流动特征。因此，提出了基于分形多孔介质的微纳尺度渗流理论。

如图 2.23 所示，页岩基质发育大量形状各异的微纳尺度孔隙，将这些孔隙视为直径和长度不等的毛细管束。同时，应用自相似分形尺度理论来描述页岩岩样 3D 空间的微纳尺度孔隙分布特征和弯曲毛细管。基于文献［33］，考虑黏性流动、分子扩散、表面吸附扩散和真实气体效应的有机质单根毛细管摩尔质量总通量计算式为：

$$\begin{aligned} J(\lambda) &= J_{\mathrm{v}} + J_{\mathrm{t}} + J_{\mathrm{s}} = \frac{\pi\lambda^4\rho_{\mathrm{g}}}{128\mu_{\mathrm{g}}M}\frac{\Delta p}{L_{\mathrm{t}}}+\frac{\pi\lambda^3}{12}\frac{K_n}{K_n+1}\sqrt{\frac{8Z}{\pi MRT}}\frac{p}{Z}c_{\mathrm{g}}\frac{\Delta p}{L_{\mathrm{t}}} \\ &\quad +\pi\left(\lambda d_{\mathrm{m}}\theta-d_{\mathrm{m}}^2\theta^2\right)D_{\mathrm{s}}C_{\mathrm{L}}\left[\frac{Zp_{\mathrm{L}}-pp_{\mathrm{L}}\dfrac{\partial Z}{\partial p}}{\left(Zp_{\mathrm{L}}+p\right)^2}\right]\frac{\Delta p}{L_{\mathrm{t}}} \end{aligned} \tag{2.18}$$

式中　J_v，J_t，J_s——黏性流动、分子扩散和表面吸附扩散运动的摩尔质量通量；

ρ_g——气体密度；

M——摩尔质量；

d_m——甲烷分子直径；

p——孔隙压力；

T——地层温度。

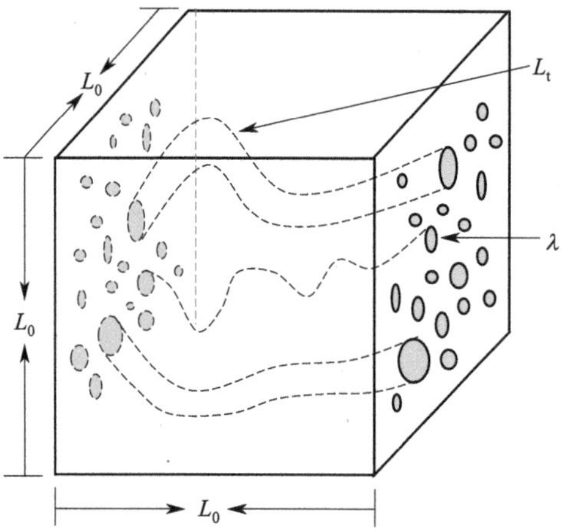

图 2.23　3D 基质单元中的孔隙分形特征

L_0—立方体边长；L_t—真实毛细管长度；λ—孔隙毛细管截面直径

B_g 计算公式为：

$$B_g = \frac{ZTp_{sc}}{pT_{sc}} \tag{2.19}$$

θ 为吸附层在孔隙表面的覆盖率，对于真实气体，其计算式为：

$$\theta = p / \left(Zp_L + p\right) \tag{2.20}$$

D_s 为表面扩散系数，与 θ 和 p 相关，可以采用动力学模型计算高压条件下的 D_s：

$$D_s = D_s^0 \frac{(1-\theta) + \frac{\kappa}{2}\theta(2-\theta) + \left[H(1-\kappa)\right](1-\kappa)\frac{\kappa}{2}\theta^2}{\left(1-\theta+\frac{\kappa}{2}\theta\right)^2} \tag{2.21}$$

$$H(1-\kappa) = \begin{cases} 0 & \kappa \geqslant 1 \\ 1 & 0 \leqslant \kappa \leqslant 1 \end{cases} \tag{2.22}$$

式中　$H(1-\kappa)$——Heaviside 函数；

κ——吸附扩散填充系数；

D_s^0——零载荷下的表面扩散系数，m^2/s，取值 $10^{-7}m^2/s$[32]。

式（2.18）中 C_L 为页岩岩样的最大吸附量，其定义式为：

$$C_L = \frac{V_L \rho_s}{f_O V_s} \tag{2.23}$$

式中 f_O——有机碳体积含量；

ρ_s——岩石密度；

V_s——CH_4 在标准状况下的摩尔体积，V_s=0.0224m^3/mol。

基于分形理论，通过将单根毛细管质量通量 $J(\lambda)$ 沿着最小和最大毛细管直径（$\lambda_{min} \sim \lambda_{max}$）积分，获取岩样 3D 空间中，总数量为 N 的弯曲毛细管的总摩尔质量流量如下：

$$Q_T = -\int_{\lambda_{min}}^{\lambda_{max}} J(\lambda) dN \tag{2.24}$$

且满足：

$$-dN = D_f \lambda_{max}^{D_f} \lambda^{-(D_f+1)} d\lambda \tag{2.25}$$

其中，D_f 为分形维度，可通过下式计算得到：

$$D_f = 3 - \frac{\ln \phi}{\ln\left(\lambda_{min} / \lambda_{max}\right)} \tag{2.26}$$

同时，弯曲毛细管的真实流线长度 L_t 和岩样直线边长 L_0 之间的关系为：

$$L_t = \lambda^{1-D_T} L_0^{D_T} \tag{2.27}$$

其中，D_T 为迂曲分形维度，其计算公式为：

$$D_T = 1 + \frac{\ln \tau_{av}}{\ln\left(L_0 / \lambda_{av}\right)} \tag{2.28}$$

式中 λ_{av}——平均孔隙直径；

τ_{av}——平均毛细管迂曲度。

λ_{av} 和 τ_{av} 可分别由以下两式计算得到：

$$\lambda_{av} = \frac{D_f \lambda_{min}}{D_f - 1} \tag{2.29}$$

$$\tau_{av} = \frac{1}{2}\left[1 + \frac{1}{2}\sqrt{1-\phi} + \frac{\sqrt{\left(\sqrt{1-\phi}-1\right)^2 + (1-\phi)/4}}{1-\sqrt{1-\phi}}\right] \tag{2.30}$$

同时，由体积孔隙度计算 3D 岩样直线边长为：

$$L_0 = \sqrt[3]{V_p / \phi} = \left\{\frac{\pi D_f \lambda_{max}^{3-D_T}}{4\phi\left(3 - D_T - D_f\right)}\left[1 - \left(\frac{\lambda_{min}}{\lambda_{max}}\right)^{3-D_T-D_f}\right]\right\}^{1/(3-D_T)} \tag{2.31}$$

至此，当通过室内实验测试方法，获得岩样 ϕ、λ_{min}、λ_{max}，即可计算分形参数 D_f、D_T、L_0 等。特别地，对于没有设定固定值的 D_T，可图 2.24 所示的循环迭代算法计算 D_T 和 L_0 值。

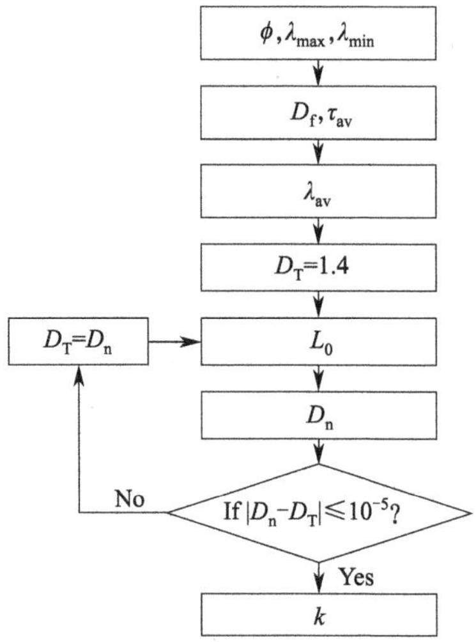

图 2.24 分形参数 D_T 和 L_0 迭代求解流程

最后，将所有基于分形模型的参数代入上述公式，并通过对比达西渗流摩尔质量流量公式 $Q=L_0\rho_g k\nabla p/\mu_g M$，从而获得了页岩有机质微纳孔隙考虑黏性流动、分子扩散和表面吸附扩散的真实气体分形表观渗透率：

$$
\begin{aligned}
k_{aO} &= k_v + k_t + k_s = \frac{\pi\lambda_{max}^{3+D_T}}{128L_0^{D_T+1}}\frac{D_f}{3-D_f+D_T} \\
&+ \frac{10^{-9}\times\pi\mu_g}{12}\sqrt{\frac{8ZRT}{\pi M}}\frac{D_f\lambda_{max}^{D_f}}{L_0^{D_T+1}}c_g\int_{\lambda_{min}}^{\lambda_{max}}\frac{K_n}{K_n+1}\lambda^{1-D_f+D_T}\mathrm{d}\lambda \\
&+10^{-9}\times\pi D_s C_L\left[\frac{Zp_L-pp_L\dfrac{\partial Z}{\partial p}}{\left(Zp_L+p\right)^2}\right]\frac{D_f d_m\theta\mu_g M}{\rho_g L_0^{D_T+1}}\left\{\frac{\lambda_{max}^{D_T}}{D_T-D_f}\left[1-\left(\frac{\lambda_{min}}{\lambda_{max}}\right)^{D_T-D_f}\right]-\frac{d_m\theta\lambda_{max}^{D_T-1}}{D_T-D_f-1}\left[1-\left(\frac{\lambda_{min}}{\lambda_{max}}\right)^{D_T-D_f-1}\right]\right\}
\end{aligned}
\tag{2.32}
$$

而对于页岩无机质孔隙的分形表观渗透率，则可以忽略表面吸附扩散的影响，将上述公式简化为：

$$
\begin{aligned}
k_{aI} &= k_v + k_t = \frac{\pi\lambda_{max}^{3+D_T}}{128L_0^{D_T+1}}\frac{D_f}{3-D_f+D_T} \\
&+ \frac{10^{-9}\times\pi\mu_g}{12}\sqrt{\frac{8ZRT}{\pi M}}\frac{D_f\lambda_{max}^{D_f}}{L_0^{D_T+1}}c_g\int_{\lambda_{min}}^{\lambda_{max}}\frac{K_n}{K_n+1}\lambda^{1-D_f+D_T}\mathrm{d}\lambda
\end{aligned}
\tag{2.33}
$$

至此，本书已推导了基于连续流动模型的页岩气藏微纳尺度渗流表观渗透率计算公式，数值计算程序可根据不同的渗流模型选择合理的计算公式获得微纳尺度孔隙中气体非达西渗流的表观渗透率。

2.3 压裂井缝网系统流动机理

在本节中，将基于顺序流动模式[34]，即页岩储层中的渗流是在生产压差的作用下，通过基质系统中的渗流和解吸脱附向天然裂缝流动，由天然裂缝系统向水力压裂缝网及水平井流动的过程顺序进行。同时，结合连续介质模型和离散裂缝模型，实现对页岩气藏中的多尺度渗流特征的全耦合渗流物理模型的构建。

2.3.1　连续介质模型

连续介质模型由传统的 Euclidean 单孔隙介质和双重孔隙介质发展而来。单孔隙介质模型，认为基质储层中不含孔隙也不具备渗透性，裂缝既是流体储集空间也是渗流通道。对这类介质，以裂缝体积定义孔隙度，同时定义渗透率，将裂缝性储层简化为单纯孔隙介质；孔隙 - 裂缝双重介质模型，认为基质和裂缝系统在整个油藏区域是两个相互重叠的连续体，裂缝以单一尺度、统一分布和全部连通的形式嵌于基质块中。两个连续体在空间上是重叠的，每个几何点都同时属于这两个连续体，既包括裂缝孔隙度、渗透率和压力等属性参数，也包括基质岩块的孔隙度、渗透率和饱和度等参数。裂缝和基岩中的流体按一定规律进行流量交换。这种连续介质近似避免了裂缝复杂分布造成的扰动，适合于微裂缝非常发育的裂缝性储层。为了研究的需要，一些学者基于连续介质模型提出了各种简化地质模型，以实现用数学手段描述裂缝性储层的复杂渗流规律。

（1）沃伦 - 鲁特模型

该模型由沃伦和鲁特在 1963 年首次提出[35]，如图 2.25 所示。该模型用六面体来表示基质岩块，相邻岩块之间的空间则为裂缝网络系统。裂缝可以均匀分布，也可以非均匀分布以研究裂缝性储层各向异性和某一方向的渗流规律变化情况。

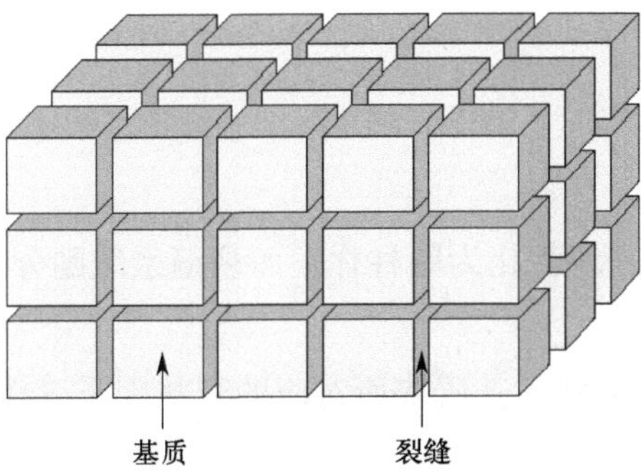

图 2.25　沃伦 - 鲁特模型

（2）凯泽米模型

该模型将基岩简化为层状分布的平板，裂缝则视为相互平行的层理空间去切割基质岩块，如图 2.26 所示。

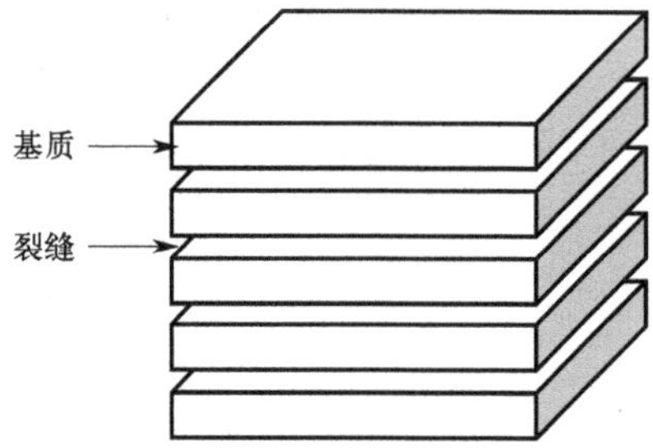

图 2.26　凯泽米模型

（3）德斯旺模型

该模型对沃伦 - 鲁特模型进行了变化，但基本模型架构与沃伦 - 鲁特模型是相似的。采用圆球体代表裂缝性储层的基质岩块，而圆球体之间的空间则代表裂缝系统（图 2.27）。

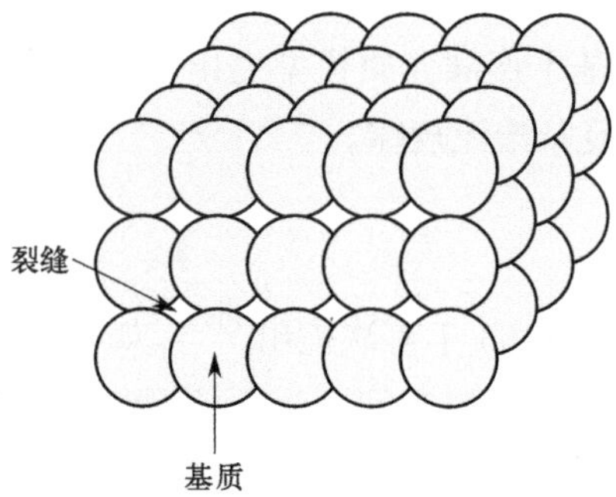

图 2.27　德斯旺模型

（4）圆柱体模型

圆柱体模型将基质岩块简化为圆柱体，而裂缝系统则分布在圆柱体之间或圆柱体内部（图 2.28）。

King 曾对几种不同形状的基质块所对应的形状因子 F_s 与几何因子 G 进行过研究[36]，如表 2.9 所列。

表 2.9　基质岩块形状因子和几何因子取值

基质块形状	特征参数	几何因子 G	形状因子 F_s
立方体	边长 a	2	$\left(\frac{\pi}{a}\right)^2=\frac{9.87}{a^2}$

续表

基质块形状	特征参数	几何因子 G	形状因子 F_s
圆柱体	半径 R	4	$\left(\frac{2.4082}{R}\right)^2=\frac{5.783}{R^2}$
球体	半径 R	6	$\left(\frac{\pi}{R}\right)^2=\frac{9.87}{R^2}$

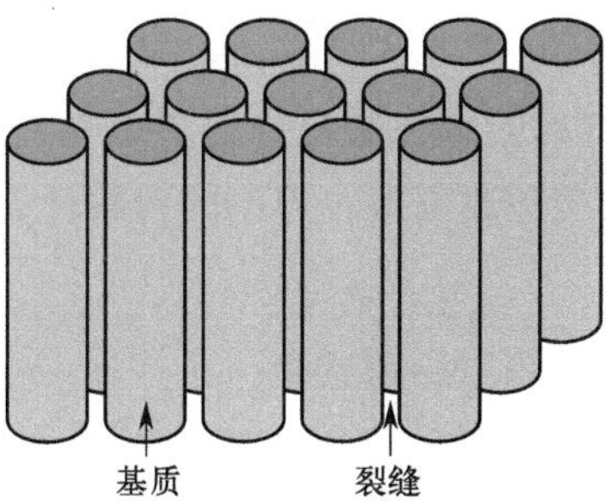

图 2.28　圆柱体模型

目前，常用的商业软件均采用双重介质模型来简化裂缝性储层，在 Eclipse 软件中由 Grid 模块建立的双重介质模型如图 2.29 所示（书后另见彩图）。建立基质岩块的地质模型和属性参数网格之后，再附加各层系对应的裂缝系统地质和属性参数网格。

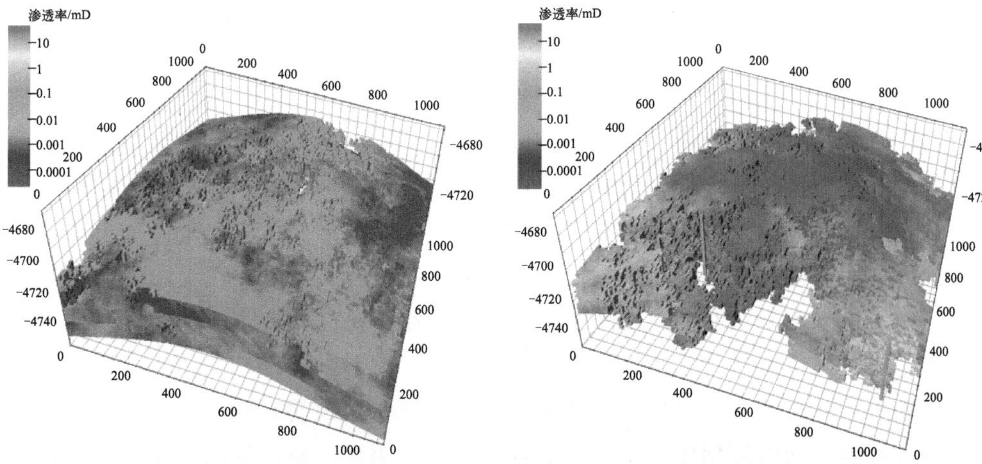

(a) 基质渗透率场分布图　　(b) 裂缝渗透率场分布图

图 2.29　Eclipse 双重介质模型网格构建简图

同时，由 2.1.3 部分可知，在页岩气藏原始储层中，大量发育微小尺度的天然裂缝系统。无支撑剂作用的天然裂缝在页岩气生产过程中，会随着裂缝内外压力或应力的改变而发生开启、闭合或渗透率降低等现象，即天然裂缝的应力敏感效应。在本书中，将采用达西渗流公式对天然裂缝系统中的渗流特征进行描述：

$$v=-\frac{k_{\mathrm{fe}}}{\mu B}\nabla p \tag{2.34}$$

式中 v——天然裂缝中的渗流速度；

∇p——压力梯度；

k_{fe}——考虑应力敏感效应的天然裂缝修正渗透率。

数值计算程序选择根据实验数据拟合得到的指数计算式求解 k_{fe}：

$$k_{\mathrm{fe}}=k_{\mathrm{fi}}\,\mathrm{e}^{-d_{\mathrm{f}}(p_{\mathrm{fi}}-p_{\mathrm{f}})} \tag{2.35}$$

式中 k_{fi}——页岩储层天然裂缝原始渗透率；

p_{fi}——天然裂缝系统原始压力；

d_{f}——应力敏感系数。

也可选取考虑平均应力和地质力学参数的天然裂缝应力敏感渗透率公式：

$$k_{\mathrm{fe}}=k_{\mathrm{fi}}\exp\left[c_f\frac{1+\nu}{1-\nu}\alpha_f\left(p_{\mathrm{f}}-p_{\mathrm{fi}}\right)\right] \tag{2.36}$$

式中 c_f——天然裂缝压缩系数；

α_f——Biot 系数；

ν——泊松比。

2.3.2 离散裂缝模型

这种模型考虑了裂缝系统的全部特征并且能较精确地描述裂缝系统分布。对裂缝采用显示处理，对于每一条裂缝我们需要知道裂缝的位置、裂缝长度、裂缝开度、裂缝方向和裂缝渗透率等属性参数，这些属性可以直接运用而不需要平均。尽管如此，如果这些参数的可靠性越低则模型的可靠性就越低。即使使用最新的测井技术，也只能探测到钻井孔周围的裂缝，一旦超越了钻井孔周围范围的裂缝与其分布也将是难以确定的[37-38]。

国内外一些专家学者对离散裂缝模型进行了深入细致的研究，各自也提出了自己的研究成果。通常根据生产现场实测数据，并利用地质统计学的方法，生成裂缝网络。在二维 DFN 模型中，裂缝由一定长度曲线来表示，具有位置、方位和开度等性质。裂缝相互独立地在空间随机分布，如图 2.30（a）所示；Dershowizt 提出了多边形裂缝网络模型，认为裂缝在基质岩块中互相切割成多边形[39]，如图 2.30（b）所示；Long 等提出了圆盘模型[40]，并建立了裂缝网络系统（图 2.31）。

(a) 平面裂缝网络示意图(fissure网络)

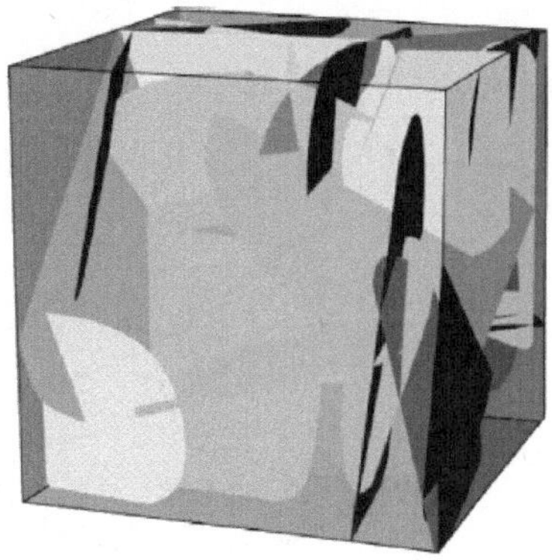

(b) 三维裂缝网络示意

图 2.30　裂缝网络模型示意图

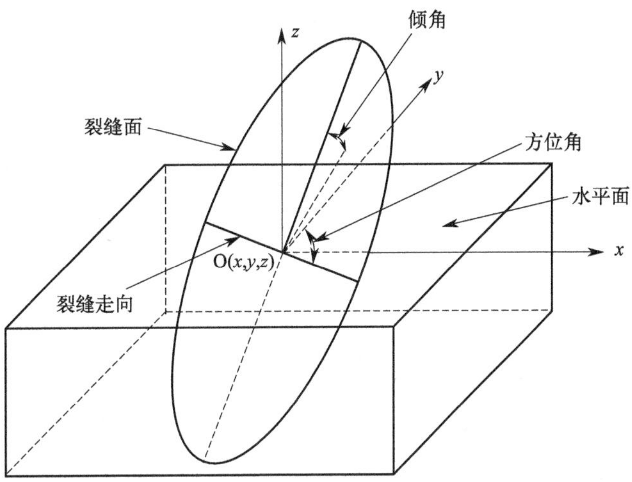

图 2.31　圆盘模型

针对离散裂缝网络模型的空间离散，目前主要有以下两种方法。

① 第一种方法为 2001 年，Karimi-Fard M 采用降维方法对裂缝系统进行处理（图 2.32），当基岩为 n 维时，裂缝为 n−1 维，采用上述处理方式避免了裂缝附近的局部网格加密，减小了网格数目，可以大大提高数值计算的效率[41]。

以二维基岩系统为例，裂缝用一维单元表示。考虑包含了一条裂缝的多孔介质区域（图 2.32）。整个区域用 Ω_d 表示，Ω_m 代表基岩，Ω_f 代表裂缝。

用 CEQ 来表示控制方程，在离散裂缝模型中，假设在裂缝中所有横向上的参数变量都为常数，缝宽 e 作为裂缝一维积分的一个因子。可以把二维裂缝系统控制方程的原始积分形式改写为：

$$\int_{\Omega_d} CEQ\mathrm{d}\Omega=\int_{\Omega_m} CEQ\mathrm{d}\Omega_m + e\times\int_{\Omega_f} CEQ\mathrm{d}\Omega_f \tag{2.37}$$

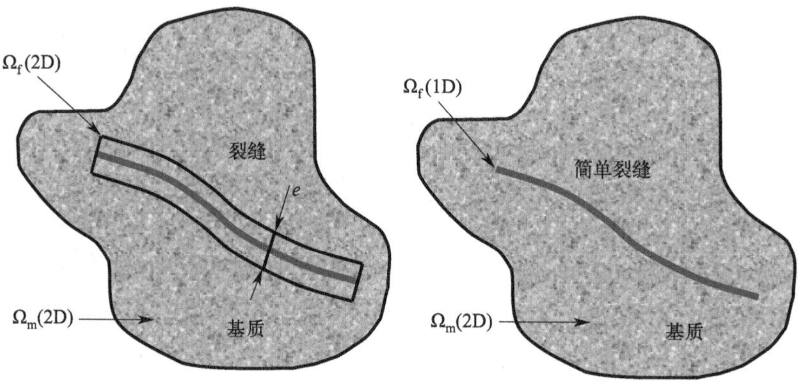

图 2.32 离散裂缝模型近似图解

② 第二种方法是 Lange 等在 2004 年提出的离散化方法，以各裂缝端点和裂缝间交点为基础进行离散，而基岩单元通过图像处理算法与各裂缝单元进行关联[42]，如图 2.33 所示。

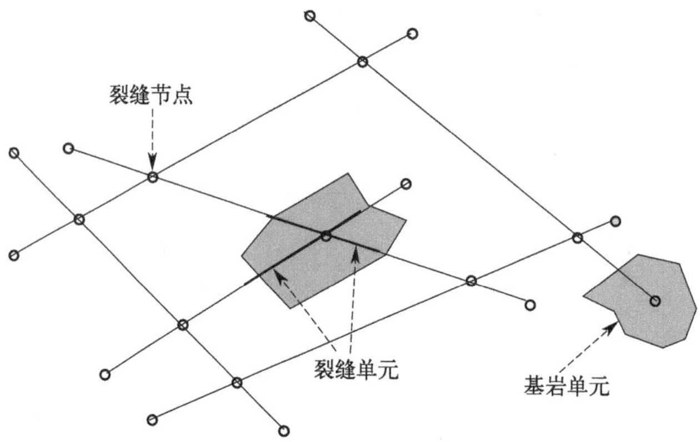

图 2.33 离散裂缝模型近似图解

2.3.3 连续介质 - 离散裂缝耦合模型

在本书中，综合考虑连续介质模型和离散裂缝模型的优缺点，进一步提出了 3 种连续介质 - 离散裂缝耦合渗流物理模型，对页岩气藏的多尺度、多重输运机制渗流特征进行描述。

2.3.3.1 双重介质 - 离散裂缝模型渗流数学模型的建立

此耦合渗流物理模型结合了基于连续介质模型的单重介质 / 双重介质模型和离散裂缝模型。即：将水力压裂产生的大尺度、离散压裂裂缝，由“降维”的离散裂缝模型进行描述，对于页岩原始储层存在的基质微纳孔隙、宏孔隙和天然裂缝系统由双重介质模型或单重介质模型进行描述。单重介质模型描述页岩原始储层中的渗流适合于天然裂缝不发育页岩，认为气体由基质表面解吸脱附后与基质孔隙中的自由气一起向压裂裂缝流动；双重介质模型适用于页岩原始储层天然裂缝发育或者有水力压裂产生的次生裂缝条数多、密度大的情况，认为解吸气和基质中的自由气通过微纳孔隙和宏孔隙向天然裂缝或储层物性改变的压裂缝网窜流，再由天然裂缝和压裂缝网流向水力压裂主裂缝并沿井筒产出，渗流物理过程如图 2.34 所示。

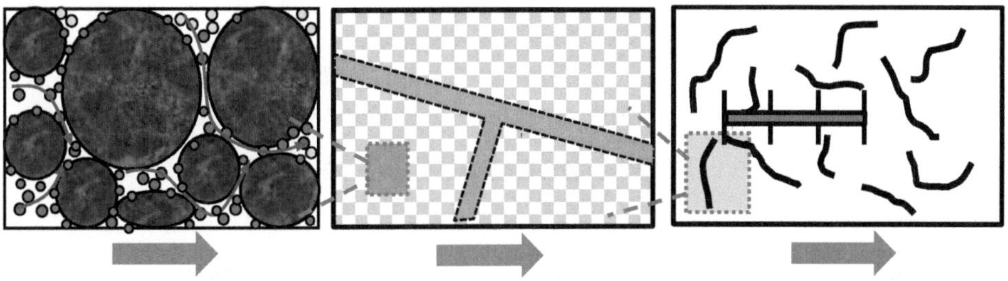

图 2.34　页岩气藏单重 / 双重连续介质 – 离散裂缝多尺度渗流模型

页岩气藏储层特征分析和岩样孔隙结构分布规律研究表明：页岩储层存在超低渗透率基质储层和微小尺度天然裂缝大量发育的储集特征。此外，大规模加砂水力压裂在水平井井筒周围形成了复杂的压裂缝网系统。传统的双重介质模型，已大量应用于裂缝性储层、碳酸盐岩储层渗流特征描述和生产动态预测中。近年来，以 Fan 等[43] 和 Zhang 等[44] 为代表的学者，提出了采用双重介质模型来描述页岩原始储层基质 - 天然裂缝系统和水力压裂改造区域基质 - 缝网系统的储集和渗流特征，采用离散裂缝模型对大尺度水力压裂裂缝进行“显示”表征和流动描述。在本小节中，提出页岩气藏双重介质 - 离散裂缝模型的数学模型和假设条件，并以此为基础建立相应的渗流理论体系。压裂水平井复合模型和双重介质模型流动示意图如图 2.35 所示。

如图 2.35（a）所示，对于页岩储层中的多级压裂水平井，本小节将渗流区域分为 3 部分，即：基于双重介质模型的原始储层区域、基于双重介质（存在物性差异）模型的水力压裂改造区域和大尺度水力压裂主裂缝区域。基质形状包含如图 2.35(b) 所示的立方块或球形等。模型基本假设条件如下：

① 流体为单相气体等温渗流；

② 基质与裂缝之间的流量交换为拟稳态窜流，基质孔隙中的自由气和基质表面吸附气随着开井生产流入原始 / 改造裂缝系统，并通过压裂主缝进入水平井筒而产出；

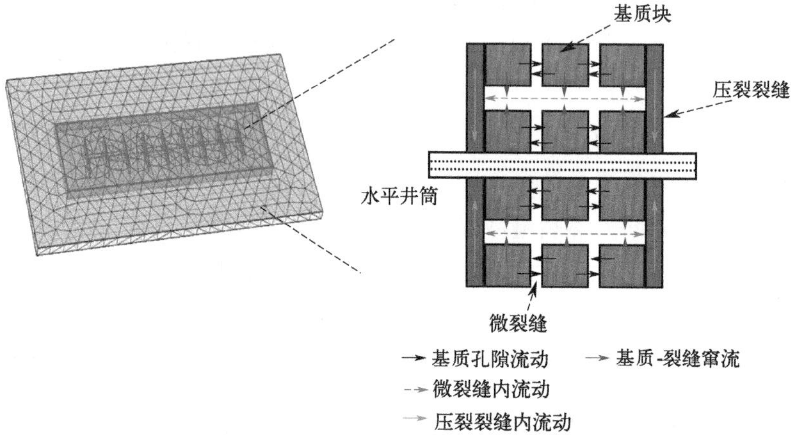

(a) 压裂水平井复合模型示意图　　(b) 双重介质模型流动示意图

图 2.35　压裂水平井复合模型和双重介质模型流动示意图

③ 压裂主缝有限导流、非对称分布，各条主缝裂缝长度、开度、方位角和有效高度等属性存在差异。

结合等温吸附理论和页岩储层多尺度流动机理，构建页岩气藏单相渗流控制方程如下：

（1）基质系统

$$\nabla\times\left(\frac{k_{app}}{\mu_g B_g}\nabla\Phi_m\right)-\alpha\frac{k_{app}}{\mu_g B_g}\left(p_m-p_f\right)+q_{des}=\frac{\partial\left(\phi_m/B_g\right)}{\partial t} \tag{2.38}$$

其中，

$$\nabla\Phi_m=\nabla p_m-r_g g\nabla z \tag{2.39}$$

式中　k_{app}——考虑基质微纳尺度流动的表观渗透率，可由式（2.38）计算得到；

q_{des}——解吸产量。

在本小节中，基于 Langmuir 等温吸附公式，当基质表面吸附和解吸达到瞬态平衡时，存在：

$$\theta=\frac{V_E}{V_L}=\frac{p_m}{p_L+p_m} \tag{2.40}$$

$$q_{des}=-\rho_s\left(1-\phi_m-\phi_f\right)\frac{\partial V_E}{\partial t} \tag{2.41}$$

在上述公式中，α 为形状因子，对于立方体和球形基质体，α 的计算公式为[45]：

$$\alpha=\frac{60}{L_n^2}\ （立方体） \tag{2.42}$$

$$\alpha=\frac{15}{r_m^2}\ （球形） \tag{2.43}$$

（2）微裂缝系统

对于微裂缝系统，考虑在无支撑剂填充条件下，裂缝在生产过程中受应力变化影响导致的渗透率改变，构建微裂缝系统渗流方程为：

$$\nabla\times\left(\frac{k_{\mathrm{fe}}}{\mu_{\mathrm{g}}B_{\mathrm{g}}}\nabla\Phi_{\mathrm{f}}\right)+\alpha\frac{k_{\mathrm{app}}}{\mu B_{\mathrm{g}}}\left(p_{\mathrm{m}}-p_{\mathrm{f}}\right)=\frac{\partial}{\partial t}\left(\frac{\phi_{\mathrm{f}}}{B_{\mathrm{g}}}\right) \tag{2.44}$$

其中：

$$k_{\mathrm{fe}}=k_{\mathrm{fi}}\,\mathrm{e}^{-d_{\mathrm{f}}(p_{\mathrm{fi}}-p_{\mathrm{f}})} \tag{2.45}$$

$$\nabla\Phi_{\mathrm{f}}=\nabla p_{\mathrm{f}}-r_{\mathrm{g}}g\nabla z \tag{2.46}$$

（3）水力压裂裂缝系统

对于有限导流水力压裂裂缝，为避免复杂的源函数计算公式的推导和裂缝周围的局部网格加密，本小节基于离散裂缝模型，将水力压裂裂缝“降维”处理为二维平面或一维线源，构建水力压裂裂缝渗流控制方程如下：

$$\nabla\times\left(\frac{k_{\mathrm{F}}}{\mu_{\mathrm{g}}B_{\mathrm{g}}}\nabla\Phi_{\mathrm{F}}\right)+q_{\mathrm{gsct}}=\frac{\partial}{\partial t}\left(\frac{\phi_{\mathrm{F}}}{B_{\mathrm{g}}}\right) \tag{2.47}$$

$$\nabla\Phi_{\mathrm{F}}=\nabla p_{\mathrm{F}}-r_{\mathrm{g}}g\nabla z \tag{2.48}$$

上述公式构成了页岩气藏单相、双重介质多级压裂水平井的渗流方程组，基于离散裂缝模型原理[46]，通过式（2.49）将水力压裂缝网在“降维”空间的渗流方程统一到双重连续介质渗流空间中，构成了全储层区域渗流方程体系：

$$\int_{\Omega_{\mathrm{d}}}PDEs\,\mathrm{d}\Omega=\int_{\Omega_{\mathrm{f}}}PDEs\,\mathrm{d}\Omega_{\mathrm{f}}+w_0\times\int_{\Omega_{\mathrm{F}}}PDEs\,\mathrm{d}\Omega_{\mathrm{F}} \tag{2.49}$$

并且，初始条件满足：

$$\begin{cases}p_{\mathrm{f}}=p_{\mathrm{fi}}\\ p_{\mathrm{m}}=p_{\mathrm{mi}}\end{cases} \tag{2.50}$$

封闭外边界条件为：

$$\begin{cases}\dfrac{\partial p_{\mathrm{f}}}{\partial n}=0\\ \dfrac{\partial p_{\mathrm{m}}}{\partial n}=0\end{cases} \tag{2.51}$$

2.3.3.2　多重连续介质 - 离散裂缝模型渗流数学模型的建立

多重连续介质模型（MINC），最初由学者 Wu 和 Pruess[47] 提出，通过将储层渗流划分为多个连续子网格块中的渗流，以实现用数值方法求解裂缝性储层、缝洞型储层中不稳定渗流方程的目的。如图 2.36 所示，在本书中，将 MINC 模型应用于页岩储层多尺度储集空间（微纳尺度孔隙、宏孔隙、天然裂缝）的描述中，通过基质孔隙中平均孔隙半径的大小将页岩基质划分为多个连续子网格块，由正交裂缝组数和特征块长度定义天然裂缝分布。同时，MINC 模型也实现了页岩储层中开井生产后，因超低渗透率影响，基质网格间以及基质与天然裂缝间的窜流无法瞬间达到拟稳态窜流而存在不稳定窜流特征的数值计算。而且，当基质子网格数目为 1 时，MINC 模型将化简为传统双重介质模型。同样地，对于大尺度、离散水力压裂裂缝，此模型仍然采用“降维”的离散裂缝模型进行描述。

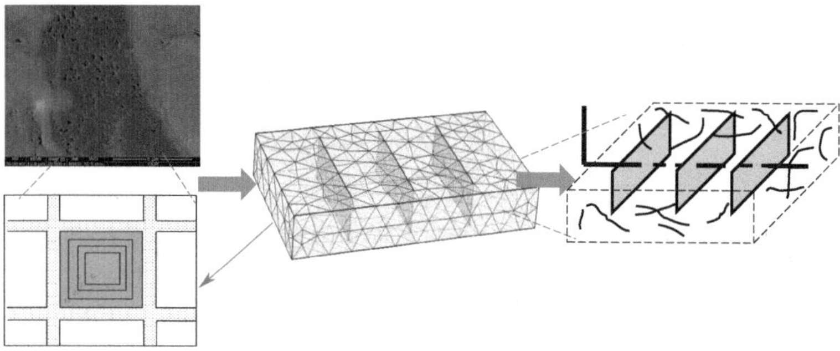

图 2.36 页岩气藏多重连续介质（MINC）- 离散裂缝多尺度渗流模型

基于页岩气藏属性特征、孔隙结构特征以及多尺度渗流理论的研究，页岩储层的非常规特征主要表现为：

① 超低原始渗透率；

② 多尺度、强非线性流动特征。

如何刻画页岩气藏中流体在通过微纳尺度孔隙、无机质介观尺度孔隙、微小尺度天然裂缝和大尺度离散水力压裂缝网等多尺度孔隙空间下的输运规律，采用 MINC 模型来描述页岩气藏多尺度、多重输运机制，即：采用 MINC 模型将基质和裂缝系统细分为多个不同属性特征的连续介质单元，实现由各细分单元的拟稳态流动来近似描述流体通过多尺度孔隙的不稳定渗流规律。对于大尺度水力压裂缝网，仍然采用“降维”的离散裂缝模型来进行刻画和表征以避免因网格加密而导致的网格数目和计算量的急剧增加。

MINC 模型示意如图 2.37 所示。

如图 2.37 所示，假设一个 MINC 模型，包含一个微裂缝单元和 M 个基质连续单元。设定裂缝宽度为 w_F，MINC 网格块的边长为 L_n，单元网格块体积为 V_i，网格块表面积为 A_i，每一个单元网格占总体网格块的体积比为 f_i，网格块间特征距离为 d_i。因此，对于任意网格单元，满足：

$$V_i = f_i L_n^3 \quad (i = 1, 2, \cdots, M) \tag{2.52}$$

同时：

$$\sum_{i=1}^{M} f_i = 1 \tag{2.53}$$

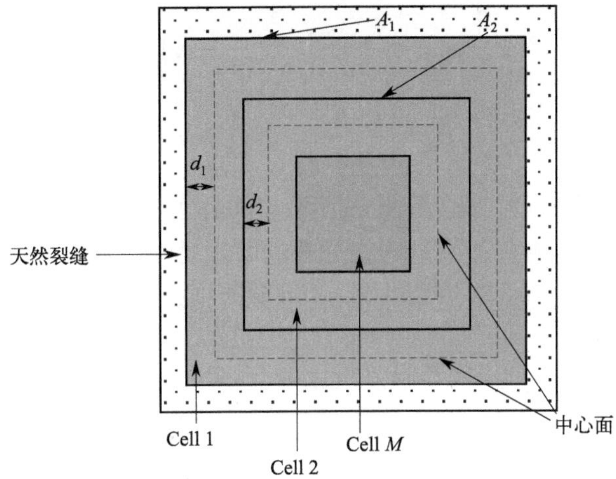

图 2.37　MINC 模型示意图

对于裂缝网格单元，体积比 f_1 满足：

$$f_1 = \left[L_n^3 - \left(L_n - w_F \right)^3 \right] / L_n^3 \approx 3w_F / L_n \tag{2.54}$$

由此，可以得到任意网格块表面积 A_i 为：

$$A_i = 6L_n^2 \left(\sum_{i=i+1}^{M} f_i \right)^{2/3} \quad \left(i = 1, 2, \cdots, M-1 \right) \tag{2.55}$$

相应的特征距离计算公式为：

$$d_i = \frac{L}{4} \left[\left(\sum_{i=i+1}^{M} f_i \right)^{1/3} - \left(\sum_{i=i+2}^{M} f_i \right)^{1/3} \right] \quad \left(i = 1, 2, \cdots, M-2 \right) \tag{2.56}$$

特别地，

$$d_{M-1} = d_{M-2} + D_M \tag{2.57}$$

$$D_M = L_n / 10 \tag{2.58}$$

式（2.58）中 D_M 为最内层网格的特征距离，其计算公式基于 Wu 和 Pruess [47] 的研究成果。因此，得到了在 MINC 模型下，各连续子网格单元的窜流形状因子为：

$$\alpha_i = \frac{A_i}{V_{i+1} d_i} \quad \left(i = 1, 2, \cdots, M-1 \right) \tag{2.59}$$

特别地，当 M=1 时，MINC 模型退化为传统的基质 - 裂缝双重介质模型，计算得到的形状因子表达式为 $\alpha=60/L_n^2$，这与上述公式中给出的矩形网格块双重介质形状因子计算公式一致。

由此，得到了基质网格块间，基质最外层网格与微裂缝间的气、水两相拟稳态窜流计算公式为：

$$q_{l,\mathrm{fm}_1}=\left(\frac{k_{\mathrm{app}}k_{rl}}{\mu_l B_l}\right)_{\mathrm{up}}\alpha_1\left(p_{\mathrm{m}_1}-p_{\mathrm{f}}\right) \tag{2.60}$$

$$q_{l,\mathrm{m}_i\mathrm{m}_{i+1}}=\left(\frac{k_{\mathrm{app}}k_{rl}}{\mu_l B_l}\right)_{\mathrm{up}}\alpha_i\left(p_{\mathrm{m}_{i+1}}-p_{\mathrm{m}_i}\right)$$
$$l=\mathrm{g}(\text{气相}),\mathrm{w}(\text{水相})\;;\;i=1,2,\cdots,M-1 \tag{2.61}$$

Gilman [48] 指出，考虑微裂缝网格分布的非均质性，当基质网格与微裂缝间不存在流量交换时，可以通过设定窜流量 $q_{\mathrm{fm}}=0$ 来实现。

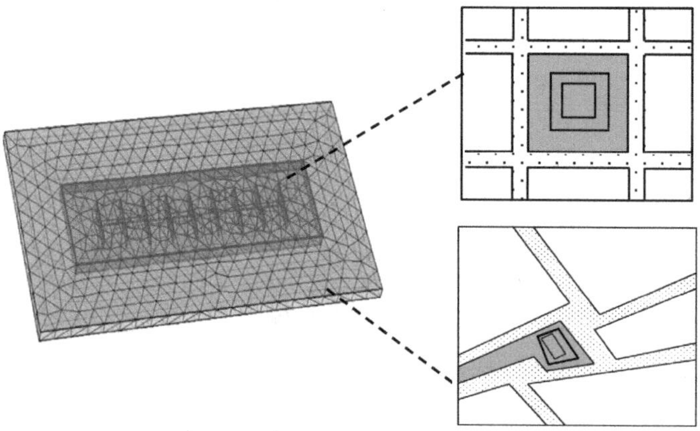

(a) 压裂水平井复合模型　　(b) MINC网格单元示意图

图 2.38　压裂水平井复合模型和 MINC 网格单元示意图

如图 2.38（a）所示，对于页岩储层中的多级压裂水平井，本小节将渗流区域分为 3 部分，即：基于 MINC 模型的原始储层区域、基于 MINC 模型（存在物性差异）的水力压裂改造区域和大尺度水力压裂主裂缝区域。同时，MINC 网格块基本形状包含如图 2.38（b）所示的立方块和不规则体等。模型基本假设条件如下：

① 流体为气 - 水两相等温渗流；

② MINC 网格块之间为拟稳态流量交换，微纳孔隙中的自由气和吸附气在最内层，有机质（干酪根）网格表面的吸附气在压差作用下进入无机质宏孔隙和微裂缝孔隙中，并通过水力压裂缝网进入水平井筒而产出；

③ 水力压裂缝有限导流、非对称分布，各条裂缝长度、开度、方位角和有效高度等属性存在差异。

基于 MINC 模型的页岩储层气体渗流控制方程为：

微裂缝系统为：

$$\nabla\times\left(\frac{k_{\mathrm{fe}}k_{\mathrm{rgf}}}{\mu_{\mathrm{gf}}B_{\mathrm{gf}}}\nabla\Phi_{\mathrm{gf}}\right)+q_{\mathrm{g,fm}_1}-q_{\mathrm{g,Ff}}=\frac{\partial}{\partial t}\left(\frac{\phi_{\mathrm{f}}S_{\mathrm{gf}}}{B_{\mathrm{gf}}}\right) \tag{2.62}$$

基质系统为：

$$\nabla \times \left(\frac{k_{a1}k_{rg1}}{\mu_{g1}B_{g1}} \nabla \Phi_{g1} \right) - q_{g,f1} + q_{g,12} = \frac{\partial}{\partial t}\left(\frac{\phi_1 f_1 S_{g1}}{B_{g1}} \right) \tag{2.63}$$

$$\nabla \times \left(\frac{k_{aj}k_{rgj}}{\mu_{gj}B_{gj}} \nabla \Phi_{gj} \right) - q_{g,j-1j} + q_{g,jj+1} = \frac{\partial}{\partial t}\left(\frac{\phi_j f_j S_{gj}}{B_{gj}} \right) \quad j = 2,3,\cdots,M-1 \tag{2.64}$$

$$\nabla \times \left(\frac{k_{aM}k_{rgM}}{\mu_{gM}B_{gM}} \nabla \Phi_{gM} \right) - q_{g,M-1M} + q_{des} = \frac{\partial}{\partial t}\left(\frac{\phi_M f_M S_{gM}}{B_{gM}} \right) \tag{2.65}$$

对于吸附解吸量 q_{des}，仍然采用 Langmuir 等温吸附公式进行表征，具体计算格式为：

$$q_{des} = -f_M\left(1-\phi_M\right)\frac{\partial V_E}{\partial t} \tag{2.66}$$

其中，

$$V_E = \rho_s \frac{V_L p_{gM}}{p_L + p_{gM}} \tag{2.67}$$

对于微裂缝系统渗透率应力敏感效应，将采用上述公式进行计算；对于基质系统中，气体在通过各细分介质孔隙时的表观渗透率，在本小节中，将通过设定不同细分介质孔隙的平均孔径，采用上述公式进行计算得到。对于大尺度离散水力压裂缝网，仍然采用离散裂缝网络模型来进行刻画和表征。同时，在本小节中，将气体在近井地带和水力压裂缝网中的高速非达西渗流考虑到水力压裂缝网渗流数学模型中。由此得到：

水力压裂缝气相方程：

$$\nabla \times \left(\varepsilon_n \frac{k_F k_{rgF}}{\mu_{gF}B_{gF}} \nabla \Phi_{gF} \right) + q_{g,Ff} + q_{gsct} = \frac{\partial}{\partial t}\left(\frac{\phi_F S_{gF}}{B_{gF}} \right) \tag{2.68}$$

水相方程：

$$\nabla \times \left(\frac{k_F k_{rwF}}{\mu_w B_w} \nabla \Phi_{wF} \right) + q_{w,Ff} + q_{wsct} = \frac{\partial}{\partial t}\left(\frac{\phi_F S_{wF}}{B_w} \right) \tag{2.69}$$

式中　ε_n——高速非达西修正因子。

由此，上述公式构成了基于 MINC- 离散裂缝模型的页岩气藏多级压裂水平井气 - 水两相、强非线性渗流数学模型。为减少压力和饱和度变量数，气 - 水两相渗流的补充方程包括：

$$\begin{aligned} &S_w + S_g = 1 \\ &\nabla \Phi_l = \nabla p_l - r_l g \nabla z \quad (l = g, w) \\ &p_w = p_g - p_c\left(S_w\right) \\ &p_c = -B_m \ln(S_w) \end{aligned} \tag{2.70}$$

基于 Monteagudo 和 Firoozabadi [49] 提出的窜流平衡理论，在微裂缝网格与“降维”的水力压裂缝网格的相交面上，毛管压力和交换流量存在连续性，但是各系统网格中的饱和度可能不连续。如图 2.39 所示，为消除相交面处饱和度不连续对数值计算稳定性的影响，避免数值震荡，将上述公式水力压裂缝中的饱和度统一到微裂缝饱和度中。

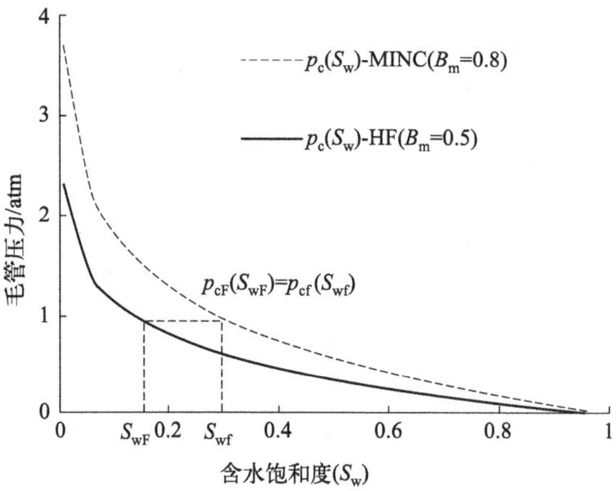

图 2.39　毛管压力曲线和窜流平衡理论（1atm=101325Pa）

$$S_{wF}=\frac{p_{cf}\left(S_{wf}\right)}{p_{cf}} \tag{2.71}$$

同时，采用上述公式所示的归一化饱和度对气 - 水两相相对渗透率曲线进行优化[50]，得到相渗曲线指数表达式为：

$$S_{wn}=\frac{S_w-S_{wr}}{1-S_{wr}-S_{gr}} \tag{2.72}$$

$$k_{rw}\left(S_{wn}\right)=S_{wn}^n \tag{2.73}$$

$$k_{rg}\left(S_{wn}\right)=\left(1-S_{wn}\right)^m \tag{2.74}$$

最后，类似于上述公式，我们将水力压裂缝网在“降维”空间中的渗流统一到 MINC 模型空间渗流中，形成全区域渗流方程体系。同时，考虑水力压裂主裂缝从起裂点到裂缝尖端的裂缝开度变化，如图 2.40 所示，将典型的楔形缝和椭圆缝模型应用到主裂缝形态表征中。如图 2.41 所示，通过将楔形缝或椭圆缝离散为 nt 个裂缝单元，并通过下式计算各裂缝单元对应的等效缝宽：

$$w_{equi}=\int_{L_{\min i}}^{L_{\max i}} w_i \mathrm{d}L/\left(L_{\max i}-L_{\min i}\right) \tag{2.75}$$

通过上述公式，从而得到了考虑主裂缝宽度变化的全区域渗流方程构建形式：

$$\int_{\Omega_d} PDEs\ \mathrm{d}\Omega=\int_{\Omega_f} PDEs\ \mathrm{d}\Omega_f+\sum_{i=1}^{nt} w_{equi}\times\int_{\Omega_{Fi}} PDEs\ \mathrm{d}\Omega_{Fi} \tag{2.76}$$

渗流数学模型的初始条件为：

$$
\begin{cases}
p_{\mathrm{gf}} = p_{\mathrm{gf0}}; \ p_{\mathrm{gm}_1} = p_{\mathrm{gm}_2} \cdots = p_{\mathrm{gm}_M} = p_{\mathrm{gm0}} \\
S_{\mathrm{wf}} = S_{\mathrm{wf0}}; \ S_{\mathrm{wm}i} = S_{\mathrm{wm}i0} \quad (i = 1, 2, \cdots, M)
\end{cases}
\tag{2.77}
$$

封闭外边界条件为：

$$
\begin{cases}
\dfrac{\partial p_{\mathrm{gf}}}{\partial n} = 0 \\
\dfrac{\partial p_{\mathrm{gm}i}}{\partial n} = 0 \quad (i = 1, 2, \cdots, M)
\end{cases}
\tag{2.78}
$$

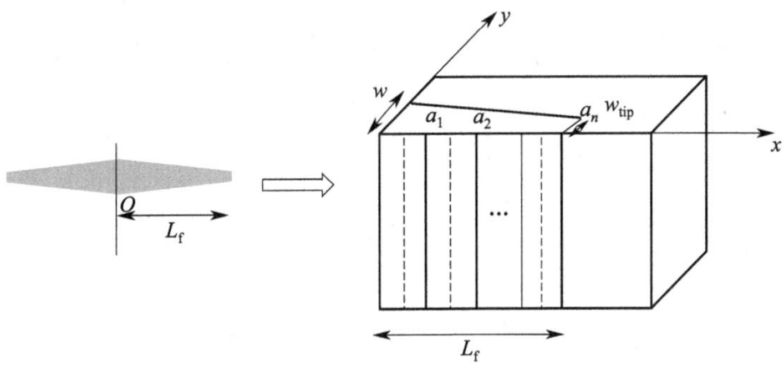

(a) 压裂楔形缝

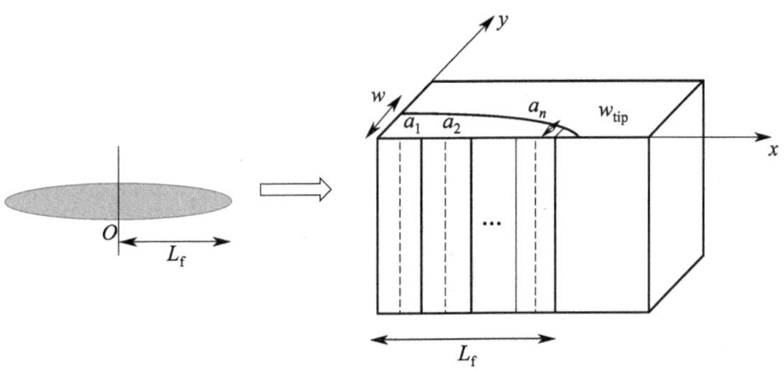

(b) 椭圆缝

图 2.40　压裂楔形缝和椭圆缝示意图

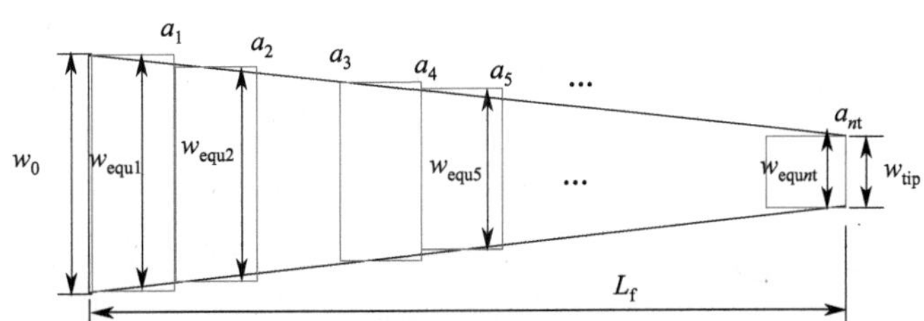

(a) 压裂楔形缝微元段离散示意图

图 2.41

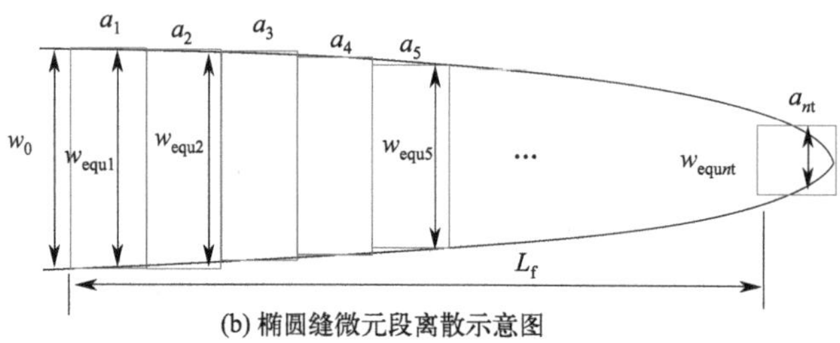

(b) 椭圆缝微元段离散示意图

图 2.41　压裂楔形缝和椭圆缝微元段离散示意图

2.3.3.3　有机质 - 无机质 - 天然裂缝 - 离散裂缝模型渗流数学模型的建立

如图 2.42 所示（书后另见彩图），此模型对于页岩基质中的微纳尺度渗流，采用了分形渗流理论进行描述。将页岩基质中形状不一的弯曲孔喉等效为具有分形特征的孔隙直径变化的毛细管束，并获得了考虑黏性流动、分子扩散和表面吸附扩散的真实气体 3D 空间分形表观渗透率。同时，将页岩基质划分为包含吸附气的有机质系统和无机质系统，通过对单根毛细管流动方程在最小和最大毛细管直径范围内的积分，实现了对有机质和无机质复杂孔隙结构下流动特征的描述。而且，上述方法也避免了 MINC 模型将基质系统依据平均孔隙半径划分为多个子网格系统而导致的网格数目增加和计算量的增大。此模型的主要渗流过程为：有机质孔隙渗流和表面解吸脱附，无机质宏孔隙渗流，天然裂缝渗流，水力压裂离散裂缝网络渗流。

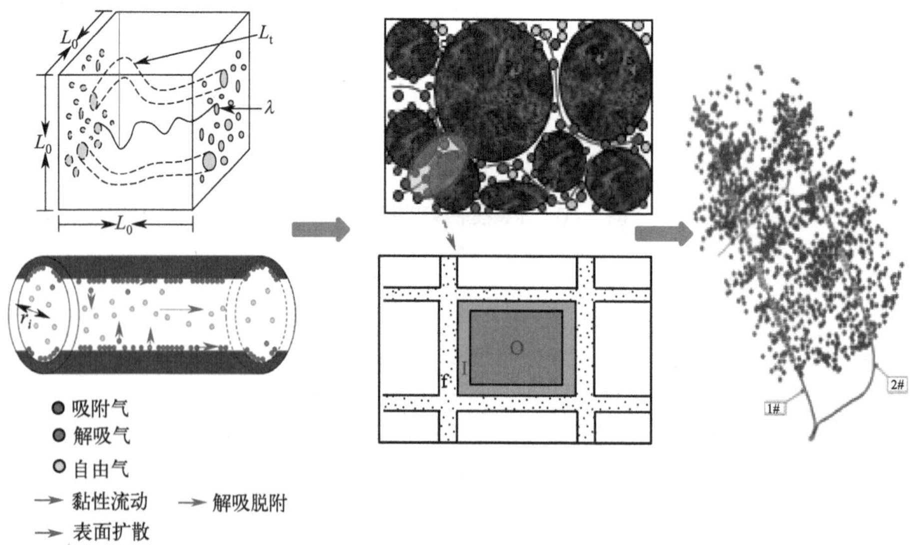

图 2.42　页岩气藏基于分形理论的多重连续介质 - 离散裂缝多尺度渗流模型

本节中，基于分形渗流理论，将页岩基质储层微纳多孔介质视为不等直径的毛细管簇，建立考虑分形渗透率的有机质 - 无机质 - 天然裂缝 - 离散裂缝网渗流数学模型。基于 MINC 模型，当基质网格数 M=2 时，构建有机质 - 无机质 - 天然裂缝模型气体渗流方程如下：

$$\nabla\times\left(\frac{k_{\mathrm{aO}}k_{\mathrm{rgm}}}{\mu_{\mathrm{gO}}B_{\mathrm{gO}}}\nabla\Phi_{\mathrm{gO}}\right)+q_{\mathrm{des}}-q_{\mathrm{g,IO}}=\frac{\partial}{\partial t}\left(\frac{\phi_{\mathrm{O}}f_{\mathrm{O}}S_{\mathrm{gO}}}{B_{\mathrm{gO}}}\right) \tag{2.79}$$

$$\nabla\times\left(\frac{k_{\mathrm{aI}}k_{\mathrm{rgm}}}{\mu_{\mathrm{gI}}B_{\mathrm{gI}}}\nabla\Phi_{\mathrm{gI}}\right)+q_{\mathrm{g,IO}}-q_{\mathrm{g,fI}}=\frac{\partial}{\partial t}\left(\frac{\phi_{\mathrm{I}}f_{\mathrm{I}}S_{\mathrm{gI}}}{B_{\mathrm{gI}}}\right) \tag{2.80}$$

$$\nabla\times\left(\frac{k_{\mathrm{fe}}k_{\mathrm{rgf}}}{\mu_{\mathrm{gf}}B_{\mathrm{gf}}}\nabla\Phi_{\mathrm{gf}}\right)+q_{\mathrm{g,fI}}-q_{\mathrm{g,Ff}}=\frac{\partial}{\partial t}\left(\frac{\phi_{\mathrm{f}}S_{\mathrm{gf}}}{B_{\mathrm{gf}}}\right) \tag{2.81}$$

其中，

$$\nabla\Phi_{l}=\nabla p_{l}-r_{l}g\nabla z\quad(l=\mathrm{g,w}) \tag{2.82}$$

$$q_{l,\mathrm{IO}}=\left(\frac{kk_{rl}}{\mu_{l}B_{l}}\right)_{\mathrm{up}}\alpha_{\mathrm{IO}}\left(p_{l\mathrm{O}}-p_{l\mathrm{I}}\right) \tag{2.83}$$

$$q_{l,\mathrm{fI}}=\left(\frac{kk_{rl}}{\mu_{l}B_{l}}\right)_{\mathrm{up}}\alpha_{\mathrm{fI}}\left(p_{l\mathrm{I}}-p_{l\mathrm{f}}\right) \tag{2.84}$$

式中 k_{aO}——有机质微纳孔隙表观渗透率，将采用上述公式中的耦合连续流动、分子扩散和表面扩散的 3D 分形渗透率进行计算；

k_{aI}——无机质介观孔隙表观渗透率，将采用耦合连续流动和分子扩散的分形渗透率进行计算；

q_{des}——吸附解吸量，将采用式（2.66）计算；

k_{fe}——天然裂缝渗流率在应力变化下的修正量，将采用上述公式中耦合固体形变的应力敏感方程进行计算。

同理，渗流数学模型的初始条件为：

$$\begin{cases}p_{\mathrm{gf}}=p_{\mathrm{gf0}};\ p_{\mathrm{gI}}=p_{\mathrm{gO}}=p_{\mathrm{g0}}\\ S_{\mathrm{wf}}=S_{\mathrm{wf0}};\ S_{\mathrm{w}i}=S_{\mathrm{w}i0}\quad(i=\mathrm{I,O})\end{cases} \tag{2.85}$$

封闭外边界条件为：

$$\begin{cases}\dfrac{\partial p_{\mathrm{gf}}}{\partial n}=0\\ \dfrac{\partial p_{\mathrm{g}i}}{\partial n}=0\quad(i=\mathrm{I,O})\end{cases} \tag{2.86}$$

2.4 CH_4-CO_2 竞争吸附实验及机理

2.4.1 吸附解吸理论

吸附作用是指各种气体、蒸气以及溶液里的溶质被吸附在固体或液体物质表面上的作用。具有吸附性的物质叫作吸附剂，被吸附的物质叫作吸附质，如图 2.43 所示（书后另见彩图）。吸附作用实际是吸附剂对吸附质质点的吸引作用。吸附剂之所以具有吸附性质，是因为分布在表面的质点同内部的质点所处的情况不同。吸附剂内部的质点同周围各方向的相邻质点之间的作用力处于相互平衡状态，而表面上的质点由于受力没有达到平衡而保留有自由的力场，借助这种力场，吸附剂物质的表面层就能够把同它接触的液体或气体质点吸住。

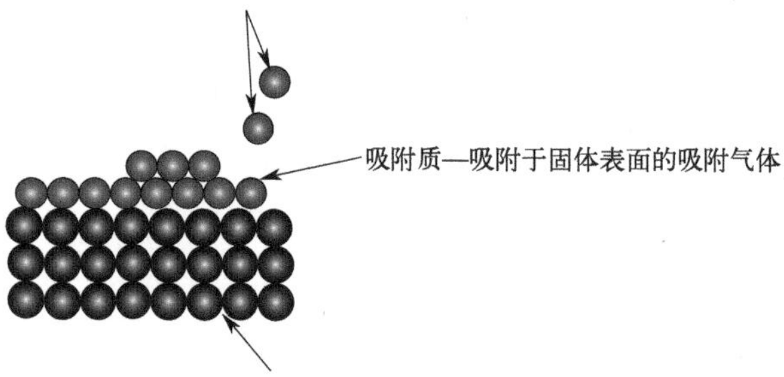

图 2.43　吸附作用示意图

吸附作用可分为物理吸附和化学吸附。

① 物理吸附，是指吸附剂与吸附质之间是通过分子间引力（即范德瓦尔斯力）而产生的吸附，在吸附过程中物质不改变原来的性质，因此吸附能小，被吸附的物质很容易再脱离，如用活性炭吸附气体，只要升高温度，就可以将被吸附的气体逐出活性炭表面。

② 化学吸附，是指吸附剂与吸附质之间发生化学作用，生成化学键引起的吸附，在吸附过程中不仅有分子间引力，还具有化学键间作用力，因此吸附能较大，要逐出被吸附的物质需要较高的温度，而且被吸附的物质即使被逐出，也已经产生了化学变化，不再是原来的物质了，一般催化剂都以这种吸附方式起作用。

物理吸附与化学吸附的具体区别见表 2.10。

表 2.10　物理吸附与化学吸附的区别

参数	物理吸附	化学吸附
吸附力	范德瓦尔斯力	化学键
吸附热	较小，近于液化热	较大，近于化学反应热
选择性	无选择性	有选择性
可逆性	可逆	不可逆
分子层	单分子层或多分子层	单分子层
吸附速度	较快，受温度影响小，一般不需要活化能	较慢，温度升高则速度加快，一般需要活化能

页岩基质颗粒对页岩气的吸附属于物理吸附类型，其过程是完全可逆的。当页

岩气藏压力降低的时候，被吸附的气体分子从孔隙表面上脱离出来转化为游离气，这一过程是吸附的反过程，称之为解吸。通常地，吸附量被用来度量页岩储层对天然气的吸附能力。吸附量是指单位体积的页岩储层所吸附的标准状况下的气体体积，通常用 V（sm^3/m^3）来表示（有时也用单位质量的页岩储层所吸附的标准状况下气体体积来表示，单位为 sm^3/kg）。一般来说，吸附气体量随着温度的升高而减少，随着压力的升高而增多。

当温度保持一定时，页岩气吸附量与压力之间的关系曲线称之为等温吸附曲线。页岩气藏的等温吸附曲线对于页岩气藏的开采有着重要的作用，利用等温吸附曲线，可以评价页岩储层的储气能力、确定页岩气开始从基质孔隙表面脱离时的压力以及气藏开采过程中某一压力下的解吸页岩气量。

实验室测得的等温吸附曲线按形状通常可以划分为 6 种类型（图 2.44），等温吸附曲线形态上的不同，主要反映了吸附质和吸附剂之间相互作用的差异。为了描述这些等温吸附曲线，人们提出了不同的数学模型，例如单分子层吸附理论——Langmuir 方程、多分子层吸附理论——BET 方程、吸附势理论、统计势动力学理论——多相吸附模型等。

图 2.44 中所示的类型 Ⅰ 对应于微孔吸附剂上的吸附情况，其吸附现象可以用 Langmuir 单分子层可逆吸附理论来描述。煤体对煤层气的吸附以及页岩中的有机质和黏土矿物对页岩气的吸附都属于单分子层物理吸附，相应的等温吸附曲线为 Ⅰ 型。

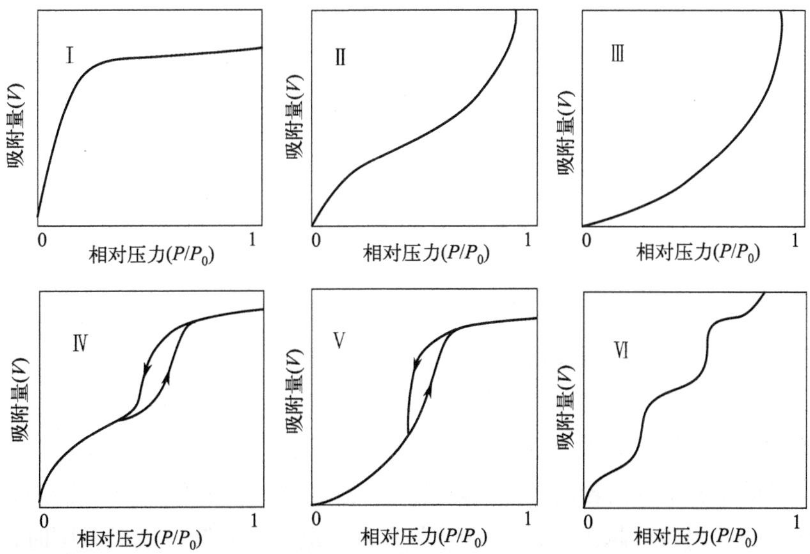

图 2.44　等温吸附曲线基本类型

1961 年，Langmuir 从动力学的观点出发，建立模型描述了单分子层吸附作用。

模型建立过程中涉及如下 4 点假设：

① 吸附剂表面均匀，表面上所有吸附位的吸附能力相同；

② 被吸附分子间无相互作用；

③ 每个分子的吸附动力学机理相同；

④ 单层吸附。

根据 Langmuir 方程，页岩气吸附量与压力间的关系可由式（2.87）来表达：

$$\theta = \frac{V}{V_{\mathrm{m}}} = \frac{bp}{1+bp} \tag{2.87}$$

式中 V——页岩气吸附量，sm^3/kg 或 sm^3/m^3；

V_{m}——Langmuir 吸附常数，代表单位吸附剂表面覆盖满单分子层时的吸附量，sm^3/kg 或 sm^3/m^3；

θ——被吸附质分子覆盖部分的表面积占总表面积的比例；

b——Langmuir 压力常数，1/Pa ；

p——气体压力，Pa。

对上述公式进行变形，可得到另外一种形式的 Langmuir 方程：

$$V = V_{\mathrm{L}} \frac{p}{p_{\mathrm{L}} + p} \tag{2.88}$$

式中 V_{L}——Langmuir 体积，页岩的极限吸附量，$V_{\mathrm{L}}=V_{\mathrm{m}}$，$sm^3/kg$ 或 sm^3/m^3；

p_{L}——Langmuir 压力，气体吸附量达到极限吸附量 50% 时所对应的压力，$p_{\mathrm{L}}=1/b$，Pa。

Langmuir 等温吸附模型假定在整个吸附过程中，温度保持恒定。实际上，温度会影响气体的吸附能力，具体来说，温度越高，气体吸附能力越弱。但是由于气藏开采可以被看作等温开采过程，因此 Langmuir 定律是适用的。Langmuir 等温吸附模型中的等温吸附常数可以通过拟合实验数据得到或根据现场测试资料进行反求。

泥页岩的吸附能力通常用 Langmuir 体积（V_{L}）和 Langmuir 压力（p_{L}）来进行评价。p_{L} 代表了泥页岩吸附量达到 V_{L} 一半时所对应的平衡压力，反映泥页岩吸附气体的难易程度。当 p_{L} 较小时，等温吸附曲线的曲率较大，说明泥页岩在低压范围对气体的吸附量较大，并且随着压力的增大快速增加，而在高压范围随着压力的增大泥页岩对气体的吸附量增值逐渐减小，直到气体达到饱和。与之相反，当 p_{L} 较大时，等温吸附曲线的曲率较小，说明泥页岩在低压范围对气体的吸附量较小，而在高压范围随着压力的增大泥页岩对气体的吸附量增值也随之增大。V_{L} 代表了泥页岩的饱和吸附量，反映泥页岩的最大吸附能力，但这并不表示在某一压力条件下 V_{L} 越大，泥页岩的吸附量就越大；这是因为当压力一定时，尤其在低压范围时，泥页岩的吸附量不仅与 V_{L} 的大小有关，更重要的是与 p_{L} 有关，通常 p_{L} 越小泥页岩的吸附量就越大。

对取自四川盆地下志留统龙马溪组的 7 个泥页岩样品进行等温吸附实验，考虑到页岩气主要成分为甲烷（CH_4），故实验过程中采用高纯度 CH_4（99.99%）对页岩岩样进行了单组分等温吸附测试，测试过程中温度保持恒定为 65℃。利用测试得到的不同样品的等温吸附数据作图，可得到图 2.45 所示的等温吸附曲线。

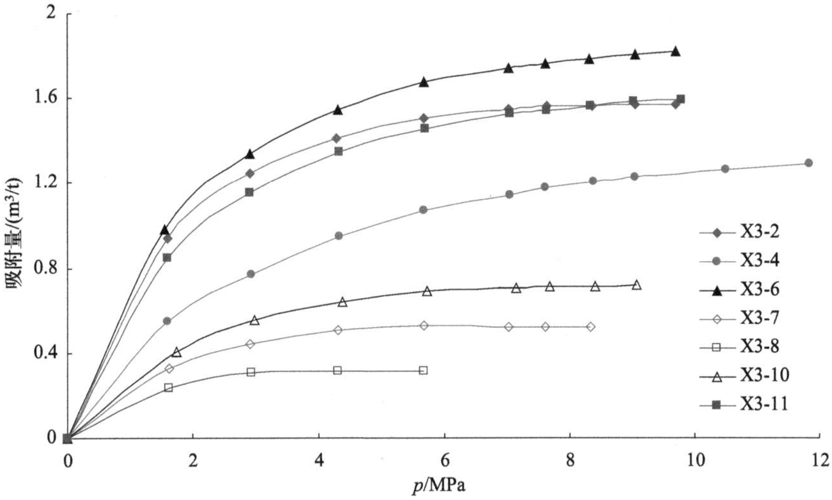

图 2.45　四川盆地龙马溪组 X3 井页岩等温吸附实验结果

从图 2.45 可以看出，龙马溪组页岩岩样的等温吸附曲线呈现 3 个变化阶段：

① 当压力＜ 2.0MPa 时，随着测试压力的增大，页岩气吸附量急剧增加；

② 当压力在 2.0 ～ 5.0MPa 范围时，吸附量随压力增大而增加的速度减慢，进入一个过渡阶段；

③ 当压力＞ 5.0MPa 之后，岩样对气体的吸附逐渐达到饱和，当压力增大时，吸附量的增加很小或几近于无。

上述吸附量随压力的变化特征与图 2.44 中所示 I 型等温吸附曲线变化特征吻合，故可确定页岩储层对天然气的吸附为 I 型等温吸附，其吸附规律可用 Langmuir 等温吸附定律来描述。根据 Langmuir 等温吸附方程，页岩气等温吸附常数可通过对实验数据进行拟合得到。首先对 Langmuir 等温吸附方程式进行变形，可得到下式：

$$\frac{p}{V}=\frac{p}{V_{\mathrm{L}}}+\frac{p_{\mathrm{L}}}{V_{\mathrm{L}}} \tag{2.89}$$

由式（2-88）可知，p/V 和 p 在直角坐标中应呈线性关系，故可对实验数据进行拟合，根据拟合直线的斜率和截距可分别计算得到 Langmuir 体积 V_{L} 和 Langmuir 压力 p_{L}。图 2.46 ～图 2.51 中给出了进行测试的 7 个岩样的 $p/V \sim p$ 拟合曲线，根据拟合结果得到的 Langmuir 等温吸附参数及曲线拟合相关系数 R^2 列于表 2.11 中。

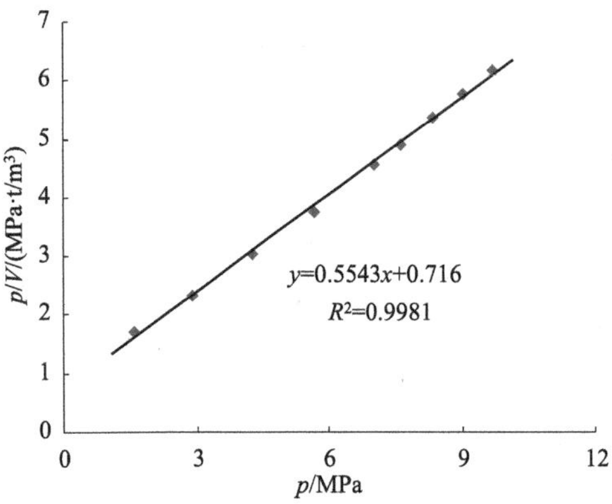

图 2.46 岩样 X3-2 拟合曲线

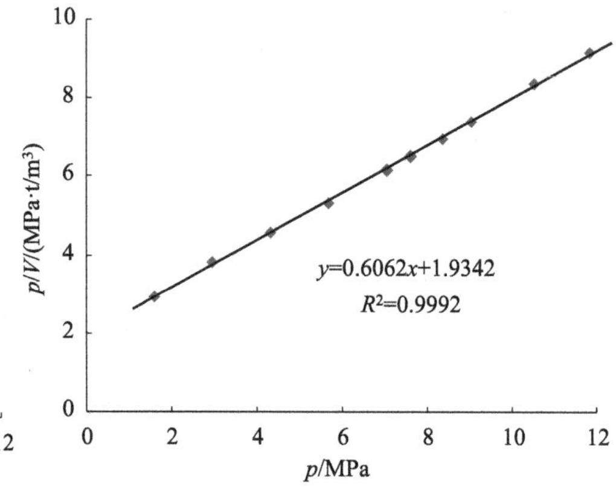

图 2.47 岩样 X3-4 拟合曲线

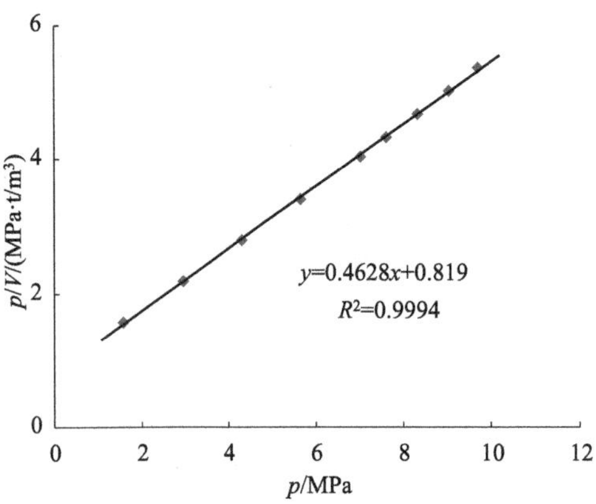

图 2.48 岩样 X3-6 拟合曲线

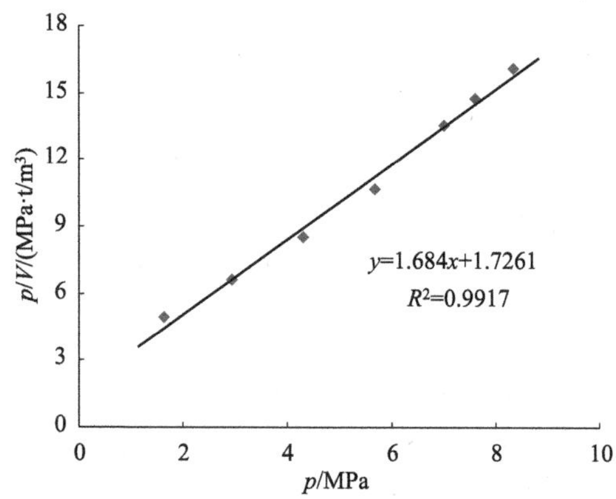

图 2.49 岩样 X3-7 拟合曲线

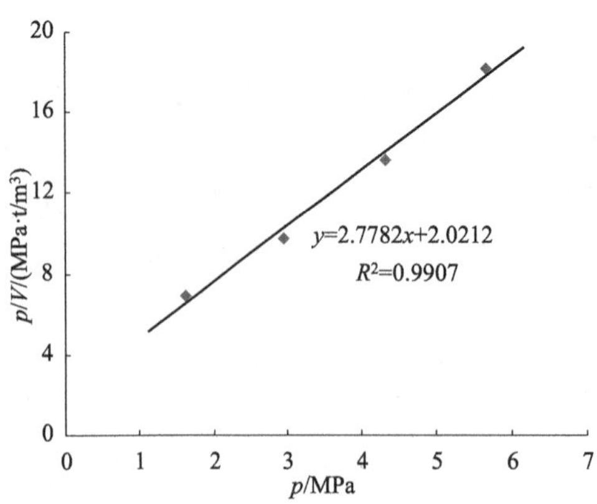

图 2.50 岩样 X3-8 拟合曲线

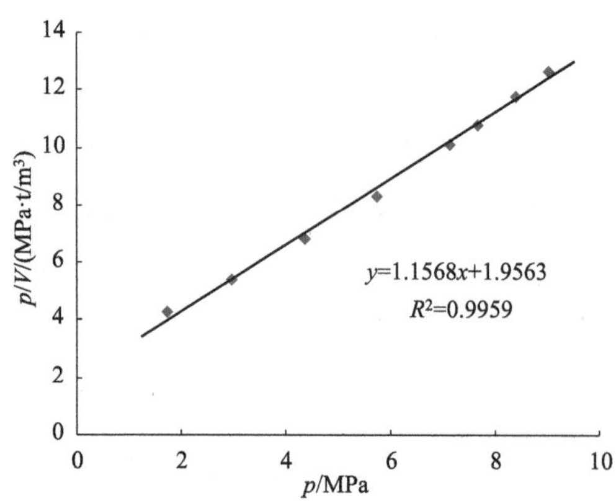

图 2.51 岩样 X3-10 拟合曲线

表 2.11　龙马溪组页岩 Langmuir 参数

岩样编号	取样深度 /m	测试温度 /℃	p_L/MPa	V_L/(m^3/t)	R^2
X3-2	2221	65	1.292	1.804	0.9981
X3-4	2208	65	3.191	1.650	0.9992
X3-6	2224	65	1.770	2.161	0.9994
X3-7	2174	65	1.025	0.594	0.9917
X3-8	2159	65	0.728	0.360	0.9907
X3-10	2187	65	1.691	0.864	0.9959
X3-11	2236	65	1.926	1.920	0.9991

从表 2.11 可看出，采用 Langmuir 等温吸附方程对页岩气等温吸附实验数据进行拟合，拟合结果相关性很高，相关系数均在 0.99 以上，这也再次说明页岩气吸附服从 Langmuir 等温吸附规律，其吸附 - 解吸过程可用 Langmuir 方程进行描述。对表 2.11 中所列的 Langmuir 等温吸附常数进行分析，可以发现：

① 龙马溪组泥页岩的 Langmuir 体积 V_L 为 0.36 ～ 2.161m^3/t，平均为 1.33m^3/t。与北美页岩的 Langmuir 体积十分接近，说明该区龙马溪组泥页岩的吸附能力较强，在其他配置条件适合的情况下，泥页岩中的页岩气富集程度较高，这有利于页岩气的开发；

② 泥页岩的 Langmuir 压力 p_L 为 0.728 ～ 3.191MPa，平均为 1.66MPa。与北美页岩区块相比，龙马溪组泥页岩的 p_L 总体较小，反映龙马溪组泥页岩的等温吸附曲线的曲率较大，说明泥页岩在低压区对页岩气的吸附气量相对较大，而在高压范围吸附气量相对较小，且随着压力的增大泥页岩对页岩气的吸附量增值逐渐减小。这样的泥页岩储层如果投入开发，页岩气中的吸附气不易被解吸出来，对页岩气的开发不利。

2.4.2　页岩吸附能力影响因素分析

吸附态页岩气是构成页岩气藏储量的重要组成部分，泥页岩吸附能力的大小除了受自身物理性质、化学性质的影响外，还受到压力、温度、TOC 值、比表面积等多种外部因素的影响。本节主要基于等温吸附实验结果，对泥页岩所处的温度和压力、湿度条件、泥页岩的有机碳含量（TOC）、矿物成分、孔隙结构和孔隙体积、比表面积对泥页岩吸附能力的影响进行探讨。

2.4.2.1　压力对泥页岩吸附能力的影响

由图 2.45 所示的页岩气等温吸附实验结果可知，压力与泥页岩对甲烷的吸附能力呈正相关关系。在一定压力范围内，泥页岩对页岩气的吸附量随着压力的增大以较大的速率增多；当压力增大到一定程度后，泥页岩对页岩气吸附量的增加速度减缓，直到最终达到某一定值，即泥页岩吸附达到饱和状态。

2.4.2.2　温度对泥页岩吸附能力的影响

当测试温度不同时，同一泥页岩样品在相同压力条件下，所测得的泥页岩对 CH_4 的吸附量也不同。从图 2.52 可以看出，温度对泥页岩吸附能力有着较明显的影响。在其他条件相同的情况下，测试时温度越高，页岩对 CH_4 的吸附量就越小。这主要是因为页岩气吸附过程是一个伴随着放热的物理过程，当温度升高时，CH_4 分子运动速度随之加快，对解吸起到活化作用，从而导致泥页岩吸附量降低。

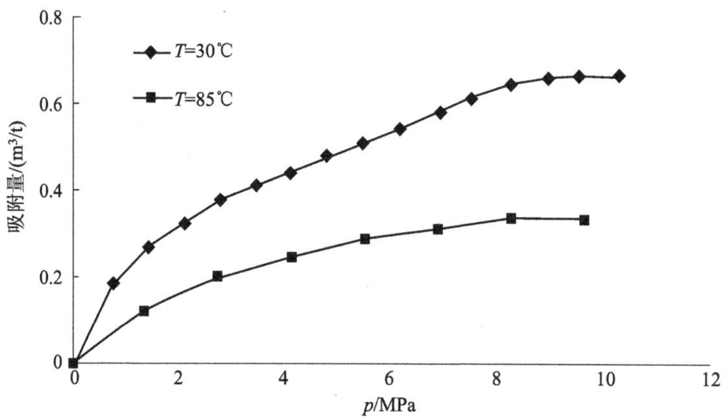

图 2.52　不同温度条件下的龙马溪组页岩岩样等温吸附实验结果

2.4.2.3　湿度对泥页岩吸附能力的影响

国内外相关研究表明，湿度变化会较大地影响页岩吸附等温曲线的形状。图 2.53 是国外研究学者对同一泥页岩岩样进行不同湿度处理后，所测得的等温吸附曲线。其中，平衡水含量基是指处于平衡水分湿度状况下的岩样，平衡水分的过程为：首先称重 100g 样品，再把经过预湿的页岩样品放入装有过饱和 K_2SO_4 溶液的恒温箱中，该溶液可以使相对湿度保持在 96% ～ 97% 之间；48h 后样品即被全部湿润，间隔一定时间称重一次，直到样品重量不再变化为止。平衡水分含量等于工业分析中空气干燥基水分与页岩岩样水平衡时吸附水分含量之和。收到基为收到岩样不对其作任何湿度处理。而干燥基是指将收到的岩样在室温 20℃、相对湿度为 60% 的条件下进行静置处理，处理后的岩样会失去一些水分，称之为空气干燥基。三者的湿度关系为：平衡水分基＞收到基＞空气干燥基。从图 2.53 可以看出，页岩的湿度会明显地影响页岩吸附量大小。页岩湿度越小，在同一压力、温度条件下所测得的泥页岩的吸附量就越大，反之亦然。这主要是由于脱水使黏土暴露了大量的表面积，为气体提供了更多的吸附介质表面积。图 2.54 为对取自四川盆地南部地区龙马溪组的泥页岩在不同湿度条件下测得的等温吸附曲线。从图 2.54 中可以观察到与图 2.53 一致的结果。

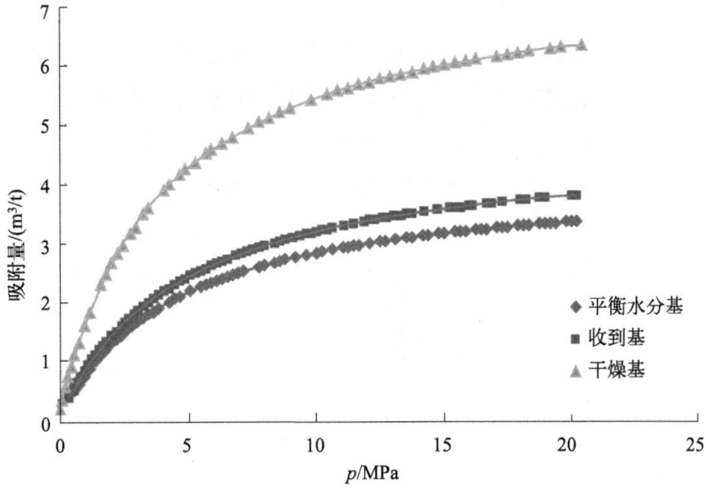

图 2.53　同一页岩岩样在不同湿度状况下的等温吸附曲线

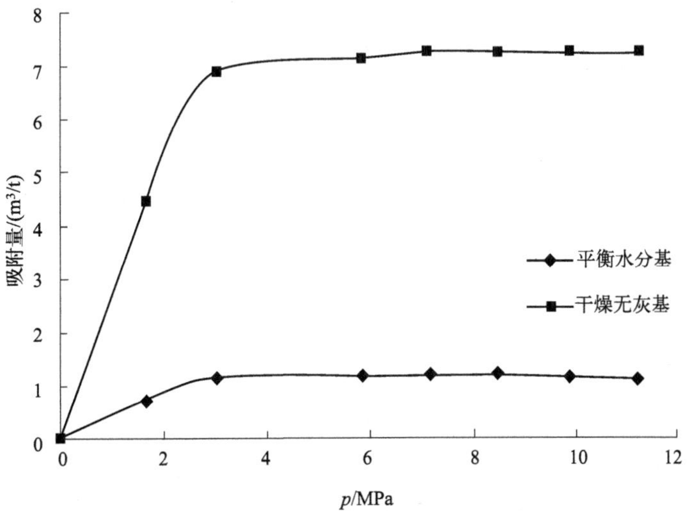

图 2.54　龙马溪组泥页岩在不同湿度处理条件下的 Langmuir 等温吸附曲线

2.4.2.4　TOC 对泥页岩吸附能力的影响

页岩基质中有机质是吸附态页岩气的主要储集空间，总有机碳含量（TOC）的高低对吸附态页岩气含量有很大影响。国外相关研究表明，TOC 值的变化甚至会导致吸附气量产生数量级的变化。本节结合川南龙马溪组页岩岩样等温吸附实验结果，对四川盆地龙马溪组泥页岩总有机碳含量（TOC）与其吸附能力之间的关系进行了定性及定量研究。

从图 2.55 可以看出，无论是北美地区页岩还是川南龙马溪组页岩，其有机碳含量 TOC 和页岩饱和吸附量之间都具有较好的正相关关系。其中，龙马溪组页岩岩样的 TOC 值在 1.19% ～ 4.08% 之间变化，总有机碳含量变化较大。从图 2.55 中可以观察到，在较大的 TOC 变化范围内，四川盆地龙马溪组泥页岩的 TOC 值与其饱和吸附量之间具有极好的线性关系，拟合直线的相关系数高达 0.8582。随着总有机碳含量（TOC）的增大，泥页岩对页岩气的吸附能力增强。

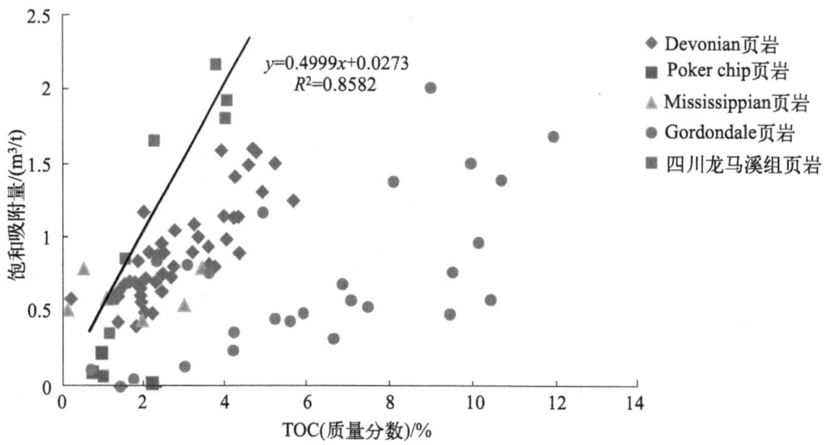

图 2.55　北美及四川龙马溪组泥页岩 TOC—饱和吸附量关系

2.4.2.5　比表面积对泥页岩吸附能力的影响

泥页岩比表面积可以说是影响泥页岩吸附能力最直接的一个因素。其他例如有机碳含量、湿度等因素都是通过影响可供页岩气吸附的比表面积从而影响泥页岩吸附能力的。图 2.56 中给出了川南龙马溪组页岩岩样的比表面积与页岩气饱和吸附量之间的关系，其中的比表面积基于低温氮气吸附法测得。从图 2.56 中可以观察到，泥页岩岩样饱和吸附量与其比表面积之间满足线性关系，直线拟合相关系数高达 0.8936。岩样的比表面积越大，说明基质中纳米级孔隙所占比例越大，相应的吸附态页岩气含量就越高。

综合图 2.55 和图 2.56 中数据，可得到四川盆地龙马溪组页岩岩样比表面积和总有机碳含量之间的具体关系，具体结果见图 2.57。从图 2.57 中可以看出，该地区页岩的总有机碳含量（TOC）与比表面积之间呈显著的线性关系，直线拟合的相关系数为 0.82。这是因为纳米级孔隙的比表面积较大，而纳米级孔隙又主要分布在页岩基质有机质物质中，TOC 含量高意味着页岩中有机质含量高，则页岩中会发育更多的纳米级孔隙，从而导致岩样的比表面积更大。

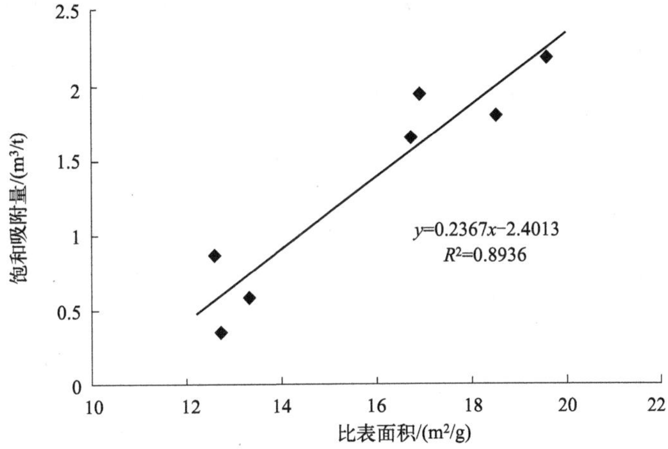

图 2.56　四川龙马溪组泥页岩比表面积—饱和吸附量关系

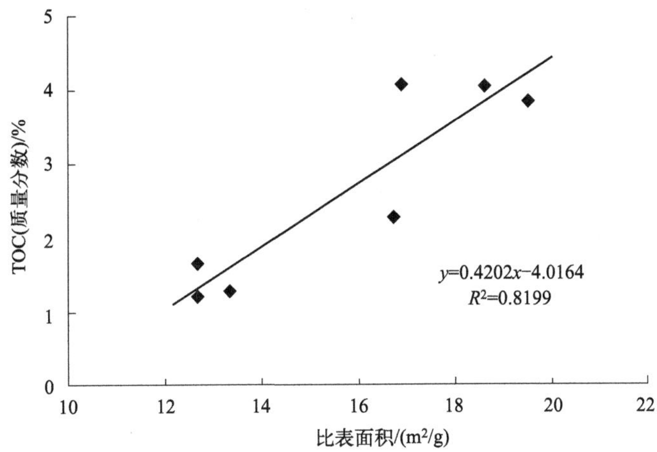

图 2.57　四川龙马溪组泥页岩比表面积—TOC值关系

2.4.2.6　孔隙结构对泥页岩吸附能力的影响

泥页岩的微观孔隙结构也是影响页岩气吸附能力的关键因素。在岩石颗粒内，孔的形状极不规则，孔隙大小也各不相同。微孔越多，相应的孔隙比表面积越大，更有利于吸附质的吸附，泥页岩的吸附能力就越大。图 2.58 ～图 2.61 分别给出了泥页岩饱和吸附量与总孔体积、中孔体积、微孔体积、宏孔体积的关系。从图中可以看出，泥页岩饱和吸附量与微孔体积不具有相关性，与总孔隙体积具有较好的正相关关系，与中孔体积和宏孔体积具有微弱的正相关关系。

多孔物质的孔隙网络是由狭窄的收缩毛细管联系在一起的。因此孔隙的可进入性是由孔喉的大小和孔隙直径共同决定的。页岩气能否通过孔喉到达吸附地点还与气体分子本身的运动直径有关。龙马溪组泥页岩饱和吸附量与孔径＜2nm 的微孔体积不具有相关性，可能是由于微孔的孔喉较小，与甲烷分子的动力学直径大小相当，使得甲烷进入较困难。与微孔相比，中孔和宏孔有相对较大的孔喉和孔隙直径，使得甲烷分子更易进入，故饱和吸附量与中孔和宏孔具有正相关关系。

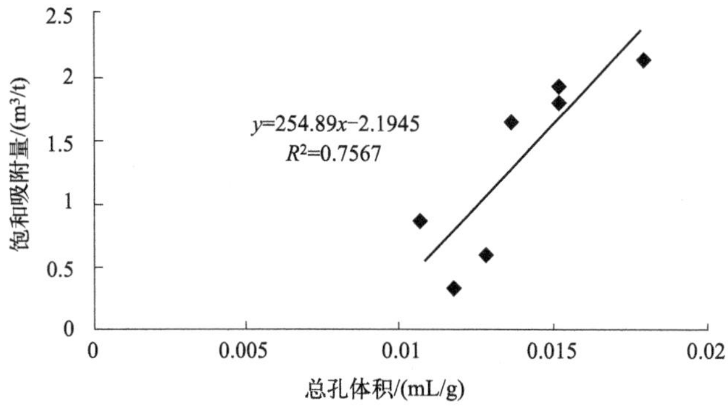

图 2.58　四川盆地龙马溪组泥页岩饱和吸附量与总孔体积的关系

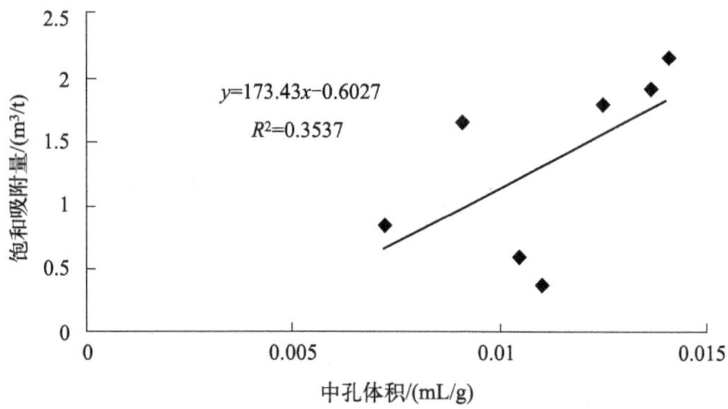

图 2.59　四川盆地龙马溪组泥页岩饱和吸附量与中孔体积的关系

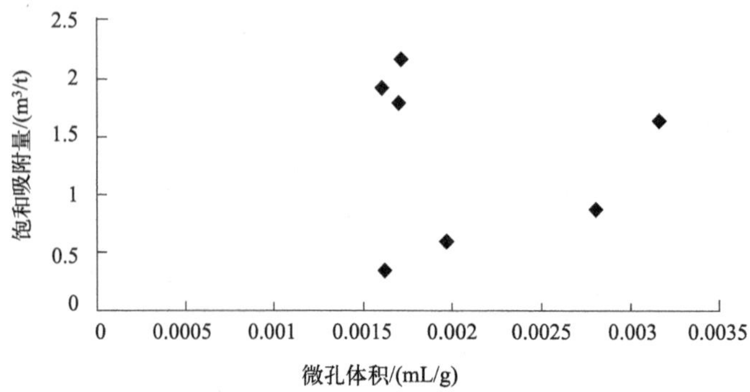

图 2.60　四川盆地龙马溪组泥页岩饱和吸附量与微孔体积的关系

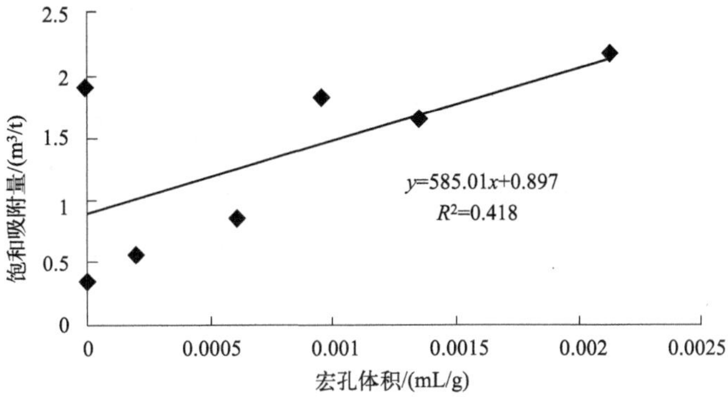

图 2.61　四川盆地龙马溪组泥页岩饱和吸附量与宏孔体积的关系

2.4.3　CH_4、CO_2 等温吸附实验

如图 2.62 所示，本书采用德国 Rubotherm 公司的 Isosorp 型磁悬浮天平高压等温吸附仪在 80℃时，对龙马溪组页岩岩样进行甲烷和二氧化碳的等温吸附实验。受实验器材承压限制，实验压力逐渐增加，并控制在 20MPa 以内。同时，由文献[51]可知，甲烷的超临界温度和压力分别为 −82.6℃和 4.59MPa；二氧化碳的超临界温度和压力分别为 31.4℃和 7.38MPa。因此，当实验压力超过临界条件时，甲烷和二氧化碳都将处于超临界状态，特别是 CO_2，在超临界状态下将呈现出低黏度、高密度特征。

等温吸附实验的主要步骤包括：

① 向壳体中注入非吸附纯氦气，获得不同压力下的天平度数 $m_{测}$，并由满足上述公式中的数据点进行线性拟合，纵截距为样品缸质量 m_0，负斜率为样品缸体积 V_0。

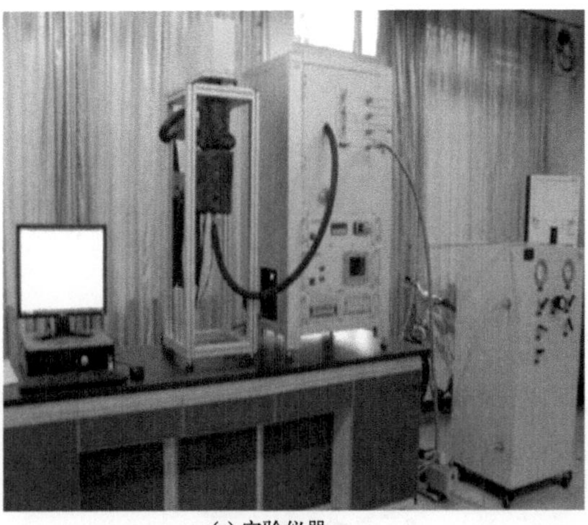

(a) 实验仪器

图 2.62

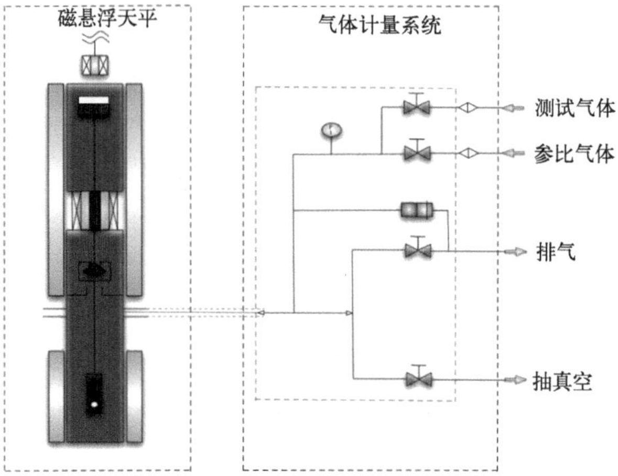

(b) 装置简图

图 2.62　等温吸附实验仪器及装置简图

$$m_{测}=m_0-\rho_{He}V_0 \tag{2.90}$$

式中　ρ_{He}——氦气密度。

② 将龙马溪组页岩岩样粉碎至 60 ～ 80 目，并置于 80℃恒温箱中烘干，直到质量变化＜ 2%，将样品放入样品缸中，进行加热和抽真空处理，至缸中温度恒定在 80℃，再次向壳体充入氦气，在不同压力下进行测试，测试数据满足上述公式，通过数据点的线性拟合，纵截距为样品和样品缸初始质量 m_{t0}，负斜率为样品和样品缸初始体积 V_{t0}。

$$m_{测}=m_{t0}-\rho_{He}V_{t0} \tag{2.91}$$

③ 在不同压力下分别注入纯 CH_4 气体（纯度 99.99%）或者纯 CO_2 气体（纯度 99.99%），直到各压力下磁悬浮天平称量质量不再变化即壳体内吸附达到稳定，读取天平数值，并由下式计算吸附量。

$$n_{inj}=m_{测}-m_{t0} \tag{2.92}$$

$$n^{abs}=n^{excess}=n_{inj}-\rho_{gas}V_0 \tag{2.93}$$

式中　n_{inj}——注入气量；

n^{abs}——绝对吸附量；

n^{excess}——过量或 Gibbs 吸附量；

ρ_{gas}——气体密度。

④ 在高压力条件下，由于吸附层的存在，过量吸附量将低于绝对吸附量，因此需要将高压力下的测试吸附量校正为绝对吸附量：

$$n^{abs}=\frac{n^{excess}}{\left(1-\frac{\rho_{gas}}{\rho_{ads}}\right)} \tag{2.94}$$

式中　ρ_{ads}——吸附相密度。

2.4.4　CH_4、CO_2 竞争吸附机理及描述

2.4.4.1　多组分 Langmuir 模型

在 2.4.3 部分中，采用室内等温吸附实验方法，获得了龙马溪组岩样在 80℃、20MPa 内的 CH_4 和 CO_2 的绝对吸附量。但是，由于页岩气藏普遍埋深较深，且存在异常高压特征，实际储层的压力往往高于 20MPa，对高于实验压力值范围条件下的气体吸附气量，通常需要构建等温吸附模型对实验数据进行拟合，并对不同压力条件下的绝对吸附气量进行预测。目前，对于气体的吸附气量，学者提出了 Langmuir 模型、BET 模型、D-A 模型等从吸附平衡、吸附势能等不同角度对等温吸附特征进行数学描述和表征。在本书中，考虑到超临界 CO_2 的特殊吸附规律，将选取应用最广泛的 Langmuir 模型和基于分子间作用势能的单层 One-kondo 格子模型（OK 模型）对 CH_4 和 CO_2 的绝对吸附量实验数据进行拟合并预测高压力下的 CH_4 和 CO_2 的绝对吸附量。最后，将基于分压原理，描述 CH_4 和 CO_2 间的竞争吸附机制。

1916 年，Langmuir 基于动力学模型推导了单层吸附的等温吸附公式，后续的等温吸附模型都是在 Langmuir 等温吸附模型基础上的改进。Langmuir 公式的具体表达式为：

$$V_{\mathrm{E}}=\frac{V_{\mathrm{L}}P}{P_{\mathrm{L}}+P} \tag{2.95}$$

式中　V_E——吸附平衡时的吸附量；

V_L——Langmuir 吸附量，即在给定温度下的最大吸附量；

P_L——Langmuir 压力，也是当吸附量为 $V_L/2$ 时的压力。

同时，Jiang 等[51]和 Kim 等[52]考虑到向页岩储层中注入 N_2、CO_2 或二者混合气体等方式，通过上述气体与 CH_4 间的竞争吸附，促进 CH_4 脱附解吸的情况，假设气体吸附都满足 Langmuir 等温吸附模型，提出了多组分的 Langmuir 公式如下：

$$V_{\mathrm{E}i}=\frac{V_{\mathrm{L}i}y_iP/P_{\mathrm{L}i}}{1+\sum\left(y_iP/P_{\mathrm{L}i}\right)} \tag{2.96}$$

式中　y_i——i 组分的摩尔分数；

V_{Ei}——吸附平衡时的 i 组分吸附量。

2.4.4.2　One-Konde 模型

对于页岩岩样，CO_2 在不同压力下的绝对吸附量含量呈现出非单调曲线特征，学者 Bacon 等[53]指出，采用 Langmuir 公式难以准确描述 CO_2 特别是超临界 CO_2 的等温吸附特征。因此，在本书中，将采用单层 OK 模型对龙马溪组岩样在 20MPa

范围内的吸附实验数据进行拟合，并实现高于 20MPa 压力值的 CO_2 绝对吸附量预测。

根据 OK 吸附模型原理，对于平板缝内的单层吸附，其吸附平衡表达式为：

$$\ln\left[\frac{x_{\mathrm{ads}}\left(1-x_b\right)}{x_b\left(1-x_{\mathrm{ads}}\right)}\right]+\frac{\left[\left(z_1+1\right)x_{\mathrm{ads}}-z_0 x_b\right]\varepsilon_{\mathrm{ii}}}{k_B T}+\frac{\varepsilon_{\mathrm{is}}}{k_B T}=0 \tag{2.97}$$

$$x_{\mathrm{ads}}=\frac{\rho_{\mathrm{ads}}}{\rho_{mc}},x_b=\frac{\rho_b}{\rho_{mc}} \tag{2.98}$$

式中 ρ_b——体相气体密度；

ρ_{mc}——CH_4 或 CO_2 在最大吸附量时的吸附相密度，由参考文献［54］，其值为范德瓦耳斯系数的倒数，对于 CH_4，ρ_{mc} =23.37mol/L，对于 CO_2，ρ_{mc}=23.34mol/L [55]；

k_B——Boltzmann 常数；

$\varepsilon_{\mathrm{ii}}$——流体间的势能常数，可由 $\varepsilon_{\mathrm{ii}}=0.432\varepsilon^*$ 估算得到，ε^* 为 Lennard-Jones 井深能量常数；

$\varepsilon_{\mathrm{is}}$——流固间的势能常数，对于六边形格子网格：$z_1=6$，$z_0=8$。

在本书中，基于学者 Bi 等 [56] 的处理方法，忽略流体间吸附势能 $\varepsilon_{\mathrm{ii}}$，则上述公式可以化简为：

$$\ln\left[\frac{x_{\mathrm{ads}}\left(1-x_b\right)}{x_b\left(1-x_{\mathrm{ads}}\right)}\right]=-\frac{\varepsilon_{\mathrm{is}}}{k_B T} \tag{2.99}$$

$$x_{\mathrm{ads}}=\frac{x_b\exp\left(-\dfrac{\varepsilon_{\mathrm{is}}}{k_B T}\right)}{\left(1-x_b\right)+x_b\exp\left(-\dfrac{\varepsilon_{\mathrm{is}}}{k_B T}\right)} \tag{2.100}$$

同时，对于绝对吸附量，满足：

$$n^{\mathrm{abs}}=2C\frac{\rho_{\mathrm{ads}}}{\rho_{mc}} \tag{2.101}$$

由此，只需要根据 CH_4 和 CO_2 的等温吸附实验数据，拟合 $\varepsilon_{\mathrm{is}}$ 和 C 两个参数，并结合上述公式，即可获得不同压力下的由 OK 模型计算得到的绝对吸附量。在表 2.12 和表 2.13 中，给出了对于龙马溪组页岩岩样 #1 和岩样 #2 在实验压力值下的 Langmuir 模型和 OK 模型拟合值。

表 2.12 岩样 #1 实验结果及模型计算结果对比

测试气体	压力 / MPa	实验数据 /(cm^3/g)	Langmuir 模型拟合值 /(cm^3/g)	OK 模型拟合值 /(cm^3/g)
CH_4	1.02	1.46	1.27	1.28
	2.02	2.40	2.44	2.44
	4.02	3.03	3.04	3.04
	6.01	3.48	3.63	3.62
	8.02	3.67	3.83	3.82

续表

测试气体	压力 / MPa	实验数据 /(cm^3/g)	Langmuir 模型拟合值 /(cm^3/g)	OK 模型拟合值 /(cm^3/g)
CH_4	10.06	3.68	3.74	3.73
	12.02	3.71	3.72	3.71
	16.06	3.77	3.72	3.72
	20.00	3.65	3.41	3.42
CO_2	1.02	5.38	8.02	8.88
	2.01	7.02	8.69	10.25
	4.03	10.06	9.49	12.05
	5.88	12.71	10.03	12.86
	8.33	15.97	10.38	12.15
	10.1	23.8	21.68	21.36
	12.17	37.9	44.83	41.53
	16.13	44.73	49.12	46.23
	20.00	45.56	41.80	43.73

表 2.13 岩样 #2 实验结果及模型计算结果对比

测试气体	压力 /MPa	实验数据 /(cm^3/g)	Langmuir 模型拟合值 /(cm^3/g)	OK 模型拟合值 /(cm^3/g)
CH_4	1.27	1.75	1.87	1.87
	2.07	2.09	2.13	2.13
	4.00	2.42	2.28	2.27
	6.03	2.64	2.48	2.48
	8.12	2.90	2.85	2.84
	10.08	3.08	3.12	3.12
	12.13	3.16	3.21	3.21
	15.75	3.25	3.32	3.33
	20.00	3.29	3.34	3.35
CO_2	1.03	3.82	5.26	5.85
	2.03	5.31	6.03	7.07
	4.00	7.95	7.24	8.78
	6.10	9.61	6.59	8.06
	8.28	13.07	9.74	10.38
	10.10	20.87	22.43	21.75
	12.46	27.52	32.24	29.99
	16.47	29.54	30.98	29.81
	20.00	29.53	26.87	28.13

如图 2.63 所示（书后另见彩图），分别描述了岩样 #1 和岩样 #2 在不同压力下的 CH_4 和 CO_2 的绝对吸附量变化情况。可以看出：

① 对于龙马溪组页岩，CO_2 在不同压力值下的吸附量都明显高于 CH_4，说明了 CO_2 具有比 CH_4 更强的吸附能力，当向页岩气藏注入 CO_2 后，有机质表面的吸附层将优先吸附 CO_2，从而置换出更多的 CH_4 气体；

② 对于 CH_4 的等温吸附特征，Langmuir 模型和 OK 模型都取得了较好的拟合

效果，但是 OK 模型比 Langmuir 模型更适合于描述 CO_2 的等温吸附变化情况。

因此，在本书中将采用 Langmuir 模型计算 CH_4 气体的吸附解吸量，采用 OK 模型计算注入页岩储层的超临界 CO_2 的吸附解吸量。并基于分压定理[57]，由上述公式计算吸附层表面的 CH_4 和 CO_2 压力，并分别带入 Langmuir 模型和 OK 模型中，得到当前各组分分压下的吸附量。

$$P_i = y_i P \tag{2.102}$$

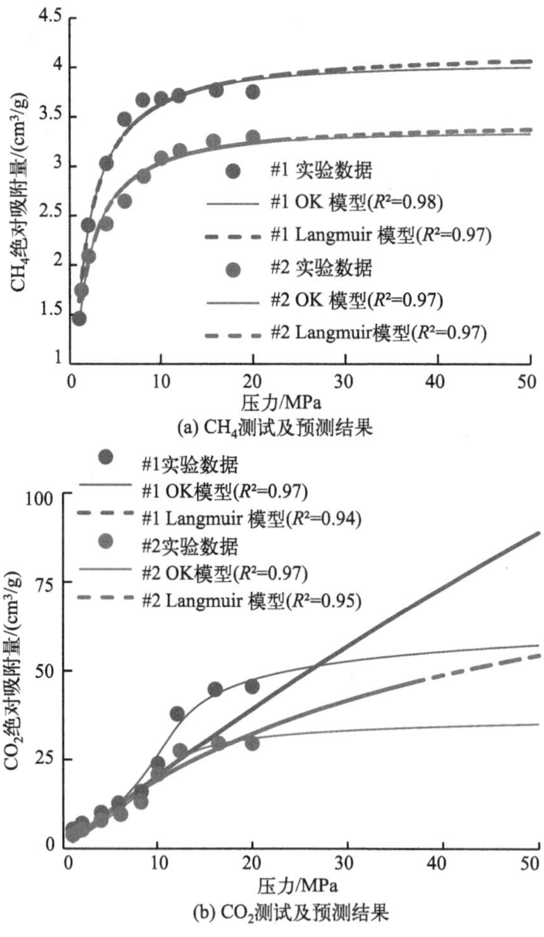

图 2.63　不同压力下等温吸附实验测试及模型预测结果

2.4.4.3　SLD 模型

SLD 模型首次由 Rangarajan 等[58]提出，用于描述多孔介质中的纯气体吸附行为[59, 60]。该模型假设多孔介质中的所有孔隙均以具有恒定缝隙宽度的矩形缝隙形式存在。此外，缝隙孔壁由球形碳分子组成，而缝隙孔内的球形气体分子会与缝隙壁发生相互作用。对于 SLD 模型，气体分子之间的流体 - 流体相互作用通过 Peng-Robinson 状态方程（PR-EOS）[61] 描述，而流体 - 固体相互作用基于 Lennard-Jones 势 [62] 进行描绘。SLD 模型的优点包括：

① 它能够模拟缝隙孔中的流体 - 流体和流体 - 固体相互作用；

② 它可以通过快速计算预测缝隙孔中的过量吸附、绝对吸附等温线以及气体密度分布。

（1）单组分气体 SLD 模型

SLD 模型假设吸附介质的孔隙为狭缝型孔隙，气体分子在两个狭缝表面之间（图 2.64）。当气体分子与孔隙壁面间的相互作用达到平衡时，平衡化学势相当于体相流体势，它由流体 - 流体相互作用势和流体 - 固体相互作用势组成 [63]，关系式如下：

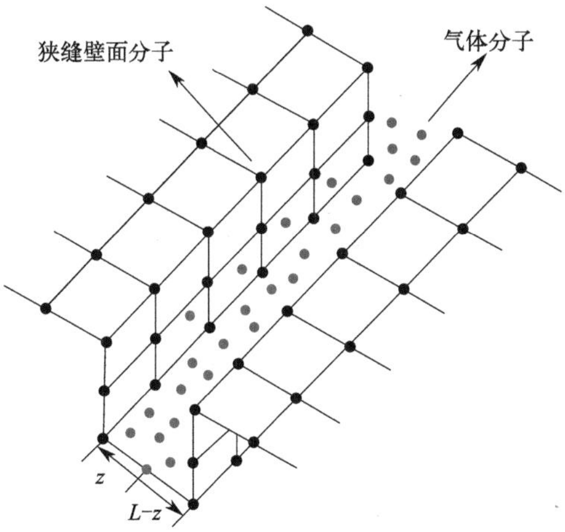

图 2.64　SLD 狭缝孔隙模型

$$\mu(z) = \mu_{ff}(z) + \mu_{fs}(z) = \mu_{bulk} \tag{2.103}$$

式中　　z——流体与孔壁之间的距离；

下标 bulk、ff和 fs——体相、流体 - 流体和流体 - 固体。

体相 μ_{bulk} 和流体 - 流体之间化学势 μ_{ff} 可通过逸度形式表达：

$$\mu_{bulk} = \mu_0(T) + RT\ln\left(\frac{f_{bulk}}{f_0}\right) \tag{2.104}$$

$$\mu_{ff}(z) = \mu_0(T) + RT\ln\left[\frac{f_{ff}(z)}{f_0}\right] \tag{2.105}$$

式中　下标 0——任意参考状态；

f_{bulk}，f_{ff}——体相和吸附相逸度。

平行狭缝孔中任意一点 z 处吸附质与孔壁两边均存在作用力，因此，流体 - 固

体之间化学势 μ_{fs} 可如下表征[64]：

$$\mu_{fs}(z) = N_A[\psi(z) + \psi(L-z)] \tag{2.106}$$

式中　N_A——阿伏伽德罗常数；

L——孔隙宽度，nm；

$\psi(z)$，$\psi(L-z)$——孔隙中 z 点处流体与孔壁两边之间相互作用势能。

流固相互作用是根据 Lee 的部分积分 10–4 Lennard-Jones 势确定：

$$\psi(z) = 4\pi\rho_{atoms}\varepsilon_{fs}\sigma_{fs}^2\left\{\frac{\sigma_{fs}^{10}}{5(z')^{10}} - \frac{1}{2}\sum_{i=1}^{4}\frac{\sigma_{fs}^4}{\left[z' + (i-1)\sigma_{ss}\right]^4}\right\} \tag{2.107}$$

式中　ρ_{atoms}——固体原子密度，38.2 个原子 /nm^2；

ε_{fs}——流固相互作用能参数；

σ_{fs}——σ_{ff} 和 σ_{ss} 的平均值；

σ_{ff}，σ_{ss}——吸附质直径和碳晶面距离，碳晶面距离的值设置为石墨的值（即 σ_{ss}=0.335nm）；

z'——虚拟坐标，定义为 $z'=z+\sigma_{ss}/2$。

吸附平衡可写为：

$$f_{ff}(z) = f_{bulk}\exp\left[-\frac{\psi(z) + \psi(L-z)}{kT}\right] \tag{2.108}$$

式中　k——玻尔兹曼常数，k=1.38×10^{-23}J/K。

流体 - 流体相互作用选择 PR-EOS 方程来描述[65]。PR-EOS 方程被重写为气体密度 ρ 的函数如下：

$$\frac{P}{\rho RT} = \frac{1}{(1-\rho b)} - \frac{a(T)\rho}{RT[1+(1-\sqrt{2})\rho b][1+(1+\sqrt{2})\rho b]} \tag{2.109}$$

式中：

$$a(T) = \frac{0.457535\alpha(T)R^2T_c^2}{P_c} \tag{2.110}$$

$$b = \frac{0.077796\alpha(T)RT_c}{P_c} \tag{2.111}$$

$$\alpha(T) = \exp\left[(A+BT_r)(1-T_r^{C+D\omega+E\omega^2})\right] \tag{2.112}$$

式中　ω——气体偏心因子；

P_c——临界压力；

T_c——临界温度；

A，B，C，D 和 E——参数，分别为 2.0、0.8145、0.134、0.508 和 0.0467。

此外，本体流体的逸度可以根据 PR-EOS 方程确定为：

$$\ln\frac{f_{bulk}}{P} = \frac{b\rho}{1-b\rho} - \frac{a(T)\rho}{PT(1+2b\rho-b^2\rho^2)} - \ln\left(\frac{P}{RT\rho} - \frac{Pb}{RT}\right) - \frac{a(T)}{2\sqrt{2}RT}\ln\left[\frac{1+(1+\sqrt{2})\rho b}{1+(1-\sqrt{2})\rho b}\right] \tag{2.113}$$

类似地，吸附相的逸度计算如下：

$$\ln\frac{f_{\mathrm{ff}}(z)}{P}=\frac{b\rho(z)}{1-b\rho(z)}-\frac{a_{\mathrm{ads}}(z)\rho(z)}{PT\left[1+2b\rho(z)-b^2\rho^2(z)\right]}-\ln\left[\frac{P}{RT\rho(z)}-\frac{Pb}{RT}\right]-\frac{a_{\mathrm{ads}}(z)}{2\sqrt{2}RT}\ln\left[\frac{1+(1+\sqrt{2})\rho b}{1+(1-\sqrt{2})\rho b}\right] \tag{2.114}$$

其中，$a_{\mathrm{ads}}(z)$ 的函数由 Chen 等导出[64]；$b_{\mathrm{ads}}=b(1+A_b)$，$A_b$ 是协体积校正因子。最后，过量吸附等温线写为：

$$n^{\mathrm{ex}}=\frac{A}{2}\int_{\frac{3\sigma_{\mathrm{ff}}}{8}}^{L-\frac{3\sigma_{\mathrm{ff}}}{8}}\left[\rho(z)-\rho_{\mathrm{bulk}}\right]\mathrm{d}z \tag{2.115}$$

式中　A——比表面积，m^2/g；

n^{ex}——过量吸附量，mmol/g。

一般来说，4个回归参数包括比表面积 A、流固相互作用能 $\varepsilon_{\mathrm{fs}}$、狭缝宽度 L 和余体积校正因子 A_b，将在利用SLD模型拟合单组分气体吸附的回归过程中确定。根据以上平衡准则，结合一定的势能模型和气体状态方程，即可分别求得气体体相和吸附相密度，进而计算得到吸附量，SLD模型求解基本思路见图2.65。

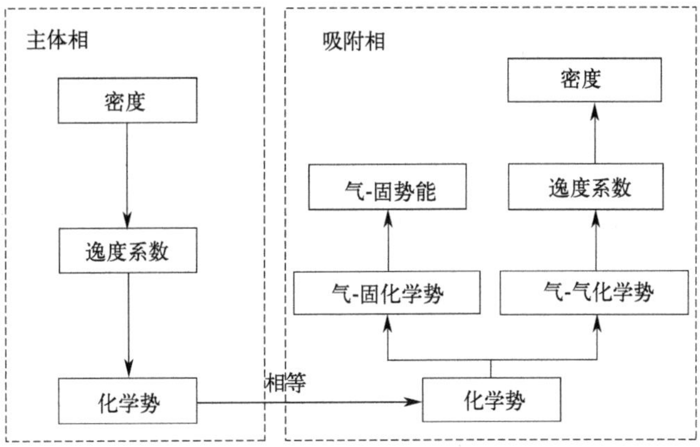

图2.65　SLD模型基本思路

（2）多组分气体SLD模型

对于多组分气体，前面提到的流体-流体和流体-固体相互作用和吸附平衡的函数将应用于气体混合物中的每种组分。因此，气体混合物中组分 i 的流固相互作用函数为：

$$\psi_i(z)=4\pi\rho_{\mathrm{atoms}}\varepsilon_{\mathrm{fs},i}\sigma_{\mathrm{fs},i}^2\left\{\frac{\sigma_{\mathrm{fs},i}^{10}}{5(z')^{10}}-\frac{1}{2}\sum_{i=1}^{4}\frac{\sigma_{\mathrm{fs},i}^4}{\left[z'+(i-1)\sigma_{\mathrm{ss}}\right]^4}\right\} \tag{2.116}$$

然后，每个组分 i 的吸附平衡函数可写为：

$$f_i^{\mathrm{ff}}(z)=f_i^{\mathrm{bulk}}\exp\left[-\frac{\psi_i(z)+\psi_i(L-z)}{kT}\right] \tag{2.117}$$

同样，体相中组分 i 的逸度可由式（2.118）计算：

$$\ln\frac{f_i^{\text{bulk}}}{y_iP}=\frac{b_i}{b}\left(\frac{P}{RT\rho}-1\right)-\ln\left(\frac{P}{RT\rho}-\frac{Pb}{RT}\right)-\frac{a}{2\sqrt{2}bRT}\left(\frac{b_i}{b}-\frac{2\sum_j y_j a_{ij}}{a}\right)\ln\left[\frac{1+(1+\sqrt{2})\rho b}{1+(1-\sqrt{2})\rho b}\right] \tag{2.118}$$

式中：

$$a=\sum_i\sum_j y_iy_j(a_{\text{bulk}})_{ij} \tag{2.119}$$

$$b=\sum_i y_ib_i \tag{2.120}$$

$$\sum_i y_i=1 \tag{2.121}$$

式中　y_i——平衡时体相中组分 i 的摩尔分数。

另外，组分 i 在吸附相中的逸度可以按下式计算：

$$\begin{aligned}\ln\frac{f_i^{\text{ads}}(z)}{x_iP}=&\frac{2\sum_j x_j(z)b_{ij}-b}{b}\left[\frac{P}{RT\rho(z)}-1\right]-\ln\left[\frac{P}{RT\rho(z)}-\frac{Pb}{RT}\right]\\&-\frac{a(z)}{2\sqrt{2}bRT}\left[\frac{2\sum_j x_j(z)b_{ij}-b}{b}-\frac{2\sum_j x_ja_{ij}(z)}{a(z)}\right]\ln\left[\frac{1+(1+\sqrt{2})\rho(z)b}{1+(1-\sqrt{2})\rho(z)b}\right]\end{aligned} \tag{2.122}$$

式中：

$$a(z)=\sum_i\sum_j x_i(z)x_j(z)(a_{\text{ads}})_{ij} \tag{2.123}$$

$$b=\sum_i\sum_j x_i(z)x_j(z)(b_{\text{ads}})_{ij} \tag{2.124}$$

$$(a_{\text{ads}})_{ij}=\sqrt{(a_{\text{ads}})_i(a_{\text{ads}})_j}(1-C_{ij}) \tag{2.125}$$

$$(b_{\text{ads}})_{ij}=\frac{b_i(1+A_{b,i})+b_j(1+A_{b,j})}{2} \tag{2.126}$$

$$\sum_i x_i=1 \tag{2.127}$$

式中　x_i——平衡时吸附相中组分 i 的摩尔分数；

C_{ij}——气体组分之间的二元相互作用参数（BIP）。

最后，气体混合物的过量吸附等温线可以写为：

$$n^{\text{ex}}=\frac{A}{2}\int_{\frac{3\sigma_{\text{ff},i}}{8}}^{L-\frac{3\sigma_{\text{ff},i}}{8}}\left[\rho(z)x_i-\rho_{\text{bulk}}y_i\right]\text{d}z \tag{2.128}$$

对于纯气体，x_i和y_i等于1。此外，气体混合物的绝对吸附等温线可以通过下式计算：

$$n^{\text{abs}}=A\int_{\frac{3\sigma_{\text{ff},i}}{8}}^{z_{\text{cutoff}}}\left[\rho(z)x_i\right]\text{d}z \tag{2.129}$$

式中　n^{abs}——气体混合物中组分 i 的绝对吸附量，mmol/g；

z_{cutoff}——截止点，超过这个点，吸附相中组分 i 的密度几乎与本体相中组分 i 的密度相同，当吸附气体和游离气体的密度差＜ 5% 时确定 z_{cutoff}。

（3）CH_4/CO_2 竞争吸附的预测

纯气体吸附的回归参数如表 2.14 所列。

表 2.14　纯气体吸附的回归参数[66]

气体成分	L/nm	(ε_{fs}/k)/K	A/(m^2/g)	A_b
CH_4	8.6	37.81	16	0.1
CO_2	8.6	72.25	16	−0.01

一旦获得 SLD 模型的回归参数，就可以预测不同进料气体摩尔分数下 CH_4/CO_2 混合物的绝对吸附和过量吸附等温线。需要注意的是，图 2.66 是由表 2.14 列出的 4 个回归参数的 SLD 模型生成的。

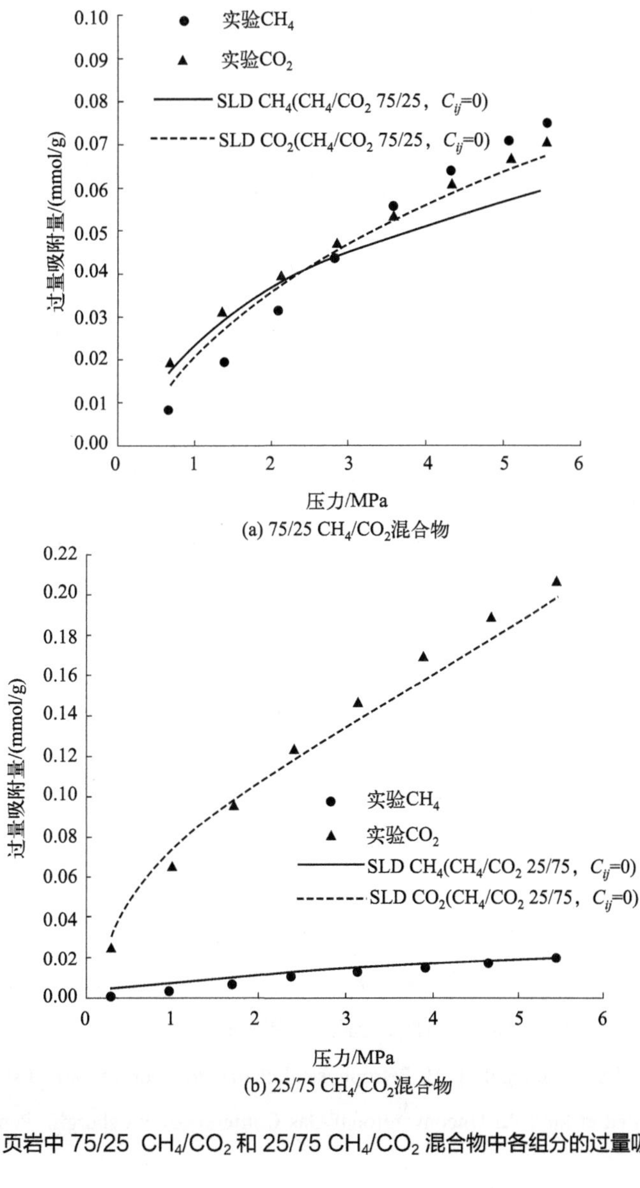

(a) 75/25 CH_4/CO_2混合物

(b) 25/75 CH_4/CO_2混合物

图 2.66　页岩中 75/25 CH_4/CO_2 和 25/75 CH_4/CO_2 混合物中各组分的过量吸附等温线

图 2.66 展示了在 313.15K 下页岩中 75/25 CH_4/CO_2 和 25/75 CH_4/CO_2 气体混合物的过量吸附等温线，尽管 CH_4 吸附等温线存在偏差，但多组分 SLD 模型与实验结果在 CO_2 吸附等温线上表现出良好的一致性。此外，图 2.67 展示了在 313.15K 下页岩岩心样本中 75/25 CH_4/CO_2、50/50 CH_4/CO_2 和 25/75 CH_4/CO_2 气体混合物的 CH_4 和 CO_2 绝对吸附等温线。

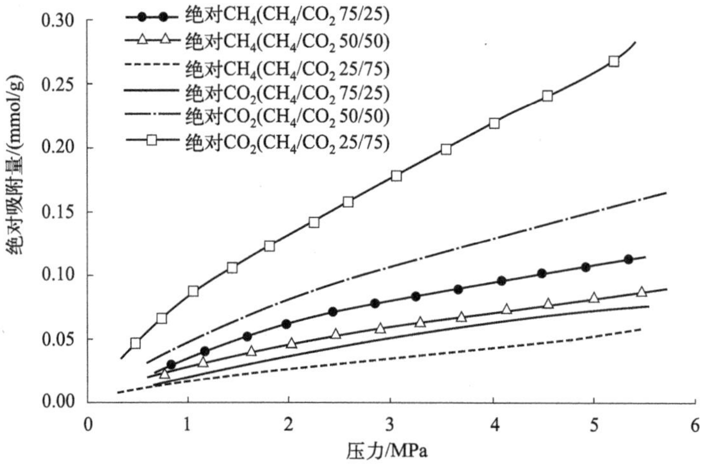

图 2.67 CH_4/CO_2 混合物中各组分的绝对吸附等温线

发现 CH_4 的吸附量随着进料气体摩尔分数（CH_4/CO_2）的增加而增加，而 CO_2 的吸附量则随着进料气体摩尔分数的增加而减少。在 75/25 CH_4/CO_2 和 50/50 CH_4/CO_2 进料气体摩尔分数下，CO_2 的吸附量显著高于 CH_4 的吸附量。然而，在 25/75 CH_4/CO_2 进料气体摩尔分数下，CO_2 的吸附量低于 CH_4 的吸附量。因此，将会存在一个进料气体摩尔分数的阈值，高于该阈值时，CO_2 的吸附量会大于 CH_4 的吸附量。找到这一阈值可以为页岩气藏中的 CO_2 增产回收和 CO_2 封存提供指导。

参考文献

[1] 李鹭光，王红岩，刘合，等 . 天然气助力未来世界发展——第 27 届世界天然气大会（WGC）综述 [J]. 天然气工业，2018，38（9）：1-9.

[2] 卓仁燕 . 页岩气储层物性参数研究 [D]. 成都：西南石油大学，2016.

[3] Kale S V，Rai C S，Sondergeld C H. Petrophysical characterization of barnett shale[C]. Paper SPE 131770 presented at the SPE Unconventional Gas Conference，Pittsburgh，Pennsylvania，USA，2010.

[4] 刘佳 . 川南龙马溪组泥页岩微观地质特征研究 [D]. 成都：西南石油大学，2013.

[5] 陈果. 页岩气储层微观结构及储量计算研究 [D]. 成都：西南石油大学，2013.

[6] 蒋裕强，董大忠，漆麟，等. 页岩气储层的基本特征及其评价 [J]. 天然气工业，2010，30(10)：7-12.

[7] Curtis J B. Fractured shale-gas systems[J]. AAPG bulletin，2002，86（11）：1921-1938.

[8] Zuber M D，Williamson J R，Hill D G，et al. A comprehensive reservoir evaluation of a shale reservoir-the New Albany shale[C]. Paper SPE 77469 presented at the SPE Annual Technical Conference and Exhibition，San Antonio，Texas，USA，2002.

[9] Chen S，Zhu Y，Wang H，et al. Shale gas reservoir characterisation：A typical case in the southern Sichuan Basin of China[J]. Energy，2011，36（11）：6609-6616.

[10] Loucks R G，Reed R M，Ruppel S C，et al. Morphology，genesis，and distribution of nanometer-scale pores in siliceous Mudstones of the Mississippian Barnett Shale [J]. Journal of Sedimentary Research，2009，79（11-12）：848-861.

[11] 张金川，金之钧，袁明生. 页岩气成藏机理和分布 [J]. 天然气工业，2004，（7）：15-18，131-132.

[12] 聂海宽，张金川. 页岩气聚集条件及含气量计算——以四川盆地及其周缘下古生界为例 [J]. 地质学报，2012，86（2）：349-361.

[13] 李建超. 泥页岩储层微观孔隙结构模型及吸附能力研究 [D]. 成都：西南石油大学，2015.

[14] Milner M，Mclin R，Petriello J.Imaging texture and porosity in mudstones and shales：comparison of secondary and ion-milled backscatter SEM methods[C]. Paper SPE 138975 presented at the SPE Canadian Unconventional Resources and International Petroleum Conference，Calgary，Alberta，Canada，2010.

[15] Yang F，Ning Z，Hu C，et al. Characterization of microscopic pore structures in shale reservoirs[J]. Shiyou Xuebao/Acta Petrolei Sinica，2013，34（2）：301-311.

[16] 龙鹏宇，张金川，唐玄，等. 泥页岩裂缝发育特征及其对页岩气勘探和开发的影响 [J]. 天然气地球科学，2011，22（3）：525-532.

[17] Chen Y，Zhang L，Li J. Study of pore structure of gas shale with Low-Field NMR：examples from the Longmaxi formation，Southern Sichuan Basin，China[C]. Paper SPE 176940 presented at the SPE Asia Pacific Unconventional Resources Conference and Exhibition，Brisbane，Australia，2015.

[18] Jones S C. A technique for faster pulse-decay permeability measurements in tight rocks[C]. Paper SPE 28450 presented at the SPE Annual Technical Conference and Exhibition，New Orleans，1994.

[19] Cui X，Bustin A M M，Bustin R M. Measurements of gas permeability and diffusivity of tight reservoir rocks：different approaches and their applications[J]. Geofluids，2009，9（3）：208-223.

[20] Coates G R，Peveraro R C A，Hardwick A，et al. The magnetic resonance imaging log characterized by comparison with petrophysical properties and laboratory core data[C]. Paper SPE 22723 presented at the SPE 66th Annual Technical Conference and Exhibition，Dallas，TX，1991.

[21] 李太伟，郭和坤，李海波，等. 应用核磁共振技术研究页岩气储层可动流体 [J]. 特种油气藏，2012，19（1）：107-109.

[22] Gannaway G. NMR investigation of pore structure in gas shales[C]. Paper SPE 173474 presented at the SPE Annual Technical Conference and Exhibition，Amsterdam，The Netherlands，2014.

[23] Klinkenberg L J. The permeability of porous media to liquids and gases[J]. API Drilling and Production Practice，1941.

[24] Ertekin T，King G R，Schwerer F C. Dynamic gas slippage：a uniquedual-mechanism approach to the flow of gas in tight formations [J]. SPE Formation Evaluation，1986，1（1）：43-52.

[25] Florence F A，Rushing J A，Newsham K E，et al. Improved permeability prediction relations for low-permeability sands[C]. Paper SPE 107954 presented at SPE Rocky Mountain Oil & Gas Technology Symposium，Denver，Colorado，USA，2007.

[26] Javadpour F. Nanopores and apparent permeability of gas flow in mudrocks（shales and siltstone）[J]. Journal gas of Canadina Petroleum Technology，2009，48（8）：16-21.

[27] Beskok A，Karniadakis G E. Report：a model for flows in channels，pipes，and ducts at micro and nano scales[J]. Microscale Thermophysical Engineering，1999，3（1）：43-77.

[28] Civan F，Rai C S，Sondergeld C H. Shale-Gas Permeability and Diffusivity Inferred by Improved Formulation of Relevant Retention and Transport Mechanisms[J]. Transport in Porous Media，2011，86（3）：925-944.

[29] Wu K，Li X，Guo C，et al. A unified model for gas transfer in nanopores of shale-gas reservoirs：coupling pore diffusion and surface diffusion[J]. SPE Journal，2016，1-29.

[30] Wu K L，Chen Z X，Li X F，et al. Flow behavior of gas confined in nanoporous shale at high pressure：Real gas effect[J]. Fuel，2017，205：173-183.

[31] Ren W，Li G，Tian S，et al. An analytical model for real gas flow in shale nanopores with non-circular cross-section[J]. AIChE Journal，2016，62（8）：2893-2901.

[32] Geng L D，Li G S，Tian S C，et al. A fractal model for real gas transport in porous shale[J]. AIChE J，2016，63（4）：1430-1440.

[33] Cai J C，Lin D L，Singh H，et al. Shale gas transport model in 3D fractal porous media with variable pore sizes[J]. Marine and Petroleum Geology，2018，98：437-447.

[34] Yan B C，Wang Y H，Killough J E. Beyond dual-porosity modeling for the simulation of complex flow mechanisms in shale reservoirs[J]. Computer Geoscience，2016，20（1）：69-91.

[35] Warren J E，Root P J. The behavior of naturally fractured reservoirs[J]. Society of Petroleum Engineers Journal，1963，3（3）：245-255.

[36] King G R，Ertekin T，Schwerer F C. Numerical simulation of the transient behavior of coal-seam degasification wells[J]. SPE Formation Evaluation，1986，1（02）：165-183.

[37] 李亚军，姚军，黄朝琴，等 . 裂缝性油藏等效渗透率张量计算及表征单元体积研究 [J]. 水动力学研究与进展，2010，25（1）：1-7.

[38] Long J C S，Remer J S，Wilson C R. Porous media equivalents for networks of discontinuous fractures[J]. Water Resources Research，1982，18（3）：645-658.

[39] Dershowizt W S，Godron B M，Karfitsas J C. A new three dimensional model for flow of fractured rock[J]. Men Int Assoc Hydrogeol，1985，17（2）：441-448.

[40] Long J，Gilmour P，Witherspoon P A. A model for steady fluid flow in random three-dimensional networks of disc-shaped fractures[J]. Water Resources Research，1985，21（8）：1105-1115.

[41] Karimi-Fard M，Firoozabadi A. Numerical simulation of water injection in 2D fractured media using discrete-fracture model[C]. SPE Annual Technical Conference and Exhibition，New Orleans，Louisiana，2001，9（30）-10（3）.

[42] Lange A，Basquet R，Bourbiaux B. Hydraulic characterization of faults and fractures using a dual medium discrete fracture network simulator[C]. 11th Abu Dhabi International Conference and Exhibition，Abu Dhabi，2004（10）：10-13.

[43] Fan D，Yao J，Sun H，et al. A composite model of hydraulic fractured horizontal well with stimulated reservoir volume in tight oil & gas reservoir[J]. Journal of Natural Gas Science & Engineering，2015，24：115-123.

[44] Zhang R H，Zhang L H，Wang R H，et al. Research on transient flow theory of a multiple fractured horizontal well in a composite shale gas reservoir based on the finite-element method[J]. Journal of Natural Gas Science & Engineering，2016，33：587-598.

[45] Dominique B，Gringarten A. Determination of fissure volume and block size in fractured reservoirs by type curve analysis[C]. Paper SPE 9293 presented at the SPE 55th Annual Fall Technical Conference and Exhibition，Dallas，Texas，USA，1980.

[46] Geiger S，Roberts S，Matthäi S K，et al. Combining finite element and finite volume methods for efficient multiphase flow simulations in highly heterogeneous and structurally complex geologic media[J]. Geofluids，2004，4：284-299.

[47] Wu Y S，Pruess K A. Multiple-porosity method for simulation of naturally fractured petroleum reservoirs[J]. SPE Reservoir Evaluation & Engineering，1988，3：327-336.

[48] Gilman J R. An efficient finite-difference method for simulating phase segregation in the matrix blocks in double-porosity reservoirs[J]. SPE Reservoir Evaluation & Engineering，1986，1：403-413.

[49] Monteagudo E P J，Firoozabadi A. Control-volume method for numerical simulation of two-phase immiscible flow in two- and three-dimensional discrete-fractured media[J]. Water Resources Research，2004，40：1-20.

[50] Hoteit H，Firoozabadi A. An efficient numerical model for incompressible two-phase flow in fractured media[J]. Advance in Water Resource，2008，31（6）：891-905.

[51] Jiang J M，Shao Y，Rami M Y. Development of a multi-continuum multi-component model for enhanced gas recovery and CO_2 storage in fractured shale gas reservoirs[C]. Paper SPE 169114 presented at the SPE Improved Oil Recovery Symposium，Tulsa，Oklahoma，USA，2014.

[52] Kim T H，Cho J，Lee K S. Evaluation of CO_2 injection in shale gas reservoirs with multi-

component transport and geomechanical effects[J]. Applied Energy，2017，190：1195-1206.

[53] Bacon D H，Ruprecht C M，Schaef H T，et al. CO_2 storage by sorption on organic matter and clay in gas shale[J]. Journal of Unconventional Oil and Gas Resources，2015，12：123-133.

[54] Sukru Merey，Caglar Sinayuc. Analysis of carbon dioxide sequestration in shale gas reservoirs by using experimental adsorption data and adsorption models[J]. Journal of Natural Gas Science & Engineering，2016，36：1087-1105.

[55] Reid R C，Prausnitz J M，Poling B E. The properties of gases and liquids[M]. McGraw-Hill，New York，USA，1987.

[56] Bi H，Jiang Z，Li J，et al. The Ono-Kondo model and an experimental study on supercritical adsorption of shale gas：A case study of on Longmaxi shale in southeastern Chongqing，China[J]. Journal of Natural Gas Science and Engineering，2016，35：114-121.

[57] Rafiee M，Soliman M Y，Pirayesh E，et al. Geomechanical considerations in hydraulic fracturing designs[C]. Paper SPE 162637 presented at the SPE Canadian Unconventional Resources Conference，Calgary，Alberta，Canada，2012.

[58] Bharath Rangarajan，Carl T Lira，Ramkumar Subramanian. Simplified local density model for adsorption over large pressure ranges[J]. Alche Journal，1995，41：838-845.

[59] Sayeed A Mohammad，Arunkumar Arumugam，Robert L Robinson，et al. High-pressure adsorption of pure gases on coals and activated carbon：Measurements and modeling[J]. Energy & Fuels，2012，26：536-548.

[60] Chareonsuppanimit P，Mohammad S A，Robinson R L，et al. High-pressure adsorption of gases on shales：Measurements and modeling[J]. International Journal of Coal Geology，2012，95：34-46.

[61] Peng Dingyu，Robinson Donald B. A new two-constant equation of state[J]. Industrial & Engineering Chemistry Fundamentals，1976，15：59-64.

[62] Lee L L. Molecular thermodynamics of nonideal fluids[J]. Butterworth-Heinemann：Oxford，UK，2016.

[63] Rangarajan B，Lira C T，Subramanian R. Simplified local density model for adsorption over large pressure ranges[J]. AIChE J，1995，41：838-845.

[64] Chen J H，Wong D S H，Tan C S，et al.Adsorption and desorption of carbon dioxide onto and from activated carbon at high pressures[J].Industrial & Engineering Chemistry Research，1997，36：2808-2815.

[65] Peng D Y，Robinson D B. A new two-constant equation of state［J］. Industrial & Engineering Chemistry Fundamentals，1976，15：59-64.

[66] Yu Pang，Shengnan Chen，Hai Wang. Predicting adsorption of methane and carbon dioxide mixture in shale using simplified local-density model：Implications for enhanced gas recovery and carbon dioxide sequestration[J]. Energies，2022，15（7）：2548.

第 3 章

页岩有机纳米孔隙中 CH_4/CO_2 竞争吸附

页岩气藏气体主要以游离态、吸附态以及少量溶解态形式赋存在储层中，吸附态占比高达 85%。我国页岩气开发过程中存在单井产量低、递减快、控制储量小、采收率低等问题，如何提高页岩气藏采收率一直是业界关注的热点和难点问题。当前页岩气开发主要采用衰竭式的降压开采方式，由于开发过程中即便采用井口增压方式进行开发，也很难将地层压力降到理想程度，导致大量吸附气无法有效动用，采收率普遍低于 30%。CO_2 作为温室气体的主要组成部分，页岩对 CO_2 的吸附能力大于 CH_4，当向页岩气储层中注入 CO_2 之后，二者发生竞争吸附，CO_2 将置换出吸附在页岩有机质表面的 CH_4 气体分子，从而提高页岩气的采收率。同时，向页岩气储层注入 CO_2 还可以起到埋存 CO_2 的目的，从而减少温室气体排放，达到增产和减排的双重目的。

因此，本章将系统开展 CO_2-CH_4 在页岩有机质纳米孔隙中的吸附研究，旨在通过分子力学行为及热力学变化揭示 CO_2-CH_4 竞争作用机理及微观作用演化规律；通过干酪根非均质模型揭示微孔赋存空间下多重固 - 气相互作用势叠加条件下的吸附及剥离的控制机理；联合多组分吸附曲线及吸附选择性系数，定量刻画气体竞争吸附影响变化；基于石墨烯介孔模型，在相对均质孔隙壁面条件下进一步揭示密度变化演化规律，直观反映注 CO_2 对 CH_4 吸附在静态上的作用机理。本章可为页岩气藏注二氧化碳提供有效指导，具有重要的现实意义。

3.1 分子动力学基础理论

宏观运动从本质上看实则是无数微观运动累加的结果，宏观运动由考虑宏观尺度的运动方程来描述，其假设条件可以直接将许多微观层面的影响忽略掉，但是如果所研究的尺度小到宏观假设条件不再能满足时就需要采用微观方法来研究，分子动力学方法就是描述微观运动的有效手段之一。分子动力学方法所研究的对象是分子的微观运动，将每个分子的运动状态利用统计方法计算，可以从微观信息获得宏观运动的特征参数。

为了获取分子运动和能量信息，在分子几何模型基础上需要进一步研究，也即新分子模型。新分子模型研究的是分子内部和分子间的相互作用，二者综合效应直观的表现就是不同物质不同体系的存在形态和运动形式。

分子内部作用包括非键作用和成键作用，非键作用包括库仑力和范德瓦尔斯力（Van der Waals force），成键作用包括共价键的伸缩、键角的弯曲、二面角扭曲以及离面的弯曲、翻转和赝扭等作用。分子的总势能由非键作用势能和成键作用势能构成。

3.1.1　分子内部相互作用

3.1.1.1　共价键谐振运动

结构相同的分子在红外光谱分析中会得到相似的光谱，结构不同的分子光谱则会出现差异。为表征不同分子之间的这种差异，可以用共价键谐振模型来表示分子中原子的连接。假设分子由两个原子组成，其原子量分别为 m_1 和 m_2，两个原子在平衡距离附近振动，其频率为：

$$\nu = \frac{1}{2\pi}\sqrt{k_b \Big/ \left(\frac{m_1 m_2}{m_1 + m_2}\right)} \tag{3.1}$$

式中　k_b——振动弹簧力常数。

假设两原子间的平衡键长为 l_0，实际键长为 l，则其弹性势能 E_b 为：

$$E_b = \frac{1}{2}k_b\left(l - l_0\right)^2 \tag{3.2}$$

3.1.1.2　键角弯曲运动

在简单的双原子分子中只存在两原子间的共价键振动，但是在复杂的多原子分子中还存在多种振动方式，键角弯曲运动就是其中之一。

多原子分子中，连接同一个原子的不同的共价键会产生键角，键角的大小通常是恒定的，当键角偏离参考值时就会产生键角的振动，由此产生的分子势能 E_a 变化通常表示为：

$$E_a = \frac{1}{2\pi}k_a\left(\theta - \theta_0\right)^2 \tag{3.3}$$

式中　θ——实际键角大小；

θ_0——参考键角大小；

k_a——力常数。

3.1.1.3　二面角扭曲运动

在多原子分子中，多个共价键之间会产生二面角。二面角的运动属于低频运动，达到平衡的时间很长，因此会对分子构型产生决定性作用。

如图 3.1 所示，在四个原子形成的二面角中，1-4 的相互作用是非键作用，其作用强度与 1-2、2-3 等成键作用相比要弱得多并且很容易受限于附近的分子和原子，但是它引起的分子运动范围巨大需要较长时间恢复平衡，因此二面角运动对分子构型的影响非常大，通常用以下公式计算二面角扭曲势能 E_t：

$$E_t = \frac{1}{2}V_{t,n}\left[1 + \cos\left(n\omega - \delta_n\right)\right] \tag{3.4}$$

式中　ω——四个原子之间的二面角；

δ_n——相因子；

n——旋转多重度；

$V_{t,n}$——位垒高度，表征扭曲势能。

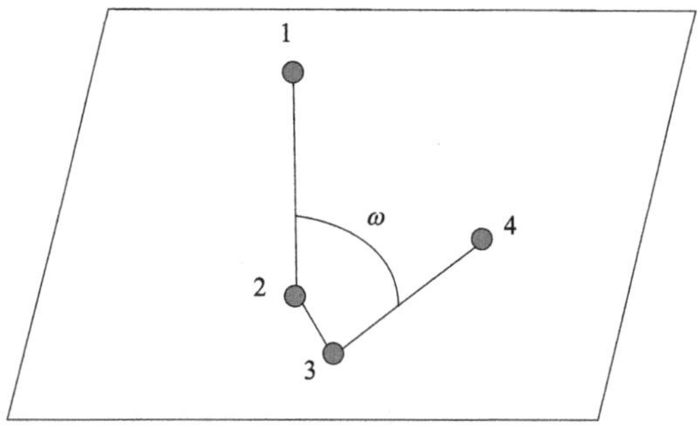

图 3.1　原子二面角示意图

3.1.1.4　离面弯曲运动

在存在 sp^2 杂化碳原子的分子中，分子的平面构型是确定的，当实际平面构型与确定平面构型产生偏离时会引起能量变化，离面弯曲势能就是描述这一变化的一种方式，除此之外还有翻转势能和赝扭势能。如图 3.2 所示，在以 2 号原子为中心的平面结构中，如果 1 号原子运动之后离开另外三个原子产生的平面且 1 号原子与 2 号原子之间的键与平面形成 $x_{2\text{-}1}$ 的夹角，此时的离面弯曲势能 E_o 表示为：

$$E_o=\frac{1}{2}\left(k_{o,2-1}x_{2-1}^2+k_{o,2-3}x_{2-3}^2+k_{o,2-4}x_{2-4}^2\right) \tag{3.5}$$

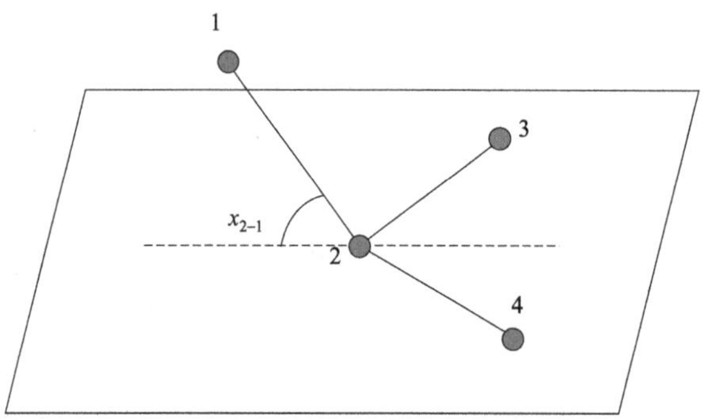

图 3.2　四原子离面弯曲图

3.1.1.5　翻转运动

所述离面运动，可以将 1 号、3 号、4 号三个原子视为一个面，2 号原子以该平面为基准做上下运动，也就是翻转运动（图 3.3）。其势能 E_{inv} 可表示为：

$$E_{inv} = k_{inv} h^2 \tag{3.6}$$

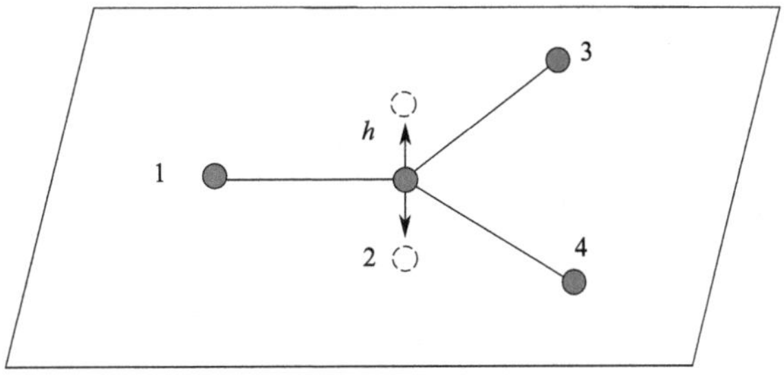

图 3.3　翻转运动示意图

3.1.1.6　赝扭运动

如图 3.3 所示，四个原子之间应形成一个二面角，但是由于 3 号和 4 号原子之间没有实际形成化学键，故该二面角是一个假二面角——赝扭角。在这样的分子组成中有三个赝扭角，分别对应三个未实际成键的原子组成，因此这样的赝扭角势能 E_i 可以表示为：

$$E_i = k_{i,34}\left(1-\cos 2\xi_{34}\right) + k_{i,13}\left(1-\cos 2\xi_{13}\right) + k_{i,14}\left(1-\cos 2\xi_{14}\right) \tag{3.7}$$

3.1.1.7　交叉耦合势能

在分子中原子的成键相互作用中，如果考虑到键角弯曲与键的伸缩运动之间的耦合会更符合实际情况，因为化学键的适当伸缩有利于分子势能的降低。假设键 l_1 与键 l_2 之间的夹角为 θ，则两个键之间的耦合势能为 E_{cross}：

$$E_{cross}\left(l_1, l_2, \theta\right) = \frac{1}{2} k_{cross}\left[\left(l_1 - l_{1,0}\right) + \left(l_2 - l_{2,0}\right)\right]\left(\theta - \theta_0\right) \tag{3.8}$$

3.1.1.8　非键作用

在长链分子等复杂分子中，相距较远的原子之间非键作用必不可少，非键作用在分子形态的形成中会起到调节作用。常用的分子内非键作用有范德华相互作用和库伦作用，它们与分子间相互作用没有本质区别。

在分子中，以上的分子内相互作用可能同时存在，也可能只存在几种。若要计算分子的总势能，可以将分子内部的成键相互作用势能和非键相互作用势能相叠加：

$$E = \sum_{bonds} E_b + \sum_{angles} E_a + \sum_{oops} E_o + \sum_{torsions} E_t + \sum_{inv} E_{inv} + \sum_{impropers} E_i + \sum_{cross} E_{cross} + \sum_{vdw} E_{vdw} + \sum_{el} E_{el} \tag{3.9}$$

3.1.2 分子间相互作用

物质在客观世界中通常以固态、液态、气态等形式存在并与其他物质产生相互作用，物质从固态转化为液态进而转化为气态时体积会发生上百倍的膨胀。这些都是因为原子、分子之间存在相互作用——吸引或排斥。排斥作用使得原子或分子距离很近的固体很难被压缩，吸引作用使得原子和分子间存在吸引力从而聚集成液体或固体。不同物质的物理性质之间存在差异表明物质之间的相互作用并不相同，研究表明原子或分子之间的相互作用力只与原子核间的距离 r 有关。分子间相互作用可以用分子间相互作用势函数 $u(r)$ 来表示。

常用的分子间作用势函数有 Lennard-Jones 势函数、Lennard-Jones n-m 势函数、Morse 势函数、Buckingham 势函数以及 Born-Huggins-Meyer 势函数等。

3.1.2.1 Lennard-Jones 势函数

Lennard-Jones（LJ）势函数可以写为：

$$u_{\text{LJ}}\left(r_{ij}\right)=\frac{A_{ij}}{r_{ij}^{12}}-\frac{B_{ij}}{r_{ij}^{6}} \tag{3.10}$$

或者写为：

$$u_{\text{LJ}}\left(r_{ij}\right)=4\varepsilon_{ij}\left[\left(\frac{\delta_{ij}}{r_{ij}}\right)^{12}-\left(\frac{\delta_{ij}}{r_{ij}}\right)^{6}\right] \tag{3.11}$$

式中 r_{ij}——两个原子之间的距离；

ε_{ij}——势阱深度；

δ_{ij}——两原子范德华半径和。

式（3.11）中指数 12 的项表示的是排斥力，指数 6 的项表示的是吸引力。

对于两种不同的原子之间的势函数可以利用混合规则在已知各自势函数参数的情况下求得不同原子间的势函数，常用的混合规则是 Lorentz-Berthelot 混合规则：

$$\delta_{ij}=\frac{1}{2}\left(\delta_{ii}+\delta_{jj}\right) \tag{3.12}$$

$$\varepsilon_{ij}=\sqrt{\varepsilon_{ii}\varepsilon_{jj}} \tag{3.13}$$

3.1.2.2 Lennard-Jones *n-m* 势函数

LJ 势函数中的引力项指数为 6，斥力项指数为 12，对于大多数分子而言这样的组合效果比较好。但是对于有机分子和金属原子则会产生误差，这个时候需要对两个项的指数进行调整从而满足需要，因此 LJ 势函数改写为：

$$u_{n-m}\left(r_{ij}\right)=\frac{\varepsilon_{ij}}{n-m}\left(\frac{n^n}{m^m}\right)^{1/(n-m)}\left[\left(\frac{\delta}{r_{ij}}\right)^n-\left(\frac{\delta}{r_{ij}}\right)^m\right] \tag{3.14}$$

对于 LJ *n-m* 势函数，平衡位置 $r_0=(n/m)^{1/(n-m)}\delta$。

3.1.2.3　Morse 势函数

Morse 势函数的表达式为：

$$u_{\mathrm{Morse}}\left(r\right)=D_e\left\{\left[1-\mathrm{e}^{-\beta\left(r-r_0\right)}\right]^2-1\right\} \tag{3.15}$$

式中　D_e——对应于 LJ 势函数中的系数；

r_0——对应于 LJ 势函数中的最大势能位置；

β——对应于 LJ 势函数中的 *n-m*，起到控制调节势函数平坦度的作用。

3.1.2.4　Buckingham 势函数

对 LJ 势函数中排斥项进行修正可以得到具有指数函数形式的排斥项表达式，这就是 Buckingham 势函数：

$$u_{\mathrm{BK}}\left(r_{ij}\right)=A_{ij}\exp\left(-B_{ij}r_{ij}\right)-\frac{C_{ij}}{r_{ij}^6} \tag{3.16}$$

利用几何平均规则计算两种原子之间相互作用势参数：

$$A_{ij}=\sqrt{A_{ii}A_{jj}} \tag{3.17}$$

$$C_{ij}=\sqrt{C_{ii}C_{jj}} \tag{3.18}$$

通过调整 Buckingham 势函数中排斥项的指数系数能够得到不同硬度的排斥项计算式，但是由于指数函数的计算量过大，该势函数使用较少。

3.1.2.5　Born-Huggins-Meyer 势函数

Born-Huggins-Meyer 势函数是对 Buckingham 势函数的改进，它在 Buckingham 势函数的基础上加了一个引力项：

$$u_{\mathrm{BHM}}\left(r_{ij}\right)=A_{ij}\exp\left(-B_{ij}r_{ij}\right)-\frac{C_{ij}}{r_{ij}^6}-\frac{D_{ij}}{r_{ij}^8} \tag{3.19}$$

增加引力项后，势函数的计算具有更好的效果但同时也增加了一个系数，使公式更加复杂。

以上势函数构成了分子模拟中分子间作用的主要计算方法，除了选取适当的势函数外，分子力场的选取也会很大程度影响计算的精度和效率。通常将分子力场按照体系中力点的分布分为全原子力场和联合原子力场。全原子力场是将体系中每个原子的力点与其质心相对应，再将组成分子的每个原子集合构成的分子力场；联合原子力场是为了降低力场复杂性减少计算量，将与碳原子直接键连的氢原子的质量叠加到碳原子质心上进而构成的计算体系。从全原子力场到联合原子力场是对力场模型的抽象表示演化的过程，进一步抽象化可以得到粗粒度力场，粗粒度力场用于模拟更复杂更大的体系，它将若干个分子抽象为一个力点进行计算，这有助于计算效率的提高，但是同时也使得分子运动的细节被忽略，所以力场的选择与模拟体系要实现的功能密切相关，实际操作中应当根据模拟对象的具体情况和模拟目标要求合理选取力场。

3.1.3　分子动力学模拟数值解

分子动力学模拟的求解过程，也就是在给定初始条件和边界条件下求解原子的运动微分方程从而得到其运动状态的过程。分子体系运动方程的数值解通常有 Euler 算法、Verlet 算法、蛙跳算法和速度 Verlet 算法。

3.1.3.1　Euler 算法

矢量 $\boldsymbol{r}_i(t_0+n\Delta t)$、$\boldsymbol{v}_i(t_0+n\Delta t)$、$\boldsymbol{f}_i(t_0+n\Delta t)$ 分别表示体系原子 i 在 $t_0+n\Delta t$ 时刻的坐标位置、速度和受力。通过确定体系分子的力场模型和原子的初始位置 $\boldsymbol{r}_i(t_0)$ 以及初始速度 $\boldsymbol{v}_i(t_0)$ 可以计算得到作用力 $\boldsymbol{f}_i(t_0)$ 进而可以得到 $t_0+\Delta t$ 时刻原子的位置和速度与 t_0 时刻原子位置和速度的关系：

$$\begin{cases}\boldsymbol{v}_i(t_0+\Delta t)=\boldsymbol{v}_i(t_0)+(\Delta t/m_i)\boldsymbol{f}_i(t_0)\\ \boldsymbol{r}_i(t_0+\Delta t)=\boldsymbol{r}_i(t_0)+\Delta t\boldsymbol{v}_i(t_0+\Delta t)\end{cases} \tag{3.20}$$

重复以上步骤可以得到 $t_0+n\Delta t$ 时刻体系各原子的坐标位置和速度，Euler 算法属于向前差分，为单步显示一阶精度。

3.1.3.2　Verlet 算法

Euler 算法的缺陷在于其精度为一阶精度，对其进行改进得到 Verlet 算法：

$$\begin{cases}\boldsymbol{r}_i(t_0+\Delta t)=2\boldsymbol{r}_i(t_0)-\boldsymbol{r}_i(t_0-\Delta t)+(\Delta t^2/m_i)\boldsymbol{f}_i(t_0)\\ \boldsymbol{v}_i(t_0)=\left[\boldsymbol{r}_i(t_0+\Delta t)-\boldsymbol{r}_i(t_0-\Delta t)\right]/2\Delta t\end{cases} \tag{3.21}$$

计算原子在 $t_0+\Delta t$ 时刻的位置需要利用当前时刻位置坐标和前一时刻 $t_0-\Delta t$ 的位置坐标，得到 $t_0+\Delta t$ 时刻位置坐标后结合 $t_0-\Delta t$ 时刻的位置坐标可以计算当下原子的速度。Verlet 算法中坐标位置的计算精度为四阶，运动速度的计算精度为二阶。

Verlet 算法计算时要储存前一时刻和当前的位置，并且速度要在位置坐标计算之后才能计算，速度精度比坐标位置计算精度低二阶。

3.1.3.3 蛙跳算法

蛙跳算法是在 Verlet 算法的基础上得到的，其计算公式为：

$$\begin{cases} \boldsymbol{r}_i\left(t_0+\Delta t\right)=\boldsymbol{r}_i\left(t_0\right)+\Delta t \boldsymbol{v}_i\left(t_0+\dfrac{\Delta t}{2}\right) \\ \boldsymbol{v}_i\left(t_0+\dfrac{\Delta t}{2}\right)=\boldsymbol{v}_i\left(t_0-\dfrac{\Delta t}{2}\right)+\Delta t\left[\boldsymbol{f}_i\left(t_0\right)/m_i\right] \end{cases} \tag{3.22}$$

与 Verlet 算法不同的是，蛙跳算法先计算 $t_0+\dfrac{\Delta t}{2}$ 时刻的速度，然后结合 t_0 时刻的坐标位置计算得到 $t_0+\Delta t$ 时刻的位置坐标。蛙跳算法中 t_0 时刻的速度可以通过前后时刻的速度求得：

$$\boldsymbol{v}_i\left(t_0\right)=\frac{1}{2}\left[\boldsymbol{v}_i\left(t_0-\frac{\Delta t}{2}\right)+\boldsymbol{v}_i\left(t_0+\frac{\Delta t}{2}\right)\right] \tag{3.23}$$

蛙跳算法的速度计算精度与位置坐标计算精度同为四阶，但是位置和速度计算不同步。

3.1.3.4 速度 Verlet 算法

蛙跳算法是 Verlet 算法改进得到的，Verlet 算法还可以改进为速度 Verlet 算法，其计算公式如下：

$$\begin{cases} \boldsymbol{r}_i\left(t_0+\Delta t\right)=\boldsymbol{r}_i\left(t_0\right)+\Delta t \boldsymbol{v}_i\left(t_0\right)+\Delta t^2 \boldsymbol{f}_i\left(t_0\right)/2m_i \\ \boldsymbol{v}_i\left(t_0+\Delta t\right)=\boldsymbol{v}_i\left(t_0\right)+\Delta t\left[\boldsymbol{f}_i\left(t_0\right)+\boldsymbol{f}_i\left(t_0+\Delta t\right)\right]/2m_i \end{cases} \tag{3.24}$$

对于经典力学体系，可以用 Hamilton 函数确定体系的性质和演化规律。体系的 Hamilton 函数可以表示为：

$$H\left(\mathbf{p},\mathbf{q}\right)\equiv H\left(q_1,\cdots,q_f;p_1,\cdots,p_f\right)=\sum_{i=1}^{f}\frac{p_i^2}{2m_i}+u\left(q_1,\cdots,q_f\right) \tag{3.25}$$

式中 $\mathbf{p}$——广义动量矢量，$\mathbf{p}=\left(p_1,p_2,p_3,\cdots,p_i,\cdots,p_f\right)$；

$\mathbf{q}$——广义坐标矢量，$\mathbf{q}=\left(q_1,q_2,q_3,\cdots,q_i,\cdots,q_f\right)$。

由上述公式可以得到体系的 Hamilton 运动方程：

$$\begin{cases} \dot{q}_i=\dfrac{\partial H}{\partial p_i}=\dfrac{p_i}{m_i} \\ \dot{p}_i=-\dfrac{\partial H}{\partial q_i}=-\dfrac{\partial u\left(q_1,\cdots,q_f\right)}{\partial q_i}=f_i \end{cases} \tag{3.26}$$

Hamilton 方程对时间反演可逆，并且在体系随时间演化过程中，Hamilton 函数守恒：

$$\frac{\mathrm{d}H}{\mathrm{d}t}=\sum_{i=1}^{f}\left(\frac{\partial H}{\partial q_i}\dot{q}_i+\frac{\partial H}{\partial p_i}\dot{p}_i\right)=\sum_{i=1}^{f}\left(\frac{\partial H}{\partial q_i}\frac{\partial H}{\partial p_i}-\frac{\partial H}{\partial p_i}\frac{\partial H}{\partial q_i}\right)=0 \tag{3.27}$$

如果用符号 $\mathbf{x}\equiv(\mathbf{q},\mathbf{p})$ 统一表示体系的广义坐标和广义动量，那么系综的分布函数可以表示为 $f(\mathbf{x},t)$，由此可以得到系综分布的 Liouville 方程：

$$\frac{\mathrm{d}f(\mathbf{x},t)}{\mathrm{d}t}=\frac{\partial f(\mathbf{x},t)}{\partial t}+\dot{\mathbf{x}}\times\nabla f(\mathbf{x},t)=0 \tag{3.28}$$

对于任意力学量 $A(\mathbf{x})$ 的系综平均可以表示为：

$$\langle A\rangle=\frac{\int\mathrm{d}\mathbf{x}f(\mathbf{x},t)A(\mathbf{x})}{\int\mathrm{d}\mathbf{x}f(\mathbf{x},t)} \tag{3.29}$$

在经典统计力学中，Liouville 算符定义为：

$$\mathrm{i}\mathbf{L}\equiv\sum_{i=1}^{N}\left(\frac{\partial H}{\partial\mathbf{p}_i}\frac{\partial}{\partial\mathbf{q}_i}-\frac{\partial H}{\partial\mathbf{q}_i}\frac{\partial}{\partial\mathbf{p}_i}\right) \tag{3.30}$$

相应地，Liouville 方程可以表示为：

$$\mathrm{i}\frac{\partial f}{\partial t}=\mathbf{L}f \tag{3.31}$$

在给出体系初始条件 $\mathbf{x}(0)$ 时，Liouville 方程形式解为：

$$\mathbf{x}(t)=\mathrm{e}^{\mathrm{i}\mathbf{L}t}\mathbf{x}(0) \tag{3.32}$$

由于算符与量子力学传播子 $\mathrm{e}^{\mathrm{i}\hat{\mathbf{H}}t/\hat{h}}$ 有同样的形式，所以将 $\mathbf{U}(t)$ 称为传播子或演化算符。

$$\mathbf{U}(t)\equiv\mathrm{e}^{\mathrm{i}\mathbf{L}t} \tag{3.33}$$

如果把 Liouville 算符写成两项之和：

$$\mathbf{L}=\mathbf{L}_1+\mathbf{L}_2 \tag{3.34}$$

通过 Trotter 定理可以得到：

$$\mathrm{e}^{\mathrm{i}(\mathbf{L}_1+\mathbf{L}_2)t/M}=\lim_{M\to\infty}\left(\mathrm{e}^{\frac{\mathrm{i}(\mathbf{L}_2)t}{2M}}\mathrm{e}^{\frac{\mathrm{i}(\mathbf{L}_1)t}{M}}\mathrm{e}^{\frac{\mathrm{i}(\mathbf{L}_2)t}{2M}}\right)^M \tag{3.35}$$

对于有限的 M 值，上式可以得到：

$$\mathrm{e}^{\mathrm{i}(\mathbf{L}_1+\mathbf{L}_2)t/M}\approx\mathrm{e}^{\frac{\mathrm{i}\mathbf{L}_2t}{2M}}\mathrm{e}^{\frac{\mathrm{i}\mathbf{L}_1t}{M}}\mathrm{e}^{\frac{\mathrm{i}\mathbf{L}_2t}{2M}} \tag{3.36}$$

令单步演化时间步长 $\Delta t=t/M$，则有：

$$\mathrm{e}^{\mathrm{i}(\mathbf{L}_1+\mathbf{L}_2)\Delta t}\approx\mathrm{e}^{\mathrm{i}\mathbf{L}_2\Delta t/2}\mathrm{e}^{\mathrm{i}\mathbf{L}_1t}\mathrm{e}^{\mathrm{i}\mathbf{L}_2\Delta t/2} \tag{3.37}$$

由此得到分子动力学模拟中单个时间步长的近似演化算符：

$$\tilde{\mathbf{U}}(\Delta t) = \mathrm{e}^{\mathrm{i}L_2\Delta t/2}\mathrm{e}^{\mathrm{i}L_1 t}\mathrm{e}^{\mathrm{i}L_2\Delta t/2} \tag{3.38}$$

将上述公式用于速度 Verlet 算法，可以设计出分子动力学模拟的速度 Verlet 差分格式。首先，将 Liouville 算符式分解成两部分之和：

$$\mathrm{i}\mathbf{L}_1 \equiv \sum_{i=1}^{N}\frac{\partial H}{\partial \mathbf{p}_i}\frac{\partial}{\partial \mathbf{r}_i} = \sum_{i=1}^{N}\mathbf{v}_i \times \frac{\partial}{\partial \mathbf{r}_i} \tag{3.39}$$

$$\mathrm{i}\mathbf{L}_2 \equiv -\sum_{i=1}^{N}\frac{\partial H}{\partial \mathbf{r}_i}\frac{\partial}{\partial \mathbf{p}_i} = \sum_{i=1}^{N}\frac{\mathbf{f}_i}{m_i} \times \frac{\partial}{\partial \mathbf{v}_i} \tag{3.40}$$

代入有：

$$\tilde{\mathbf{U}}(\Delta t)=\exp\left(\frac{\Delta t}{2}\sum_{i=1}^{N}\frac{\mathbf{f}_i}{m_i}\times\frac{\partial}{\partial \mathbf{v}_i}\right)\exp\left(\Delta t\sum_{i=1}^{N}\mathbf{v}_i\times\frac{\partial}{\partial \mathbf{r}_i}\right)\exp\left(\frac{\Delta t}{2}\sum_{i=1}^{N}\frac{\mathbf{f}_i}{m_i}\times\frac{\partial}{\partial \mathbf{v}_i}\right) \tag{3.41}$$

利用恒等式：

$$\exp\left(c\frac{\partial}{\partial q}\right)g(q) = g(q+c) \tag{3.42}$$

和近似演化算符的性质：

$$\mathbf{r}_i(t) \approx \tilde{\mathbf{U}}(\Delta t)\mathbf{r}_i(0) \tag{3.43}$$

$$\mathbf{v}_i(t) \approx \tilde{\mathbf{U}}(\Delta t)\mathbf{v}_i(0) \tag{3.44}$$

可以得到：

$$\mathbf{r}_i(t) = \mathbf{r}_i(0) + \Delta t\mathbf{v}_i(0) + \Delta t^2\frac{\mathbf{f}_i(0)}{2m_i} \tag{3.45}$$

$$\mathbf{v}_i(t) = \mathbf{v}_i(0) + \frac{\Delta t}{2}\left[\mathbf{f}_i(0) + \mathbf{f}_i(\Delta t)\right] \tag{3.46}$$

这便是 Hamilton 体系的速度 Verlet 差分格式，它与速度 Verlet 差分格式一致，但是它满足辛对称性和时间反演对称性。

除了以上差分格式外，还有非 Hamilton 体系的差分格式。例如，正则系综的差分格式、NPT 系综各向同性算法的差分格式和 NPT 系综各向异性算法的差分格式。

3.1.4　分子动力学模拟边界条件

为了将物质及其运动的宏观性质表征出来，微观分子模拟的原子数量要足够的多，但是过大的数据量会使计算效率显著降低。例如一个包含 1010 个水分子的体系，元胞尺寸只有 67nm 左右，这样的小尺寸元胞有显著的边界效应。所以，为了满足计算需要的同时又能避免尺度限制引起的边界效应，在分子动力学模拟中使用周期性边界条件。周期性边界条件的引入，可以利用模拟元胞在粒子数较小的情况下进行模拟。同时，可以减小有限的粒子数量对模拟的影响，进而得到可靠结果。

对于二维元胞中任一个坐标为 $r_i=\left(x_i,y_i\right)$ 的粒子，在二维平面中存在无数个镜像粒子并且以元胞尺寸为周期重复出现，镜像粒子坐标可以表示为：

$$r_i'=\left(x_i+aL_x,y_i+bL_y\right) \tag{3.47}$$

式中　L_x——元胞 x 轴向的长度；

L_y——元胞 y 轴向的长度；

a，b——表示不同的镜像粒子，a 和 b 可为任意数。

同理在二维面的基础上向 Z 轴方向扩展可以得到三维空间中的周期性边界。使用周期性边界条件进行分子动力学模拟时，元胞中的粒子可以在不受元胞限制的范围运动，当一个粒子离开元胞后，相邻元胞的镜像粒子会进入元胞，如果有足够长的模拟时间，体系中的模拟粒子可以在整个空间运动。周期性边界条件还可以解决跨边界粒子的问题，从而消除边界效应。二维周期性边界条件如图 3.4 所示。

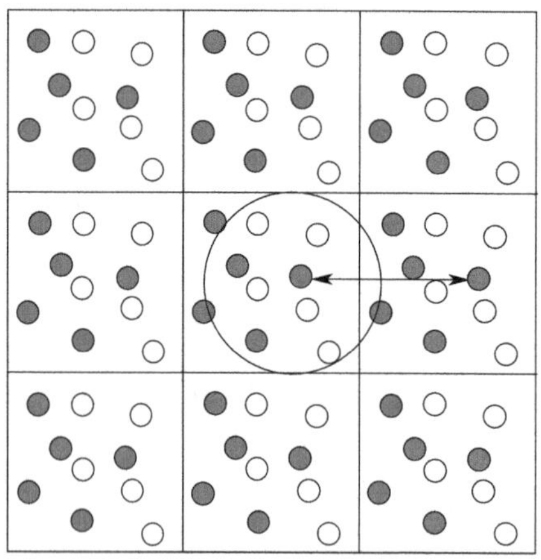

图 3.4　二维周期性边界条件

3.1.5　系综分类

系综是指在一定条件下，大量性质和结构完全相同的、处于各种运动状态的、各自独立的系统的集合，也叫统计系综。它并不是客观存在的，而是为了研究需要利用统计方法研究热力学系统统计规律创设的，当达到平衡态时其平均值应该是相同的。

常用的系综有微正则系综（NVE）、正则系综（NVT）和巨正则系综（μVT）3 种。

① 微正则系综中能量 E、体积 V 和粒子数 N 都相同，NVE 系综与外界没有能量交换也没有物质交换是一个孤立的系统；

② 正则系综中体积 V、温度 T 和粒子数 N 都相同，由于正则系综的体积不变所以该系综处于刚性容器之中，为了保持粒子数恒定，NVT 系综与外界没有物质交换，但是为了保证系综的温度恒定，它须与一个温度为 T 的巨大热浴接触；

③ 巨正则系综与微正则系综和正则系综不同，它与外界存在能量和物质交换以保证温度恒定并达到恒定体积下化学势的平衡。

除了以上 3 种系综外，恒温恒压系综（NPT）也被广泛使用。

3.2 巨正则系统

3.2.1 蒙特卡罗模拟

蒙特卡罗模拟是计算数学的一个分支，随着实验过程对实验方法可靠性需求的不断增大，传统方法暴露出无法满足实际物理过程的缺陷，蒙特卡罗法能够对真实物理过程进行如实的描述从而得到可靠的实验结果，特别是针对求解事件概率和随机变量期望值时，蒙特卡罗法通过数字模拟实验利用数学方法对实际情况进行模拟，以实验结果为问题的近似解能够得到很好的实验效果。由于蒙特卡罗法是以概率统计理论为基础，所以又被称作统计试验方法。

用蒙特卡罗法求解问题主要分为构建随机数过程、从已知概率分布抽样、降低方差建立各种估计量 3 个步骤。其中随机数的产生有多种方法，包括包含噪声真随机数产生器和量子真随机数产生器在内的真随机数产生器、早期伪随机数产生器和克服了线性同余的伪随机数产生器。概率分布抽样法包括直接抽样法、未知概率分布抽样法和马尔科夫链蒙特卡罗法，其中直接抽样法适用于随机变量或随机过程的概率分布已知的情况，但是它的抽样效率低，并且在遇到概率分布不完全已知的情况下无法解决问题，例如在物理和化学正则系综里，状态 X 的概率分布为 [1]：

$$f(x)=\frac{\exp\left[-H(x)/k_BT\right]}{\int\exp\left[-H(x)/k_BT\right]\mathrm{d}x} \tag{3.48}$$

定义配分函数 $Z=\int\exp\left[-H(x)/k_BT\right]\mathrm{d}x$，那么：

$$f(x)=\frac{1}{Z}\exp\left[-H(x)/k_BT\right] \tag{3.49}$$

由于 Z 为高维积分是未知量，所以该状态的概率分布是不完全已知的，在这种情况下直接抽样法不适用。此时需要使用马尔科夫链蒙特卡罗法，该方法利用间接抽样原理选择一个建议概率分布，使已知概率分布保持不变，引入接受概率判断状态是否转移，循环重复这一过程便得到一条马尔科夫链。当马尔科夫链分布趋于平稳时也就得到了与已知概率分布逼近的分布形式。Metropolis 算法是一个巧妙地实现抽样的方法，具体过程如下：

① t=0，给定初始状态 X_0；

② 根据随机行走条件概率分布 $f(y/X)=\dfrac{1}{2\alpha}$（$\alpha$ 为最大允许位移），抽样得到状态 $Y_t=X_t+\alpha\xi$［ξ 为均匀分布 $U(-1,1)$ 的随机变量］；

③ 计算状态之间的能量差，$\Delta E=E(Y_t)-E(X_t)$，如果 $\Delta E\leqslant 0$，则 $X_{t+1}=Y_t$；

④ 如果 $\Delta E>0$ 且 $U\leqslant\exp(-\Delta E/k_BT)$，则 $X_{t+1}=Y_t$，否则 $X_{t+1}=X_t$；

⑤ 如果马尔科夫链步数大于终结步数（$t>m$），则终止模拟，否则 $t=t+1$，返回第二步重新计算。

3.2.2　巨正则蒙特卡罗（GCMC）模拟

在巨正则系综里，系综的化学势 μ、温度和体积保持不变，而系综内的粒子数会产生变化，可能增加也可能减少。因此，在这样的系综里分子动力学方法难以实现，只能用蒙特卡罗方法。巨正则系综里理想气体的化学势为[2,3]：

$$\mu=k_BT\ln\frac{\phi P\Lambda^3}{k_BT}\tag{3.50}$$

式中　k_B——玻尔兹曼常数，1.38×10^{-23}J/K；

ϕ——逸度系数；

Λ——德布罗意波长，$\Lambda=\sqrt{\dfrac{h^2}{2\pi mk_BT}}$；

h——普朗克常数，$h=6.626\times10^{-34}$J·s，

m——交换粒子质量，kg。

式（3.50）中逸度系数的计算采用 PR 状态方程求取，PR 方程表达式为：

$$P=\frac{RT}{V_m-b}-\frac{a\alpha(T)}{V_m(V_m+b)+b(V_m-b)}\tag{3.51}$$

式中　a——分子间引力参数，$a=\dfrac{0.45724R^2T_c^2}{P_c^2}$；

b——体积修正参数，$b=\dfrac{0.07780RT_c}{P_c}$；

$\alpha(T)$——内聚力参数，$\alpha(T)=\left[1+k\left(1-T_r^{0.5}\right)\right]^2$；

k——与偏心因子 ω 有关的修正系数，$k=0.37464+1.54226\omega-0.26992\omega^2$；

ω——偏心因子；

T_r——对比温度，K，$T_r=\dfrac{T}{T_c}$；

T_c——临界温度，K。

PR 方程计算纯组分逸度系数和密度表达式分别为：

$$\ln\phi=Z-1-\ln\frac{P(V-b)}{RT}-\frac{a}{2\sqrt{2}bRT}\ln\frac{V+(\sqrt{2}+1)b}{V-(\sqrt{2}-1)b}\tag{3.52}$$

$$\rho=\frac{PM}{ZRT}\tag{3.53}$$

式中　Z——偏差因子；

ρ——单组分密度，g/cm^3；

M——单组分摩尔质量，g/mol。

本书利用范德华（vdW）混合规则来获得 PR-EoS 中的混合物参数：

$$[a\alpha(T)]_{\mathrm{mix}}=\sum_i^{n_c}\sum_j^{n_c}x_ix_j[a\alpha(T)]_{ij}=\sum_i^{n_c}\sum_j^{n_c}x_ix_j\sqrt{[a_i\alpha_i(T)][a_j\alpha_j(T)]}\left(1-k_{ij}\right)\tag{3.54}$$

$$b_{\mathrm{mix}}=\sum_i^{n_c}x_ib_{i,}\tag{3.55}$$

式中　x_i，x_j——混合物中的 i 组分和 j 组分的摩尔分数；

n_c——系统中组分的总数；

k_{ij}——第 i 个和第 j 个组分之间的二元相互作用参数，对于组分 i 和 j 为同一物质时，k_{ij} 通常设置为 0。

本书中，通过拟合方程计算 CH_4-CO_2 混合物的相互作用参数 [4]：

$$k_{ij}=k_{ji}=-0.99567+0.0023309\times T[\mathrm{K}]+\frac{126.45}{T[\mathrm{K}]}\tag{3.56}$$

PR-EoS 的逸度和逸度系数如下所示：

$$\begin{aligned}\ln\frac{f_i}{x_iP}=\ln\phi_i=&\frac{b_i}{b_{\mathrm{mix}}}(Z-1)-\ln\left[\frac{(v-b_{\mathrm{mix}})P}{RT}\right]\\&+\frac{[a\alpha(T)]_{\mathrm{mix}}}{\sqrt{8}b_{\mathrm{mix}}RT}\ln\left[\frac{v+(1+\sqrt{2})b_{\mathrm{mix}}}{v+(1-\sqrt{2})b_{\mathrm{mix}}}\right]\left\{\frac{b_i}{b_{\mathrm{mix}}}-\frac{2}{[a\alpha(T)]_{\mathrm{mix}}}\left(\sum_j^{n_c}x_j[a\alpha(T)]_{ij}\right)\right\}\end{aligned}\tag{3.57}$$

式中　f_i——第 i 个组分的逸度；

ϕ_i——相应的逸度系数。

在巨正则系综下，将粒子的移入和移出看作粒子的产生和消失，移动粒子的接受概率为：

$$P_{\text{acc}}\left(s \to s'\right)=\min\left(1,\exp\left\{-\frac{1}{k_B T}\left[U\left(s'^N\right)-U\left(s^N\right)\right]\right\}\right) \tag{3.58}$$

插入粒子的接受概率为：

$$P_{\text{acc}}\left(N \to N+1\right)=\min\left(1,\frac{V}{\Lambda^3\left(N+1\right)}\exp\left\{\frac{1}{k_B T}\left[\mu-U\left(N+1\right)+U\left(N\right)\right]\right\}\right) \tag{3.59}$$

删除粒子的接受概率为：

$$P_{\text{acc}}\left(N \to N-1\right)=\min\left(1,\frac{\Lambda^3 N}{V}\exp\left\{-\frac{1}{k_B T}\left[\mu+U\left(N-1\right)-U\left(N\right)\right]\right\}\right) \tag{3.60}$$

式中　N——系统粒子数；

μ——化学势，kcal/mol，1kcal=4.184kJ；

U——系统总势能，kcal/mol；

Λ——德布罗意波长，$\Lambda=\sqrt{\dfrac{h^2}{2\pi m k_B T}}$。

3.3　页岩干酪根多孔介质内 CH_4/CO_2 竞争吸附机理

3.3.1　干酪根多孔介质模型构建

页岩气藏中的有机质是页岩气赋存和传输的主要空间，其在页岩气储层的形成和气体存储过程中起着至关重要的作用。有机质的主要成分是干酪根，通常占据了总有机质组分的 80% ～ 90%。与此相比，沥青质、树脂等其他有机组分的含量相对较少。这些成分在气体的吸附和解吸方面，扮演着次要角色。干酪根作为一种碳基有机大分子混合物质，具有极强的化学稳定性，不溶于极性溶剂，因此它在页岩气藏中具有独特的作用。干酪根的类型和含量不仅直接影响页岩储层的发育程度，还决定着该储层中可开采的气体储量。通过对干酪根的研究，能够更好地理解页岩气藏的赋存特征，尤其是如何优化开发方案以提升产气效率。研究表明，页岩储层中大部分的吸附气体主要赋存在干酪根的孔隙表面，而干酪根的孔隙结构和表面特性则对气体的吸附容量和传输能力起着决定性作用。因此，干酪根不仅是页岩气的存储介质，还是气体传输的关键载体。为了有效评估页岩储层的开发潜力，必须对干酪根的性质进行细致的研究。评价干酪根的主要指标之一是其热演化程度，即干酪根经历的地热作用和压力条件下的演化过程。热演化程度直接决定了干酪根的成熟度及其所具有的物理化学性质，这对于页岩气的释放和储存能力有着深远的影响。根据 Tissot 等的分类[5]，干酪根类型主要有腐泥型（Ⅰ型）、混合型（Ⅱ型）及腐殖型（Ⅲ型）（图 3.5，书后另见彩图）。

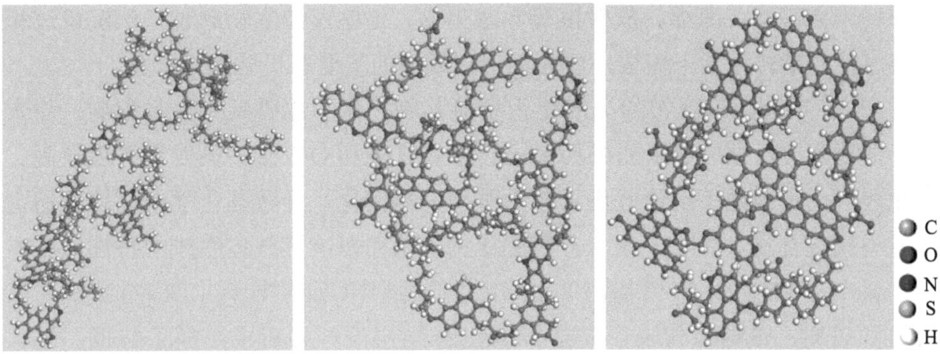

(a) Ⅰ型干酪根　　(b) Ⅱ型干酪根　　(c) Ⅲ型干酪根

图 3.5　3 类常用的页岩干酪根分子模型

（1）Ⅰ型干酪根

又称腐泥型干酪根，通常由富含藻类的沉积物演化而来，或各种有机质被细菌改造而成，多脂肪多芳香结构，大部分芳脂链，小部分芳香环，侧链杂原子较少，主要是醚型杂原子官能团。H/C 原子比较高，一般≥ 1.5；O/C 原子比低，一般＜ 0.1。它是主要的生油母质。

（2）Ⅱ型干酪根

又称混合型干酪根，分布于富含有机质的海相页岩，为浮游生物和微生物的混合有机质，由脂肪链和杂芳香环组成，以脂基为主的杂原子官能团占很大比例。结构为高度饱和的多环碳骨架，中等长度直链烷烃和环烷烃较多。H/C 原子比、O/C 原子比介于Ⅰ型干酪根和Ⅲ型干酪根之间，为 0.1 ～ 0.2 和 1.0 ～ 1.5。其具有生油、生气能力。

（3）Ⅲ型干酪根

又称腐殖型干酪根，来源于富含木质素、纤维素等的陆生高等植物，脂肪链以及杂芳香环，以含多环芳香烃及含氧官能团为主，芳香环多、分子结合大，分子的侧链以酚羟基、醌和芳羧基为主。具有较高的 O/C 值，在 0.2 ～ 0.3 之间，H/C 值比较低，＜ 1.0。对生油不利，但埋藏足够深度时，可成为有利的生气来源。

一般而言，具备商业开发价值的如 Barnett 页岩、Albany 页岩、Antrim 页岩和 Ohio 页岩均以Ⅱ型干酪根为主。

四川盆地川南地区的海相页岩有机质类型以Ⅱ型干酪根为主，这一类型的干酪根在该区域的分布较为广泛，成为主要的有机质来源。干酪根的显微组分中，腐泥型干酪根占据主导地位，而壳质组、镜质组和惰质组的含量则相对较低，表明该区域的有机质主要由较为原始的沉积物组成。这些有机质的主要来源是深水 - 半深水陆棚环境中的藻类、海绵、放射虫等浮游生物。这些浮游生物通过自然沉积过程沉积于海底，逐渐转化为干酪根，成为页岩气藏中的重要有机质组成部分。

如表 3.1 所列，干酪根的热演化程度对其物理化学性质具有显著影响。与未成熟的干酪根相比，过成熟干酪根具有较低的 H/C 值和 O/C 值，同时芳香度较高。这些变化表明，过成熟干酪根经历了较为强烈的热演化，导致其化学结构趋于稳定且富含芳香族化合物，降低了其水合氢的比例，从而影响其气体生成的特性。在本研究中，采用了 Ungerer 等[6]提出的Ⅱ-D 型干酪根单元结构（$C_{175}H_{102}O_9N_4S_2$）来进行分析和研究。该结构代表了来自 Duvernay 地层的一种后成熟型干酪根，被认为具有较高的气体生成潜力，尤其在页岩气的赋存和释放过程中，显示出其独特的优势。通过这一模型的引入，不仅能够更加精准地分析干酪根的生成和转化过程，还能帮助研究人员更好地预测该类干酪根在不同演化阶段的气体储量和开发潜力。通过与 X 射线和固态 ^{13}C 核磁共振分析的结果相对比，发现该干酪根模型的化学组成和结构与实验数据高度吻合，验证了其在实际应用中的有效性和可靠性（图 3.6，书后另见彩图）。

表 3.1　干酪根模型单元Ⅱ-A（未成熟）、Ⅱ-B（油窗顶部）、Ⅱ-C（油窗中端）和Ⅱ-D（过成熟）的组成和结构参数（来源于 Kelemen 对 Duvernay 富有机质页岩的测试结果）[6, 7]

参数	Ⅱ-A	Ⅱ-B	Ⅱ-C	Ⅱ-D
H/C 值	1.17	1.11	0.89	0.56
O/C 值	0.097	0.059	0.054	0.047
N/C 值	0.029	0.02	0.021	0.023
S/C 值	0.014	0.012	0.008	0.011
芳香碳比例 /%	40	43	54	72
每个碳簇中碳原子数（sp^3 C、N、S、O）	12	14	19	20
质子化的芳香碳	0.43	0.32	0.3	0.24
质子芳香碳数（每 100C）	13	15	17	28
C—O 中氧原子数（每 100C）	5.0	4.2	3.5	4.7
—COOH 中氧原子数（每 100C）	1.3	0.8	0.7	0
>C═O 中氧原子数（每 100C）	3.4	2.8	0	0
吡咯（N 的摩尔分数）/%	52	59	65	62
吡啶（N 的摩尔分数）/%	27	19	18	15
季铵（N 的摩尔分数）/%	18	17	0	0
氨基（N 的摩尔分数）/%	4	0	0	0
芳香硫（S 的摩尔分数）/%	46	56	54	80
脂肪硫（S 的摩尔分数）/%	54	44	46	20

干酪根基质最初使用增强型聚合物一致力场（PCFF+）进行建模[6]，其主要采

用了 Lennard-Jones 9-6 势函数以考虑分子间和分子内的色散 - 排斥相互作用。

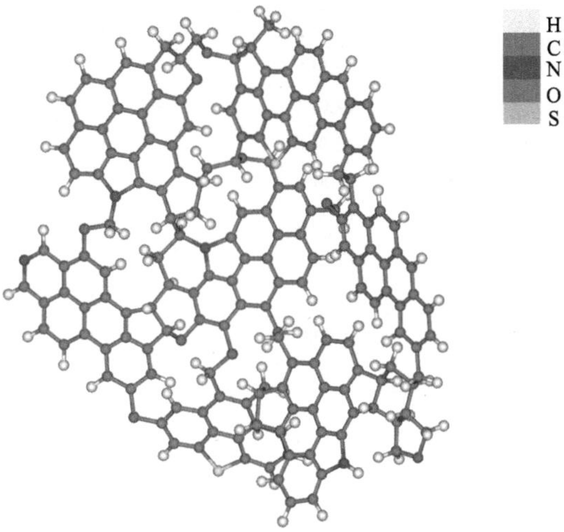

图 3.6　Ⅱ-D 型干酪根分子单元

$$E_{ij}=4\varepsilon_{ij}\left[\left(\frac{\sigma_{ij}}{r_{ij}}\right)^9-\left(\frac{\sigma_{ij}}{r_{ij}}\right)^6\right]+\frac{q_iq_j}{4\pi\varepsilon_0 r_{ij}} \tag{3.61}$$

但从另一方面来讲，CH_4、CO_2 等流体粒子普遍通常采用 Lennard-Jones 12-6 势函数描述。因此本书所涉及的干酪根物理化学性质描述考虑采用一致性力场（consistent-valence force field，CVFF）[8]。已有大量的研究实例表明，CVFF 力场能够精确地描述干酪根的结构、能量及其动力学特性，因此，该力场被广泛应用于分子模拟中，成为干酪根分子研究的重要基础[9-12]。几何优化采用 Smart 算法，模拟精度为 Ultra-fine，设置原子均方根力为 0.001kcal/（mol · Å），能量偏差为 0.00002 kcal/mol，原子电荷选用 CVFF 力场自带电荷，非键截断半径为 18.5Å，使用 Atom based 方法计算范德瓦尔斯力和库仑力。经过几何优化和能量优化后，干酪根单体实现了系统总能量的大幅下降，分子结构变得更加稳定，便于后续进一步的处理。

本节将详细介绍如何利用分子动力学模拟方法构建Ⅱ-D 型干酪根的基质模型，并进一步扩展三维多孔干酪根基质模型的构建过程。首先，采用 CVFF 力场来描述干酪根分子中的原子间相互作用。为了进行精确的分子动力学模拟，需要对单个Ⅱ-D 型干酪根分子进行能量最小化，去除任何可能存在的结构不稳定性或不合理的初始配置。能量最小化过程中，采用共轭梯度算法对分子进行优化，确保体系达到最低能量状态。此步骤为后续模拟提供一个稳定的起点，避免初始结构中的非物理效应影响模拟结果。Ⅱ-D 型干酪根分子的力学参数如表 3.2 所列。

表 3.2　Ⅱ-D 型干酪根分子的力场参数

原子类型	力场类型	摩尔质量 /（g/mol）	势阱深度 ε/（kcal/mol）	σ 粒子有效直径 /Å
O	o	15.999	0.228	2.860
C	c5	12.011	0.148	3.617
C	cp	12.011	0.148	3.617
N	np	14.007	0.167	3.501
C	c2	12.011	0.039	3.875
H	h	1.008	0.038	2.450
C	cs	12.011	0.148	3.617
C	c1	12.011	0.039	3.875
S	sp	32.064	0.164	3.368
H	hn	1.008	0	0.000
C	c3	12.011	0.039	3.875

注：1kcal=4.184kJ。

在能量最小化后，接下来的步骤是进行热平衡处理，使体系在一定的温度下稳定，避免因温度变化引起的非平衡现象。为了模拟现实环境中的热力学状态，采用 Nosé-Hoover 热浴方法控制系统温度。在这一过程中，干酪根分子的平移和转动速度保持为零，以避免热平衡过程中出现额外的动能。为确保热平衡的充分性，模拟迭代次数设定为 1×10^5 次，时间步长为 1fs，总模拟时间为 100ps，足以使体系达到热平衡并为下一步的模拟做好准备。

为了更好地模拟干酪根的实际结构，14 个热平衡后的单元被随机放置在尺寸为 100Å×100Å×100Å（1Å=0.1nm）的盒子内用于构建干酪根无定形微孔基质模型，在此过程中施加周期性边界条件，以模拟无限大体系的性质。为了避免原子间的紧密接触和重叠，系统的目标密度被设定为 $0.1g/cm^3$，为构建干酪根基质模型提供了合理的起始密度。这一密度设置有效避免了过度堆积和不自然的原子重叠，确保了体系的结构稳定性。需要特别注意的是，构建干酪根无定形微孔基质模型时，系统的最小尺寸要求包括 1700 个原子和 25Å 的模型长度，这保证了模拟过程中体系的代表性和尺度的适当性 [13]。只有满足这一尺寸要求，才能确保模拟结果具有统计学意义，并能够准确地反映干酪根基质的微观特性。

为了确保所构建的基质模型能够真实反映储层环境中的状态，基于 Collell 和 Ungerer 提出的干酪根基质构建方法，采用多步动力学模拟过程逐步调整体系的温度和压力，进一步优化模型结构。首先，在 NVT 系综下，使用 Nosé-Hoover 温度控制器进行 300ps 的模拟，以 900K 的温度充分松弛体系结构。然后，使用等温等压（NPT）系综，通过 4 步递减的方式逐步降低温度，使温度从 900K 降至 300K，优化基质结构，促进密度的均匀性。最后，在 300K 和 1bar 的条件下进行 400ps 的模拟。在温度和压力变化过程中，使用 Nosé-Hoover 恒温器和 Nosé-Hoover 恒压器来控制温度和压力 [14, 15]。模拟直到干酪根分子在储层条件下体系的密度完全收敛，最终形成稳定的基质模型，如图 3.7 所示（书后另见彩图）。通过这一系列的模拟计算，成功构建了具有真实物理特性的干酪根基质模型。其中，模拟的时间需足够长以确保体系达到平衡状态，为后续研究提供了一个可靠且稳定的基质模型。所采用的模拟方法和时间尺度足以保证所构建的干酪根无定形微孔基质模型在结构上合理、稳定，能够真实反映储层条件下的干酪根行为，为进一步的研究和应用奠定了坚实的基础。

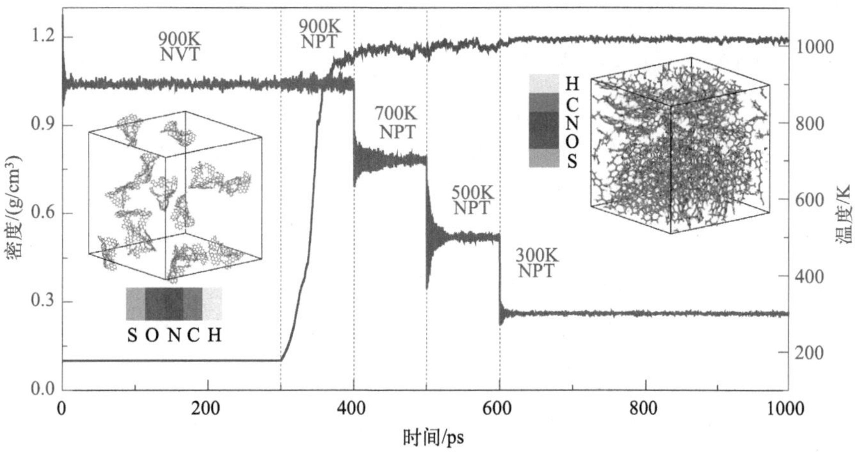

图 3.7　致密干酪根基质的构建过程

干酪根基质多孔基质模型的孔隙自由体积采用探针法进行计算。具体而言，在模拟体系中随机插入固定半径的探针分子，探针原子范德华表面上滚动以确定固体骨架表面，骨架表面包裹的区域则被识别为自由孔隙体积。探针法其基本步骤为：

① 选择一定尺寸的探针分子。

② 在干酪根结构内部按一定间隔顺序移动探针分子。

③ 每移动一个点，判断探针分子所处位置是否被干酪根中的原子占据。如图 3.8（a）所示（书后另见彩图），红色表示有原子占据，绿色表示无原子占据且周边也均无原子占据，白色表示无原子占据，但周边有原子占据；如图 3.8（b）和（c）所示，由于半径为 0.1nm 的探针分子体积小于半径为 0.25nm 的探针分子体积，因此半径为 0.1nm 的探针分子探测范围更大。

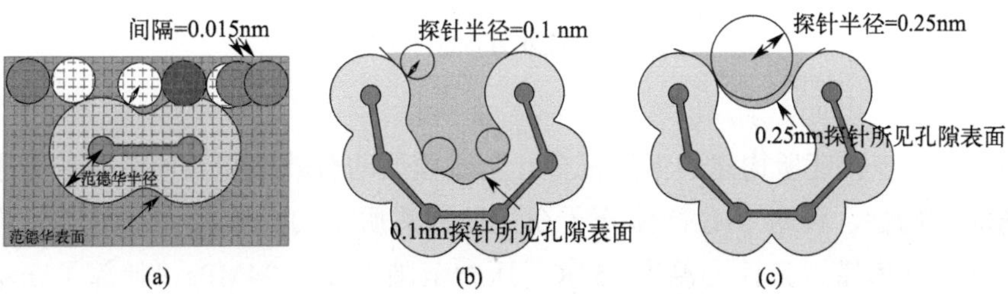

图 3.8　探针法研究分子结构内部孔隙示意图 [16]

④ 分析探针分子各个位置的性质，并组合成空间结构，由此便获得了干酪根内部的孔隙结构分布图。

孔隙率是评估岩石或材料存储能力的重要指标，通常反映材料中空隙所占的体积比例。以氦气动力学半径作为探针分子半径，针对所构建的干酪根模型进行了孔隙结构的探测。氦气作为一种常用的探针分子，由于其小巧的分子结构和高渗透性，能够有效地反映材料的孔隙特性。探测结果显示该干酪根模型的自由孔隙空间大小为 11058.66Å^3，根据这一结果，可以计算出对应的孔隙率为 22.9%。这一数值与扫描电子显微镜（SEM）分析中观察到的 20% ～ 25% 孔隙率范围高度一致 [17]，表明所构建的干酪根模型在孔隙性质的还原方面表现出较高的准确性，验证了分子动力学模拟方法在孔隙结构研究中的有效性。此外，孔隙率的适当还原对于进一步理解干酪根的储集特性、气体存储和传输过程具有重要意义。进一步的孔径分布分析显示，干酪根孔隙网络的孔径范围主要集中在 1 ～ 10Å 之间。由于模拟模型的尺度限制，孔径的分布结果虽然不完全涵盖所有可能的孔径范围，但已能够较为合理地代表页岩有机质的超微孔（< 5Å）和微孔（5 ～ 20Å）网络。超微孔和微孔的分布对于页岩气储集和渗流特性具有重要影响。通过该干酪根模型的孔径分布结果（图 3.9），能够有效地揭示页岩有机质孔隙的微观结构，进而为理解页岩气藏的储层特性提供有力支持。

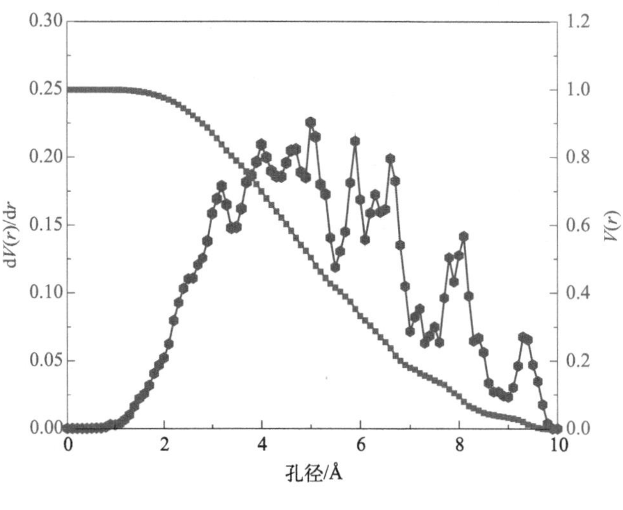

图 3.9　干酪根基质的孔径分布

为了进一步验证所构建的干酪根多孔基质模型的有效性以及所采用的分子间作用力场的准确性，针对 CH_4 气体分子在干酪根基质中的吸附行为，进行了详细的模拟计算。具体模拟条件为温度 353K，压力范围为 0 ～ 24MPa，计算了在不同条件下的甲烷气体吸附特征曲线，并将模拟结果与 Green River、Geverilk、Barnett 和

Woodford 等地的实验数据进行了对比分析[18-21]。这些地区的实验研究提供了关于页岩和干酪根中甲烷吸附特性的数据，是进行模型验证的重要参考。在干酪根的微孔结构中，甲烷气体分子呈现出游离态和吸附态两种主要状态。游离态的甲烷分子通常存在于孔隙的较大空间内，而吸附态的甲烷分子则是与干酪根基质的表面或孔隙壁发生相互作用，驻留在微孔中。由于分子动力学模拟所得到的结果考虑了这两种状态的总和，因此，模拟得到的吸附量包括了游离态和吸附态甲烷分子的综合效应。为了便于与实验数据进行比较，所获得的绝对吸附量需要通过一定的转换方法来得到过剩吸附量[22]。过剩吸附量的计算通常需要将总吸附量减去孔隙中未被甲烷分子占据的部分，即通过去除自由气体部分，得到实际参与吸附的甲烷分子的数量。具体而言，过剩吸附量的转换公式可以通过以下方式进行表述：

$$N_e = \iint [\rho(z) - \rho_{bulk}] dV \tag{3.62}$$

式中 N_e——过剩吸附量；

$\rho(z)$——距下壁面 z 处的平均气体密度；

ρ_{bulk}——一般气体密度。

通过将模拟得到的总吸附量与自由气体部分的吸附量相减，可以得出甲烷分子在干酪根微孔中真实的过剩吸附量。这一转换过程使得模拟结果可以与实验中的过剩吸附量进行直接对比，从而验证所构建的干酪根多孔基质模型是否能够准确描述甲烷的吸附特性。

由图 3.10 可知（书后另见彩图），CH_4 的过剩等温吸附曲线与对比实验结果吻合较好，模拟结果处于各种页岩样品测试数据的范围之内，并且随着压力变化展现出类似的趋势。这一现象表明所构建的干酪根多孔基质模型能够有效地模拟甲烷气体在页岩有机质中的吸附行为，进一步验证了模型的合理性与准确性。甲烷气体的过剩吸附量与气体在吸附相和体相之间的密度差密切相关。当吸附相和体相的密度差达到最大时，过剩吸附量也随之达到最大。随着压力的不断增加，吸附相的密度逐渐稳定，而体相的密度在高压下则会不断增大，导致吸附相与体相之间的密度差逐渐减小。这一变化导致过剩吸附曲线呈现出下降趋势，反映了气体分子从吸附相向体相转移的动态过程。在实际的气体吸附过程中，过剩吸附量的变化与气体分子在不同相态之间的转变密切相关。随着外部压力的增加，气体在吸附相和体相之间的分布发生变化，尤其是在高压条件下，体相的密度显著增加，从而影响吸附相的稳定性和吸附量，而过剩吸附曲线的下降趋势与这一密度差的变化具有直接关联。不同岩样的测试结果差异主要来源于多种因素。

① 岩样的总有机碳（TOC）含量是影响气体吸附能力的重要因素之一。总有机碳含量较高的岩样通常具有更高的甲烷吸附能力。

② 孔隙结构和孔径分布也对吸附特性产生重要影响，孔隙的大小和分布直接影响气体分子在基质中的吸附行为。

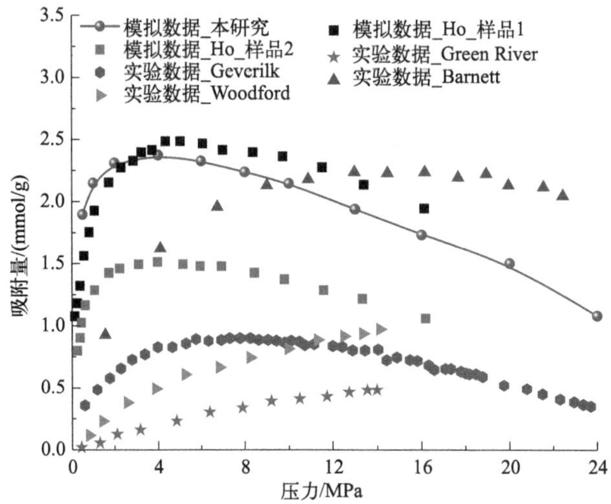

图 3.10 将本书采用干酪根基质模型中的过量吸附与文献中报道的 Green River（绿色）、Geverilk（紫色）、Barnett（紫红色）和 Woodford（橙色）的先前模拟（黑色和紫色）和实验数据进行比较

③ 弯曲度和其他如沥青质等成分的存在，可能在一定程度上阻碍了甲烷分子的吸附，导致吸附量减少。

Ho 等也观察到了类似的趋势，他们研究表明，不同基质的孔隙结构和组成差异对吸附行为有显著影响。例如，图 3.10（书后另见彩图）中黑色和紫红色代表的两种基质，其由相同的干酪根单元组成。然而，由于两者的孔径分布存在差异，导致了显著不同的吸附结果。这表明，即使干酪根单元的组成相同，孔隙结构的细微差异也会显著影响甲烷的吸附能力。因此，所建立的页岩有机质多孔基质模型不仅能够准确表征甲烷的吸附行为，还能反映孔隙结构和成分对吸附特性的影响。

3.3.2 CH_4、CO_2 单组分吸附特征

图 3.11 展示了在不同环境条件（温度范围为 313 ～ 353K，压力范围最高达到 30MPa）下 CH_4 和 CO_2 的单组分吸附特性。吸附量是基于纳米多孔干酪根基质中气体分子的总负载量计算得出的，从等温吸附曲线可以直观地看到，气体的吸附行为受温度和压力的显著影响，CH_4 和 CO_2 的吸附量随着压力的增加而增加，但随着温度的升高则呈现出明显的下降趋势。

一方面，在低压条件下，气体分子主要优先占据高能量的吸附位点。这些位点通常具有较强的分子间作用力，因而在气体浓度较低时被优先填充。这种现象导致吸附等温线在低压阶段表现出快速增长的趋势。然而，随着压力的进一步增加，外部较高的作用力使得气体分子在干酪根复杂孔隙网络中的扩散性能进一步受限，这

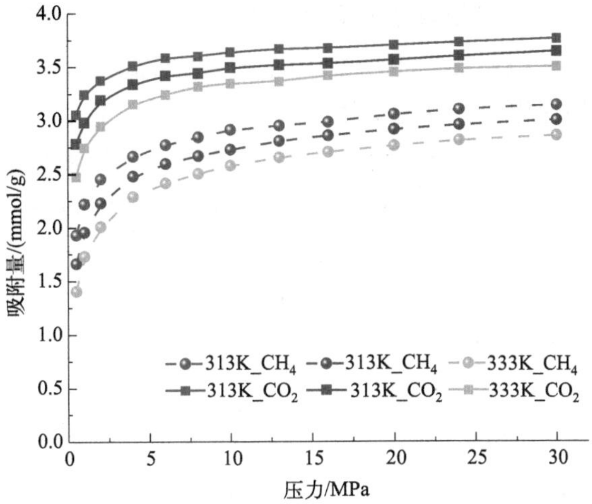

图 3.11　纯 CH_4 和 CO_2 的绝对吸附量等温曲线随温度和压力的变化

种网络具有高度的连通性和曲折性，能够捕获更多的气体分子。这种孔隙特性，尤其是其纳米级的限制效应，使得吸附量在中高压阶段进一步提升，表现出压力对吸附过程的促进作用。值得注意的是，在高压条件下，吸附等温线逐渐趋于平稳，表明吸附系统接近饱和状态，此时干酪根基质内的吸附位点已被充分利用。

另一方面，温度吸附过程中同样具有控制作用。由于吸附通常是一个放热过程，温度的升高会阻碍吸附的发生。这是因为较高的温度为气体分子提供了额外的动能，使其能够克服吸附位点的束缚并从中脱离。这一现象直接导致了吸附容量随温度升高而下降的趋势。在低温条件下，吸附相的分子运动受到抑制，有利于更多的分子被捕获；而在高温条件下，分子热运动增强，使得吸附过程更加不稳定，这在等温吸附曲线中得到了明显体现。尽管 CH_4 和 CO_2 对环境条件变化的响应趋势类似，但它们之间仍表现出显著的差异。从吸附等温线的特征来看，CH_4 和 CO_2 的吸附曲线随压力增加呈现出明显的两阶段特性：在低压阶段，吸附容量迅速增加；当压力增加至约 10MPa 时，吸附达到平衡，随后在更高的压力下，等温线趋于平稳且对压力的变化不再敏感。这种行为可以归因于基质内有限的吸附体积及吸附位点饱和的结果。具体而言，CO_2 的吸附等温线在低压阶段的增幅显著高于 CH_4，其吸附容量增长的拐点也较早出现。这一现象反映出 CO_2 与干酪根基质之间更强的吸附亲和力，即 CO_2 优先占据基质内的高能量吸附位点。实验数据显示，在 313K 下，CO_2 的最大吸附量为 3.76mmol/g，而 CH_4 仅为 3.13mmol/g。CO_2 的这一吸附优势源于其较高的四极矩和较强的分子间相互作用，使其更容易被干酪根基质捕获。

此外，CO_2 和 CH_4 的吸附行为差异还与干酪根的孔隙特性密切相关。由于干酪根基质内孔径分布的不均匀性，不同粒径的气体分子在吸附过程中表现出不同的分布规律。CO_2 较小且具有较高的极性，因此在更小的孔隙中表现出更高的吸附能力。

相比之下，CH_4 的吸附更多依赖于孔隙的几何特性，其吸附能力相对较弱。因此，纳米多孔干酪根基质的吸附行为不仅受环境条件（如温度和压力）的显著影响，还与吸附分子本身的物理化学特性密切相关。

为了更全面地探讨吸附位点的特性，并深入分析分子间相互作用力差异对吸附行为的具体影响，采用了 Wisdom 插入法来模拟吸附表面的空间分布特征。该方法通过在吸附体系中插入不同的探针颗粒，生成了具有空间意义的三维吸附表面分布示意图（图 3.12 和图 3.13），从而能够有效地揭示吸附过程中分子在孔隙中的分布模式和动态变化。这一方法不仅为研究吸附行为提供了更加直观的可视化工具，也帮助更好地理解不同探针在基质中作用的机制。探针颗粒被建模为具有特定半径的单点球体，其半径的选择由范德瓦尔斯力的作用范围决定。这一范围是由颗粒类型、电子云结构以及分子间的相互作用所共同影响的。因此，在构建吸附表面分布时排除了吸附框架与吸附分子之间的重叠区域，确保生成的吸附表面更接近实际的分子分布特性，从而提高了模拟结果的准确性和可信度。通过这种方式，可以清晰地揭示在不同分子、不同探针作用下，吸附分子如何与基质发生相互作用，呈现出不同的吸附模式。

如图 3.12 所示（书后另见彩图），采用不同探针颗粒的等值面渲染图呈现了吸附表面在不同探针作用下的变化趋势。在这些图像中，氦气（以半透明紫色表示）作为理想的探针，通过其较小的分子尺寸有效地揭示了孔隙网络的潜在吸附体积及其连通性。氦气的轻质特性使其能够在多孔基质中均匀地扩散，因此，在等值面渲染图中，氦气的分布呈现出较为均匀且连续的模式，为主要扩散路径。红色和蓝色区域分别代表 CH_4 和 CO_2 的吸附表面，通过比较两者的吸附表面，可以发现甲烷和二氧化碳的吸附范围在某种程度上具有相似性，表明这两种气体之间确实存在一定的扩散路径共性。然而，随着探针分子的不同，特别是在氦气的等值面渲染图中，可以明显观察到，由于氦气、甲烷和二氧化碳在分子尺寸上的差异，基质中出现了显著的不连续非重叠区域。主要是由于氦气分子较小，其在多孔结构中的扩散路径较为连贯和均匀，而甲烷和二氧化碳的分子尺寸相对较大，因此在吸附框架中形成了明显的非重叠区域。这一现象表明，潜在吸附体积受到分子尺寸的限制，特别是在高压条件下，分子尺寸的差异使得不同气体在吸附过程中呈现出不同的容纳能力。因此，分子尺寸和相互作用力的差异成为影响甲烷和二氧化碳吸附容纳能力的关键因素，尤其是在高压条件下，这种差异更加显著。

为了进一步分析分子在吸附位点周围的分布规律，基于分子在吸附位点附近的运动行为，生成了三维粒子位置的概率分布图。这一方法能够更加精确地描述不同气体分子在吸附位点之间的分布规律，有助于更加深入地理解分子在孔隙结构中的空间分布及其动态变化。通过这种方法，可以揭示不同气体分子在不同环境条件下的吸附行为。图 3.13（书后另见彩图）展示了在 313K 和 30MPa 条件下的潜在吸附位点与颗粒位置的分布图。数据是基于模拟过程中单元内出现频率最高的颗粒位置通过归一化处理。图 3.13 中，红色等高线表示 CH_4 的密度分布，而蓝色等高线则代

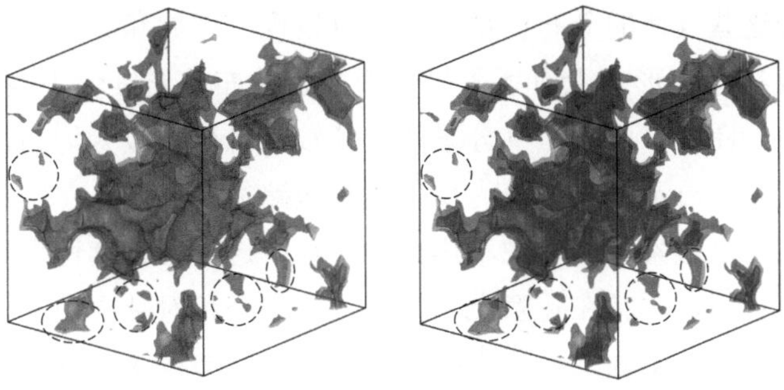

(a) CH_4 (b) CO_2

图 3.12 由 He（以紫色表示）和相应的吸附剂形成的吸附面对比

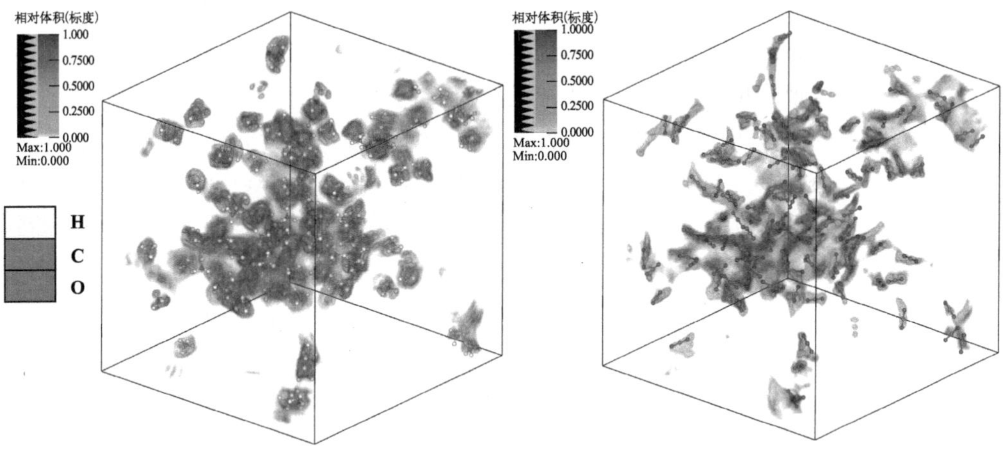

(a) CH_4 (b) CO_2

图 3.13 粒子快照提与三维密度分布重叠规律对比

表 CO_2 的密度分布。在图中的表示方式中，密度较高的区域通过较深的颜色进行呈现，而密度较低的区域则通过透明或浅色进行标识。这种色彩图的设计旨在清晰地揭示气体分子在孔隙结构中的分布特征，能够直观地反映出不同气体在吸附位点的聚集情况，以及它们在吸附过程中表现出的空间分布规律。通过对图 3.13 中的密度分布图进行分析，可以观察到，CH_4 和 CO_2 的分布趋势在整体上具有相似性，表明这两种气体分子在吸附过程中表现出某种程度的共性。然而，尽管它们在大体的分布趋势上有一定的相似性，二者的分布形态仍然存在显著差异。这一差异主要源于两种气体分子在几何形状和分子结构上的不同，以及它们与吸附位点之间的相互作用力差异。甲烷分子的几何结构较为对称，呈现球形，因此在吸附位点附近的分布呈现出球形分布模式；而二氧化碳分子由于其较大的分子尺寸和直线型结构，在吸附位点上的分布则呈现出棒状的分布形式。

进一步分析这些气体的分布特征时，可以发现，甲烷和二氧化碳在孔隙基质中的密度分布不仅在几何形态上有所差异，而且在分布的连续性上也存在显著不同。在氦气等值面渲染图中，由于氦气分子的尺寸较小且分布较为均匀，它的分布呈现出较为连续的状态，显示出一个较为均匀的扩散路径。然而，在甲烷和二氧化碳的密度分布图中，可以观察到明显的不连续性特征。这种不连续性表现为气体分子在吸附位点上的聚集不均，且在孔隙空间中形成了多个相对独立的聚集区域。吸附位点对甲烷和二氧化碳分子施加了较强的相互作用力，使得这些分子被捕捉并被固定在特定位置上，限制了它们在孔隙空间中的自由扩散。吸附位点的这种“束缚”作用使得分子在某些区域停留时间较长，从而导致其分布出现不连续的现象。其次，在高压条件下，干酪根基质的约束效应进一步加强了对气体分子的吸附作用。基质的物理约束不仅使分子在特定位置上的停留概率显著提高，还进一步抑制了其在孔隙网络中的扩散能力。尤其是在高压环境下，气体分子被更加紧密地束缚在孔隙结构内，导致其分布的局部聚集性增强，同时也抑制了其在较大空间范围内的自由运动。气体分子在吸附位点上的停留和聚集不仅受到分子本身的几何形态和电子云效应的影响，还受到基质结构和外部条件（如压力、温度等）共同作用的影响。在吸附过程中，气体分子在基质中的分布表现出的不连续性与分子尺寸、几何结构、吸附位点的相互作用力以及基质的物理约束效应密切相关。

通过等量吸附热能够定量刻画 CH_4 和 CO_2 在干酪根基质当中的物理化学行为本质特征。等量吸附热通常通过吸附焓来计算，它能够揭示吸附过程中热力学性质的变化。吸附焓反映了吸附质与吸附剂之间的相互作用以及吸附质与吸附质之间的相互作用，它综合了多种相互作用力对吸附过程的影响。然而，吸附焓作为一个综合性的热力学量，它实际上包含了多重相互作用的贡献。单纯的吸附焓值可能无法准确反映吸附过程中所有的热力学变化，尤其是在高压条件下，气体吸附的体积受到限制时，这一问题更加突出。在高压下，吸附过程通常会受到孔隙体积的限制，尤其是对于甲烷和二氧化碳这类具有较大分子尺寸的气体分子。此时，吸附质 - 吸附质之间的相互作用力变得更加显著。例如，气体分子之间的范德瓦尔斯力和气体分子间的排斥效应可能导致气体在基质中的密集聚集，从而影响吸附焓的变化。由于吸附质 - 吸附质间的相互作用常常在高压条件下变得非常显著，这使得综合吸附焓不能完全准确地描述吸附过程中的热力学变化。因此，直接使用吸附焓来表征吸附过程可能并不足以揭示所有的热力学信息，尤其是在气体分子间相互作用力对吸附过程影响较大的情况下。通过劈分相互作用的贡献并单独评估吸附质 - 吸附剂的吸附焓对于更好地理解吸附机制至关重要。

$$Q_{st} = -\Delta H = RT + \langle U_g \rangle - \left(\frac{\delta U}{\delta \langle N \rangle} \right)_{V,T} \tag{3.63}$$

式中　Q_{st}——过剩吸附量；

ΔH——吸附焓变化，kcal/mol；

$\langle U_g \rangle$——吸附质分子的平均相互作用能，kcal/mol；

$\left(\dfrac{\delta U}{\delta \langle N \rangle}\right)_{V,T}$——恒定温度和体积下相互作用能对吸附质分子的平均数目的导数，kcal/mol。

如图 3.14 所示，吸附过程通常是放热的，这意味着在吸附过程中，吸附质与吸附剂之间的相互作用会释放出热量。因此，吸附焓值的大小直接反映了吸附质和吸附剂之间相互作用的强度。负的吸附焓值通常表明吸附质与吸附剂之间存在较强的相互作用，这种强相互作用能够释放出较多的能量，反映出吸附质和吸附剂之间较高的亲和力。而较小的负值则表明吸附质与吸附剂之间的相互作用较弱，相应的吸附强度较低，释放的能量也较少。在本研究中，CH_4 和 CO_2 的吸附焓值范围分别为 −6 ～ −7kcal/mol 和 −8 ～ −9kcal/mol，这表明 CO_2 的吸附能力要强于甲烷，因此其吸附能力较强，吸附过程释放的热量也更多。

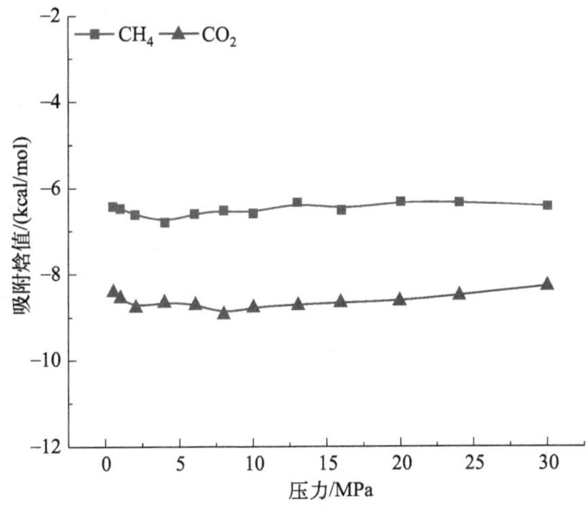

图 3.14　313K 温度条件下 CH_4、CO_2 的等量吸附焓值

吸附焓随压力变化的行为揭示了吸附过程中的重要热力学特征。在一定的压力范围内，甲烷和二氧化碳的吸附焓值变化较小，这种现象可以归因于吸附剂表面的非均质性。干酪根基质表面存在不同能量的吸附位点，这些位点的能量分布不均匀，导致吸附质在吸附过程中的占位行为具有一定的差异性。在吸附的初始阶段，吸附质往往优先占据那些能量较高的吸附位点。这些高能量的位点提供更多的结合能，从而增强了吸附质与吸附剂之间的相互作用，导致较强的吸附效应以及较大的热量释放，因此吸附焓值在初期阶段出现较大的变化。随着吸附过程的进行，剩余的可用吸附位点逐渐转变为能量较低的位点。低能量位点的吸附强度较弱，吸附质在这些位点上的吸附热释放也较少，因此吸附焓值逐渐减小。这种现象表明，在吸

附的后期阶段，吸附质与吸附剂之间的相互作用趋于减弱，吸附过程变得更加平缓，释放的能量减少。

进一步分析可以发现，CO_2 的吸附焓变化的拐点发生得较早，这表明 CO_2 在吸附过程中优先占据能量较高的吸附位点。这一现象进一步证明了 CO_2 对干酪根基质的亲和力较强，因此它的吸附过程较甲烷而言具有更高的吸附能力。在相同的压力条件下，CO_2 较早占据高能量位点，并且吸附焓值的变化也较为显著。而甲烷的吸附过程则表现出较晚的拐点，这说明甲烷的吸附行为相对较为缓慢，且其与干酪根基质的亲和力较弱。

此外，图 3.15 展示了针对不同系统中能量变化的评估结果。在吸附过程中，吸附质与吸附质之间的相互作用力对整体能量变化起着至关重要的作用，因此需要对这些能量贡献进行劈分和分解，并特别关注吸附质与吸附剂之间的相互作用。图 3.15（a）中展示了吸附质 - 吸附剂的平均相互作用能量随着压力的增加显著增强的趋势。这一变化反映了外部压力所带来的影响增强，进而导致了吸附质与吸附剂之间相互作用的加强，从而促进了吸附过程的进行。随着压力的增大，CO_2 和 CH_4 的吸附焓也随之上升，这表明吸附过程在高压下表现出更为明显的热力学驱动作用。在所考察的压力范围内，CO_2 的吸附质 - 吸附剂相互作用能量显著高于 CH_4，具体数值范围分别为 CO_2（−870 ～ −982kcal/mol）和 CH_4（−460 ～ −633kcal/mol）。这一结果进一步验证了 CO_2 相较于 CH_4 具有更强的吸附能力，尤其是在高压条件下 CO_2 的吸附焓值及其相互作用强度均表现出更强的吸附特性。在低压条件下，CH_4 和 CO_2 的吸附过程表现出较大的能量波动，这一现象主要源于初始阶段高能吸附位点的饱和。

随着吸附的进行，吸附质逐渐过渡到能量较低的吸附位点，导致整体能量变化趋于稳定。这种现象反映了吸附剂表面非均质性的影响。高能吸附位点的饱和状态导致了能量的剧烈变化，而低能位点的吸附较为平稳，能量变化较小。为了更深入地理解能量变化的来源，图 3.15（b）展示了吸附过程中不同能量组成成分的贡献。研究表明，范德瓦尔斯力在吸附过程中占据主导地位，其相互作用强度与整体能量趋势一致。范德瓦尔斯力的作用不仅在低压条件下起到了关键作用，而且随着压力的增加，范德瓦尔斯力的贡献愈加显著，促进了吸附过程的进行。对于库仑相互作用力，结果显示，CO_2 的库仑相互作用强度显著高于 CH_4，具体相互作用强度为 CO_2（−46.5kcal/mol）＞ CH_4（−1.41kcal/mol）。这一差异主要源于 CO_2 与 CH_4 分子在电子分布特性上的显著不同。CO_2 作为具有较强极化率的极性分子，其四极矩（$1.367\times10^{-39}C\cdot m^2$）使其能够与干酪根基质产生较强的静电相互作用，因此 CO_2 的静电作用力明显强于 CH_4[23, 24]。而 CH_4 作为非极性分子具有对称的四面体结构，因此其静电相互作用几乎可以忽略不计。这种分子级别的差异进一步解释了 CO_2 在吸附过程中的优势，尤其是在高压条件下，CO_2 能够更强烈地与吸附剂发生静电相互作用，从而增强其吸附能力。

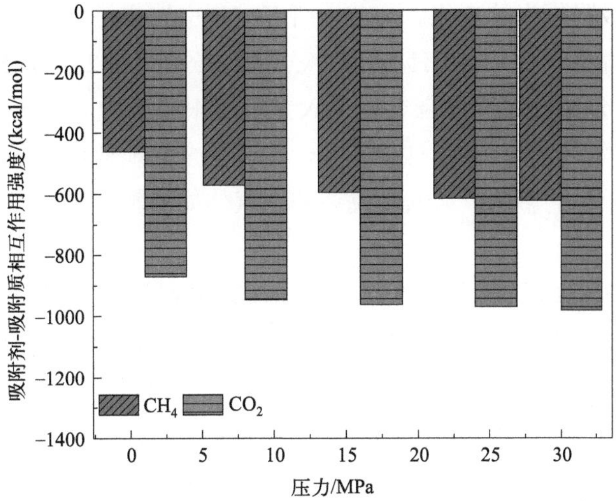

(a) CH_4、CO_2吸附剂-吸附剂间相互作用强度

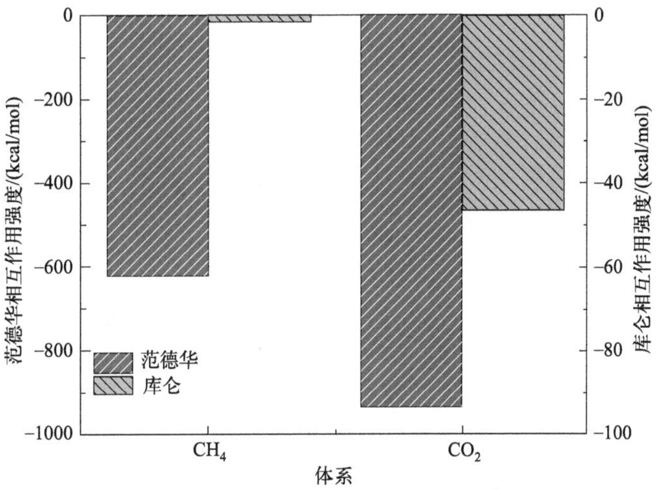

(b) 313K温度和30MPa压力下，范德华相互作用和库仑相互作用项对CH_4、CO_2体系能量的贡献

图 3.15 不同系统中能量变化评估结果

3.3.3 CH_4/CO_2 双组分竞争吸附特征

在阐明了干酪根基质中纯吸附质的吸附特性之后，本节进一步探讨了双组分混合气体体系中的共存行为，尤其是不同气体间相互作用对吸附过程的影响。在实际的页岩气藏中，通常会有多种气体同时存在，因此，理解不同气体在多组分环境中的行为至关重要。为了研究这一现象，本研究将 CO_2 作为注入吸附质引入到 CH_4 体系中，从而建立了一个双组分混合气体体系。在这样的多组分环境中，主要吸附质气体的空间结构可能会发生变化，尤其是当次要吸附质气体（如 CO_2）与主吸附质（如 CH_4）共同存在时，吸附位点可能会被具有较高亲和力的粒子所占据，导致吸附

位点的竞争现象和吸附行为的变化。为此，研究过程中选择了 3 种不同摩尔分数的 CO_2/CH_4 混合气体体系，CO_2 与 CH_4 的摩尔分数比分别为 0.25∶0.75、0.5∶0.5 和 0.75∶0.25。然后，分别将这些混合气体引入到干酪根孔隙中，剖析它们在不同压力和温度条件下的吸附行为。通过这种方式，能够更全面地评估不同气体之间的相互作用对整体吸附行为的影响，尤其是高亲和力气体如何影响低亲和力气体的吸附过程。

首先，本书系统评估了混合气体体系的总体吸附容量以及相应的体系能量变化。图 3.16（书后另见彩图）展示了不同摩尔分数的 CH_4/CO_2 混合气体的吸附容量和能量变化情况。图 3.16 中的红色、蓝色和绿色曲线分别代表了 CH_4 与 CO_2 的摩尔分数比为 0.75∶0.25、0.5∶0.5 和 0.25∶0.75 的体系；实线表示吸附气体的总吸附量，而虚线则反映了与吸附过程相关的总能量变化。通过这些曲线，可以清晰地观察到不同摩尔分数比的混合气体体系在吸附过程中表现出不同的能量变化和吸附行为。

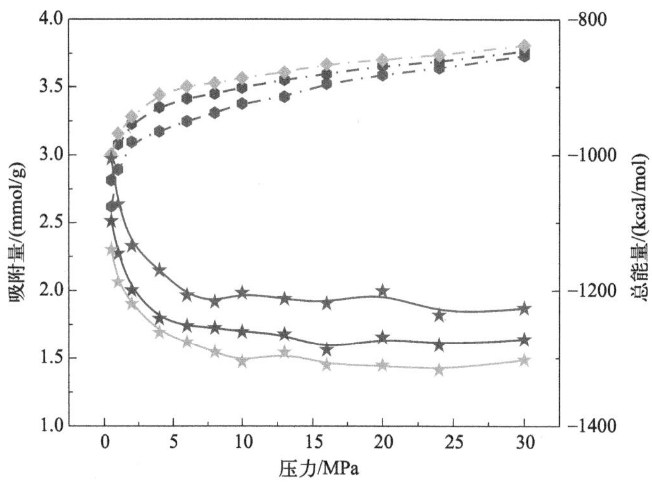

图 3.16 不同 CO_2/CH_4 混合比例下吸附总量及能量变化

图 3.16 展示了在不同 CO_2 摩尔分数条件下，双组分体系中吸附容量与能量变化之间的相互关系。随着压力的增加，体系的总吸附量持续增加，反映了在外部压力作用下，主体 - 客体相互作用的增强，进而促进了吸附过程的进行。特别地，在 CH_4/CO_2 双组分体系中，吸附容量与 CO_2 的摩尔分数呈正相关。这一现象表明，CO_2 与干酪根基质的相互作用较为强烈，且与吸附位点的亲和力较高，因而在混合气体体系中占据了主导地位。随着 CO_2 的比例增大，体系的总能量变化逐渐加剧，吸附能量显著增大，这进一步验证了 CO_2 对吸附过程的主导作用。从图 3.16 的等温线形态来看，随着 CO_2 摩尔分数的增加，吸附等温线的斜率逐渐变陡，表明在较低压力下，平衡态能够更快地达到；相反，当 CO_2 在混合气体中的比例较低时，吸附

等温线的斜率较为平缓，且拐点通常出现在较高压力下。这种行为说明，在低 CO_2 摩尔分数的体系中，吸附过程趋于缓慢，吸附位点的占用需要较高的压力才能实现平衡。而随着 CO_2 比例的增加，CO_2 分子迅速占据更多的吸附位点，加速了吸附过程，并使体系达到平衡的速度变快。

在不同摩尔分数的双组分体系中，CH_4 的吸附行为也表现出显著差异。当 CH_4 的摩尔分数较高（例如 0.75）时，CO_2 的吸附量在低于 5MPa 的压力下呈缓慢上升趋势。尽管 CO_2 具有较强的吸附能力，但其在混合气体中的相对比例较低，因此其吸附容量未能迅速提升。与此不同，当 CO_2 的摩尔分数逐渐增加时，CO_2 的吸附量显著增加，尤其在摩尔分数为 0.50 时，CO_2 的吸附量达到 3.13mmol/g，而在摩尔分数为 0.75 时，吸附量进一步增加至 3.42mmol/g，接近纯 CO_2 体系的吸附容量（3.76 mmol/g）。与此同时，CH_4 的吸附量则显著减少，降至 0.5mmol/g以下，表明 CO_2 逐渐替代 CH_4 占据吸附位点。

在图 3.17 中，进一步展示了双组分体系中每个组分的吸附等温线，提供了更为详细的视角，揭示了 CO_2 与 CH_4 在不同摩尔分数下的吸附行为。随着 CO_2 摩尔分数的变化，吸附行为表现出明显的变化趋势。特别地，当 CH_4 的摩尔分数较高时，CO_2 的吸附量相对较低，并且在较低的压力区域内吸附量的变化较为缓慢。这是因为在 CH_4 占主导地位的体系中，CO_2 的比例相对较低，尽管 CO_2 具有较强的吸附潜力，但由于其在体系中的摩尔分数较小，因此其吸附能力在低压下并未表现出显著的增加。然而，随着 CH_4 比例的降低，CO_2 的吸附量显著增加，这一现象表明 CO_2 在双组分体系中占据了越来越多的吸附位点。当 CO_2 摩尔分数增大时，CO_2 能够有效地替代 CH_4，逐渐占据原本由 CH_4 占据的吸附位点。这种现象反映了 CO_2 对干酪根基质的较高亲和力，且在吸附过程中，CO_2 具备较强的竞争性吸附特性，能够优先占据能量较高的吸附位点，尽管 CH_4 分子与基质的相互作用也较强，但 CO_2 的极性和电子云结构使其与基质的相互作用更加紧密，从而提升了其在体系中的吸附能力。

此外，CO_2 的吸附拐点随其摩尔分数的变化而发生明显的移动。在较低 CO_2 摩尔分数的情况下，CO_2 的吸附拐点通常出现在较低的压力区（如 5MPa）。这表明，在 CO_2 比例较低的体系中，吸附过程较为快速。然而，随着 CO_2 摩尔分数的增加，CO_2 的吸附拐点逐渐向较高的压力区移动，表明 CO_2 的吸附过程加速，平衡状态能够在较高压力下达到。这一现象反映了 CO_2 在体系中占据更多吸附位点后，吸附过程变得更加缓慢，所需的平衡压力显著增大，进一步延缓了 CO_2 在相对较高压力区间吸附过程。这种吸附行为的变化主要源于 CO_2 与基质之间的强相互作用力。在高 CO_2 摩尔分数的情况下，CO_2 通过其较高的亲和力，能够迅速占据更多的吸附位点，从而在较低的压力下达到吸附平衡。但是，较高的 CO_2 比例为其提供了充足的吸附供给，在短时间内快速占领高能吸附位后，由于吸附点位数量有限，其以相对较慢的速度在低能吸附位附近持续赋存，导致饱和压力点整体右移。

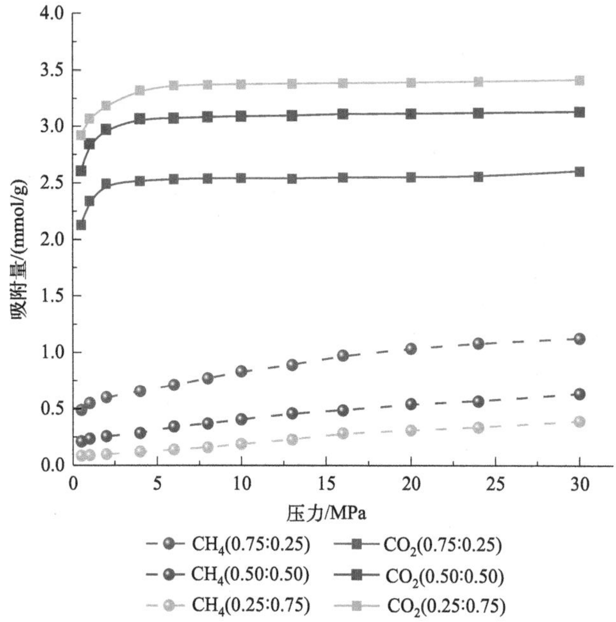

图 3.17　不同 CO_2/CH_4 混合比例下的吸附量

为了深入定量评估向纯 CH_4 体系中引入 CO_2 所形成的双组分体系的吸附容量变化，采用吸附选择性作为度量工具，与纯 CH_4 体系相比，选择性反映了 CO_2 对吸附位点的竞争性增强。在图 3.18 所示的 CO_2/CH_4 体系中，吸附选择性随着压力的增加而逐渐下降，这一趋势的产生可以归因于纳米孔隙中气体分子在体相和约束状态下的不同吸附行为。在较低压力条件下，CO_2 因其较高的亲和力和较小的分子尺寸，相较于 CH_4 能够更迅速地占据孔隙中的优先吸附位点，从而使得系统中的 CO_2 吸附量大幅增加，并导致整体选择性逐渐下降。与此同时，CH_4 的吸附量在初期阶段相对较低，且其吸附位点的占据速度较慢，因此选择性随着压力升高而不断减小。

选择性变化过程可以进一步划分为两个明显的阶段。在初始阶段，随着压力的增加，选择性系数表现出显著的下降趋势。这一现象主要是由于 CO_2 在低压条件下迅速占据了大量的吸附位点，导致系统中的 CO_2 浓度迅速增加，进而使得 CH_4 的吸附量较低，导致选择性快速下降。此时，CO_2 优先覆盖了高能吸附位点，从而使得 CH_4 无法与 CO_2 竞争，导致 CO_2 的吸附量远远高于 CH_4 的吸附量。然而，随着压力的进一步升高，系统逐渐进入第二阶段，此时 CO_2 的吸附速率趋于稳定，选择性系数趋于平缓，变化速率趋缓。这是因为，在较高的压力下，吸附位点大部分已经被 CO_2 占据，CH_4 开始逐渐占据剩余的低能吸附位点，虽然其吸附量有所增加，但由于可用吸附位点有限，选择性的下降变得更加温和。

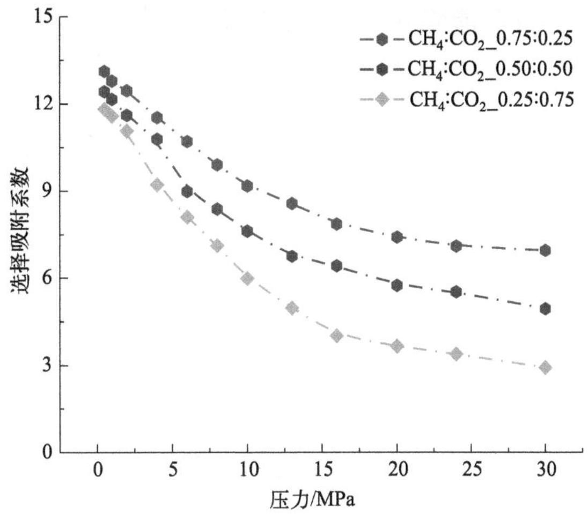

图 3.18 不同 CO_2/CH_4 混合比例下选择吸附系数变化

随着 CH_4 摩尔分数的变化，吸附选择性的变化趋势也发生了显著的变化。当 CH_4 的摩尔比降低时，选择性下降的速率会转移到更高的压力区域，表现为曲线的右移，表明在低 CH_4 摩尔分数的条件下，CO_2 的吸附位点已经占据了更多的空间，导致 CH_4 分子需要更高的压力才能进入并占据剩余的吸附位点。当 CH_4 的摩尔分数从 0.75 降低至 0.25 时，吸附选择性下降的压力区间从约 10MPa 延伸至约 15MPa，反映了随着 CO_2 比例的增加，体系中 CO_2 占据了更多的吸附位点，从而降低了 CH_4 的吸附速率，选择性下降的幅度也变得更加缓慢。这一趋势表明，在低 CH_4 摩尔分数的情况下，CO_2 通过占据大部分吸附位点，主导了整个吸附过程，进一步加剧了 CO_2 的竞争吸附作用，从而导致了 CH_4 的吸附量减少并延缓了选择性的下降。在较低 CH_4 比率下，选择性系数的下降不再呈现平缓趋势，反而表现为更加急剧地下降。此时，大部分高能吸附位点已经被 CO_2 占据，导致 CH_4 的吸附量进一步减少，而 CO_2 继续占据低能吸附位点。由于 CH_4 分子所能占据的吸附位点数量有限，其吸附量的增加幅度明显受限，进一步加剧了选择性下降的速率。在这一阶段，CO_2 的高摩尔分数使得其在体系中占据主导地位，显著增强了 CO_2 对吸附位点的占据作用，并减缓了系统内 CH_4 的吸附速率。

图 3.19（书后另见彩图）展示了在不同摩尔分数下，三维密度分布图与粒子快照的对比。其涵盖了 CH_4 的比例从 1.0 逐渐降低至 0.0 研究中所探讨的各个摩尔分数范围。图 3.19（a）～（e）显示了 CH_4 在不同摩尔分数下的赋存特征，而图 3.19（f）～（j）则着重展示了 CO_2 的赋存特征。从这些图示中可以清晰地看出，当系统中引入少量 CO_2 时，CH_4 的赋存量显著减少。这一现象可以通过 CH_4 的密度分布图的减弱和粒子数量的减少得到直观体现，而 CO_2 的密度分布则逐渐显示出主导的吸附行为。特别是随着 CO_2 的摩尔分数增加，CO_2 在基质中的占据量逐渐上升，表明 CO_2 对干酪

根基质的亲和力更强，并且能够更有效地占据吸附位点。

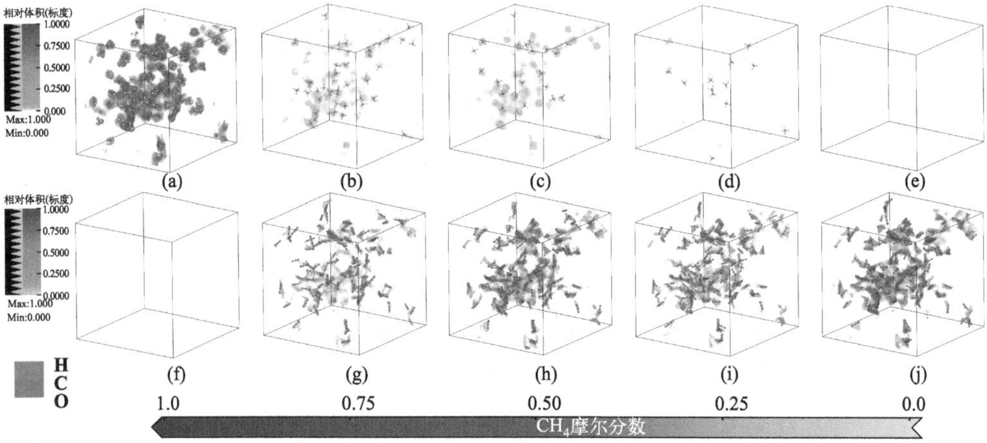

图 3.19 不同 CO_2/CH_4 混合比例下流体三维空间展布

进一步分析 CH_4 的吸附位点分布可以发现，CH_4 主要倾向于附着在低能量位点上，这些位点通常为较平坦的结构域，可能与基质中某些较为稳定的部位相关。相比之下，CO_2 则倾向于占据高能量位点，尤其是与基质中氧原子和硫原子相关的位点。这种差异反映了吸附质与干酪根基质之间的异质性相互作用，即不同的分子具有不同的吸附偏好，进而影响其在基质中的分布状态。CO_2 由于其较强的极性和较高的分子间相互作用力，能够更容易地占据基质中的高能量位点，而 CH_4 由于其非极性特性，通常更容易在低能量位点上吸附。

该现象进一步表明，CO_2 不仅能够通过竞争性吸附取代 CH_4，占据原本由 CH_4 占据的吸附位点，还可能通过增强与干酪根基质中某些活性位点的相互作用，促进更高效的吸附过程。因此，随着 CO_2 比例的增加，CH_4 的吸附能力逐渐减弱，而 CO_2 的吸附能力则相应增强。

在研究双组分体系的吸附行为时，除了吸附量和吸附位点的分布外，热力学参数的变化也为理解吸附质共存时赋存行为的变化提供了关键依据。为了深入分析这些变化，图 3.20 展示了双组分体系的等量热随摩尔分数变化的趋势。等量热反映了吸附质与吸附剂之间的热力学相互作用，并可以揭示吸附过程中的能量转移和变化规律。在这一过程中，随着 CH_4 摩尔分数的降低，CO_2 的等量热逐渐成为总热量变化的主导因素。当 CH_4 的摩尔分数降至 0.75 时，CO_2 开始占据基质中的高能量吸附位点，这些位点通常与活性原子（如氧、硫等）紧密结合，因此，CO_2 与这些位点的相互作用较为强烈，导致热变化逐步增大。此时，CO_2 的吸附行为占据主导地位，并逐渐支配了整个体系的吸附行为。然而，当 CH_4 的摩尔分数进一步降低时，CO_2 的等量热出现了轻微的下降。这一下降现象可能源于 CO_2 之间的自相互作用。在高

浓度 CO_2 的情况下，CO_2 之间的范德瓦尔斯力和库仑相互作用会逐渐增强，分子间的排斥力增加，这种增强的自相互作用可能抑制 CO_2 与干酪根基质的结合能力，吸附质之间的竞争性相互作用使得 CO_2 无法充分占据基质中的所有高能吸附位点，从而导致等量热的减少。

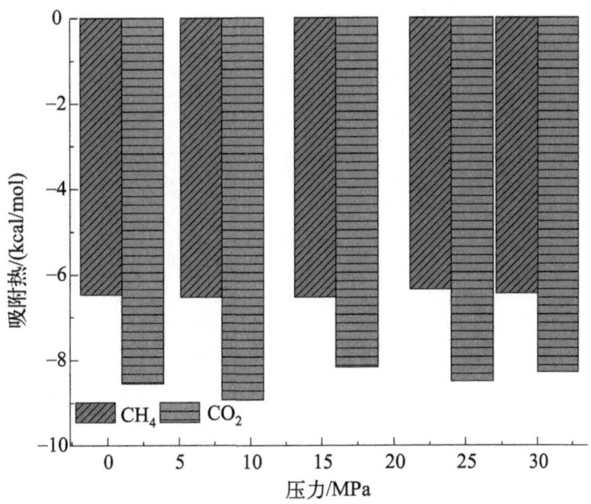

图 3.20　不同 CO_2/CH_4 混合比例下的吸附热变化

吸附热等特征参数的变化，揭示了吸附质之间的相互作用对于多组分吸附体系中热力学性质的影响。在低摩尔分数时，CO_2 能够占据更多的吸附位点，导致吸附热增大；而在高摩尔分数时，CO_2 之间的相互作用增强，从而影响了其对基质的吸附强度。这一变化在一定程度上影响了体系中吸附行为的非线性特征，进一步表明了吸附质之间相互作用的复杂性。

图 3.21（书后另见彩图）展示了在不同吸附质摩尔分数下，吸附质与吸附剂之间相互作用能量的分布情况。图中的 x 轴表示吸附质 - 吸附剂相互作用能量，y 轴表示吸附质的摩尔分数，z 轴则表示不同相互作用能的概率分布。通过观察图中的峰值高度，可以清晰地了解到特定相互作用能量的出现概率，较高的峰值意味着该相互作用能出现的可能性较大。

在 CH_4/CO_2 双组分体系中，随着 CH_4 摩尔分数的逐步降低，整体相互作用能分布发生了明显变化。对于纯 CH_4 而言，其与吸附剂的相互作用能较弱，表现为一个单一的峰值，且该峰值主要集中在约 −600kcal/mol。这一结果表明，CH_4 占据的吸附位点大多为低能量位点，表明其在干酪根基质中的赋存状态相对较为“自由”。与此相反，纯 CO_2 的相互作用能量显著较强，其峰值位置集中在约 −950kcal/mol，位于图中的最左侧，表明 CO_2 与基质的相互作用能更为显著。CO_2 由于其较强的极性和较大的分子尺寸，能够与基质中的活性位点，如氧和硫原子形成强烈的静电和范德华相互作用，因此其吸附强度相较于 CH_4 更高。这种强烈的相互作用使得 CO_2 能够在多组分体系中更好地占据高能量吸附位点，并主导吸附过程。

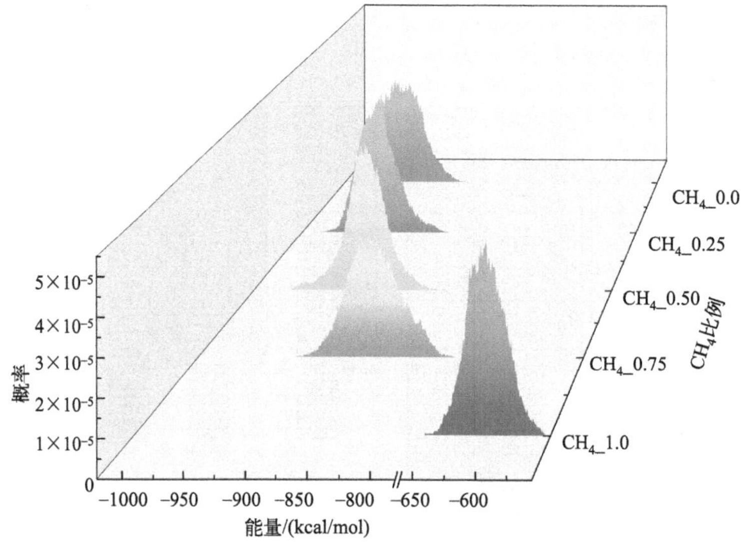

图 3.21 不同 CO_2/CH_4 混合比例下能量的分布概率

随着 CH_4 摩尔分数的降低，尽管吸附质 - 吸附质之间的相互作用（图 3.21）会导致 CO_2 的等量热有所下降，但总体吸附质 - 吸附剂之间的相互作用却表现出增强的趋势。随着 CH_4 比例的减小，能量分布的峰值位置逐渐向左移动，表示 CO_2 与基质的相互作用逐步加强。与此同时，峰值的高度也逐渐降低，这意味着相互作用的可能性有所增加，但能量需求却有所降低。由此可以推测，尽管 CO_2 的自相互作用在高摩尔分数时有所增强，但总体上其与吸附剂的相互作用依然在主导吸附过程。

3.4 单纳米孔道 CH_4/CO_2 竞争吸附机理

3.4.1 简化纳米孔道模型构建

相较于微孔纳米空间中气体分子主要以吸附态赋存于孔隙壁面，多种原子的多重吸附叠加作用对于吸附态影响显著，介孔纳米空间是页岩气主要的渗流通道，其除了壁面附近的吸附态外，游离气仍占据着不可忽略的一部分。对于介孔空间中气体吸附，元素的非均质性影响程度相对减弱。因此在介孔模型构建过程中，本节采用理想石墨结构代替有机质壁面，通过相对均质的壁面结构，能够更加深入、直观地剖析 CO_2 竞争吸附及 CH_4 剥离壁面的演化过程。

值得注意的是，石墨烯在周期性边界条件的模型中，上下壁与边界之间各设置 2nm 的真空层，以消除相邻周期区域中 CO_2 的库伦长程力对本区域的影响。X 轴和 Y 轴上的盒尺寸均设置为 5nm，孔宽度 H 为 7nm。竞争吸附模型如图 3.22 所示（书后另见彩图），选择 3 种不同体相摩尔比例的混合物（CO_2∶CH_4= 0.25∶0.75、0.5∶0.5、0.75∶0.25）在多种温度、压力条件下进行研究（本章中的摩尔比例均为体相摩尔比例）。

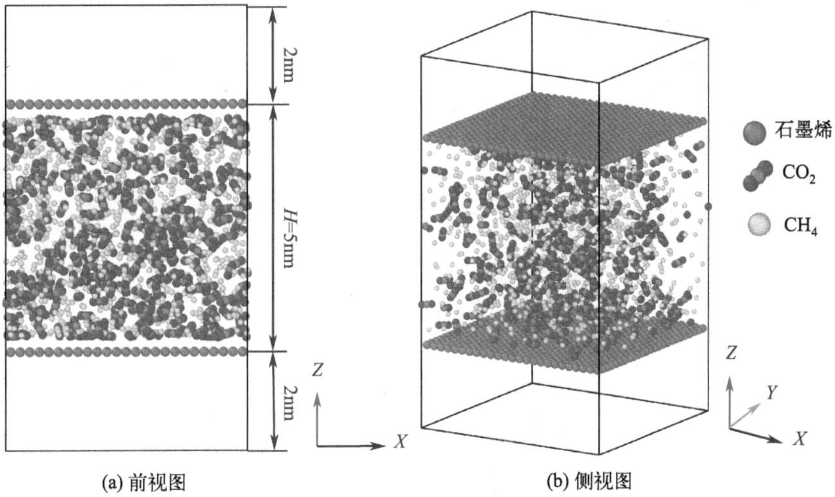

图 3.22　竞争吸附孔隙模型示意图

3.4.2　CH_4、CO_2 单组分吸附特征

3.4.2.1　压力对吸附行为的影响

本节研究了压力对页岩气吸附行为的影响，温度始终控制在 333K，压力设置为 5MPa、10MPa、15MPa、20MPa、25MPa、30MPa、45MPa 和 60MPa。

图 3.23 为不同压力条件下的吸附图（书后另见彩图），从图 3.23 中可以观察到，CH_4 优先沿着壁面开始吸附，随着压力的升高孔隙中的 CH_4 迅速增加。高压下的吸附行为难以用肉眼捕捉，因此，本节绘制了吸附曲线进一步分析压力对 CH_4 的吸附影响。

由图 3.24（书后另见彩图）可以看到，随着压力的升高，吸附曲线峰值不断增大，当压力＞ 5MPa 时，出现第二层吸附峰，且当压力＞ 30MPa 时出现第三层吸附峰。这是因为较多的分子在吸附到狭缝壁面时，形成了一个致密的第一层吸附层，通常称为“类固体层”，这和齐超[25]等的研究一致。“类固体层”是指当分子吸附到狭缝壁面时形成的密度较大、近似为固体的第一层吸附层。这一层的吸附能力弱于壁面的吸附能力，但也足够对体相中的分子产生进一步的吸附作用，导致第二层

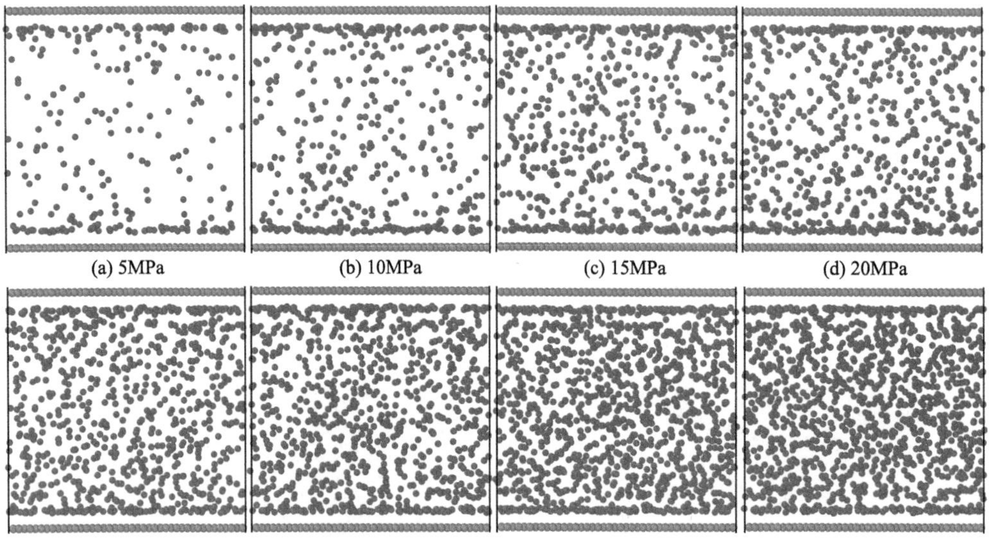

图 3.23 不同压力下的 CH_4 吸附图

吸附层的形成。随着温度、压力以及分子摩尔比例的增加，可能会形成多层吸附层。然而，随着距离的增加，“类固体层”对分子的吸附能力会逐渐减弱，因此第二层、第三层吸附层的峰值都会低于第一层吸附层的峰值。如表 3.3 所列，随着压力的升高，第二吸附层峰值升高，低压时（≤ 25MPa）第一吸附层峰值约为第二吸附层的 5 倍，高压时（> 25MPa）第一吸附层峰值约为第二吸附层的 3 倍。

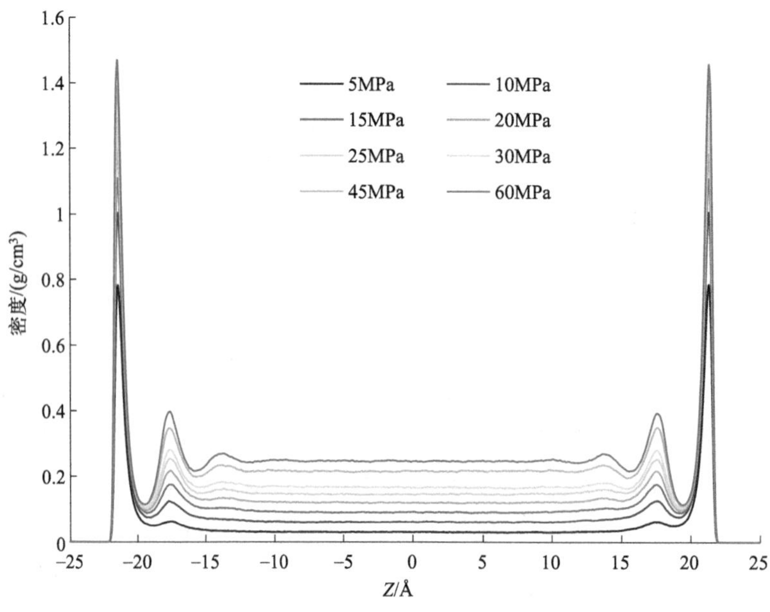

图 3.24 不同压力条件下孔隙中的 CH_4 密度分布曲线（T=333K）

表 3.3　不同压力条件下的吸附层参数

压力 /MPa	5	10	15	20	25	30	45	60
自由气密度 /(g/cm³)	0.030	0.060	0.090	0.119	0.153	0.175	0.223	0.258
第一吸附层密度峰值 /(g/cm³)	0.327	0.510	0.638	0.717	0.786	0.825	0.946	1.037
第二吸附层密度峰值 /(g/cm³)	—	0.089	0.132	0.172	0.198	0.228	0.292	0.341

3.4.2.2　温度对吸附行为的影响

温度不仅会影响分子的热运动，还会影响气体与气体分子之间以及气体与固体分子之间的非键相互作用。本节研究了温度对吸附行为的影响，温度设置为 333K、353K 和 373K，压力设置为 5 ～ 60MPa，共计 21 组模拟。20MPa 不同温度下的 CH_4 吸附模拟图如图 3.25 所示（书后另见彩图）。

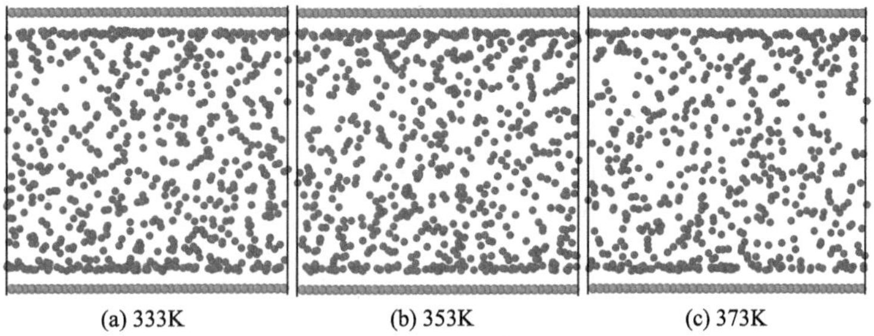

图 3.25　20MPa 不同温度下的 CH_4 吸附模拟图

由图 3.25 可以明显地观察到，随着温度的升高，孔隙中的 CH_4 分子迅速减少，分子在壁面上的聚集情况也有所减弱。随后，利用不同温度下的吸附曲线和等温吸附曲线图定量分析温度对吸附行为的影响。由图 3.26 和图 3.27 可以看出，随着温度的升高，CH_4 的吸附量减小，过剩吸附曲线随温度的升高逐渐减小到负值，CH_4 的体相密度和吸附峰值均减小。由于温度升高使得分子的热运动加剧，导致分子的运动速度加快，分子的热动能增加，分子从壁面上解吸出来扩散到体相区域。换句话说，温度升高，孔隙内的 CH_4 吸附到固体表面的能力减弱，分子更容易从固体表面释放出来，促进了 CH_4 的解吸。此外，随温度的升高，过剩吸附曲线在较小的压力下达到负值。

3.4.3　CH_4/CO_2 双组分竞争吸附特征

本节模拟了 CH_4 和 CO_2 在不同温度（333K、353K、373K）、压力（0 ～ 90 MPa）、体相组分（0.25∶0.75、0.5∶0.5、0.75∶0.25）条件下的密度分布情况，以此来描述混合物在狭缝中的竞争吸附状态，共计 81 组模拟。

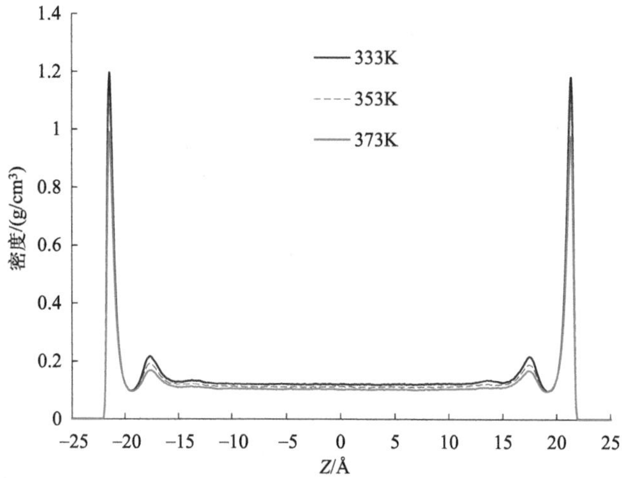

图 3.26　不同温度下的 CH_4 吸附曲线

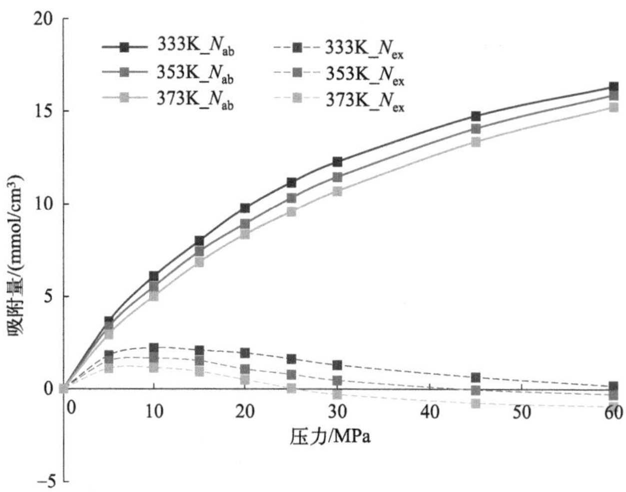

图 3.27　不同温度下的等温吸附曲线

为了研究 CO_2 和 CH_4 之间的竞争吸附机制，本节分别计算了 CH_4 和 CO_2 组分在垂直于石墨烯纳米狭缝方向上的质量密度分布曲线，如图 3.28～图 3.30 所示（书后另见彩图）。

在本研究中，从相同条件下不同温度的 CH_4 和 CO_2 的吸附曲线可以观察到，随着温度的升高，CH_4 和 CO_2 的吸附峰值均降低，CH_4 峰值的降低幅度强于 CO_2，这表明温度对 CH_4 吸附行为的影响强于 CO_2。温度越高分子的热运动越强烈，吸附在壁面上的分子解吸扩散到孔道中。由于 CO_2 的吸附能力强于 CH_4，即使温度升高，CO_2 的吸附能力始终强于 CH_4，因此，温度升高促进了 CH_4 的解吸附，CO_2 对温度的变化并不敏感。

在相同模拟条件下，本研究中 CO_2 的峰值为 CH_4 峰值的 2 ～ 3 倍。当压力较小时（≤ 5MPa），CH_4 和 CO_2 有且仅有一个吸附峰，随着压力的升高，CH_4 和 CO_2 均出现第二个吸附层，但第二吸附层峰值明显低于第一吸附层峰值。相同条件下，CO_2 的吸附层峰值高于 CH_4 的吸附层峰值。

这些现象充分说明狭缝中的 CO_2 的吸附能力比 CH_4 更强。此外，这也证明了向页岩孔中加入 CO_2 可以置换出吸附在有机孔上的 CH_4，从而提高采收率。

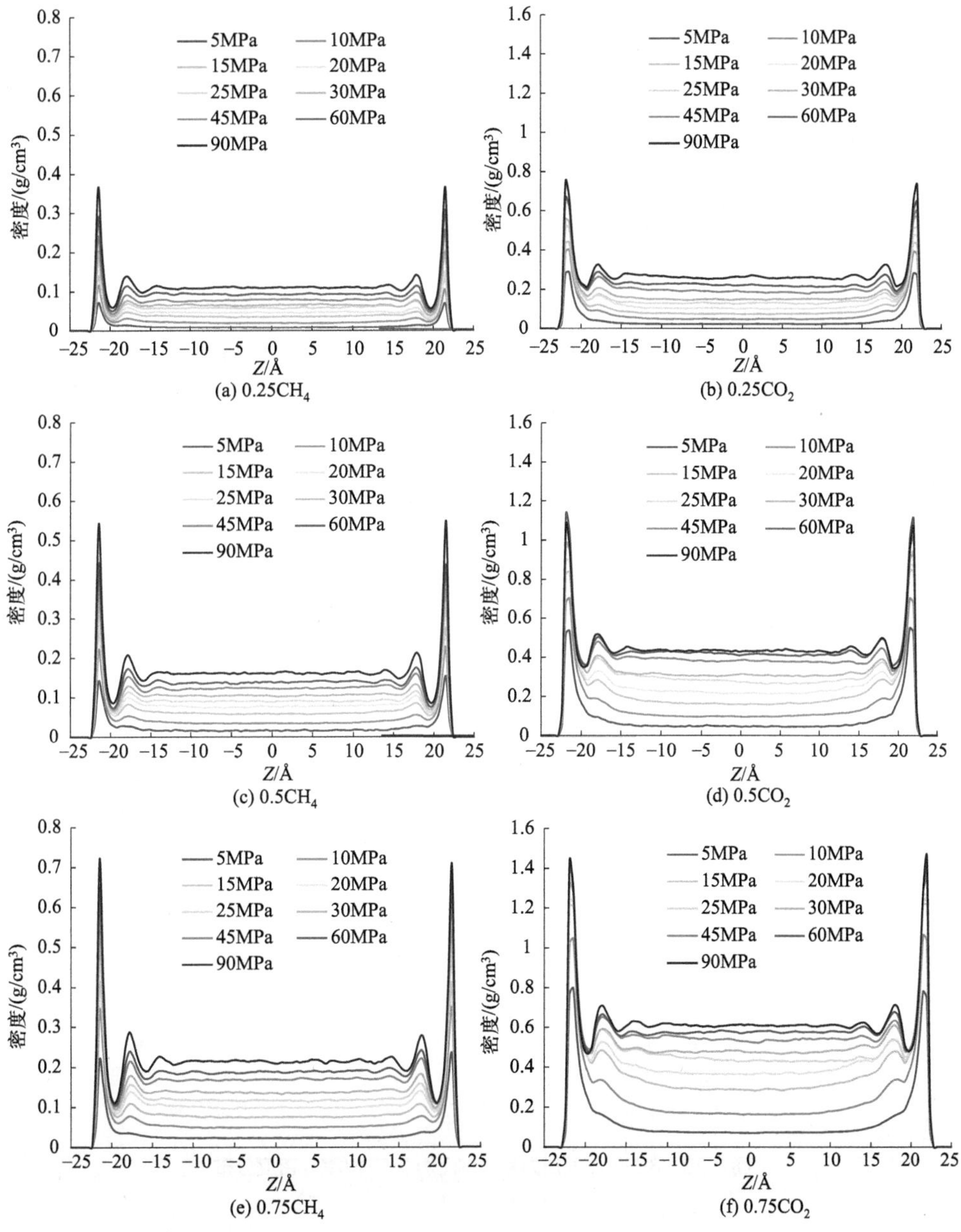

图 3.28　333K 不同压力和摩尔比例下 CH_4/CO_2 密度分布

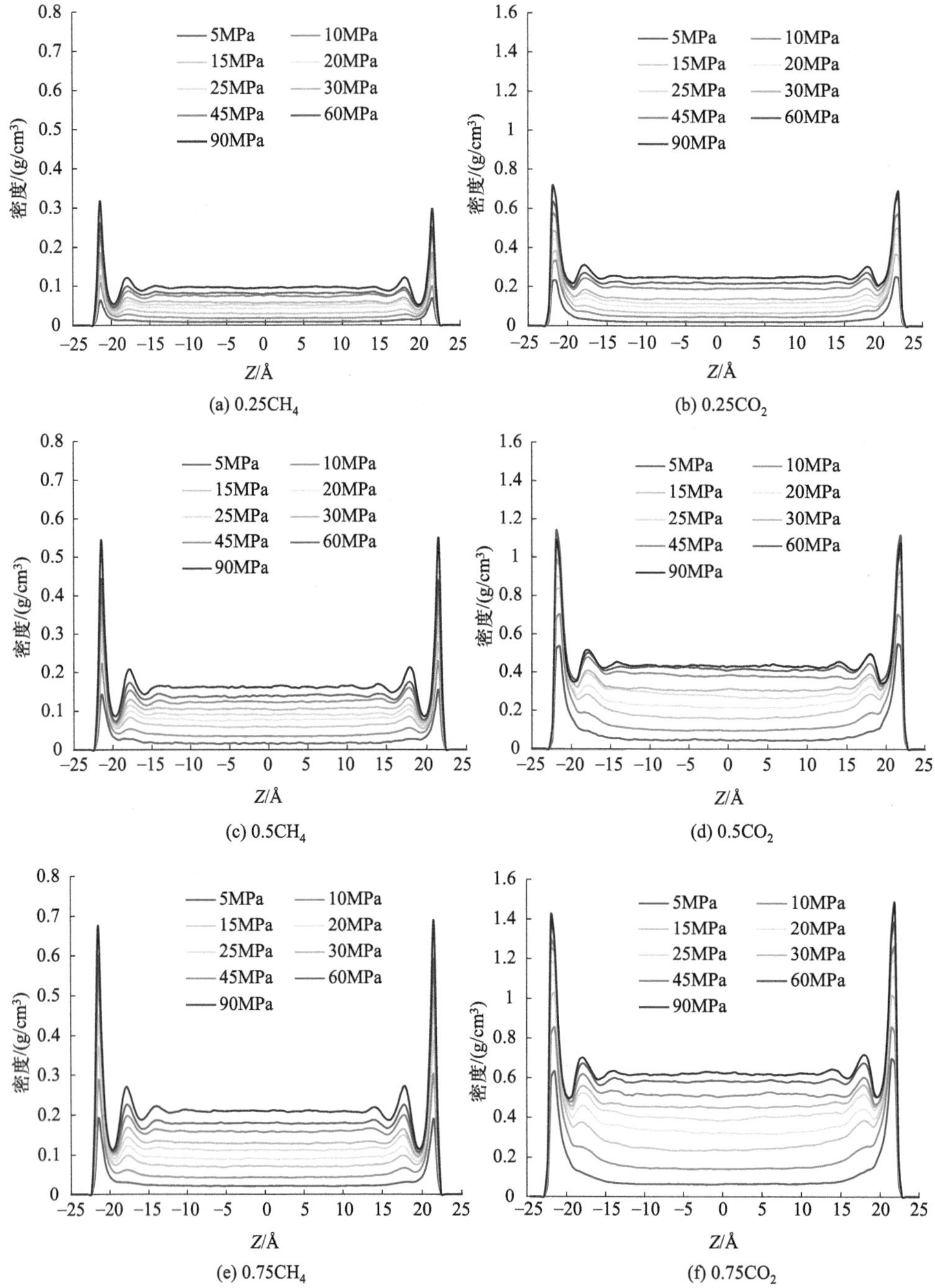

图 3.29 353K 不同压力和摩尔比例下 CH_4/CO_2 密度分布

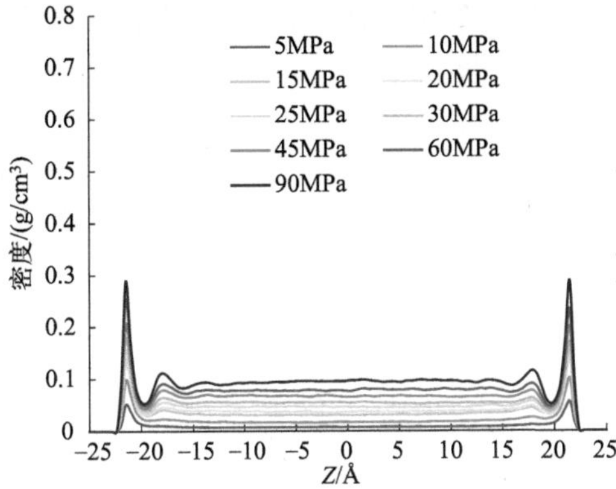

(a) $0.25CH_4$

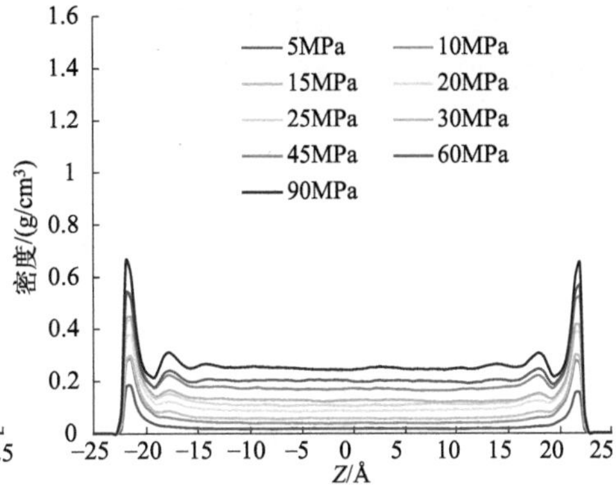

(b) $0.25CO_2$

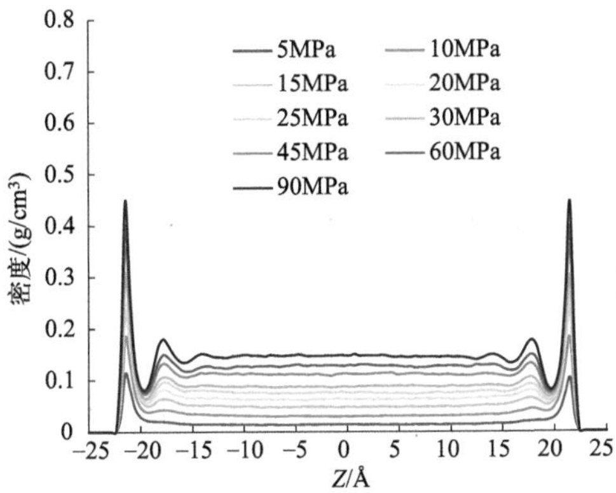

(c) $0.5CH_4$

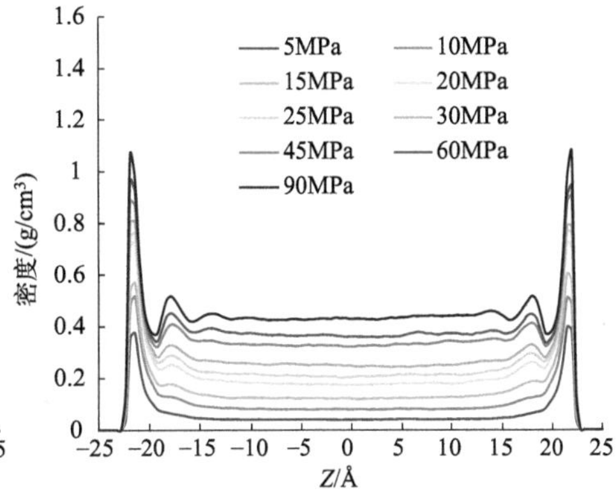

(d) $0.5CO_2$

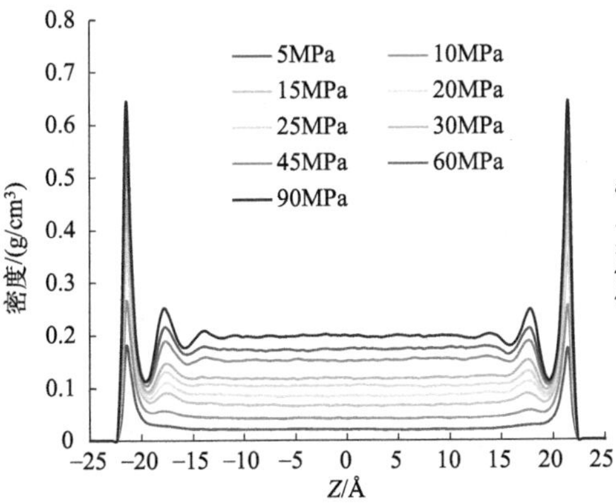

(e) $0.75CH_4$

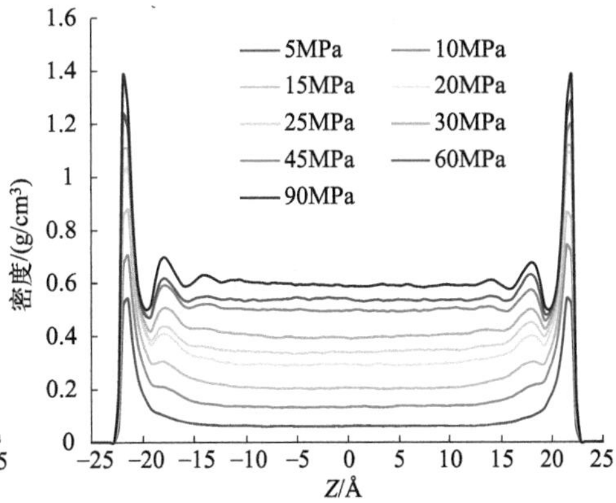

(f) $0.75CO_2$

图 3.30 373K 不同压力和摩尔比例下 CH_4/CO_2 密度分布

在纳米孔中，CH_4 和 CO_2 与孔隙表面的相互作用强度存在差异，因此会发生竞争吸附现象。在前一小节已经描述了竞争吸附过程中分子的密度分布情况。为了更好地理解竞争吸附机理，并定量描述选择性吸附强度，本小节计算了 CH_4/CO_2 的选择系数和 CO_2/CH_4 的扩散系数。

通过图 3.28 ～图 3.30 的密度分布可以获得吸附层的厚度，进而求出选择性系数，计算结果如图 3.31 所示。

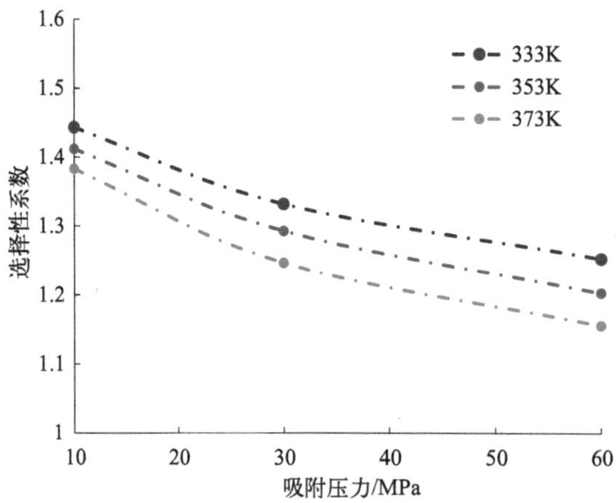

图 3.31　在不同压力和温度下 CO_2 相对于 CH_4 的选择性系数

图 3.31 显示了在不同温度、体相 CH_4∶CO_2 摩尔比为 0.5∶0.5 的吸附选择性。其中 CO_2 相对于 CH_4 的吸附选择性和 Zhang 等 [26] 的研究结果一致，即在给定条件下总是大于 1，充分说明 CO_2 优先于 CH_4 吸附在石墨烯表面。选择性系数会受到温度和压力的影响，但是温度对选择性系数的影响不显著，温度每升高 20K，选择性系数平均降低 3%。压力对选择性系数的影响更为明显，压力较低时选择性系数在 1.4 附近，而高压时选择性系数在 1.2 附近，即随着压力的增大，CH_4 的吸附能力也有所提升，选择系数不断降低，这和 Song 等 [27] 的研究结果相同。这是由于孔壁上的吸附点位被 CO_2 优先占据，随着压力的增加，CO_2 的吸附量更快趋于饱和。

图 3.32 ～图 3.34 显示了不同体相摩尔比例的 CH_4 和 CO_2 混合物在不同压力和温度下的吸附等温线。从图中可以看出，随着压力的升高，CH_4 和 CO_2 的吸附量均随着压力的增大而增大，这与纯 CH_4 或纯 CO_2 流体的规律一致，这表明单层吸附理论也适用于页岩基质中的二元气体吸附。混合气体在页岩上的吸附量受气体体相摩尔比例的影响，在本研究中，虽然随着体相摩尔比例的增加，CH_4 和 CO_2 的吸附量都会随着压力的升高而增大，但 CO_2 随摩尔比例升高所增加的吸附量为 CH_4 随摩尔比例升高所增加的吸附量的 1.3 ～ 1.6 倍，这表明摩尔比例对 CO_2 吸附行为的影响大于对 CH_4 吸附行为的影响。

在压力较小时，相同条件下混合气体中 CO_2 比 CH_4 更陡的曲线表明，CH_4 的吸收量随压力的变化较小，这与 Luo 等 [28] 的发现一致。从图中可以发现，在压力＜30MPa 时，较小的 CO_2 摩尔比例抑制了 CO_2 的吸附能力，一旦 CO_2 的摩尔比例增加，

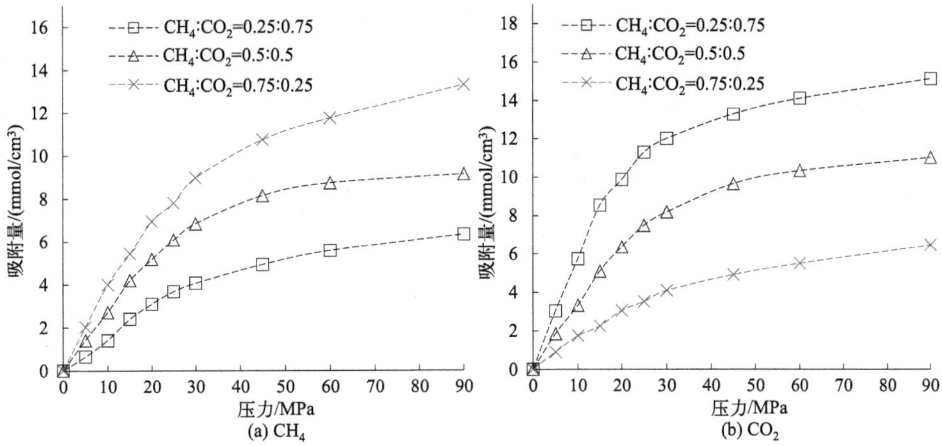

图 3.32　333K 条件下不同比例 CH_4/CO_2 混合物的吸附等温线

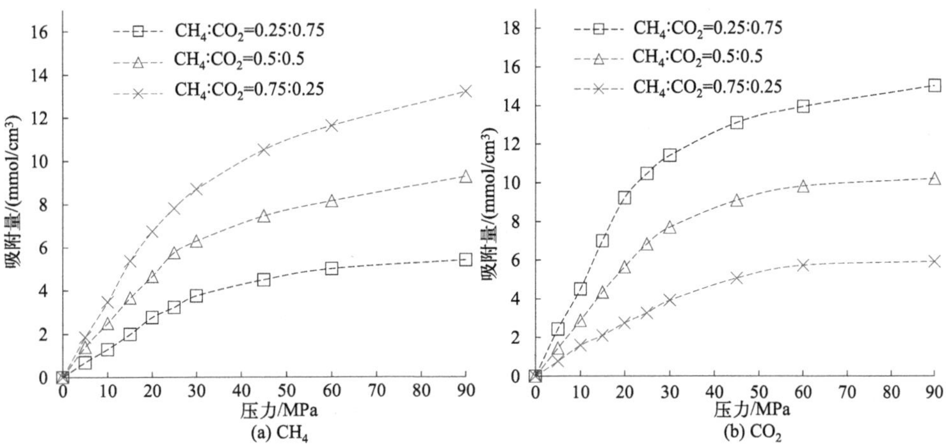

图 3.33　353K 条件下不同比例 CH_4/CO_2 混合物的吸附等温线

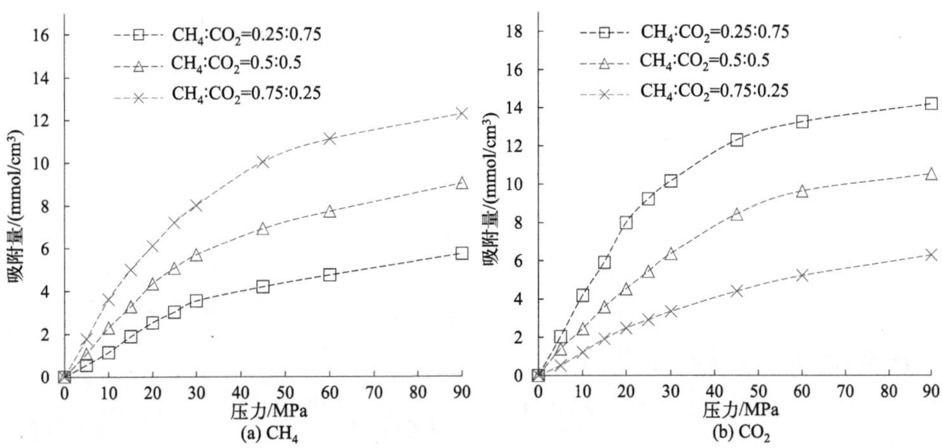

图 3.34　373K 条件下不同比例 CH_4/CO_2 混合物的吸附等温线

其吸附能力迅速增强。本研究中，30 MPa 下，CO_2 摩尔比例为 0.75 时的吸附量约为 0.25 时的 3 倍。而 30 MPa 下，CH_4 摩尔比例为 0.75 时的吸附量约为 0.25 时的 2.2 倍。此外，由图 3.35 可以看出，CH_4/CO_2 混合气体的总吸收量随着 CO_2 摩尔比例的增加而增加。可以得出，增加 CH_4/CO_2 混合气体中 CO_2 的摩尔分数不仅提高了总吸附量，而且加速了吸附量随压力变化。这是由于在初始阶段，页岩上大量未被占据的吸附位点会导致 CO_2 吸收随压力急剧变化。这些现象也表明，竞争吸附过程中起主导作用的是 CO_2，注入的 CO_2 有可能取代吸附位点的原始 CH_4。

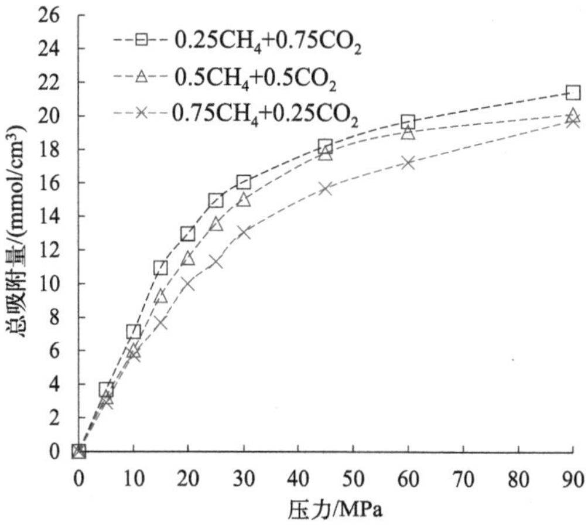

图 3.35 不同比例 CH_4/CO_2 总吸附量随压力变化曲线（T=333K）

如图 3.36 所示，温度的升高会降低混合物的总吸附量，这和纯 CH_4 的研究规律一致，这一变化并不明显，在本研究中，温度每升高 20 K，吸附量平均降低 3%。因此，高温对 CO_2 的封存和储层的气体含量是不利的。温度的升高导致分子平均动能的提高，有助于分子克服范德瓦尔斯力和静电相互作用，并从吸附剂表面逃逸。

分子动力学方法是根据牛顿运动定律计算体系中粒子运动轨迹的计算方法，特别适合描述分子扩散等传质行为，模拟过程中结合统计方法即可计算系统的扩散系数等动力学、热力学等信息 [29]。目前，分子模拟中主要有两种方法计算扩散系数：

① Einstein 法：计算均方位移并对其微分，进而计算扩散系数 [30]。

② Green-Kubo 法：计算体系的速率相关函数并对其积分，进而计算扩散系数。

本章采用第一种方法研究页岩孔隙中的气体扩散规律，该方法通过计算标记粒子浓度分布的时间演绎来获得扩散系数，为此需要建立标记物的质量守恒方程，并联立描述宏观扩散的 Fick 定律。

$$\frac{\partial c(r,t)}{\partial t}+\nabla\times j(r,t)=0 \tag{3.64}$$

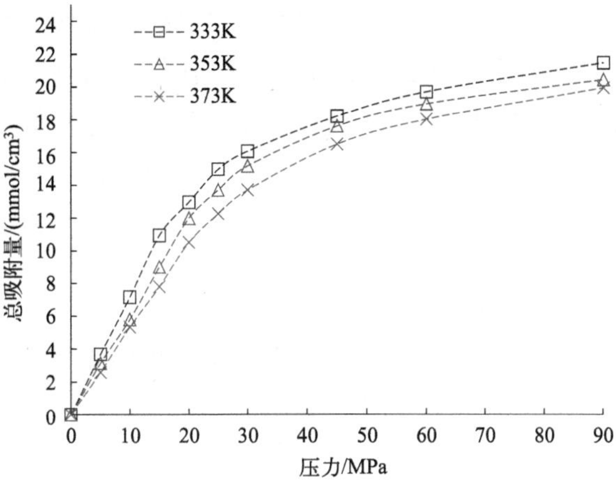

图 3.36 不同温度 CH_4：CO_2 体相摩尔比例为 0.25：0.75 的总吸附量随压力变化曲线

$$D = -J\frac{\partial C}{\partial X} \tag{3.65}$$

结合边界条件 $c(r,\ 0)=\delta(t)$ 并经过一系列变换，得到扩散系数 D 与浓度分布的关系：

$$\frac{\partial\left[r^2(t)\right]}{\partial t} = 2\mathrm{d}D \tag{3.66}$$

三维空间中的粒子扩散系数计算式即为：

$$D = \frac{1}{6}\lim_{t\to\infty}\frac{\partial}{\partial t}\left[r^2(t)\right] \tag{3.67}$$

式中 D——扩散系数，m^2/s；

$r^2(t)$——粒子在空间中的均方位移，m^2。

计算平行于壁面的平面扩散系数 D_{xy} 和垂直于壁面的垂向扩散系数 D_z 时，式（3.67）中的系数分别变为 $\frac{1}{4}$ 和 $\frac{1}{2}$。

扩散研究以达到吸附平衡的分子系统为初始条件，对体系中的气体进行分子动力学模拟（NVT 模拟）并输出动力学信息。扩散模拟过程中不断计算气体的各向扩散系数直到分子运动达到相对稳定状态，并选取最后一组扩散系数作为模拟的输出值。

本小节计算了 CH_4 和 CO_2 在不同温度、压力和体相摩尔比例下的扩散系数，如表 3.4 所列。截取 3 个压力点（5MPa、10MPa、30MPa），观察了不同温度和体相摩尔比例的 CH_4 和 CO_2 的扩散系数规律。从表 3.4 中可以看到，相同条件下，随温度的升高，CH_4 和 CO_2 的扩散系数均增大，这是由于温度升高使分子热运动剧烈，导致原本吸附在孔道表面的分子从表面解析扩散到孔道中[31]。当压力升高时，气体分子的扩散系数会减小，因为随着压力的增大，气体的吸附量也会增大，气体间的碰撞增多，从而导致扩散系数减小，这和第 3 章的研究结果一致。随着 CH_4 摩尔比例的增加，CH_4 的扩散系数增大，而 CO_2 的扩散系数随 CO_2 摩尔比例的增大而减小，这是由于壁面对 CO_2 的吸附能力强于 CH_4。因此，在同等压力条件下，CH_4 和 CO_2 的分子总量随 CO_2 摩尔比例的增加而增加，如表 3.4 所列。体系中的分子数增多，导致分子间的碰撞加剧，使得扩散系数减小。

表 3.4　不同温度和压力条件下 CH_4/CO_2 混合物的扩散系数

压力	CH_4：CO_2	CH_4/（$10^{-7}m^2/s$）			CO_2/（$10^{-7}m^2/s$）		
		333K	353K	373K	333K	353K	373K
5MPa	0.25	1.096	1.582	1.740	0.871	1.109	1.445
	0.5	1.733	2.441	1.922	1.189	1.392	1.594
	0.75	2.052	2.949	2.873	1.769	1.765	1.677
10MPa	0.25	0.680	0.956	1.056	0.502	0.709	0.788
	0.5	0.892	1.018	1.051	0.662	0.717	0.936
	0.75	1.152	1.124	1.436	0.779	1.002	1.277
30 MPa	0.25	0.253	0.281	0.345	0.201	0.236	0.289
	0.5	0.314	0.345	0.480	0.255	0.311	0.389
	0.75	0.391	0.413	0.531	0.357	0.385	0.455

为了探究在竞争吸附过程中能量的变化情况，并进一步研究 CH_4 和 CO_2 在表面吸附强度上的差异，本小节比较了在 333K、5MPa 条件下，CH_4 和 CO_2 以 0.5：0.5 的体相摩尔比例吸附于孔隙表面时的相互作用能。图 3.37 为 CH_4 和 CO_2 分子与孔隙表面的相互作用能随时间的变化情况。相互作用能为负值，值越小，相互作用强度越

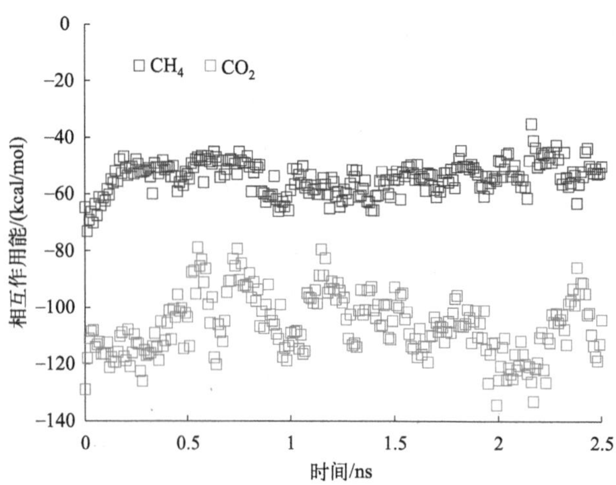

图 3.37　CH_4/CO_2 与壁面的相互作用能随时间的变化

强。从图中可以看出，在相同条件下，CO_2 与壁面的相互作用能平均值大于 CH_4 与壁面的相互作用能平均值，这一现象充分表明石墨烯孔隙表面对 CO_2 的吸引力更强。

参考文献

[1] 康崇禄 . 蒙特卡罗方法理论和应用 [M].北京：科学出版社，2015.

[2] Siepmann J I，Frenkel D. Configurational bias Monte Carlo : a new sampling scheme for flexible chains[J]. Molecular Physics，1992，75（1）：59-70.

[3] Frenkel D，Mooij G，Smit B. Novel scheme to study structural and thermal properties of continuously deformable molecules[J]. Journal of Physics : Condensed Matter，1992，4（12）：3053.

[4] Souza L F，Ghafri S Z，Fandiño O，et al. Vapor-liquid equilibria，solid-vapor-liquid equilibria and H_2S partition coefficient in（CO_2+CH_4）at temperatures between（203.96 and 303.15）K at pressures up to 9 MPa[J]. Fluid Phase Equilibria，2020，522：1-13.

[5] Tissot B P，Welte D H. Petroleum formation and occurrence[M]. Springer Science& Business Media，2013.

[6] Ungerer P，Collell J，Yiannourakou M. Molecular modeling of the volumetric and thermodynamic properties of kerogen：influence of organic type and maturity [J]. Energy and Fuels，2015，29（1）：91-105.

[7] Kelemen S，Afeworki M，Gorbaty M，et al. Direct characterization of kerogen by X-ray and solid-state 13C nuclear magnetic resonance methods[J]. Energy & Fuels，2007，21（3）：1548-1561.

[8] Lifson S，Hagler A T，Dauber P. Consistent force field studies of intermolecular forces in hydrogen-bonded crystals. 1. Carboxylic acids，amides，and the C ∶ O. cntdot. cntdot. cntdot. H-hydrogen bonds[J]. Journal of the American Chemical Society，1979，101（18）：5111-5121.

[9] Zhao Y，Guan B，Zhang T，et al. Molecular insights into multiphase transport through realistic kerogen-based nanopores[J]. Energy & Fuels，2024，38（7）：5847-5861.

[10] Ho TA，Wang Y，Xiong Y，et al. Differential retention and release of CO_2 and CH_4 in kerogen nanopores : Implications for gas extraction and carbon sequestration[J]. Fuel 2018，220：1-7.

[11] Sun Z，Li X，Liu W，et al.Molecular dynamics of methane flow behavior through realistic organic nanopores under geologic shale condition : Pore size and kerogen types[J]. Chemical Engineering Journal，2020，398：124341.

[12] Li W，Zhang M，Nan Y，et al. Molecular dynamics study on CO_2 storage in water-filled kerogen nanopores in shale reservoirs : Effects of kerogen maturity and pore size[J]. Langmuir，2021，37：542-52.

[13] Collell J，Ungerer P，Galliero G，et al. Molecular simulation of bulk organic matter in type Ⅱ shales in the middle of the oil formation window[J]. Energy & Fuels，2014，28（12）：7457-7466.

[14] Nosé S. A molecular dynamics method for simulations in the canonical ensemble[J]. Molecular physics，1984，52（2）：255-268.

[15] Hoover W G. Canonical dynamics：Equilibrium phase-space distributions[J]. Physical review A，1985，31（3）：1695.

[16] 刘宇．煤镜质组结构演化对甲烷吸附的分子级作用机理 [D]. 北京：中国矿业大学，2019.

[17] Loucks R G，Reed R M，Ruppel S C，et al. Morphology，genesis，and distribution of nanometer-scale pores in siliceous mudstones of the Mississippian Barnett Shale[J]. Journal of sedimentary research，2009，79（12）：848-861.

[18] Gasparik M，Ghanizadeh A，Bertier P，et al. High-pressure methane sorption isotherms of black shales from the Netherlands[J]. Energy & fuels，2012，26（8）：4995-5004.

[19] Gasparik M，Bertier P，Gensterblum Y，et al. Geological controls on the methane storage capacity in organic-rich shales[J]. International Journal of Coal Geology，2014，123：34-51.

[20] Zhang T，Ellis G S，Ruppel S C，et al. Effect of organic-matter type and thermal maturity on methane adsorption in shale-gas systems[J]. Organic geochemistry，2012，47：120-131.

[21] Zhou J，Mao Q，Luo K H. Effects of moisture and salinity on methane adsorption in kerogen：a molecular simulation study[J]. Energy & Fuels，2019，33（6）：5368-5376.

[22] Huang X，Gu L，Li S，et al. Absolute adsorption of light hydrocarbons on organic-rich shale：An efficient determination method[J]. Fuel，2022，308：1-8.

[23] Zhang M，Yang Y，Pan B，et al. Molecular simulation on H_2 adsorption in nanopores and effects of cushion gas：Implications for underground hydrogen storage in shale reservoirs[J]. Fuel，2024，361：130621.

[24] Yu S，Bo J，Feng J L. Competitive adsorption of CO_2/N_2/CH_4 onto coal vitrinite macromolecular：Effects of electrostatic interactions and oxygen functionalities[J]. Fuel，2019，235：23-38.

[25] 齐超．页岩有机纳米孔隙中甲烷吸附与驱替的微观机理研究 [D]. 青岛：中国石油大学（华东），2019.

[26] Zhang J，Liu K，Clennell M B，et al. Molecular simulation of CO_2-CH_4 competitive adsorption and induced coal swelling[J]. Fuel，2015，160：309-317.

[27] Song R，Cui M. Molecular simulation on competitive adsorption mechanism of CH_4/CO_2 on shale kerogen[J]. Arabian Journal of Geosciences，2018，11：1-6.

[28] Luo X，Wang S，Wang Z，et al. Adsorption of methane，carbon dioxide and their binary mixtures on jurassic shale from the qaidam basin in China[J]. International Journal of Coal Geology，2015，150：210-223.

[29] 赵梦尧，杨雪平，杨晓宁．石墨烯狭缝受限孔道中水分子的分子动力学模拟 [J]. 物理化学学

报，2015，31（8）：1489-1498.

[30] Higashi H，Tamura K，Seto T，et al. Direct calculation of mutual diffusion coefficients of binary system using non-equilibrium molecular dynamics simulation[J]. Fluid Phase Equilibria，2015，402：83-88.

[31] 熊健，刘向君，梁利喜．甲烷在蒙脱石狭缝孔中吸附行为的分子模拟 [J]. 石油学报，2016，37（8）：1021-1029.

第 4 章

CO_2 提高采收率分子模拟

页岩气开发过程中，随着储层压力降低，吸附气发生解吸并扩散至游离态，并在页岩孔缝进行运移。对于传统渗流介质，孔隙和裂缝的尺寸较大，其中的流动可以通过达西方程和经典的纳维 - 斯托克斯（Navier-Stokes，NS）方程来描述。而页岩基质中纳米级孔隙发育，该尺度下孔隙壁面会对孔内物质产生不可忽视的作用，气体的流动明显偏离 Navier-Stokes 连续流动，导致动态传输过程刻画成为了难点。

本章在竞争吸附研究的基础上，为了研究页岩纳米孔隙中的气体流动特征及注 CO_2 驱替效率评价，采用非平衡分子动力学方法刻画原始条件下页岩气传输规律，揭示气体分子在孔隙壁面受黏性流动和努森扩散共同作用下的微观渗流特征体现；采用双控制体分子模型（DCV-GCMD）进行注 CO_2 驱替 CH_4 的模拟过程，通过三维可视化分子轨迹演化规律，根据驱替过程中的驱替前缘图像变化、驱替过程轨迹图以及 CO_2/CH_4 注入量 / 残余量随时间的变化关系明确 CO_2 驱替 CH_4 的作用机制，系统论述 CH_4 单组分传输特征到 CH_4-CO_2 双组分渗流特征演化规律及驱替动态演化规律。

4.1　页岩气藏注 CO_2 微观驱替研究现状

注气提高采收率的方法包括蒸汽注入、CO_2 注入和 N_2 注入等。由于 CO_2 具有高亲和力、高密度和低黏度的特点，因此通过注 CO_2 提高气体采收率的方法被广泛应用。在页岩气的置换吸附过程中，CO_2 比 CH_4 更容易与孔隙表面发生相互作用并吸附，因此 CO_2 在置换吸附中具有优先权，这种优先吸附作用在页岩气的开发中起到关键作用。

2014 年，Wang 等 [1] 通过巨正则蒙特卡罗方法对煤层气样品进行气体置换实验，通过在 1.5MPa、1.8MPa 和 2.2MPa 的压力和不同的地应力下注入 N_2 和 CO_2 计算置换效率。结果表明，向煤层气中注入气体可以使煤层气的采收率得到显著提高，N_2 突破比 CO_2 突破更早发生。

2016 年，Zhang 等 [2] 使用巨正则蒙特卡罗模拟方法，以无机黏土矿物和有机质为模型，研究了 CO_2 对页岩气的驱替以及 CO_2 在不同地质深度（1 ～ 4km）下模拟页岩基质中的封存情况和 CH_4 的驱替效率。结果表明：在 CO_2 注入压力一定的情况下，随着页岩孔隙尺寸的增大，CH_4 的驱替量和 CO_2 的封存量都在增加，说明水力压裂技术对页岩气的驱替开发非常有利。此外，CO_2 驱替页岩气的最佳作业条件在 1 km 深度。

2017 年，Sun 等[3] 采用巨正则蒙特卡罗和分子动力学模拟方法，使用了两种不同的干酪根基质来构建宽度为 21 Å 的干酪根裂隙型孔隙，研究了干酪根基质中 CH_4 和 CO_2 的吸附行为和扩散特性。结果表明，CH_4 和 CO_2 与孔表面相互作用强度的不同在驱替行为上起着关键作用。CO_2 对吸附在干酪根缝 - 纳米孔中的残余 CH_4 进行了有效的驱替过程，驱替效率随体系压力的增加而提高，如图 4.1 所示（书后另见彩图）。此外，还发现部分 CH_4 吸附在干酪根基质固有孔隙内，很难被 CO_2 注入所取代。

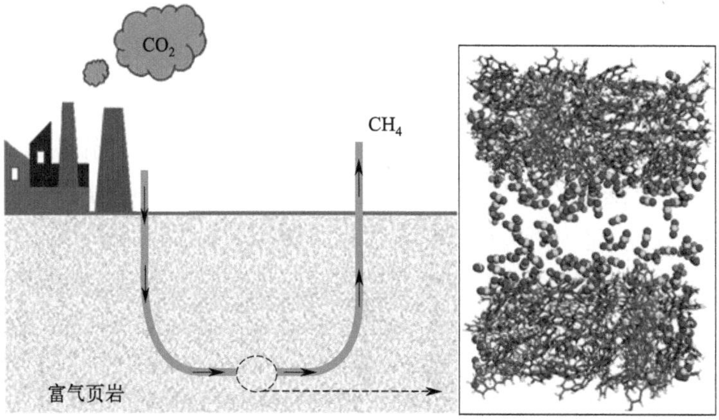

图 4.1 注 CO_2 提高页岩气采收率示意图[3]

2019 年，Shi 等[4] 利用巨正则蒙特卡罗和分子动力学方法对真实页岩成分模型进行了原始的综合简化，以研究页岩气注气驱替和竞争吸附行为。结果表明：CO_2 和页岩之间的强烈相互作用导致了更高的 CH_4 置换效率。CO_2 和 N_2 驱 CH_4 的最佳操作条件是孔宽为 30Å，与前人的研究结果略有不同，这表明小孔隙的驱替效率更高。当注入压力＞ 30MPa 时，不同气体的驱替效率均可达到 50% 以上。该研究有望揭示页岩气与天然气竞争吸附的机理，为页岩气注气和 CO_2 封存驱替开采提供指导。

2022 年，Sun 等[5] 采用分子动力学模拟方法分析了 CO_2/CH_4 混合物在石墨烯 - 蒙脱土非均质表面孔隙中的竞争吸附特性和机理，研究考虑了混合物气体分压的影响。采用 Langmuir 方程拟合第一吸附层和第二吸附层的吸附等温线。为了提高 CH_4 的采收率和 CO_2 的储存量，提出了合适的 CO_2 注入时间和注入量。结果表明，Langmuir 吸附理论能够很好地解释气体在壁面上的多层吸附行为。在注入 CO_2 时，应控制注入比率不超过 1.11 ～ 1.21。

同年，Yang 等[6] 采用巨正则蒙特卡罗和分子动力学模拟方法，系统研究了不同埋深、孔隙大小、含水量和气体摩尔分数条件下页岩气的吸附机理和注入 CO_2 后页岩气的回收机理。利用水和 CO_2 对页岩气的采收率进行了评价，提出了漏气率和采收率。结果表明，浅层埋深（600 ～ 800m）有利于 CO_2 的封存。随着 CO_2 和含水率的增加，CH_4 的气体的回收率增加。无论是水分子还是 CO_2，都对页岩气的开采有一定的促进作用。

2023 年，Dong 等[7]采用分子动力学和静态实验相结合的方法，探讨了页岩油层纳米孔隙中 CO_2 的置换机理，根据测试结果，开发了 5 种不同的孔壁分子模型。同时，还建立了轻页岩油模型和重页岩油模型。结果表明：无机孔壁表面 CO_2 置换能力以方解石最高，蒙脱石次之，石英和长石最低；在无机孔隙中，置换效率随 CO_2 浓度的增加而显著提高；在有机孔隙中，CO_2 浓度的变化主要影响轻质油的替代效果。

对于纳米孔中注 CO_2 驱替 CH_4 的 MD 研究，目前存在 2 个方法：

① 采用 GCMC 将 CO_2 插入到体系中与 CH_4 吸附平衡，通过 CH_4 的解吸量与 CO_2 吸附量做相关研究；

② 将 CO_2 和 CH_4 气体盒分别放置于两个模拟框内进行驱替行为研究。

然而，CO_2 驱替 CH_4 是一个受压力梯度和竞争吸附影响的动态过程，不可以忽视驱替方向上的连续压力梯度。DCV-GCMD 方法能够有效控制高压区和低压区，形成压差流动，但目前使用该方法研究 CO_2 驱气机理仍然较少。因此，如何建立可靠的 DCV-GCMD 方法，模拟 CO_2 驱气过程的动态行为是仍需进一步探讨的问题。

4.2 干酪根纳米孔道 CH_4 传输机制

4.2.1 外场非平衡分子动力学方法

4.2.1.1 外场非平衡分子动力学方法

目前，通过计算机分子模拟手段研究微观流动特征时，常用双控制体分子模拟（DCV-GCMD）和施加外场的非平衡分子动力学模拟（EF-NEMD）两种方法。DCV-GCMD 方法通过在孔隙两侧建立高势能区和低势能区，使气体在孔隙中产生流动，应用该方法时需要构建足够大的模拟体系以消除端口效应，系统的平衡时间长、计算量大。本章中为了实现流动条件变化的对比研究，选择计算效率相对更高的 EF-NEMD 方法模拟不同驱动力对 CH_4 流动行为的影响，该方法的模型构建相对简单，通过在平衡的分子动力学模拟系统上施加一个外场（如化学势或力），使流体粒子具有沿某一方向的速度，从而形成稳定流动[8]。EF-NEMD 方法能够在具有代表性的模拟盒子上施加周期性边界，消除边界效应，具有模拟体系小、计算效率高的优点。通常情况下，气体分子在纳米孔中的传输机制可被归纳为表面扩散、努森扩散和黏性流动[9]三种不同的类型。表面扩散可以被描述为被吸附的分子沿着固体壁的跳跃运动。气体输运的特性由不同的输运机制相互竞争和共存决定，其中努森扩散和黏性流动机制分别描述了气体分子与壁面之间和气体分子与气体分子之间的碰撞过程。

本书的研究中通过为体系中的每个粒子施加一个恒定的力 f_{ex} 从而制造稳定流动。EF-NEMD 是 MD 方法的一种，模拟过程中可以基于牛顿力学理论计算每个粒子的速度、位置参数。本节所研究的狭缝孔隙流动可以被视为一维流动，采用分层统计方法输出垂直壁面方向（z 方向）各层中气体分子的平均流速，即可进一步表征孔道中的页岩气流动特征。流动示意如图 4.2 所示。

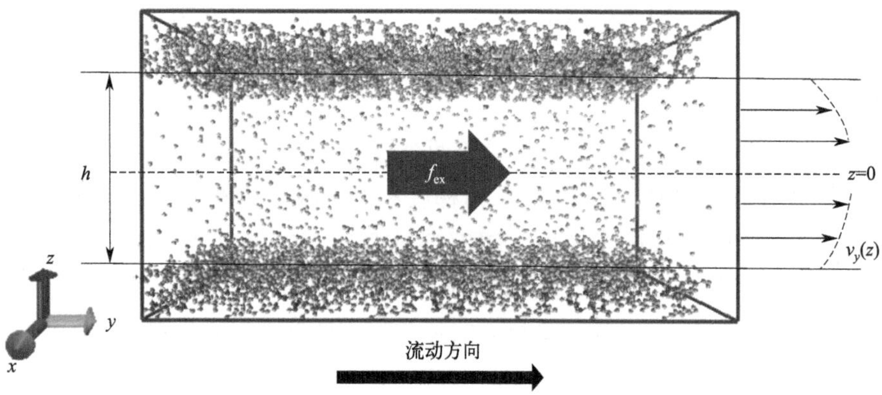

图 4.2　EF-NEMD 模拟的坐标系

4.2.1.2　流态分析

纳米孔隙中，根据流体分子与壁面作用强烈程度的不同，页岩气传输过程的作用机制也不断发生变化。国内外学者通常通过努森数 K_n 的大小来判定气体的扩散类型，当 $K_n < 0.0001$ 时流动呈宏观黏性流，随着努森数增大，分子碰撞逐渐占据主导作用，传统渗流模型不再适用。努森数 K_n 与气体分子平均自由程和孔道特征长度有关，其表达式为：

$$K_n = \frac{\lambda}{d} \tag{4.1}$$

$$\lambda = \frac{k_B T}{\sqrt{2}\pi\delta^2 P} \tag{4.2}$$

式中　d——特征长度，即孔隙尺寸 h，nm；

k_B——玻尔兹曼常数，k_B=1.3805×10^{-23}J/K；

T——温度，K；

P——压力，Pa；

δ——气体分子碰撞直径，nm，甲烷分子的碰撞直径 δ_{CH_4}=0.414nm。

不同尺寸孔隙内 CH_4 的努森数随压力变化曲线如图 4.3 所示（书后另见彩图）。

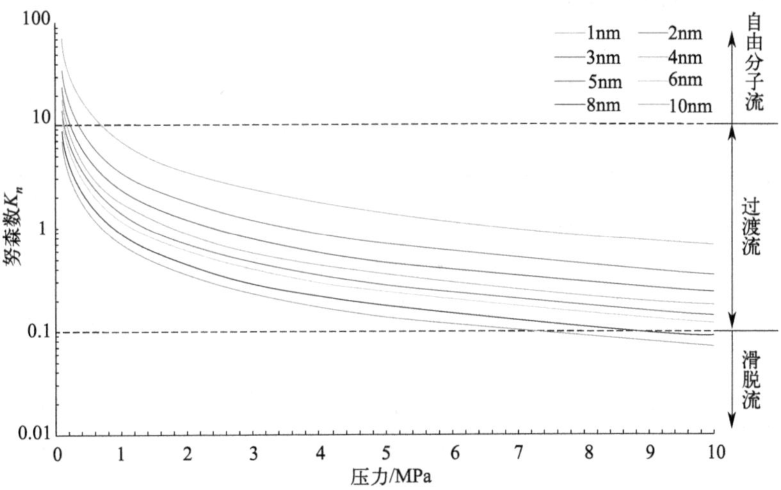

图 4.3　不同尺寸孔隙内 CH_4 的努森数随压力变化曲线（T=363K）

从图 4.3 中可以观察到在 1 ～ 10nm 的孔径范围内页岩气主要以过渡流的形式进行运移，受黏性流动和努森扩散的共同作用，二者都不能被忽略。

本书借助分子模拟手段，根据流速剖面形态分析气体的流动状态。由压力驱动的管内黏性流动具有泊肃叶流动特征，流体的流动速度剖面呈典型的抛物线形，近壁处流速小，孔隙中心流速大；而纳米孔隙中的稀薄气体则不具有这样的特征，气体与壁面发生随机碰撞，孔隙中各点的速度变化无明显规律。不同流动状态的示意如图 4.4 所示。

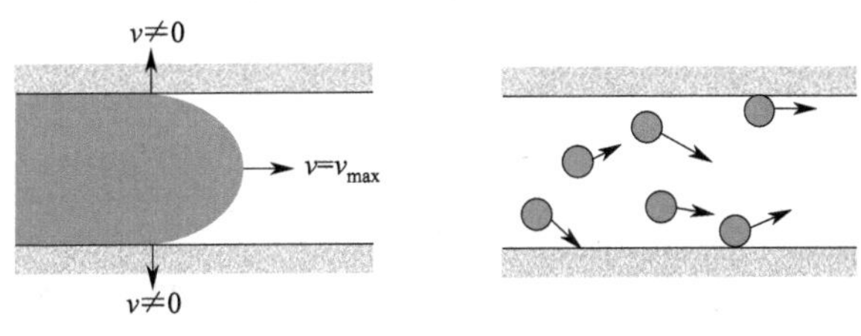

(a)黏性流的流速剖面图(含滑移)　　(b)努森扩散示意图

图 4.4　不同流动状态示意图

本书通过流动模拟输出垂向各层中气体分子的平均流速，并依照绘制密度分布曲线的方法得到孔隙中甲烷的流动速度剖面。用 $Ax^2+Bx+C=0$ 的函数形式对流速剖面进行拟合，并根据决定系数 R^2 判定拟合程度。拟合程度越高，曲线形态越接近抛物线形，流动的连续性越强。

4.2.2 驱动力对流动的影响

目前，在分子动力学模拟研究中，对于微观渗流所施加的驱动力范围还没有明确的说法。由于受模拟体系大小和计算机运算能力等因素的限制，研究中通常选择非常大的驱动力使体系快速平衡并易于观察，如 Thomas 和 McGaughey[10] 在碳纳米管两端施加的压力梯度最大可达 3×10^8MPa/m，Nan 等 [11] 在研究石墨烯狭缝中甲烷的流动特征时，施加的等效压力梯度为 1×10^7MPa/m。这与页岩气开发过程中实际生产压差的差距非常大，微观分子模拟与宏观油气藏开采的尺度联系还有待讨论。

本书通过多次模拟测试确定了合适的驱动力范围，当对本书中的模拟体系施加 5×10^{-4} ～ 1×10^{-2}（kcal/mol）/Å 的驱动力时，能够在可接受时长内很好地观测到驱动力变化对流动的影响。流动研究建立在分子动力学平衡体系的基础上，每组共进行 2000 万步流动模拟。不同驱动力作用下甲烷在孔隙中的速度剖面如图 4.5 所示。

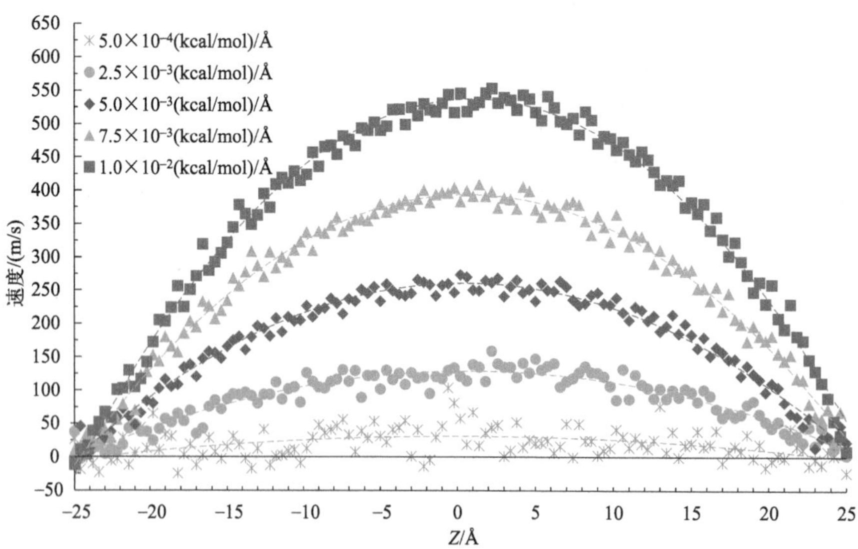

图 4.5 驱动力对流速分布的影响

由图 4.5 可以观察到，在本书讨论的驱动力范围内，甲烷分子在孔隙中的流动速度的数量级在 10^1 ～ 10^2 m/s，孔隙空间中的流速剖面具有抛物线形特征，且驱动力越大气体的流速越大。

模拟过程中孔隙空间被分为 132 层，数据点较多且分布散乱。为了便于量化对比分析，表 4.1 中给出了拟合决定系数 R^2、孔隙中心流速 v_{center} 等相关数据。将 $R^2 > 0.95$ 的强连续性流动近似视为泊肃叶流动，此类流动在壁面处具有滑移速度 v_{slip}。v_{center} 和 v_{slip} 由甲烷分子的动力学直径（3.8Å）区间内的平均值来表征。通过外推速度拟合曲线至 y=0 处，能够得到泊肃叶流动的滑移长度 [12]。不同驱动力下的气体流速特征如表 4.1 所列。

表 4.1　不同驱动力下的气体流速特征

驱动力 /[(kcal/mol)/Å]	R^2	v_{center}/(m/s)	v_{slip}/(m/s)
5.0×10^{-4}	0.1786	45.02	—
2.5×10^{-3}	0.8970	121.91	—
5.0×10^{-3}	0.9779	256.86	37.25
7.5×10^{-3}	0.9862	394.48	61.54
1.0×10^{-2}	0.9909	530.39	85.63

结合图 4.5 和表 4.1 可知，随着驱动力增加，速度剖面拟合的 R^2 增大，流动的连续性增强，孔隙中心的平均流速由 45.02 m/s 增大至 530.39 m/s。在较大的驱动力范围内 [5.0×10^{-3} ～ 1.0×10^{-2}(kcal/mol)/Å]，R^2 均大于 0.95，此时可以将流动近似视为存在滑脱的黏性流动，随着驱动力增加，壁面滑移速度由 37.25 m/s 增大至 85.63 m/s，滑移长度约为 2.6nm；当驱动力为 2.5×10^{-3}(kcal/mol)/Å 时，R^2=0.897，流速剖面虽然也呈抛物线形，但数据点分布较散乱，此时黏性流动在分子运移中具有更强的主导作用，但努森扩散作用亦不可忽视；当驱动力为 5.0×10^{-4}(kcal/mol)/Å 时，R^2=0.1786，此时速度剖面明显偏离抛物线形，数据点呈散点状分布，气体运移由努森扩散主导，分子在孔隙内发生随机碰撞而产生速度为负值的数据点。

分子模拟中常用流体分子的通量表征流体的输送强度，通量的计算公式如式（4.3）所示：

$$J = \frac{m}{10^3 n_s \tau A_{xz} N_A} \tag{4.3}$$

式中　J ——气体分子通量，kg/(m^2 · s)；

m ——气体分子质量，kg；

n_s ——模拟步数；

τ ——时间步长，s；

A_{xz}——过流断面横截面积，m^2。

石油工程中常用流量描述单位时间内流经某一有效截面的流体数量，甲烷的气体分子通量与质量流量存在以下换算关系：

$$Q_m = JA_{xz} \times 3600 \tag{4.4}$$

式中　Q_m——甲烷的质量流量，kg/h。

图 4.6 中所示为甲烷通量与质量流量随驱动力的变化曲线，由曲线可知在孔径 h=5mm 的孔隙中，孔道中的气体通量与驱动力之间存在线性关系，模拟条件下甲烷通量的数量级为 10^3 ～ 10^4kg/（m^2 · s），质量流量的数量级为 10^{-10} ～ 10^{-9}kg/h。

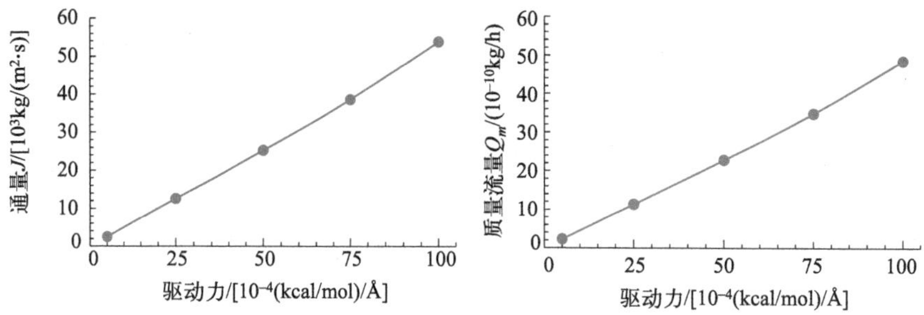

图 4.6　CH_4 通量和质量流量随驱动力的变化曲线

4.3　石墨烯孔隙中 CH_4 传输机制

本节在干酪根纳米孔隙中甲烷传输机制的研究上，采用石墨烯材料代替页岩有机质，在相对均质的表面进一步从机理上系统性分析壁面粗糙度、温度、压力等影响因素下的传输机制，为多组分流动及驱替特征研究奠定基础。

4.3.1　驱动力对流动的影响

本节在某一温度下，驱动力恒定，设置不同孔径大小探究孔径对页岩气吸附流动行为的影响。经过多次模拟试验，最终确定了合适的驱动力。温度设置为 333 K，压力设置为 5 ～ 60MPa，驱动力设置为 0.00001kcal/（mol · Å），模拟孔径分别设置为 3nm、5nm、7nm、10nm 和 15nm，共计 35 组模拟。从图 4.7（a）～（e）（书后另见彩图）中可以看到，不同孔径下的密度分布峰值没有明显的差异，但在小孔隙中（3nm），可以明显看到高压下的密度分布曲线中心区域发生波动。这是由于孔隙较小时，壁面的力场发生叠加，使得 CH_4 在孔道中受到的作用力增大，进而导致吸附量增加。此外，本节描绘了相同温度和压力条件下，不同孔径中 CH_4 的流动速度分布曲线，温度设置为 333 K，压力设置为 10MPa，如图 4.7（f）所示。其与干酪根中具有相似的传输机制，因此认为采用均质石墨烯模型能够刻画相似物理传输特征的同时，其相对均质的元素组成对后续驱替分析更加便利。

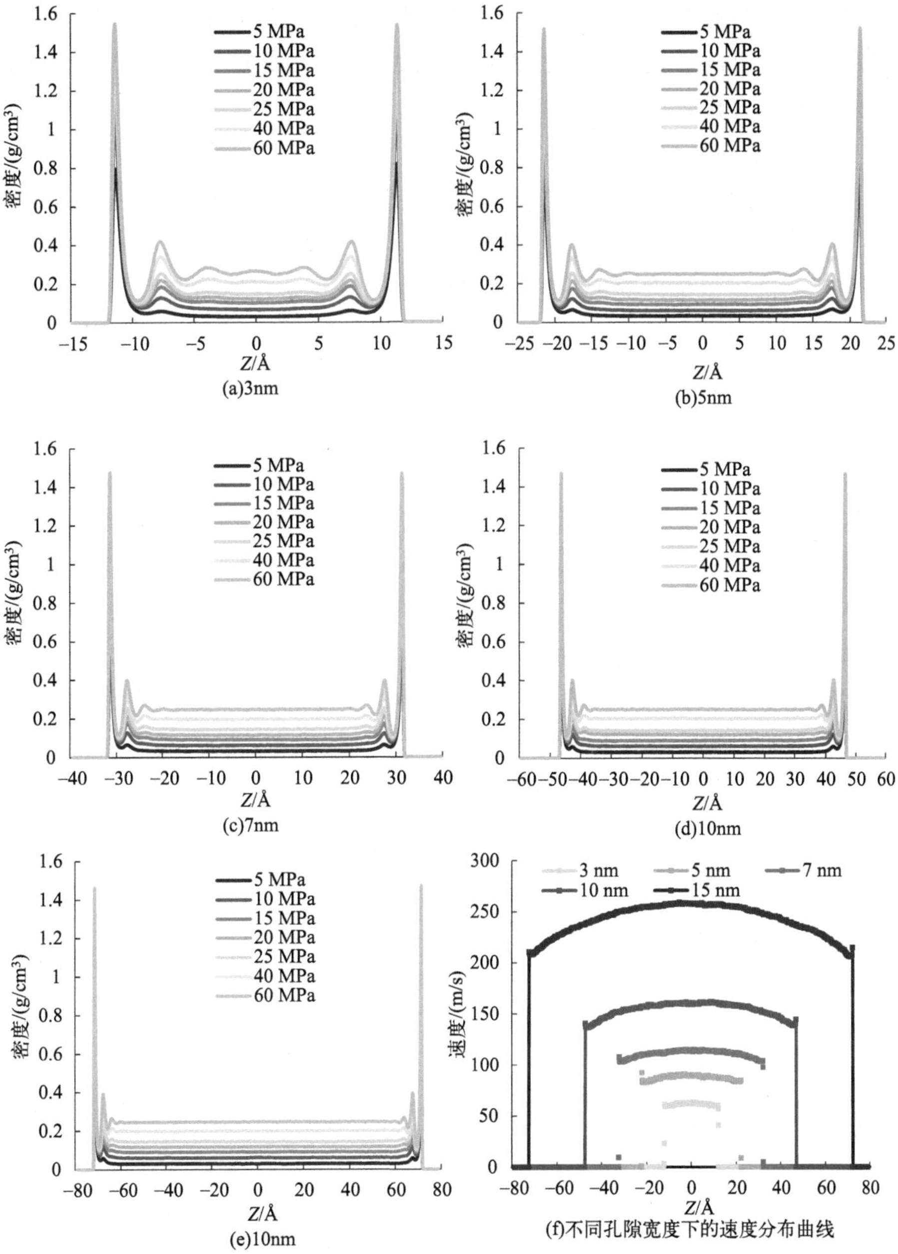

图 4.7　不同孔隙宽度下的密度分布曲线及速度分布曲线

自由气体的输运受到黏性流动（分子之间的碰撞）和努森扩散（分子与壁面之间的碰撞）这两种机制的共同作用支配。如图 4.7（f）所示，在近孔壁处的速度曲线有明显的线性分布，这是由于分子的表面扩散作用，在大孔径中表面扩散可以忽略不计。对于较窄（≤ 7nm）的纳米通道，努森扩散和表面扩散等微观机理主导流动行为，此时的流动曲线更接近于柱塞状。随着孔隙宽度的增大，气体分子之间的碰撞频率增加，导致黏性流动成为主要的运输机制。在此情况下，速度曲线开始呈现抛物线形状，并随着孔隙宽度的增加而继续扩展。由此可见，狭缝纳米孔的宽度对不同输运机制有显著影响。

由于气体与壁面之间存在相互作用力，孔隙尺寸对扩散系数的影响不容忽视，不同孔隙尺寸下的平面扩散系数 D_{xy} 随压力的变化曲线如图 4.8 所示。由图 4.8 可知，碳板的孔隙尺寸越大，CH_4 的扩散系数越大，在较大孔隙中（≥ 7nm），CH_4 的扩散系数随压力的降低幅度更大。扩散系数随压力升高的降低幅度如表 4.2 所列，总结了扩散系数从压力 5MPa 升高至 60MPa 时的降低幅度。大孔隙中（≥ 7nm）的气体分子较同等条件下的小孔隙中的气体分子更为稀薄，压力升高气体分子迅速增加，分子之间的碰撞加剧，扩散系数迅速减小。在大孔隙中（≥ 7nm），气体分子的运动空间更大，分子之间的碰撞小，气体分子更容易扩散，因此扩散系数较大。相同压力下，在小孔隙中（< 7nm），气体分子的运动空间变小，气体分子之间的碰撞与气体和壁面之间的碰撞加剧，导致扩散系数更小。此外，孔隙尺寸从 3nm 增加到 5nm，5nm 增加到 7nm 时，扩散系数迅速增大，而大孔隙中（≥ 7nm），扩散系数随孔隙尺寸增大而增大的幅度变小。如图 4.8 所示，当孔隙达到一定尺寸时，吸附层已经趋于饱和，吸附层峰值不会发生波动，并且随着孔隙尺寸的增加，并没有明显发现第四吸附层和第五吸附层，孔径变化对扩散系数的影响并不显著。

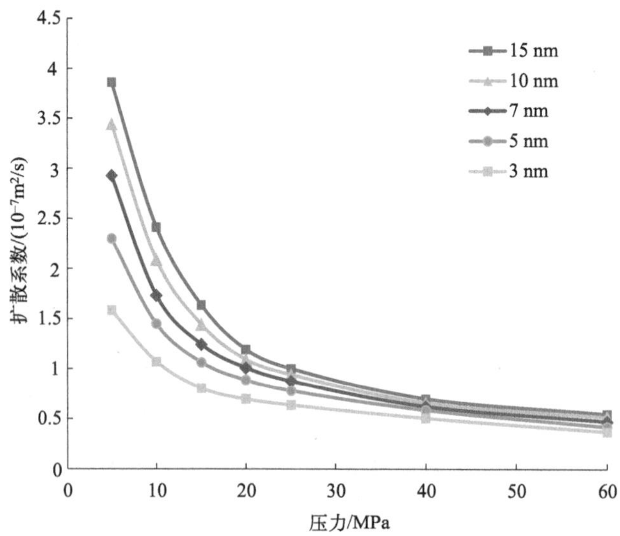

图 4.8　不同孔径中 CH_4 的平面扩散系数随压力变化曲线

表 4.2　CH_4 平面扩散系数 D_{xy} 随孔径变化的降低幅度

孔隙尺寸 /nm	3	5	7	10	15
降低幅度 /%	76.582	81.796	83.896	85.027	85.865

4.3.2　壁面粗糙度对 CH_4 吸附运移行为的影响

本小节中，平行于壁面放置的石墨烯片层用来表征孔道内的粗糙表面，如图 4.9 所示。为了防止 CH_4 分子穿过两片石墨烯片层之间的间隙，将两个相邻石墨烯片之间的距离设置为 2Å。粗糙元件的宽度设置为 0.7nm，X 轴（垂直于流向）和 Y 轴（平行于流向）上的盒子尺寸均设置为 5nm；孔宽度 H 设置为 5.4nm。由于粗糙表面的存在，在计算速度和密度时，曲线较为杂乱。因此，将中心没有粗糙边界的最大区域称为区域 N，如图 4.9（a）中虚线所示，在区域 N 中计算 CH_4 的速度曲线和密度曲线。两个粗糙元件的中心之间的距离 I 设置为 2.2nm，当粗糙元件的高度 h 分别为 0.4nm、0.6nm、0.8nm 和 1nm 时，相应的相对表面粗糙度 $R_r=H/h$ 分别为 7.4%、11.1%、14.8% 和 18.5%。模拟条件设置为 303 ～ 393K 和 5 ～ 120MPa。

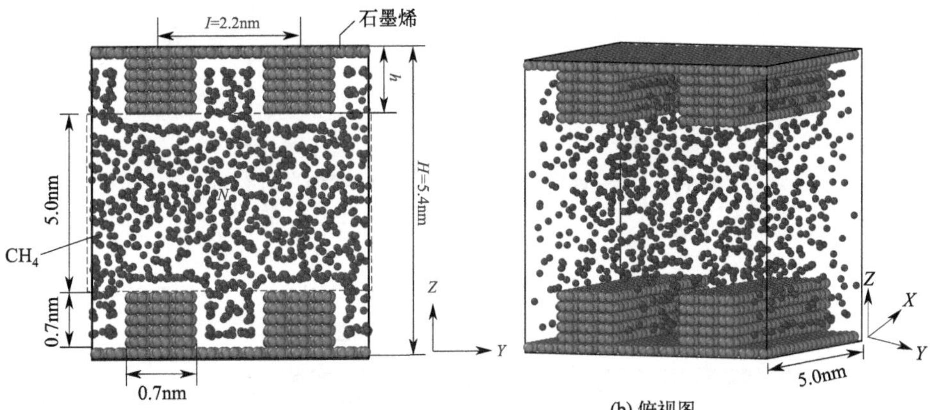

图 4.9　粗糙孔隙模型示意图

4.3.2.1　相对粗糙度对流动的影响

在本节中，研究了相对表面粗糙度 R_r 在 18.5%、14.8%、11.1% 和 7.4% 以及无粗糙度的狭缝孔中对 CH_4 吸附流动的影响。温度和压力分别为 363 K 和 60MPa。驱动力设置为 0.01kcal/（mol · Å）。

图 4.10 ～图 4.14 显示出了不同相对粗糙度下的模拟结果。图 4.10（书后另见彩图）和图 4.11 是相对粗糙度为 0 时的密度和速度分布图以及分布曲线。

不同相对粗糙度下 CH_4 的密度和速度分布图分别如图 4.12（书后另见彩图）和图 4.13（书后另见彩图）所示。

图 4.14 展示了不同粗糙度下的速度和密度分布曲线。

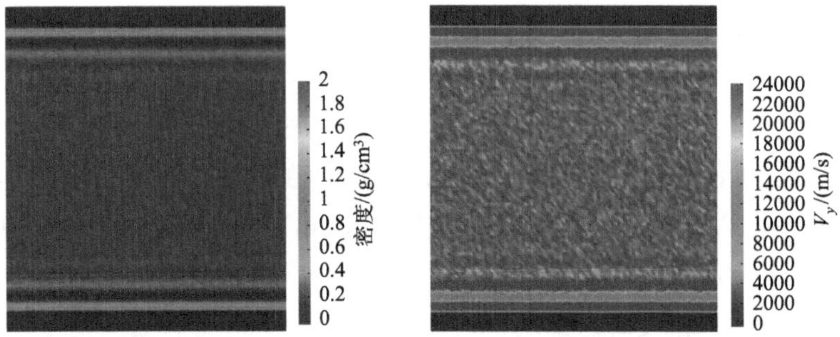

(a)孔隙密度分布图 (b)孔隙速度分布图

图 4.10　孔隙密度和速度分布图

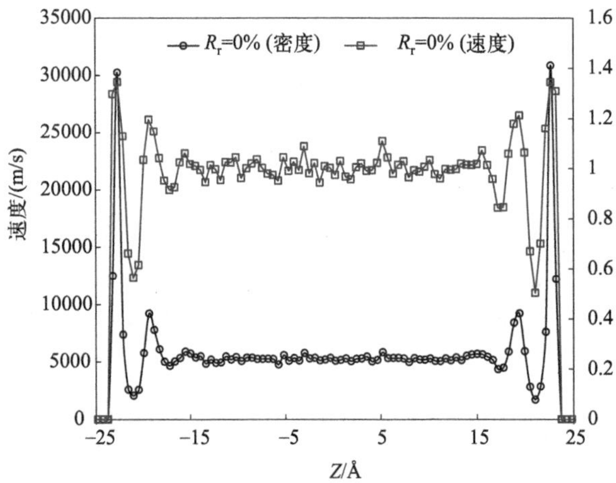

图 4.11　孔隙密度和速度分布曲线

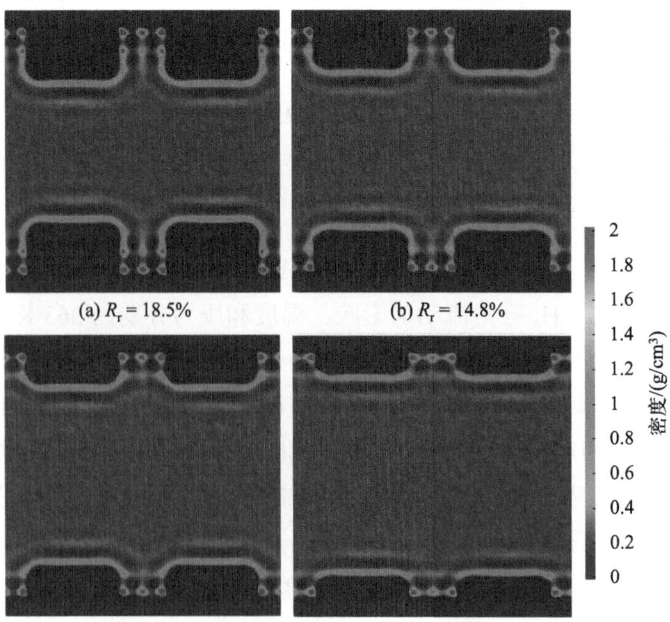

(a) R_r = 18.5%　(b) R_r = 14.8%

(c) R_r = 11.1%　(d) R_r = 7.4%

图 4.12　不同相对粗糙度下 CH_4 的密度分布图

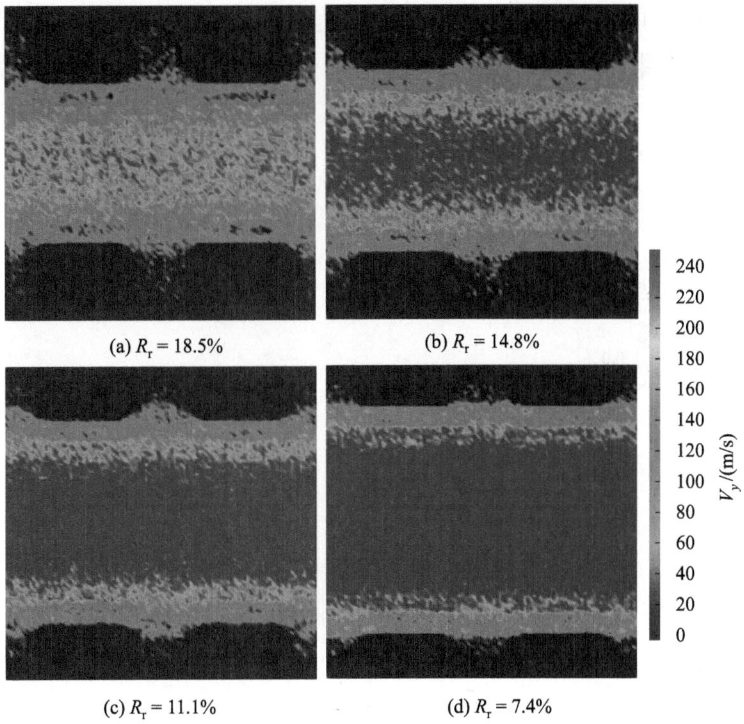

图 4.13　不同相对粗糙度下 CH_4 的速度分布图

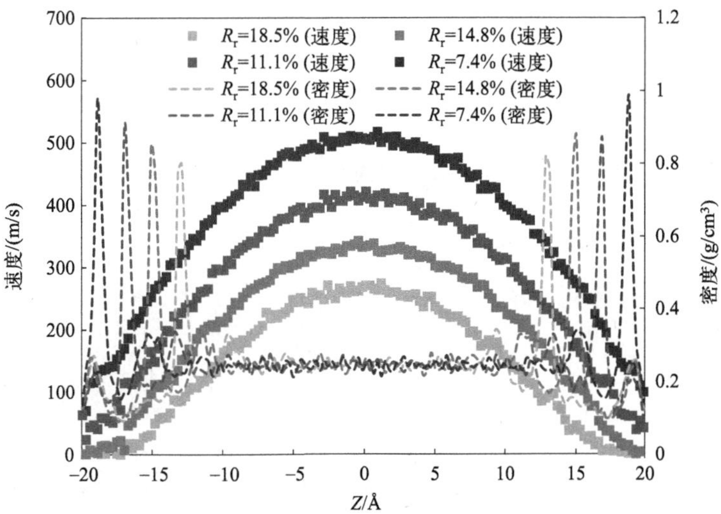

图 4.14　不同粗糙度下的速度和密度分布曲线

本节比较了不同相对粗糙度下的无量纲体积流量，如图 4.15 所示。结果表明，在相同的驱动力下，粗糙度增大，CH_4 流动速度和体积流量急剧下降，平均每升高 3.7% 的粗糙度，体积流量降低 27% 左右，粗糙元件的存在本质上减少了可用于分子流动的实际孔径。随着粗糙度的增加，气体和壁面之间的相互作用变得更加明显，中心和壁面之间的速度梯度逐渐减小，速度剖面从抛物线形变为塞形。因此，相对粗糙度对有机纳米孔隙中 CH_4 分子的流动有很大影响，这在研究中必须考虑。

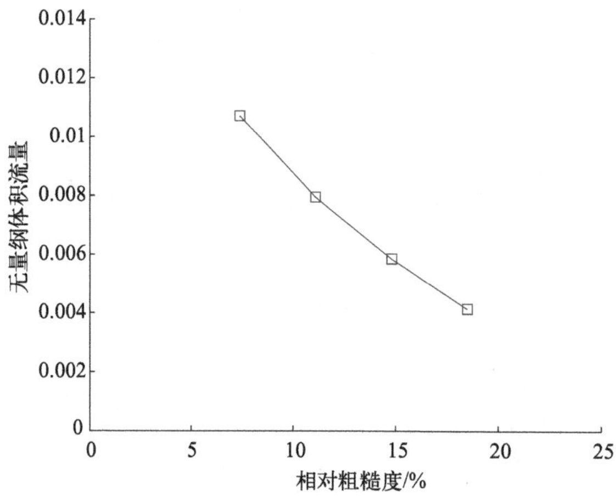

图 4.15　不同相对粗糙度下的无量纲体积流量

（无量纲体积流量是粗糙孔隙体积流量与狭缝孔隙体积流量之比）

4.3.2.2　压力对吸附的影响

本节中研究了 CH_4 在一个相对粗糙度为 18.5%、不同压力下的粗糙纳米孔中的密度分布（图 4.16，书后另见彩图）。温度固定在 363 K，压力分别设定为 5MPa、15MPa、30MPa、60MPa、90MPa 和 120MPa。

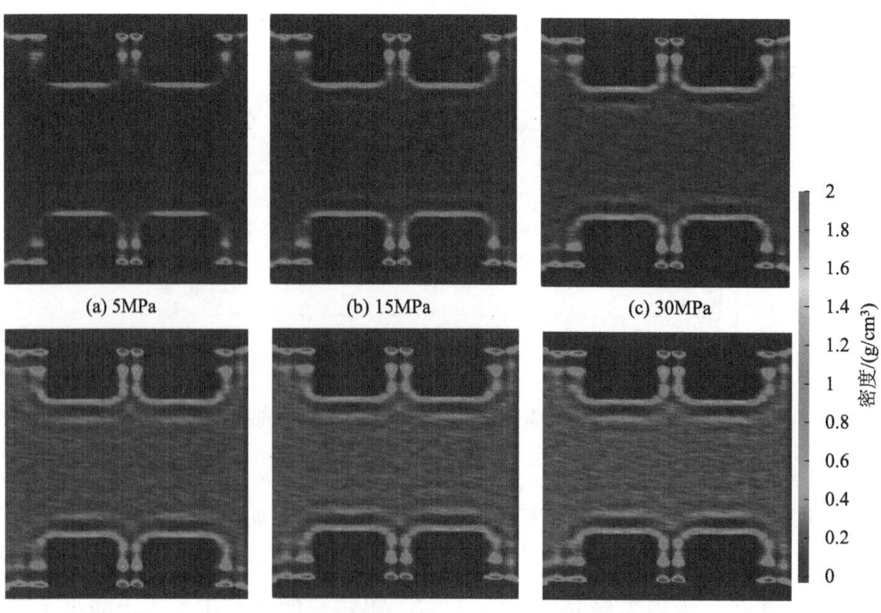

(a) 5MPa　(b) 15MPa　(c) 30MPa

(d) 60MPa　(e) 90MPa　(f) 120MPa

图 4.16　不同压力下的粗糙纳米孔中 CH_4 的密度分布图

如图 4.16 所示，当压力较小时（5MPa）只有一个吸附层。随着压力的增加，第二吸附层出现，当压力达到 60MPa 时，第三层吸附层出现，这些现象是由于较高的压力下更强的吸附力引起的。图 4.17 显示出了在不同压力下区域 N 处的 CH_4 密度分布，孔隙中心的体相密度在 NIST 数据周围波动。

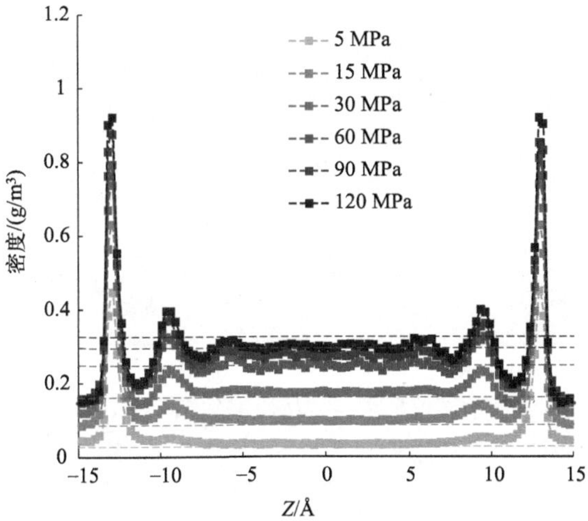

图 4.17　不同压力下 CH_4 的密度分布曲线

随着压力的增加，体相密度和最大吸附密度都增加，这是由于压力升高，壁面对气体分子的吸附力增强所致。此外，在 363K 的温度下，不同压力下的等温吸附曲线如图 4.18 所示。从图 4.18 中可以看出，系统压力越高，N_{ab} 越大。随着压力的增大，N_{ab} 的斜率减小。过剩吸附量曲线在 0 ～ 10MPa 范围内呈上升趋势，在 10MPa 附近达到最大值，当压力达到 60MPa 时过剩吸附量减小到负值。

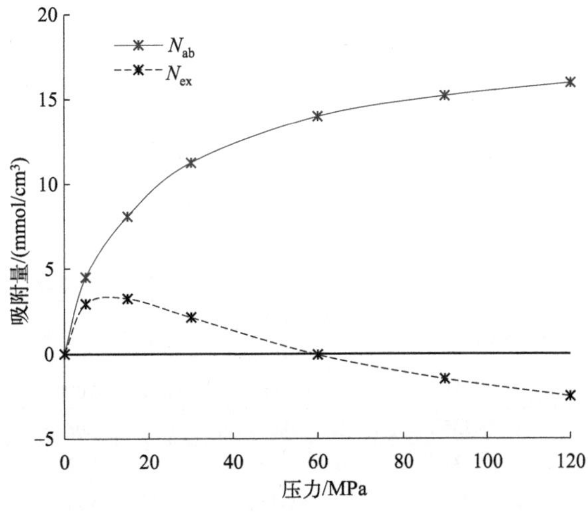

图 4.18　363K时的等温吸附曲线

4.3.2.3　温度对吸附的影响

在第 3 章中研究表明温度是影响分子热运动的主要因素之一，因此 CH_4 的吸附行为受到温度条件的显著影响。本节采用相对粗糙度为 18.5% 的粗糙纳米孔隙（图 4.9）用于模拟 60MPa 下不同温度的吸附行为。模拟温度范围设定为 303 ～ 393 K，在区域 N 中计算 CH_4 的密度分布（图 4.19，书后另见彩图）。

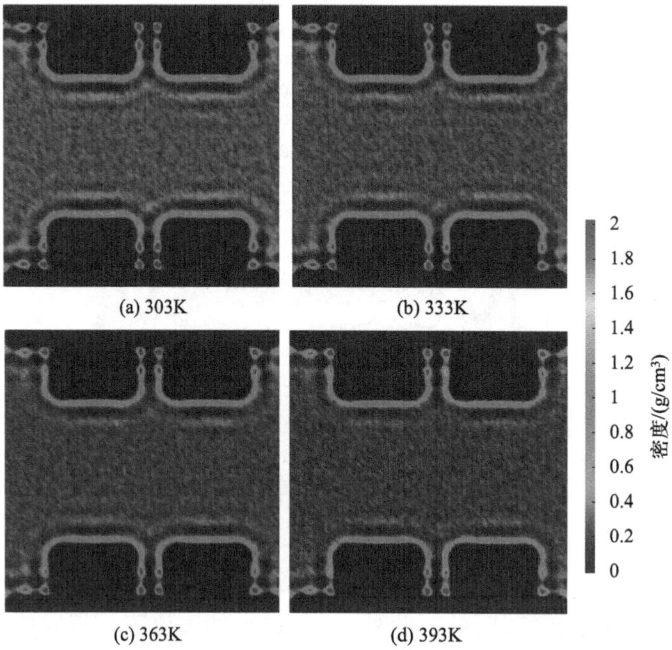

图 4.19　不同温度下的 CH_4 密度分布图

不同温度下 CH_4 的浓度分布曲线如图 4.20 所示。从图 4.20 中可以看到，随着温度升高，CH_4 的吸附量减少，同时吸附层的最大密度峰值也会降低。此外，第二层吸附层的厚度会随温度升高略微增加。由表 4.3 可以看到，第一吸附层厚度约为 3.736 Å，约为 CH_4 联合原子与碳板之间的原子中心距离，第二吸附层厚度约为 4.15 Å，约为 CH_4 联合原子之间的距离。根据分子动力学理论可知，当温度升高时，分子的热运动加剧。因此，在高温下，分子具有更强烈的运动。吸附和解吸是放热和吸热过程，而高温条件有助于解吸过程，这会导致被吸附的气体从孔表面脱离。

表 4.3　不同温度条件下的自由气体与吸附层参数

温度 /K	自由气密度 /（g/cm³）	第一吸附层厚度 /Å	第一吸附层密度峰值 /（g/cm³）	第二吸附层厚度 /Å	第二吸附层密度峰值 /（g/cm³）
303	0.284	3.735	0.980	4.070	0.420
333	0.267	3.735	0.886	4.082	0.367
363	0.244	3.736	0.793	4.123	0.318
393	0.221	3.739	0.727	4.341	0.287

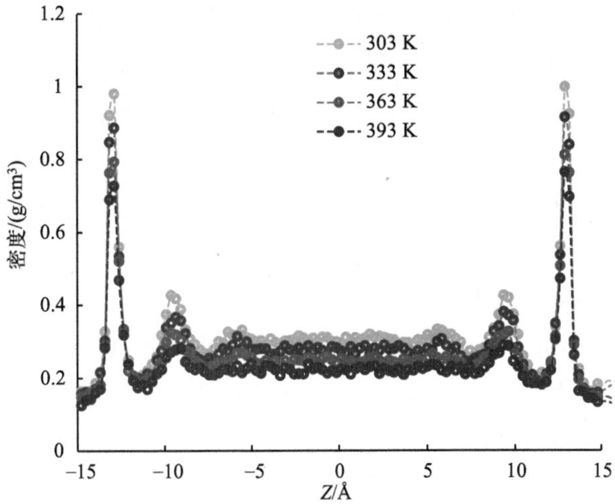

图 4.20　不同温度下 CH_4 的密度分布曲线

4.3.2.4　温度和压力对扩散系数的影响

本节在相对粗糙度为 18.5% 的纳米孔中进行扩散模拟，以研究温度和压力对扩散系数的影响。模拟温度范围为 333 ～ 393 K，压力范围为 5 ～ 120MPa，共计 21 组模拟。图 4.21（a）～（c）显示了在不同压力和温度条件下 CH_4 的空间扩散系数 D、

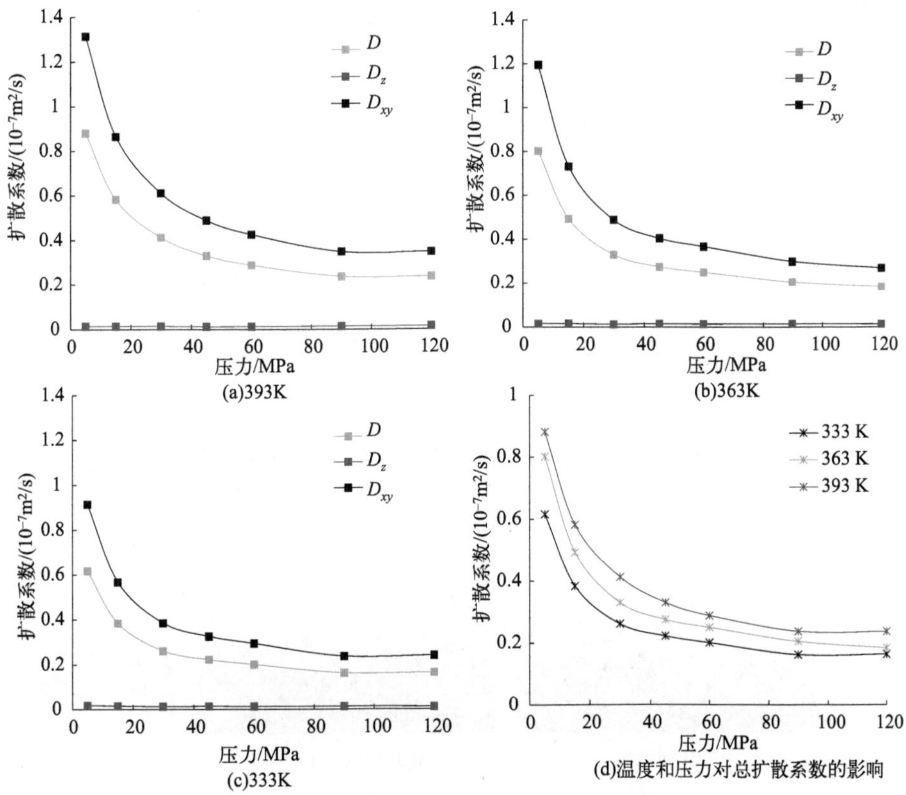

图 4.21　不同温度条件下压力对 CH_4 扩散系数的影响

平面扩散系数 D_{xy} 和垂直扩散系数 D_z 随压力的变化曲线。为了更清楚地观察温度和压力对扩散系数的影响，在图 4.21（d）中比较了温度和压力对总扩散系数的影响。

从图 4.21 可以看出，CH_4 的平面扩散系数略大于总扩散系数，并且它们远大于垂直扩散系数，这是由于模型中使用了周期性边界。模拟系统被视为沿 XY 的无限平面狭缝，因此气体分子在 XY 平面内自由移动。然而，Z 轴垂直于壁面，因此分子的运动受到上壁和下壁的限制，气体只能在有限的空间内移动。此外，CH_4 的垂直扩散系数对压力变化不敏感，而平面扩散和总扩散都随着压力的增加而迅速降低。在低压（≤ 30MPa）下，气体分子稀薄，压力每升高 10MPa，扩散系数平均降低 34%。随着压力的升高，孔隙中的气体变得更稠密，分子间碰撞比低压时更多。随着压力的升高，孔隙内的分子数量已经达到了较高水平，因此，增加压力对扩散系数的影响逐渐减弱。高压下（＞ 30MPa），每升高 10MPa，扩散系数平均降低 18%。在图 4.21（d）中观察到较高温度下的较大扩散系数，这是由于较高温度下的分子运动更强烈。

4.3.2.5 驱动力对流量的影响

本节选择绝对粗糙度为 18.5%（图 4.9）的粗糙模型进行模拟，温度为 363 K，压力为 60MPa。由于模型需要较高的驱动力才能观察到明显的速度变化，因此将驱动梯度设置为 0.0025 ～ 0.01kcal/（mol · Å）。如图 4.22 所示（书后另见彩图），由

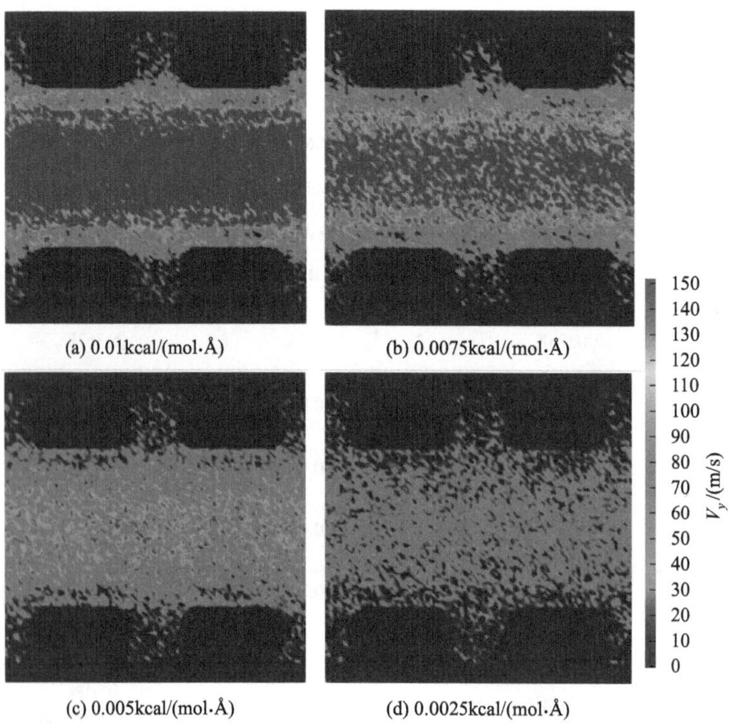

图 4.22 不同驱动力条件下 CH_4 的速度分布图

于石墨烯表面光滑，分子与壁面之间的碰撞可能导致滑移流动，这将导致吸附层中气体分子的表面扩散（也称为跳跃机制），壁面附近的速度分布杂乱，因此本小节仅观察区域 N 中的速度分布曲线。如图 4.23 所示，压力驱动下的流速剖面呈抛物线形状，壁面附近的流速较低，孔隙中心流速较高[9]。随着驱动力的增加，CH_4 通过孔隙的速度迅速增加，驱动力每增大 0.0025kcal/（mol · Å），速度平均增大 70 m/s。

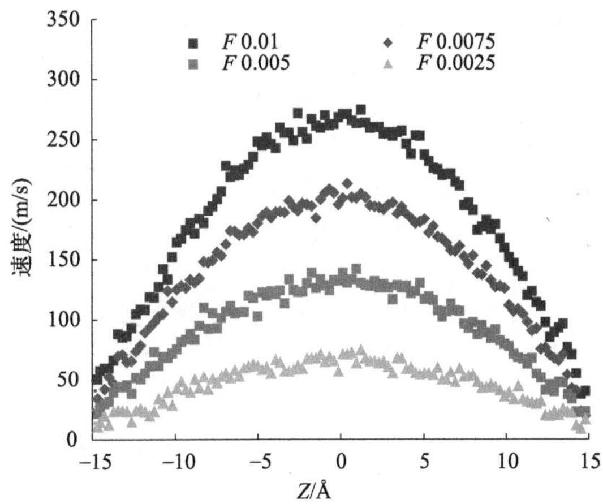

图 4.23　N 区中的 CH_4 在不同驱动力作用下的速度分布曲线

4.3.2.6　绝对粗糙度对流动的影响

为了更深入地研究粗糙纳米孔隙中的页岩气流动，本小节在孔隙表面放置不同数量、相同尺寸的粗糙元件，以表示不同的绝对粗糙度。每个粗糙元件的高度设置为 0.6nm，Y 轴上的盒子尺寸设置为 7nm。绝对粗糙度 R_a 由两个粗糙元件中心之间的距离 I 与总高度 H 之比表示。粗糙元件的尺寸设置为 0.7nm×0.6nm。在壁面两侧放置 2、3、4 和 5 个粗糙元件，因此，I 被设置为 2.7nm、1.9nm、1.55nm 和 1.35nm，使得 R_a 分别为 0.5、0.35、0.28 和 0.25。R_a 值越小，粗糙度元件越密集。

不同绝对粗糙度下 CH_4 的密度和速度分布图以及 N 区中 CH_4 在不同驱动力作用下的速度分布曲线如图 4.24 ～图 4.26 所示（图 4.24 和图 4.25 书后另见彩图）。

由于粗糙元件的增加，N 区域可用于吸附气体的壁面面积增加，密度曲线峰值增加。如图 4.24 所示，随着 R_a 的减小，吸附表面积增加，相应地，更多的 CH_4 分子被吸附在壁面上，导致吸附曲线峰值的升高，但中心的体相密度并没有发生改变。此外，随着 R_a 的降低，吸附表面积增加，壁面对 CH_4 的吸附加上 CH_4 被困在两个粗糙元件之间的凹槽中，流动变得困难，导致流速降低。

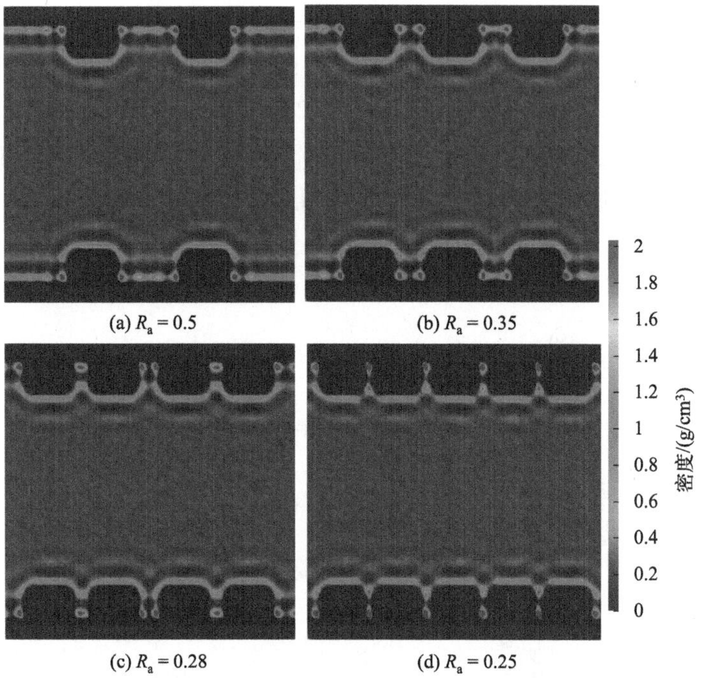

图 4.24 不同绝对粗糙度下 CH_4 的密度分布图

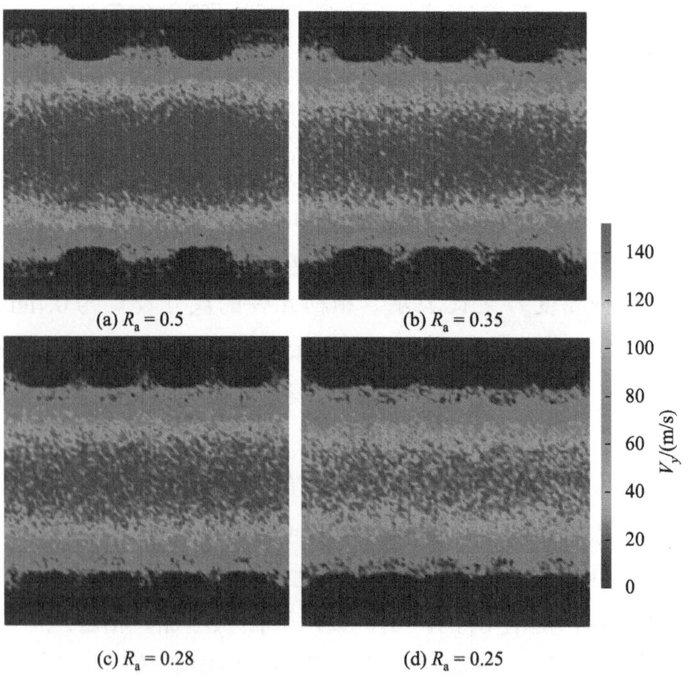

图 4.25 不同绝对粗糙度下 CH_4 的速度分布图

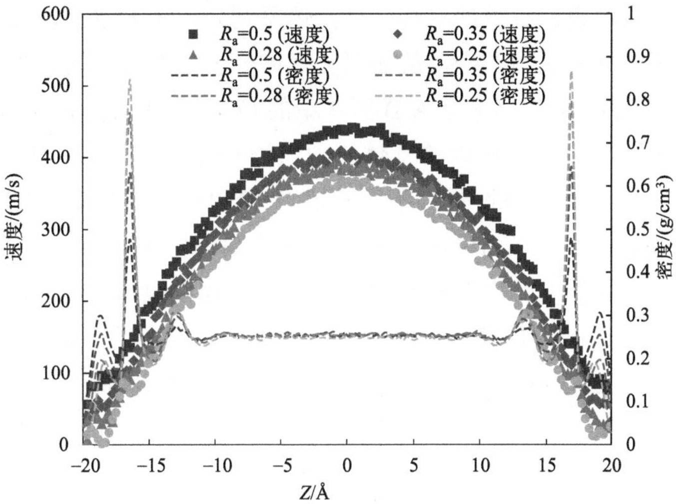

图 4.26　不同绝对粗糙度下 *N* 区域的密度和速度分布

4.4　页岩有机质纳米孔道注 CO_2 流体三维空间演化规律

超临界 CO_2 凭借其显著的溶解能力和类似气体的扩散特性，能够高效地解吸附附着在石墨烯表面的甲烷分子。在这一过程中，二氧化碳作为驱替剂，通过与甲烷分子相互作用，促使甲烷从石墨烯表面的吸附位点脱附并进入孔道中。然而，由于实验设备和尺度的限制，现有的实验研究大多侧重于研究宏观尺度上的驱替效率及其总体过程，尽管可以通过测量整体的驱替效果、物质的浓度变化等参数来评估驱替过程的效率，但由于动态驱替过程涉及的是分子层面的细致互动，如何精确观察和解析这一过程的微观机理，仍然是当前研究的一个难点。在本小节中，将继续从分子尺度入手，深入观察 CO_2-CH_4 多组分传输规律及 CO_2、CH_4 流体分界面处的竞争吸附 - 驱替特征。

本小节基于竞争吸附的研究背景，采用了 DCV-GCMD 模型来模拟 CO_2 驱替 CH_2 的过程。为了准确模拟这一过程，建立了一个尺寸为 29nm×5nm×7nm 的模拟框，并将其划分为 A、B、C 3 个主要区域（图 4.27，书后另见彩图）。具体来说，A 区和 C 区的尺寸均为 7nm×5nm×7nm，而 B 区的尺寸为 15nm×5nm×3nm。这样的区域划分有助于更好地模拟不同压力条件下的气体驱替过程，A 区域代表高压区，C 区域代表低压区，B 区域则为驱替区，模拟中将通过控制这些区域的压力差来研究 CO_2 驱替 CH_4 的效果。在模型设置上，挡板分子由均匀原子点阵组成，原子间距为 0.2nm，足以防止 CO_2 穿透平板并与 CH_4 发生交换。每个挡板原子的质量设置为 20 个相对原子质量，这一选择能够确保系统的稳定性而不影响模拟的平衡时间。同时，平板的参数 ε 被设置为一个非常小的值，以确保平板表面对气体分子不会产生任何吸附作用。这种设计有效地将整个模拟体系划分为 3 个独立区域，使得在各区域之间可以实现不同的压力控制，从而研究气体分子在不同压差下的驱替行为。在模拟初期的前 4ns 内，4 片挡板将 A-B 区域中的 CO_2 和 CH_4 分子隔开，同时也隔开了 B-C 区域的 CH_4。每个区域内的气体压力通过 GCMC 方法进行控制，直到系统达到平衡。A 区的 CO_2 压力设置为不同的值（15MPa、17MPa、20MPa、25MPa 和 35MPa），C 区的压力保持在 10MPa，B 区的压力则保持在 15MPa。通过这些设置，不同的压差可以在 A 区、B 区和 C 区之间形成，从而模拟出不同的压力条件。在 4 ns 的模拟时间之后，挡板被撤去，允许分子在压差的作用下开始进行驱替。此时，A 区和 C 区继续通过 GCMC 方法控制气体的压力，确保其稳定性，而 B 区则停止 GCMC 控制，转而完全依赖于 A 区和 C 区之间的压差来推动 CO_2 驱替 CH_4。这个过程能够很好地模拟实际应用中通过调节不同区域的压力差实现气体分子驱替的动态行为。

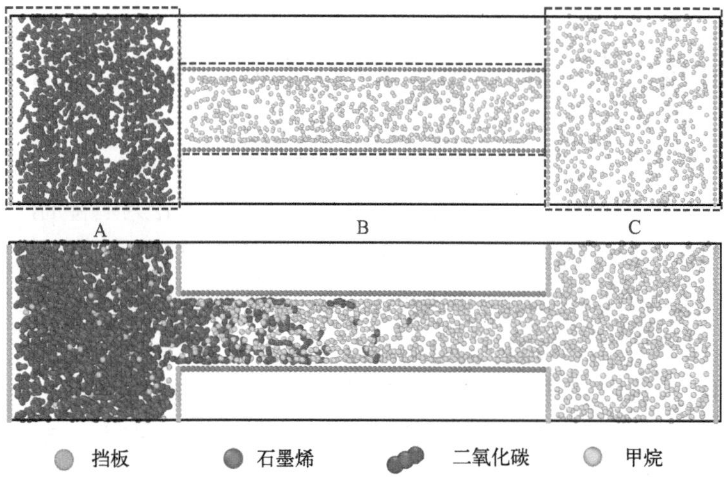

图 4.27 DCV-GCMD 驱替模型

本节在不同的压差条件下，研究 CO_2 驱替 CH_4 的效率和机理。特别是通过控制 A 区、B 区、C 区的压力差，可以深入分析 CO_2 和 CH_4 在孔隙中相互作用的细节，为进一步优化 CO_2 驱替 CH_4 的过程提供了理论支持和实验依据。

4.4.1 注入压差对界面行为影响

在不同压差条件下，t=5ns 时刻的驱替构型如图 4.28 所示（书后另见彩图），清晰展示了 CO_2 在驱替过程中表现出的显著行为特征。在此时刻，CO_2 倾向于优先占据壁面位置，并沿着壁面向体相区扩散，形成明显的凹月牙形界面。这一现象的产生主要归因于分子的表面扩散效应，表面扩散使得 CO_2 更容易沿着壁面移动，而不易穿透孔道中心区域。从竞争吸附的模拟结果来看，相同的模拟条件下，CO_2 表现出比 CH_4 更强的吸附能力。这意味着，当 CO_2 被注入孔隙时，由于 CO_2 与孔壁的相互作用力较强，CO_2 能够有效地置换掉先前吸附在壁面上的 CH_4。这种置换效应不仅限于壁面，位于孔道中心的 CO_2 也会被壁面对其吸附的强烈作用所驱动，从而促进了整个驱替过程的发生。

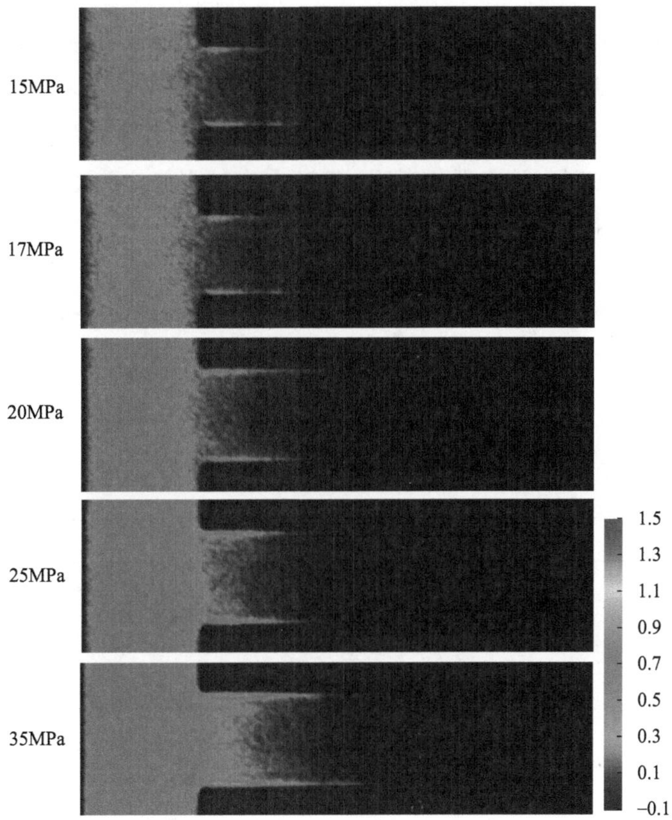

图 4.28　不同压差下驱替前缘示意

进一步分析驱替反应区域，可以发现，在 *Y* 轴方向上，压差形成了一个推动 CO_2 向右扩展的驱动力，而上、下壁面对 CO_2 的强烈吸引力则进一步加强了这一过程。正是由于这种壁面吸引力和压差的共同作用，形成了图 4.28 中所呈现的凹月牙形驱替界面。这表明，驱替过程不仅受到气体分子相互作用力的影响，也与孔隙表面的性质密切相关。孔壁的亲和力和气体分子间的相对吸附能力是影响驱替界面形态的关键因素。此外，从图中还可以观察到，CO_2 的预吸附压力与其沿壁面的运动能力密切相关。随着 CO_2 预吸附压力的增加，CO_2 沿石墨烯表面的运动能力也随之增强，在较高压力条件下，CO_2 具有更强的扩散能力。CO_2 的扩散速度随压力增大而加快，这意味着在较大的压差下，CO_2 能够更有效地沿着壁面扩散并驱替 CH_4，进一步提升驱替效率。这一结果表明，CO_2 的预吸附压力对驱替过程有着重要影响，较高的预吸附压力有助于加速 CO_2 的扩散速度和驱替过程，从而实现更高效的甲烷驱替。

4.4.2 驱替过程轨迹图

为了更直观地描述 CO_2 驱替 CH_4 的整个过程，本小节进一步通过比较压力驱动下 CO_2 的驱替轨迹图与被驱替 CH_4 的逃逸轨迹图，展示了两者在不同区域的运动行为。如图 4.29 所示，图中清晰可见 CO_2 在驱替过程中优先沿壁面扩展，并驱赶着预先吸附在壁面上的 CH_4。这一现象表明，CO_2 具有较强的与壁面相互作用的能力，从而使其在驱替过程中能够更有效地替代壁面上的 CH_4。

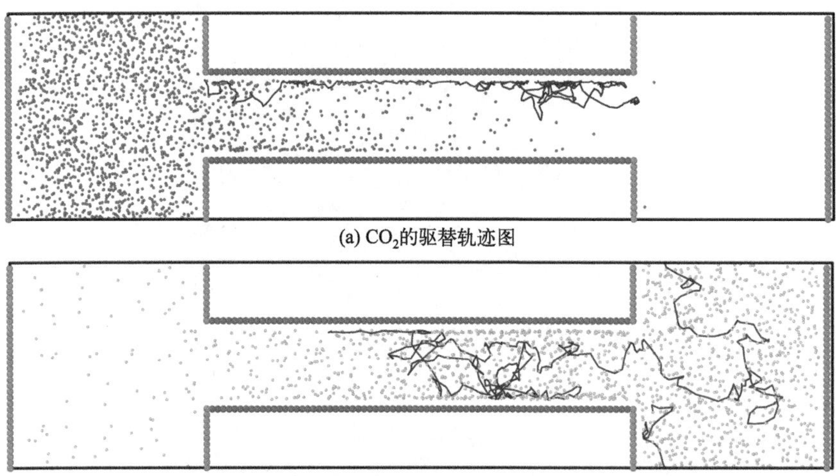

(a) CO_2的驱替轨迹图

(b) CH_4的逃逸轨迹图

图 4.29 驱替过程中的轨迹图

与此同时，CH_4 则更倾向于沿着壁面向低压区扩散，驱替方向与系统内的压力梯度方向一致。压力驱动下，CH_4 在向低压区运动的过程中，往往遇到其他气体分子的碰撞，导致其更容易被迫脱离壁面，进入到体相区。因此，CH_4 的运动轨迹并不像 CO_2 那样呈现出强烈的沿壁面扩展趋势。具体来说，当 CH_4 到达低压区后，由于挡板分子对 CH_4 没有吸附作用，CH_4 的运动路径发生了变化，其不再沿着壁面继续扩散，而是迅速进入体相区。从轨迹图的对比中可以进一步看出，CO_2 在壁面上的吸附能力明显强于 CH_4，这使得 CO_2 能够在驱替过程中占据更多的吸附位点，并且有效推动壁面上原本吸附的 CH_4 向体相区域迁移。与此同时，CH_4 的吸附能力较弱，导致其更容易受到气体分子碰撞的影响，并快速向低压区逃逸。通过这种竞争吸附的机制，CO_2 在驱替过程中逐渐替代 CH_4，推动整个过程的进行。

此外，随着驱替过程中压力的变化，CO_2 的扩散行为也发生了相应的变化。具体而言，随着 CO_2 预吸附压力的增加，CO_2 的运动能力也增强，使得 CO_2 在驱替过程中能够更迅速地沿着壁面扩散，并有效驱赶 CH_4。另一方面，由于 CH_4 与壁面的相互作用较弱，其扩散速度较慢，导致其在压力驱动下不易沿着壁面进行大范围的扩展。相比之下，CO_2 在较高压力下的扩散速度显著加快，推动了更为高效的驱替过程。

4.4.3　CO_2 注入量和 CH_4 残余量随时间的变化关系

本小节通过定量分析 CO_2 注入量和 CH_4 残余量随时间变化的关系，深入探讨了 CO_2 驱替 CH_4 的微观机理，明确了驱替过程的动力学特征。由于前 4 ns 的模拟时间主要用于系统的预平衡，因此本小节的分析从驱替反应阶段开始。图 4.30 展示了 CO_2 注入量和 CH_4 残余量在不同压差下随时间的变化情况，进一步揭示了不同压差条件下 CO_2 驱替 CH_4 的效率。

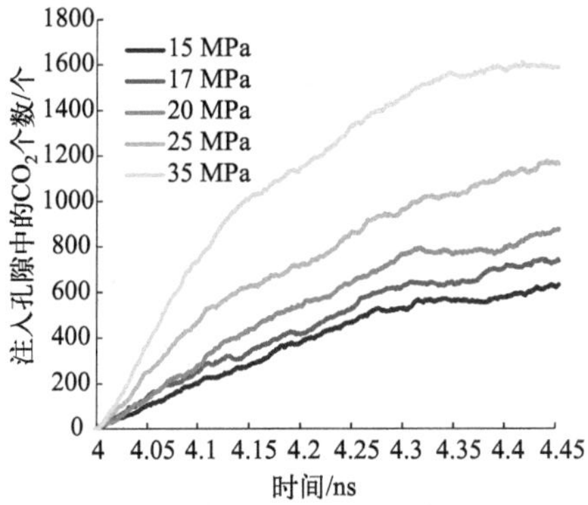

(a) CO_2注入量随时间的变化关系

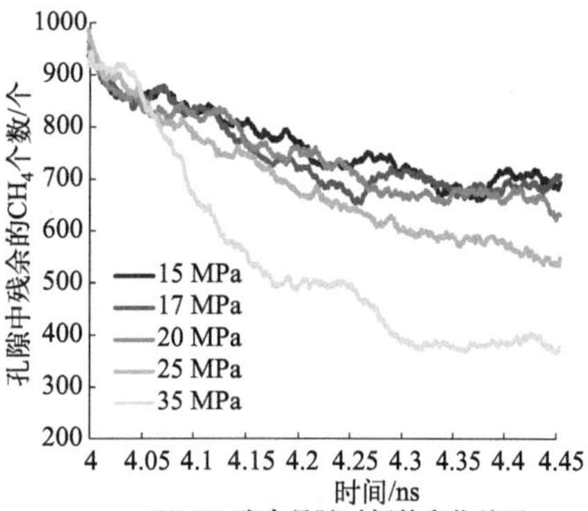

(b) CH_4残余量随时间的变化关系

图 4.30　CO_2 注入量及 CH_4 残余量随时间的变化关系

随着 CO_2 注入压力的逐步增大，驱替效率表现出明显的提高趋势。具体而言，CO_2 注入量在压差增大的情况下变化较为显著，尤其是在压差达到 2MPa（即注入压力为 17MPa）时，CO_2 注入量明显增加。这表明，较小的压差就足以显著提升 CO_2 的注入量，从而提高驱替效率。对于 CH_4 残余量的变化，图中显示了在低压区持续进行 GCMC 交换的过程中，CH_4 的含量随着时间的推移出现波动，并呈现缓慢下降的趋势。

在较小的压差（≤ 10MPa）下，CH_4 残余量的变化并不显著，表明在这种压差条件下，CO_2 驱替 CH_4 的效果较为温和，驱替进程较为缓慢。然而，当压差增至 20MPa（注入压力为 35MPa）时，CH_4 残余量迅速下降，这一现象表明，在较大的压差下，CO_2 驱替效率显著提高。此时，CO_2 的注入量显著增加，驱替效果得到强化，从而使孔隙中原本被吸附的 CH_4 得以有效驱逐。图 4.30 还显示，在 20MPa 的压差条件下，CO_2 注入量和 CH_4 残余量的变化趋于平稳，且这一平稳状态出现在大约 4.35ns 时刻。此时，驱替过程已基本达到稳定状态，表明在该压差条件下，CO_2 驱替 CH_4 的过程已经接近完成，孔隙中的 CH_4 几乎被完全驱替出去。

从上述结果可以看出，选择合适的驱替压差对于提高 CO_2 驱替 CH_4 的效率至关重要。通过合理的压差设置，可以加速反应进程，使得驱替过程更加高效。这不仅能够有效地将孔隙中的 CH_4 驱替出来，提高资源采收率，还能够避免在驱替过程中出现资源浪费的情况。因此，优化驱替压差对于实际工程中 CO_2 驱替技术的应用具有重要的指导意义。在实际的采收过程中，过低的压差可能导致驱替效果不佳，而过高的压差则可能导致能量浪费，因此在工程设计中需要综合考虑各种因素，选择最佳的驱替压差，最大限度提高采收率并降低成本。

参考文献

[1] Wang L，Cheng Y，Wang Y. Laboratory study of the displacement coalbed CH_4 process and efficiency of CO_2 and N_2 injection[J]. The Scientific World Journal，2014，2014：1-9.

[2] Zhang H，Cao D. Molecular simulation of displacement of shale gas by carbon dioxide at different geological depths[J]. Chemical Engineering Science，2016，156：121-127.

[3] Sun H，Zhao H，Qi N，et al. Molecular insights into the enhanced shale gas recovery by carbon dioxide in kerogen slit nanopores[J]. The Journal of Physical Chemistry C，2017，121（18）：10233-10241.

[4] Shi J，Gong L，Sun S，et al. Competitive adsorption phenomenon in shale gas displacement processes[J]. RSC Advances，2019，9（44）：25326-25335.

[5] Sun J，Chen C，Zhang Y，et al. Competitive adsorption characteristics based on partial pressure and adsorption mechanism of CO_2/CH_4 mixture in shale pores[J]. Chemical Engineering Journal，2022，430：1-10.

[6] Yang X，Chen Z，Liu X，et al. Correction of gas adsorption capacity in quartz nanoslit and its application in recovering shale gas resources by CO_2 injection：A molecular simulation[J]. Energy，2022，240：1-12.

[7] Dong X，Xu W，Liu H，et al. On the replacement behavior of CO_2 in nanopores of shale oil reservoirs：Insights from wettability tests and molecular dynamics simulations[J]. Geoenergy Science and Engineering，2023，223：1-18.

[8] Wang L Y，Dumont R S，Dickson J M. Nonequilibrium molecular dynamics simulation of water transport through carbon nanotube membranes at low pressure.[J]. The Journal of chemical physics，2012，137（4）：44102.

[9] Schafer C，Urbassek H M，Zhigilei LV，et al. Pressure-teansmitting boundary conditions for molecular dynamics simulations[J]. Composite Materials Science，2002，24：421-429.

[10] Thomas J A，Mcgaughey A J H. Reassessing fast water transport through carbon nanotubes.[J]. Nano letters，2008，8（9）：2788-2793.

[11] Nan Y L，Li W H，Jin Z H. Slip length of methane flow under shale reservoir conditions：Effect of pore size and pressure[J]. Fuel，2020，259：116237.

[12] Boţan A，Vermorel R，Ulm F J，et al. Hydrodynamics in clay nanopores[J]. The Journal of Physical Chemistry C，2011，115（32）：16109-16115.

第 5 章

页岩气藏注 CO_2 多组分数学模型

5.1 基本假设条件

5.1.1 页岩气井注 CO_2 开采基本物理模型

在第 2 章中，通过对龙马溪组页岩岩样进行 CH_4 和 CO_2 的等温吸附实验，发现了在相同温度和压力条件下，页岩对 CO_2 的吸附能力远大于 CH_4，这一结论在北美页岩等温吸附实验中也得到了证实。因此，学者提出了向页岩气藏注入 CO_2 的方法探究同时实现两大目标：一是通过 CH_4 和 CO_2 在基质表面的竞争吸附，置换出更多的 CH_4，从而提高页岩气藏采收率；二是利用页岩储层，埋存更多的 CO_2，从而减少温室气体排放。

在本书第 2 章中，基于分形渗流理论，已建立了耦合页岩气藏多尺度渗流的有机质 - 无机质 - 天然裂缝 - 离散裂缝渗流物理模型及其数学模型。以此为基础，在本节中进一步建立页岩气藏多级压裂水平井注 CO_2 组分模型。同时，由于页岩储层埋存较深且存在异常高压的情况，注入目的层的 CO_2 将处于超临界状态，因此，建立了描述超临界物性特征的状态方程。如图 5.1 所示，当通过多级压裂水平井向页岩储层注入超临界 CO_2 时，CO_2 将通过水力压裂缝网进入天然裂缝储层，并在压差和组分浓度差作用下进入有机质微纳尺度孔隙表面置换出 CH_4。

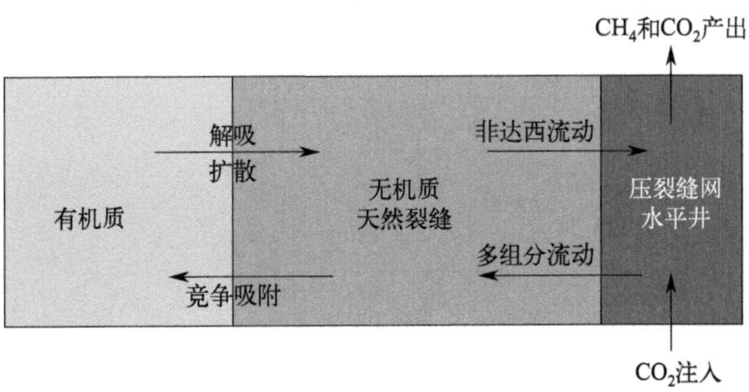

图 5.1　生产与注 CO_2 开采流动过程

5.1.2 物理模型的基本假设条件

组分模型基本假设条件包括：

① 等温流动过程。

② 原始页岩气体存在两种储集方式：a. 有机质表面的吸附气，且满足吸附 - 解吸瞬时平衡；b. 基质有机质微纳孔隙、无机质宏孔隙和天然裂缝中的自由气。

③ 忽略超临界 CO_2 注入储层后的溶解、残余捕集和与岩石的化学反应等。

④ 超临界 CO_2 被视为具有特殊物性（高密度、低黏度）的气相组分。

⑤ 水力压裂裂缝具有复杂不规则的形态分布特征，且存在不同的裂缝长度、开度、方位角和有效高度等。

5.2 多组分数学模型的建立

5.2.1 微纳孔隙中多组分流体的运输

结合前述成果，有机质和无机质微纳孔隙表观渗透率 k_{aO} 和 k_{aI} 分别由下式计算不同压力下的值：

$$
\begin{aligned}
k_{aO}=k_v+k_t+k_s=&\frac{\pi\lambda_{max}^{3+D_T}}{128L_0^{D_T+1}}\frac{D_f}{3-D_f+D_T}\\
&+\frac{10^{-9}\times\pi\mu_g}{12}\sqrt{\frac{8ZRT}{\pi M}}\frac{D_f\lambda_{max}^{D_f}}{L_0^{D_T+1}}c_g\int_{\lambda_{min}}^{\lambda_{max}}\frac{K_n}{K_n+1}\lambda^{1-D_f+D_T}d\lambda\\
&+10^{-9}\times\pi D_sC_L\left[\frac{Zp_L-pp_L\dfrac{\partial Z}{\partial p}}{\left(Zp_L+p\right)^2}\right]\frac{D_fd_m\theta\mu_gM}{\rho_gL_0^{D_T+1}}\left\{\begin{aligned}&\frac{\lambda_{max}^{D_T}}{D_T-D_f}\left[1-\left(\frac{\lambda_{min}}{\lambda_{max}}\right)^{D_T-D_f}\right]\\&-\frac{d_m\theta\lambda_{max}^{D_T-1}}{D_T-D_f-1}\left[1-\left(\frac{\lambda_{min}}{\lambda_{max}}\right)^{D_T-D_f-1}\right]\end{aligned}\right\}
\end{aligned}
\tag{5.1}
$$

$$
\begin{aligned}
k_{aI}=k_v+k_t=&\frac{\pi\lambda_{max}^{3+D_T}}{128L_0^{D_T+1}}\frac{D_f}{3-D_f+D_T}\\
&+\frac{10^{-9}\times\pi\mu_g}{12}\sqrt{\frac{8ZRT}{\pi M}}\frac{D_f\lambda_{max}^{D_f}}{L_0^{D_T+1}}c_g\int_{\lambda_{min}}^{\lambda_{max}}\frac{K_n}{K_n+1}\lambda^{1-D_f+D_T}d\lambda
\end{aligned}
\tag{5.2}
$$

5.2.2 裂缝中多组分流体的运输

考虑裂缝应力敏感效应的裂缝中多组分流体渗流方程建立如下：

$$\nabla\times\left(\frac{k_{fe}}{\mu_{gf}}\rho_{gf}y_i\nabla\Phi_{gf}\right)+y_iq_{g,fI}-y_iq_{g,Ff}=\frac{\partial}{\partial t}\left(y_i\phi_f\rho_{gf}\right)\tag{5.3}$$

$$k_{fe}=k_{f0}\exp\left[-d_f\left(p_{f0}-p_{gf}\right)\right]\tag{5.4}$$

且有：

$$\nabla\Phi_{gl}=\nabla p_{gl}-r_{gl}g\nabla z\quad\left(l=\mathrm{O,I,f}\right) \tag{5.5}$$

式中　O，I，f——有机质、无机质、天然裂缝系统；

f_O，f_I——有机质和无机质对于岩石骨架体积的体积比；

y_i——组分 i 的气相摩尔浓度；

β_f——天然裂缝应力敏感系数；

r_{gl}——各系统相密度；

ϕ_f——天然裂缝的孔隙度。

5.2.3　页岩气藏注 CO_2 多组分综合渗流数学模型

结合前两小节的内容，进一步建立考虑有机质孔隙表面吸附解吸和天然裂缝系统应力敏感效应的注 CO_2 组分模型气相方程为：

$$\nabla\times\left(\frac{k_{aO}k_{rgm}}{\mu_{gO}}\rho_{gO}y_i\nabla\Phi_{gO}\right)+y_iq_{des}-y_iq_{g,IO}=\frac{\partial}{\partial t}\left(y_i\phi_O f_O\rho_{gO}S_{gO}\right) \tag{5.6}$$

$$\nabla\times\left(\frac{k_{aI}k_{rgm}}{\mu_{gI}}\rho_{gI}y_i\nabla\Phi_{gI}\right)+y_iq_{g,IO}-y_iq_{g,fI}=\frac{\partial}{\partial t}\left(y_i\phi_I f_I\rho_{gI}S_{gI}\right) \tag{5.7}$$

$$\nabla\times\left(\frac{k_{fe}k_{rgf}}{\mu_{gf}}\rho_{gf}y_i\nabla\Phi_{gf}\right)+y_iq_{g,fI}-y_iq_{g,Ff}=\frac{\partial}{\partial t}\left(y_i\phi_f\rho_{gf}S_{gf}\right) \tag{5.8}$$

$$k_{fe}=k_{f0}\exp\left[-d_f\left(p_{f0}-p_{gf}\right)\right] \tag{5.9}$$

且：

$$\nabla\Phi_l=\nabla p_l-r_lg\nabla z\quad\left(l=\mathrm{g,w}\right) \tag{5.10}$$

式中　O，I，f——有机质、无机质、天然裂缝系统；

f_O，f_I——有机质和无机质对于岩石骨架体积的体积比；

y_i——组分 i 的气相摩尔浓度；

r_l——相密度；

ϕ_O，ϕ_I，ϕ_f——有机质、无机质和天然裂缝的孔隙度；

S_{gO}，S_{gI}，S_{gf}——有机质、无机质和天然裂缝系统的含气饱和度；

ρ_{gO}，ρ_{gI}，ρ_{gf}——有机质孔隙、无机质孔隙和天然裂缝中的自由气密度；

μ_{gO}，μ_{gI}，μ_{gf}——有机质孔隙、无机质孔隙和天然裂缝中的自由气黏度。

水相方程表达式为：

$$\begin{cases}\nabla\times\left(\dfrac{k_{\mathrm{mO}}k_{\mathrm{rwm}}\rho_{\mathrm{w}}}{\mu_{\mathrm{w}}}\nabla\Phi_{\mathrm{wO}}\right)-q_{\mathrm{w,IO}}=\dfrac{\partial}{\partial t}\left(\phi_{\mathrm{O}}f_{\mathrm{O}}S_{\mathrm{wO}}\rho_{\mathrm{w}}\right)\\ \nabla\times\left(\dfrac{k_{\mathrm{mI}}k_{\mathrm{rwm}}\rho_{\mathrm{w}}}{\mu_{\mathrm{w}}}\nabla\Phi_{\mathrm{wI}}\right)+q_{\mathrm{w,IO}}-q_{\mathrm{w,fI}}=\dfrac{\partial}{\partial t}\left(\phi_{\mathrm{I}}f_{\mathrm{I}}S_{\mathrm{wI}}\rho_{\mathrm{w}}\right)\\ \nabla\times\left(\dfrac{k_{\mathrm{fe}}k_{\mathrm{rwf}}\rho_{\mathrm{w}}}{\mu_{\mathrm{w}}}\nabla\Phi_{\mathrm{wf}}\right)+q_{\mathrm{w,fI}}-q_{\mathrm{w,Ff}}=\dfrac{\partial}{\partial t}\left(\phi_{\mathrm{f}}S_{\mathrm{wf}}\rho_{\mathrm{w}}\right)\end{cases}\tag{5.11}$$

式中　ρ_{w}——水相密度。

对于水力压裂裂缝，为减少网格数目和避免裂缝周围的网格加密，仍然采用“降维”的离散裂缝模型进行描述。因此，压裂裂缝组分方程为：

$$\nabla\times\left(\frac{k_{\mathrm{F}}k_{\mathrm{rgF}}}{\mu_{\mathrm{gF}}}\rho_{\mathrm{gF}}y_i\nabla\Phi_{\mathrm{gF}}\right)+y_iq_{\mathrm{g,Ff}}+y_iq_{\mathrm{gsct}}=\frac{\partial}{\partial t}\left(y_i\phi_{\mathrm{F}}\rho_{\mathrm{gF}}S_{\mathrm{gF}}\right)\tag{5.12}$$

$$\nabla\times\left(\frac{k_{\mathrm{F}}k_{\mathrm{rwF}}}{\mu_{\mathrm{w}}}\rho_{\mathrm{wF}}\nabla\Phi_{\mathrm{wF}}\right)+q_{\mathrm{w,Ff}}+q_{\mathrm{wsct}}=\frac{\partial}{\partial t}\left(\phi_{\mathrm{F}}\rho_{\mathrm{wF}}S_{\mathrm{wF}}\right)\tag{5.13}$$

为减少求解变量，组分模型补充方程为：

$$S_{\mathrm{w}}+S_{\mathrm{g}}=1\tag{5.14}$$

$$\sum_{i=1}^{n_{\mathrm{c}}}y_i=1\tag{5.15}$$

$$p_{\mathrm{w}}=p_{\mathrm{g}}-p_{\mathrm{c}}\left(S_{\mathrm{w}}\right)\tag{5.16}$$

5.3 定解条件

5.3.1 初始条件

组分模型的初始条件为：

$$\begin{cases}p_{\mathrm{gf}}=p_{\mathrm{gf0}};\ p_{\mathrm{gI}}=p_{\mathrm{gO}}=p_{\mathrm{g0}}\\ y_{\mathrm{CH_4}}=1;\ \ y_{\mathrm{CO_2}}=0\\ S_{\mathrm{wf}}=S_{\mathrm{wf0}};\ S_{\mathrm{w}i}=S_{\mathrm{w}i0}\ \ (i=\mathrm{I,O})\end{cases}\tag{5.17}$$

5.3.2 外边界条件

封闭外边界条件为：

$$\begin{cases}\dfrac{\partial p_{\mathrm{gf}}}{\partial n}=0\\ \dfrac{\partial p_{\mathrm{g}i}}{\partial n}=0\ \ (i=\mathrm{I,O})\end{cases}\tag{5.18}$$

对于内边界条件即各组分的产量和注入量的处理将在第 5.4 节中进行详细阐述。

5.4　数学模型中特殊参数的处理

5.4.1　多组分流体物性的计算

5.4.1.1　*P-R* 状态方程

本节将采用 *P-R* 状态方程求解混合气体密度和单组分气体密度[1]，*P-R* 状态方程的三次型方程为：

$$Z^3-(1-B)Z^2+(A-3B^2-2B)Z-(AB-B^2-B^3)=0 \tag{5.19}$$

其中：

$$\begin{cases} A=a_m p_g/(R^2T^2), \\ B=b_m p_g/RT \end{cases} \tag{5.20}$$

$$a_m=\sum_{i=1}^{n_c}\sum_{j=1}^{n_c}x_i x_j\left(1-k_{i,j}\right)\sqrt{a_i a_j} \tag{5.21}$$

$$b_m=\sum_{i=1}^{n_c}x_i b_i \tag{5.22}$$

$$a_i=0.45724\frac{R^2T_{ci}^2}{p_{ci}}\left\{1+f_w\left[1-\left(\frac{T}{T_{ci}}\right)^{0.5}\right]\right\}^2 \tag{5.23}$$

$$b_i=0.078\frac{RT_{ci}}{p_{ci}} \tag{5.24}$$

$$f_w=0.375+1.542w_i-0.27w_i^2 \tag{5.25}$$

式中　p_{ci}，T_{ci}——各组分的临界压力和临界温度；

w_i——各组分的偏心因子 w_{CH_4}=0.01，w_{CO_2}=0.225。

选取上述公式中关于压缩因子 Z 的最大实根为计算值，$k_{i,j}$ 二元相互作用参数，满足 $k_{i,j}=k_{j,i}$，且当组分 i 和 j 相同时有 $k_{i,j}=0$，CH_4 与 CO_2 之间的二元相互作用参数 $k_{CO_2\text{-}CH_4}$ 可通过下式得到：

$$k_{CO_2\text{-}CH_4}=0.09980+5.4835/T-36.134/T^2 \tag{5.26}$$

在获得 Z 值后，混合气体密度和各组分密度的表达式为：

$$\rho_g=\frac{p}{ZRT} \tag{5.27}$$

$$\rho_{gi}=y_i\rho_g \tag{5.28}$$

同时，在本书中，将采用上述公式计算 CH_4 的黏度，而对于超临界 CO_2 的黏度，将采用文献[2]提出的基于 *P-R* 状态方程的计算方法求解：

$$T\mu^3+s\mu^2+q\mu+r=0 \tag{5.29}$$

其中：

$$\begin{cases} s = 2Tb - Tb' - r'p \\ q = a - Tb^2 - 2Tbb' - 2br'P \\ r = Tb^2b' + r'Pb^2 - ab' \end{cases}, \quad \begin{cases} a = 0.45724\dfrac{r_c^2 p_c^2}{T_c} \\ b = 0.0778\dfrac{r_c p_c}{T_c} \end{cases}, \quad \begin{cases} r_c = \dfrac{\mu_c T_c}{p_c Z_c} \\ \mu_c = 7.7T_c^{-1/6} M_w^{0.5} p_c^{2/3} \\ r' = r_c \tau(T_r, p_r) \\ b' = b\varphi(T_r, p_r) \end{cases} \tag{5.30}$$

$$\begin{cases} \tau(T_r, p_r) = [1 + Q_1(\sqrt{T_r p_r} - 1)]^{-2} \\ \varphi(T_r, p_r) = \exp[Q_2(\sqrt{T_r} - 1)] + Q_3(\sqrt{p_r} - 1)^2 \end{cases}, \quad \begin{cases} Q_1 = 0.829599 + 0.350857\omega - 0.74768\omega^2 \\ Q_2 = 1.94546 - 3.19777\omega + 2.80193\omega^2 \\ Q_3 = 0.299757 + 2.20855\omega - 6.64959\omega^2 \end{cases}$$

上述公式中的最大实根即为所求的超临界 CO_2 黏度值。在分别获得 CH_4 和 CO_2 的黏度之后，采用 Carr 等 [3] 提出的多组分混合黏度计算方法获得总烃黏度为：

$$\mu = \frac{\sum_{i=1}^{n_c} \mu_i y_i M_i^{0.5}}{\sum_{i=1}^{n_c} y_i M_i^{0.5}} \tag{5.31}$$

式中 n_c——总组分数；

M_i——i 组分相对分子质量。

如图 5.2 所示，将采用上述计算方法获得的 CH_4 和 CO_2 黏度和密度值同实验数据进行了对比分析，可以看出计算结果与实验结果吻合良好，说明了采用上述方法计算气体物性参数的准确性。

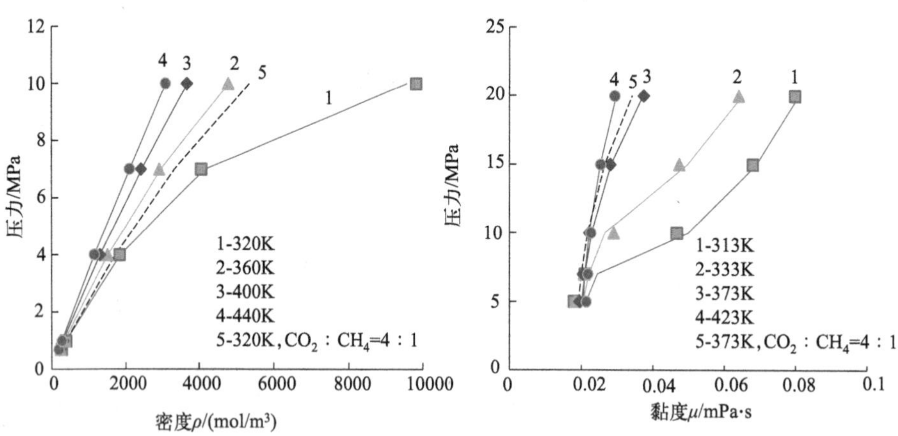

图 5.2 密度、黏度计算数据与实验数据的对比 [4]

5.4.1.2 Span-Wagner 模型

考虑到二氧化碳在储层中较大物性变化特征，因此准确地计算二氧化碳的物性随温度和压力的变化特征十分不必要。二氧化碳物理、化学性质随温度和压力的变化而急剧变化，要确定某一时刻二氧化碳的流动性质，必须计算出当前取热流体所处的温度、压力环境；然后根据温度、压力条件确定二氧化碳相态，并最终获得二氧化碳的密度、黏度、等压热容、Joule-Thomson 系数、压缩系数等重要性质。选用 Span-Wagner 模型计算二氧化碳热物性参数，该模型以理想气体为参考，采用偏离函数法计算二氧化碳物性参数，其适用范围广（216K $\leqslant T \leqslant$ 1100K、0MPa $\leqslant P \leqslant$ 800MPa），满足增强型地热系统中二氧化碳开采地热可能的温度与压力范围，且计算精度高，使用该方法计算时，密度误差可控制在 0.05% 以内，热容误差可控制在 1.5% 以内，其他参数误差也可控制在 3% 以内。二氧化碳热物性状态方程是基于 Helmholtz 自由能建立，其中 Helmholtz 自由能由理想自由能 ϕ^o和残余自由能 ϕ^r 部分组成：

$$\phi(\delta,\tau)=\phi^o(\delta,\tau)+\phi^r(\delta,\tau) \tag{5.32}$$

式中　δ——无量纲对比密度，$\delta=\rho/\rho_c$；

τ——无量纲逆对比密度，$\tau=T_c/T$；

ρ_c——临界密度；

T_c——临界温度。

值得说明的是 T_c=30.957℃的临界点温度条件下，对应的二氧化碳临界密度 ρ_c=467.69kg/m^3 以及临界压力 p_c=7.3721MPa。其中，理想部分 Helmholtz 自由能具体表达式为：

$$\phi^o(\delta,\tau)=\ln(\delta)+a_1^o+a_2^o\tau+a_3^o\ln(\delta)+\sum_{i=4}^{8}a_i^o\ln[1-\exp(-\tau\theta_i^o)] \tag{5.33}$$

其中，系数 a_i^o 和 θ_i^o 的取值如表 5.1 所列。

表 5.1　Helmholtz 自由能自由项系数

i	a_i^o	θ_i^o	i	a_i^o	θ_i^o
1	8.37304456	—	5	0.62105248	6.11190
2	−3.70454304	—	6	0.41195293	6.77708
3	2.50000000	—	7	1.04028922	11.32384
4	1.99427042	3.165163	8	0.08327678	27.08792

残余部分 Helmholtz 自由能具体表达式为：

$$\begin{aligned}\phi^r(\delta,\tau)=&\sum_{i=1}^{7}n_i\delta^{d_i}\tau^{t_i}+\sum_{i=8}^{34}n_i\delta^{d_i}\tau^{t_i}\mathrm{e}^{-\delta^{c_i}}+\\&\sum_{i=35}^{39}n_i\delta^{d_i}\tau^{t_i}\mathrm{e}^{-\alpha_i(\delta-\varepsilon_i)^2-\beta_i(\tau-\gamma_i)^2}+\sum_{i=40}^{42}n_i\Delta^{b_i}\delta\mathrm{e}^{-C_i(\delta-1)^2-D_i(\tau-1)^2}\end{aligned} \tag{5.34}$$

式中　Δ——中间函数。

Δ 可由式（5.35）进行计算：

$$\Delta=\{(1-\tau)+A_i[(\delta-1)^2]^{1/(2\beta_i)}\}^2+B_i[(\delta-1)^2]^{a_i} \tag{5.35}$$

其中，A_i、B_i、C_i、D_i、a_i、b_i、c_i、d_i、n_i、t_i、α_i、β_i、γ_i、ε_i 和 θ_i 都为拟合系数，

无量纲。

以 Helmholtz 自由能及其各项分别对无量纲温度、无量纲密度的一阶和二阶偏导数项为基础，可以计算出压力、热焓、热熵、内能、定压热容、定容热容等二氧化碳热物性参数，具体可以表示如下：

密度表达式为：

$$\rho(\delta,\tau)=\frac{p}{R_\text{c}T(1+\delta\phi_\delta^r)} \tag{5.36}$$

式中 R_c——理想气体常数。

定压热容表达式为：

$$c_p(\delta,\tau)=R_\text{c}\left[-\tau^2\left(\phi_{\tau\tau}^o+\phi_{\tau\tau}^r\right)+\frac{\left(1+\delta\phi_\delta^r-\delta\tau\phi_{\delta r}^r\right)^2}{1+2\delta\phi_\delta^r+\delta^2\phi_{\delta\delta}^r}\right] \tag{5.37}$$

定容热容表达式为：

$$c_v(\delta,\tau)=-R_\text{c}\tau^2\left(\phi_{\tau\tau}^o+\phi_{\tau\tau}^r\right) \tag{5.38}$$

热熵表达式为：

$$s(\delta,\tau)=R_\text{c}\left[\tau\left(\phi_\tau^o+\phi_\tau^r\right)-\phi^o-\phi^r\right] \tag{5.39}$$

热焓表达式为：

$$h(\delta,\tau)=R_\text{c}T\left[1+\tau\left(\phi_\tau^o+\phi_\tau^r\right)+\delta\phi_\delta^r\right] \tag{5.40}$$

内能表达式为：

$$h(\delta,\tau)=R_\text{c}T\tau\left(\phi_\tau^o+\phi_\tau^r\right) \tag{5.41}$$

Joule-Thomson 系数表达式为：

$$c_J(\delta,\tau)=\frac{1}{R_\text{c}\rho}\frac{-\left(\delta\phi_\delta^r+\delta^2\phi_{\delta\delta}^r+\delta\tau\phi_{\delta r}^r\right)}{\left(1+\delta\phi_\delta^r-\delta\tau\phi_{\delta r}^r\right)^2-\tau^2\left(\phi_{\tau\tau}^o+\phi_{\tau\tau}^r\right)\left(1+2\delta\phi_\delta^r+\delta\phi_{\delta\delta}^r\right)} \tag{5.42}$$

式中，$\phi_\delta=\left(\frac{\partial\phi}{\partial\delta}\right)_\tau$，$\phi_{\delta\delta}=\left(\frac{\partial^2\phi}{\partial\delta^2}\right)_\tau$，$\phi_\tau=\left(\frac{\partial\phi}{\partial\tau}\right)_\delta$，$\phi_{\tau\tau}=\left(\frac{\partial^2\phi}{\partial\tau^2}\right)_\delta$，$\phi_{\delta\tau}=\left(\frac{\partial^2\phi}{\partial\delta\partial\tau}\right)$，上标“$o$”和“$r$”分别表示理想部分和残余部分。

对于二氧化碳黏度难以用 Helmholtz 自由能来求解，本书采用 Fenghour 等提出的基于密度和黏度的解析模型计算，该模型可适用于（216K $\leqslant T\leqslant$ 100K、$P\leqslant$ 300MPa）的温度、压力范围。模型中二氧化碳的黏度 μ 由背景黏度 μ_0 和随密度增加的额外黏度增量 $\Delta\mu$ 两个部分组成，基本公式如下式：

$$\mu(\rho,T)=\mu_0(\rho,T)+\Delta\mu(\rho,T) \tag{5.43}$$

黏度 μ_0 可表示为（单位为 10^{-3}mPa·s）：

$$\mu_0(\rho,T)=\frac{1.00697T^{0.5}}{\eta_0(T)} \tag{5.44}$$

系数 η_0 的表达式为：

$$\eta_0(T)=\exp\left\{\sum_{i=0}^{4}b_i\left[\ln\left(\frac{T}{c}\right)\right]^i\right\} \tag{5.45}$$

式中：c=251.96；b_0=0.235156；b_1=−0.491266；b_2=0.05211155；b_3=0.05347906；b_4=−0.01537102。黏度增量 $\Delta\mu$ 可表示为：

$$\Delta\mu(\rho,T)=d_1\rho+d_2\rho^{-4}+d_3\frac{\rho^6 c}{T^3}+d_4\rho^8+d_5\frac{\rho^8 c}{T} \tag{5.46}$$

式中：d_1=0.004071119；d_2=0.7198037×10^{-4}；d_3=0.2411697×10^{-16}；d_4=0.2971072×10^{-22}；d_5=−0.1627888×10^{-22}。

二氧化碳黏度计算过程与上述其他热物性参数计算过程一样，通过给定的温度和压力迭代求解出密度，再由密度和温度求得对应的黏度。将计算出的密度与黏度值与标准物性数据进行了对比。从图 5.3（书后另见彩图）中可以看出，程序计算的二氧化碳密度值与文献拟合效果较好。图中储层压力＜ 20MPa 时，压力从低到高的过程中出现密度值的跃升，储层压力＞ 30MPa 后对应的密度值随温度升高则相对平缓下降。此外，从图 5.4（书后另见彩图）可以观察到在低于临界压力（p_c=7.3721MPa）时，储层压力越低，二氧化碳由液态转变为气态过程中密度突变越明显；而高于临界压力时，二氧化碳由液态转变为超临界态密度呈连续变化。

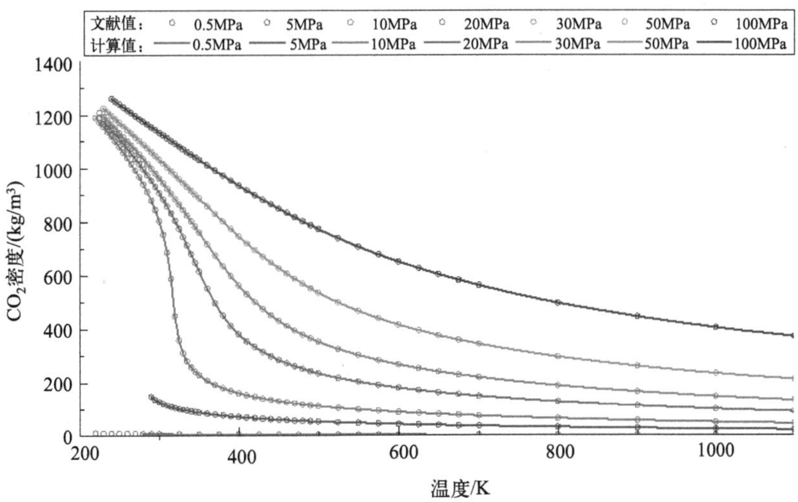

图 5.3 二氧化碳温度 - 密度 - 压力验证对比

从图 5.5（书后另见彩图）二氧化碳温度 - 黏度 - 压力验证对比图可以看出，程序计算的二氧化碳黏度值与文献拟合效果较好。在压力为 0 ～ 100MPa，温度为 300 ～ 500K 范围内，二氧化碳的黏度在 50.91 ～ 139.32μPa · s 之间。不同温度条件下，二氧化碳黏度整体上随储层压力的升高而增加；不同压力条件下，二氧化碳黏度随温度的变化比较复杂，当压力较高二氧化碳为液态时，其黏度随温度的升高而降低，当压力逐渐降低二氧化碳由液态突变为气态时，黏度发生突降。此外，结合图 5.6（书后另见彩图）可以观察到，二氧化碳从气态变为超临界态时，黏度升高幅度相对平缓，二氧化碳黏度受压力、温度协同控制作用。

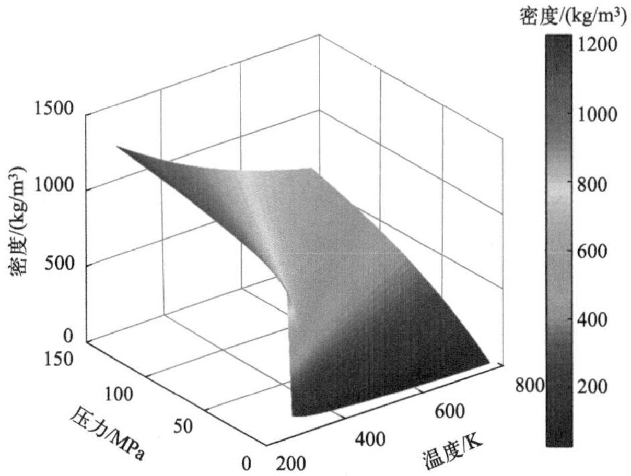

图 5.4　不同温度、压力条件下二氧化碳密度

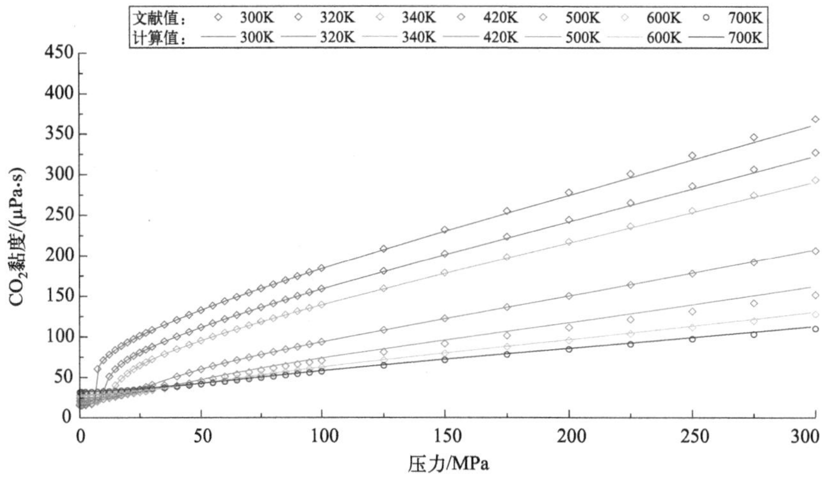

图 5.5　二氧化碳温度 - 黏度 - 压力验证对比

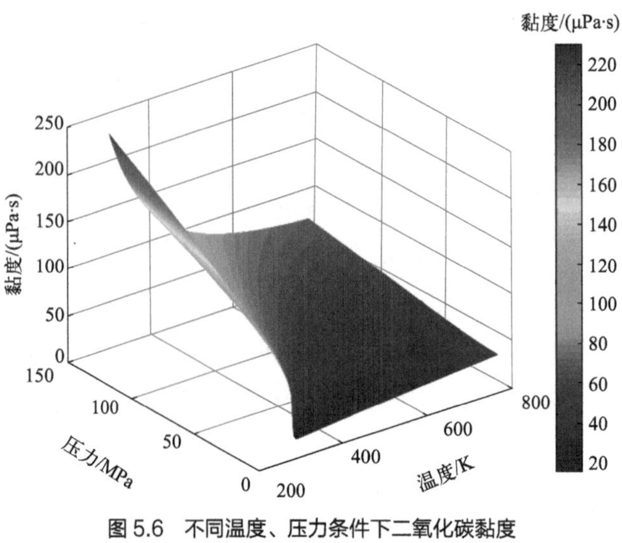

图 5.6　不同温度、压力条件下二氧化碳黏度

从图 5.7（书后另见彩图）中可以看出，程序计算的二氧化碳等压热容值与文献拟合效果较好。当压力在 20 ～ 30MPa 之间时，不同温度下二氧化碳等压热容值随着压力增加呈先增大后减小的趋势，表现出明显的峰值；超临界点附近（30.957℃，7.3721MPa）二氧化碳等压热容存在异常极高值。当温度＞ 500K 之后，二氧化碳等压热容值逐渐趋于一致。此外，结合图 5.8（书后另见彩图）中可以观察到，二氧化碳从液态转变为气态或气态变为超临界态时，等压热容变化相对平缓，连续性较好，仅在临界点及附近出现奇异值。

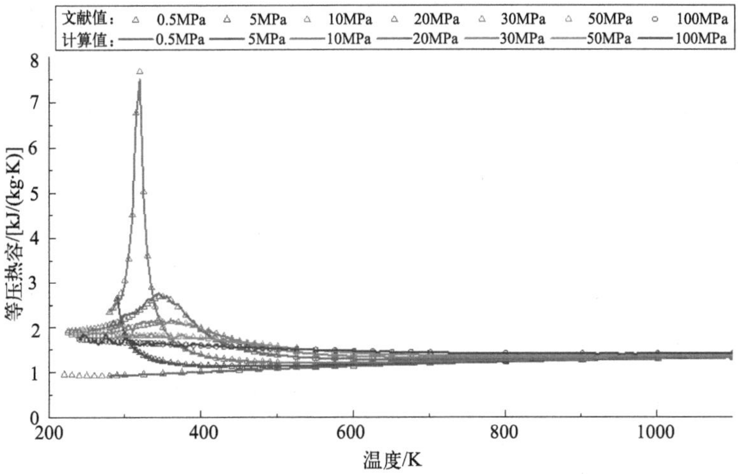

图 5.7　二氧化碳温度 - 热容 - 压力验证对比

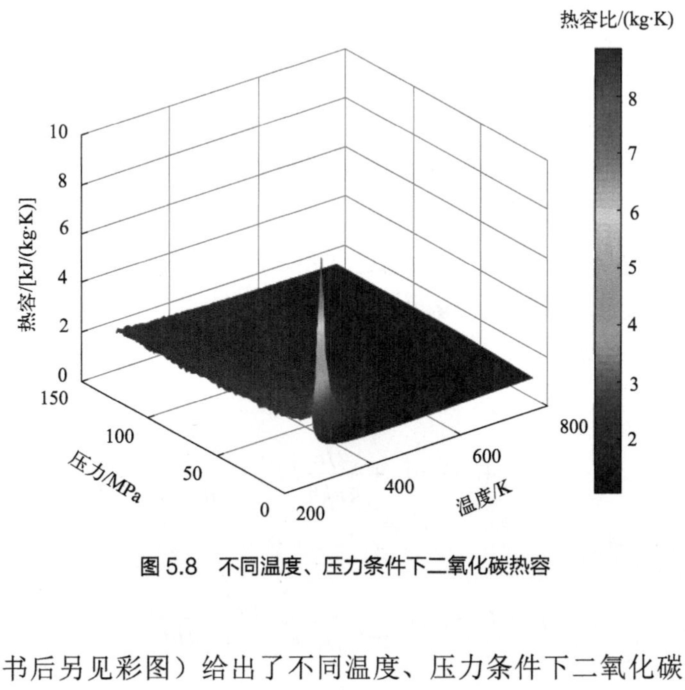

图 5.8　不同温度、压力条件下二氧化碳热容

图 5.9（书后另见彩图）给出了不同温度、压力条件下二氧化碳压缩系数值，

其范围为 $1.98\times10^{-9}\sim1.08\times10^{-6}$ Pa^{-1}。观察发现，二氧化碳的压缩系数随着压力增大而减小，但是与温度的关系相对复杂。当压力位于 4 ～ 16MPa 时，二氧化碳的压缩系数随温度的增加而增加，而后有所降低，后期逐渐平稳，拐点处二氧化碳会出现由液态变为气态的相变行为，在相变临界点处取得最大值；当压力＞ 31MPa 后，二氧化碳的压缩系数一直随温度的增加而增大，当压力为 1MPa 时，二氧化碳在 273 ～ 473K 范围内均为气态，压缩系数最大，并且对温度变化不敏感。

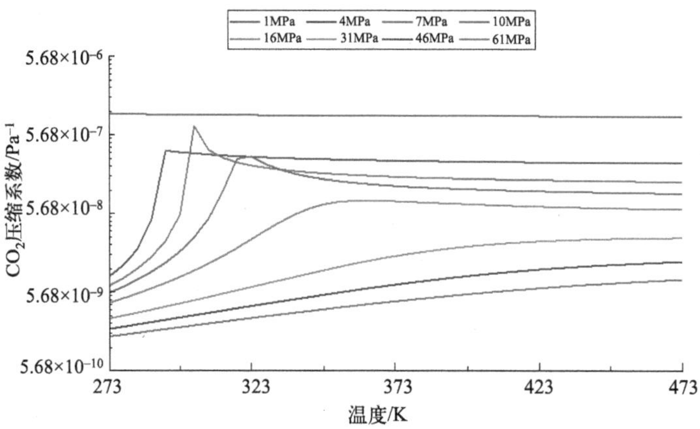

图 5.9　不同温度、压力条件下二氧化碳压缩系数

5.4.2　井模型的处理

在页岩气藏数值模拟中，对于多级压裂水平井单井控制区域和平台井组区域进行空间网格离散时，单元网格尺度都将远远大于井尺度，因此，对于产量项的处理，将通过建立井模型实现产量源汇点与其所在网格间的流量交换，从而避免为缩小尺度差异而进行的网格加密等影响计算效率的工作。

目前，在油气藏数值模拟中，对于产量项的井模型，主要包括拟稳态井模型和不稳定井模型两大类。Blanc 等 [5] 为描述直井和水平井在生产早期的井底流压变化情况，基于不稳定渗流理论和源函数方法，获得了直井和水平井在实空间的产量、生产压差随时间的关系式：

直井为：

$$p(r,t)=p_i+\frac{q\mu}{4\pi kh}Ei\left(-\frac{r^2}{4\eta t}\right) \tag{5.47}$$

水平井为：

$$p(r,t)=p_i+\frac{q\mu}{4\pi L\sqrt{K_v K_h}}Ei\left\{-\frac{r^2}{4\eta t}\right\} \tag{5.48}$$

如图 5.10 所示，本书比较了矩形储层中一口无限导流压裂水平井在定产量生产时的井底流压变化情况分别采用数值模拟井模型和半解析解 [6] 的计算结果。可以看出，在数值模拟中通过不稳定井模型可以修正生产早期阶段的数值计算误差。但是，对于页岩储层实际井生产 10 年以上的日产量和累积产量的预测结果而言，上述早期阶段对结果准确度的影响很小，同时，对于有限导流多级压裂水平井，构建考虑复杂裂缝分布和缝间干扰等因素的不稳定源函数公式非常困难。因此，在本书中，将基于 Peaceman[7]、Chen 等 [8]、Moinfar 等 [9] 的研究成果，假设储层流体均仅由压裂裂缝进入水平井筒，建立非结构网格下的多级压裂裂缝拟稳态井模型公式，并应用于数值模型计算中。

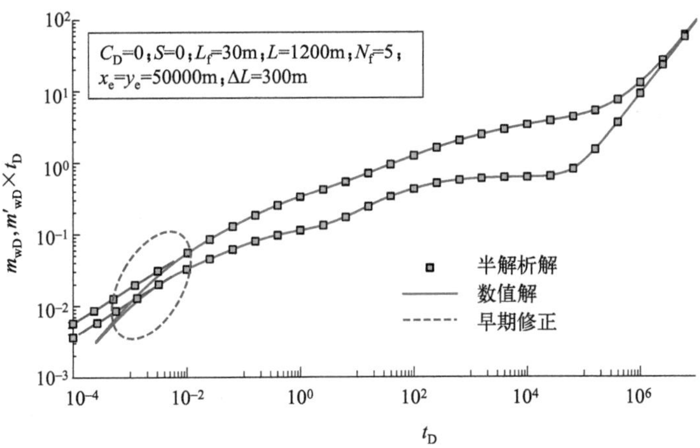

图 5.10　数值解与半解析解的对比分析

如上述公式所示，建立不考虑水平井筒摩阻和流量损失的气 - 水两相产量在 n+1 时步下的拟稳态井模型：

$$q_{\text{gsct}}^{n+1}=\sum_{l=1}^{N_{\text{F}}} y_{il}^{n+1}\text{PI}_l^{n+1}\left(p_{\text{bh}}-p_{\text{ave}l}\right)^{n+1} \tag{5.49}$$

$$q_{\text{wsct}}^{n+1}=\sum_{l=1}^{N_{\text{F}}} \text{WI}_l^{n+1}\left(p_{\text{bh}}-p_{\text{ave}l}\right)^{n+1} \tag{5.50}$$

式中　q_{gsct}，q_{wsct}——地面条件下的日产气量和日产水量；

p_{bh}——井底流压；

$p_{\text{ave}l}$——井源汇点所在网格块的平均压力；

N_{F}——压裂裂缝与水平井筒的总交点个数。

具体计算式为：

$$\text{PI}_{gi}=\frac{0.543k_{\text{F}i}k_{\text{rg}i}w_{0i}}{\mu_{gi}B_{gi}\left[\ln\left(\dfrac{r_{0i}}{r_w}\right)+s_{ci}\right]} \tag{5.51}$$

$$\mathrm{PI}_{wi}=\frac{0.543k_{\mathrm{F}i}k_{\mathrm{rw}i}w_{0i}}{\mu_{\mathrm{w}}B_{\mathrm{w}}\left[\ln\left(\frac{r_{0i}}{r_w}\right)+s_{ci}\right]} \tag{5.52}$$

PI_{gi}——采气指数；

PI_{wi}——产水指数。

由上述公式可知，求解拟稳态产气量和产水量的关键是等效井半径 r_0 的计算。如图 5.11 所示，对于二维三角形网格和三棱柱网格，假设水平井由第 m 层穿过，由离散裂缝模型压裂裂缝“降维”处理为宽度为 w_0 的裂缝面，结合拟稳态流动方程，储层中流体进入压裂裂缝的流动将看作径向流入高度为 w_0、底部半径为 r_0 的等效垂直井的流动过程。因此，其等效半径 r_0 可以由下式计算得到：

$$r_{0i}=\sqrt{\frac{l_{\mathrm{F}i}h_{\mathrm{F}}}{\pi}} \tag{5.53}$$

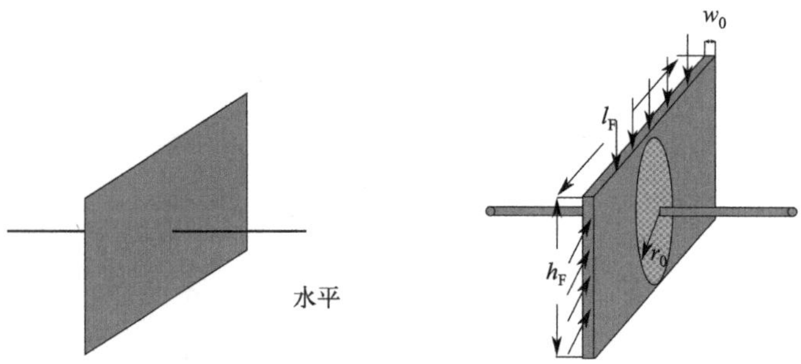

(a) 裂缝面　　(b) 裂缝面等效流动图

图 5.11　压裂水平井修正 Peaceman 井模型

对于采用三维非结构网格剖分的储层，压裂裂缝由平面三角形网格进行离散。水平井筒简化为线段穿过压裂裂缝平面，类似地，我们通过计算水平井筒与裂缝面的交点所构成的高度为 w_0 的有限控制体积的底面积，来获得等效半径：

$$r_{0i}=\sqrt{\frac{A_i}{\pi}} \tag{5.54}$$

下面，将基于 Liu 和 Jiang[10] 以及 Aguilar 等[11]学者的研究成果，如图 5.12 所示，当气体由压裂裂缝流入井筒时，将存在动能损失以及在水平井筒中由于摩擦作用导致的由水平井筒趾端到跟端的流速下降。

因此，当考虑摩擦力和动能损失时，各裂缝源汇点的井底流压将不同于跟端井底流压 p_{bh}，上述公式将修改为：

$$q_{\mathrm{sct}}^{n+1}=\sum_{l=1}^{N_{\mathrm{F}}}\mathrm{PI}_l^{n+1}\left(p_{\mathrm{bh}l}^{n+1}-p_{\mathrm{ave}l}^{n+1}\right) \tag{5.55}$$

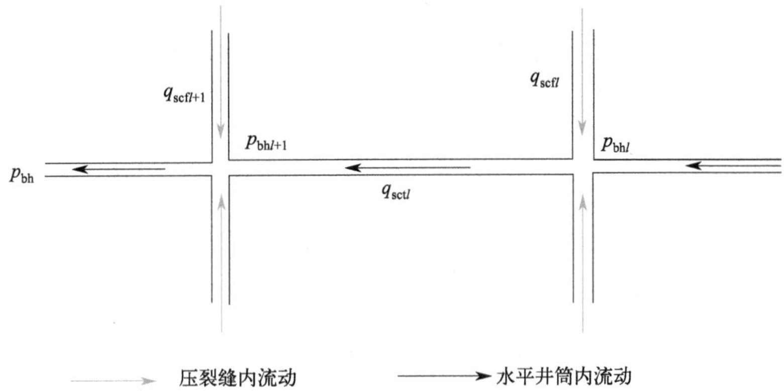

图 5.12　压裂水平井裂缝及井筒内流动模型

同时，井底流压满足：

$$p_{\mathrm{bh}l+1}^{n+1} = p_{\mathrm{bh}l}^{n+1} - \Delta p_{fl} - \Delta p_{al} \tag{5.56}$$

式中，Δp_{al} 为动量压降，可以由水平井筒不同段的动量差异得到：

$$\Delta p_{al} = \rho_{l+1}^{n} v_{l+1}^{2} - \rho_{l}^{n} v_{l}^{2} \tag{5.57}$$

Δp_{fl} 为摩阻水头，其计算公式为：

$$\Delta p_{fl} = 10^{-6} \times f_l \frac{\rho_l^n v_{tl}^2}{4r_w} \Delta L_l \tag{5.58}$$

式中，ΔL_l 为裂缝 l 和裂缝 l+1 之间水平井筒长度，v_{tl} 为 l 井筒段的总流速，且满足：

$$v_{tl} = \frac{q_{\mathrm{sct}l}^{n} B_{gl}^{n}}{86400\pi r_w^2} \tag{5.59}$$

f_l 为摩擦系数，并由雷诺数范围选取不同的计算公式：

$$\begin{cases} f_l = \dfrac{64}{Re_l} & Re_l \leqslant 2000 \\ f_l = \varepsilon f_1 + (1-\varepsilon) f_2 & 2000 < Re_l < 5000 \\ \dfrac{1}{\sqrt{f_l}} = -2\lg\left[\dfrac{e}{7.4r_w} + \dfrac{6.81}{Re_l^{0.8}}\right] & Re_l \geqslant 5000 \end{cases} \tag{5.60}$$

式中，ε 为层流和湍流之间的修正系数，通常为 0.1 ～ 0.3。雷诺数的计算式为：

$$Re_l = 0.0037 \times \frac{\rho_l^n q_{\mathrm{sct}l}^n B_{gl}^n}{r_w \mu_{gl}^n} \tag{5.61}$$

下面，将分别针对定井底流压和定总产量两种情况，建立井模型的全隐式迭代格式，并叠加到计算区域迭代数值计算矩阵中，构建完整的求解矩阵。

（1）定井底流压生产 / 注入

对于 n+1 时步下的产量项：

$$q_{l\mathrm{sct}}^{n+1}=\sum_{i=1}^{N_{\mathrm{F}}}\mathrm{PI}_{li}^{n+1}\left(p_{\mathrm{bh}i}-p_{\mathrm{ave}i}\right)^{n+1}\quad(l=\mathrm{g},\mathrm{w}) \tag{5.62}$$

由第 k+1 迭代步的值来逼近 n+1 时步下的值，并展开产量项得到：

$$q_{l\mathrm{sct}}^{k}+\delta q_{l\mathrm{sct}}^{k}=\sum_{i=1}^{N_{\mathrm{F}}}\left(\mathrm{PI}_{li}^{k}+\delta\mathrm{PI}_{li}^{k}\right)\left[p_{\mathrm{bh}i}^{n}-\left(p_{\mathrm{ave}i}^{k}+\delta p_{\mathrm{ave}i}^{k}\right)\right] \tag{5.63}$$

对上式进行整理，n 时步下的井底流压值和 k 迭代步的值作为已知量将合并后嵌入整体矩阵残余量 $\boldsymbol{R}$ 中：

$$q_{l\mathrm{sct}}^{k}=\sum_{i=1}^{N_{\mathrm{F}}}\mathrm{PI}_{li}^{k}\left(p_{\mathrm{bh}i}^{n}-p_{\mathrm{ave}i}^{k}\right) \tag{5.64}$$

对于产量项变量，忽略高阶无穷小量，展开得到：

$$\begin{aligned}\delta q_{l\mathrm{sct}}^{k}&=\sum_{i=1}^{N_{\mathrm{F}}}\left(p_{\mathrm{bh}i}^{n}-p_{\mathrm{ave}i}^{k}\right)\delta\mathrm{PI}_{li}^{k}-\mathrm{PI}_{li}^{k}\delta p_{\mathrm{ave}i}^{k}\\&=\sum_{i=1}^{N_{\mathrm{F}}}\left(p_{\mathrm{bh}i}^{n}-p_{\mathrm{ave}i}^{k}\right)\left(\frac{\partial\mathrm{PI}_{li}^{k}}{\partial p}\delta p_{\mathrm{ave}i}^{k}+\frac{\partial\mathrm{PI}_{li}^{k}}{\partial S_{\mathrm{w}}}\delta S_{\mathrm{wave}i}^{k}\right)-\mathrm{PI}_{li}^{k}\delta p_{\mathrm{ave}i}^{k}\end{aligned} \tag{5.65}$$

通过上述公式，可以得到不同渗流模型在定井底流压下的全隐式求解矩阵，通过迭代循环获得每一时步下的数值计算结果。

（2）定产气量生产 / 注入

当多级压裂水平井以定总产气量或者总产液量进行生产时，我们需要添加关于井底流压的变化值 δp_{bh}，类似地，采用第 k+1 迭代步下的值来逼近 n+1 时步下的值，并展开产量项为：

$$q_{l\mathrm{sct}}^{n+1}=q_{l\mathrm{sct}}^{n}=\sum_{i=1}^{N_{\mathrm{F}}}\left(\mathrm{PI}_{li}^{k}+\delta\mathrm{PI}_{li}^{k}\right)\left[\left(p_{\mathrm{bh}i}^{k}+\delta p_{\mathrm{bh}i}^{k}\right)-\left(p_{\mathrm{ave}i}^{k}+\delta p_{\mathrm{ave}i}^{k}\right)\right] \tag{5.66}$$

将上式展开并忽略高阶无穷小量得到：

$$\begin{aligned}\mathrm{PI}_{li}^{k}\left(p_{\mathrm{ave}i}^{k}-p_{\mathrm{bh}i}^{k}\right)&=\sum_{i=1}^{N_{\mathrm{F}}}\mathrm{PI}_{li}^{k}\delta p_{\mathrm{bh}i}^{k}-\mathrm{PI}_{li}^{k}\delta p_{\mathrm{ave}i}^{k}+\left(p_{\mathrm{bh}i}^{k}-p_{\mathrm{ave}i}^{k}\right)\delta\mathrm{PI}_{li}^{k}\\&=\sum_{i=1}^{N_{\mathrm{F}}}\mathrm{PI}_{li}^{k}\delta p_{\mathrm{bh}i}^{k}-\mathrm{PI}_{li}^{k}\delta p_{\mathrm{ave}i}^{k}+\left(p_{\mathrm{bh}i}^{k}-p_{\mathrm{ave}i}^{k}\right)\left(\frac{\partial\mathrm{PI}_{li}^{k}}{\partial p}\delta p_{\mathrm{ave}i}^{k}+\frac{\partial\mathrm{PI}_{li}^{k}}{\partial S_{\mathrm{w}}}\delta S_{\mathrm{wave}i}^{k}\right)\end{aligned} \tag{5.67}$$

同理，通过上述公式代入到求解域整体迭代矩阵中，并添加井底流压的变化量矩阵 $\boldsymbol{\delta P}_{\mathrm{bh}}$，可以得到各渗流模型中多级压裂水平井在定产气量或者定产液量生产时的井底流压在不同时步下的变化情况。

参考文献

[1] Jiang J M，Shao Y，Rami M Y. Development of a multi-continuum multi-component model for enhanced gas recovery and CO_2 storage in fractured shale gas reservoirs[C]. Paper SPE 169114 presented at the SPE Improved Oil Recovery Symposium，Tulsa，Oklahoma，USA，2014.

[2] 郭绪强，荣淑霞，杨继涛，等 . 基于 PR 状态方程的黏度模型 [J]. 石油学报，1999，20（3）：56-61.

[3] Carr N L，Kobayashi R，Burrows D B. Viscosity of hydrocarbon gases under pressure[J]. Journal of Petroleum Technology，1954，6（10）：47-55.

[4] 刘光启，马连湘，刘杰 . 化工物性数据手册（无机卷）[M]. 北京：化学工业出版社，2002.

[5] Blanc G，Ding D Y，Ene A，et al. Transient productivity index for numerical well test simulations[J]. 1999：163-174.

[6] Zhao Y L，Zhang L H，Shao B C. Mathematical model of fractured horizontal well in shale gas reservoir with rectangular stimulated reservoir volume[J]. Journal of Natural Gas Science & Engineering，2018，59：67-79.

[7] Peaceman D W. Interpretation of well-block pressures in numerical reservoir simulation[C]. Paper SPE 6893 presented at the SPE-AIME 52nd Annual Fall Technical Conference and Exhibition，Denver，Colorado，USA，1978.

[8] Chen Z X，Huan G R，Li B Y. Modeling 2D and 3D horizontal wells using CVFA[J]. Communications in Mathematical Sciences，2003，1（1）：30-43.

[9] Moinfar A，Varavei A，Sepehrnoori K，et al. Development of a coupled dual continuum and discrete fracture model for the simulation of unconventional reservoirs[C]. Paper SPE 163647 presented at the SPE Reservoir Simulation Symposium，The Woodlands，Texas，USA，2013.

[10] Liu X，Jiang Z. The model coupling fluid flow in reservoir with flow in horizontal wellbore[C]. Paper SPE 50432 presented at the SPE International Conference on Horizontal Well Technology，Calgary，Alberta，Canada，1998.

[11] Aguilar C，Ozkan E，Kazemi H. Transient behavior of multilateral wells in numerical models：a hybrid analytical-numerical approach[C]. Paper SPE 104581 presented at the 15th SPE Middle East Oil & Gas Show and Conference，Manama，Bahrain，2007.

第 6 章

页岩气藏注 CO_2 数值模型及求解方法

6.1 非结构网格生成及空间离散

6.1.1 非结构网格类型

目前，运用广泛并且具有代表性的全局正交网格系统包括点中心网格、块中心网格以及径向网格等。当网格块的性质和属性可以通过中心点值来表示时，构成块中心网格如图 6.1（a）所示；点中心在处理边界条件时较为容易，网格节点周围对应该点的控制区域，二维矩形点中心网格如图 6.1（b）所示；径向网格是基于柱坐标系建立的网格系统，在径向流场问题的求解方面具有很大优势，如图 6.1（c）所示。

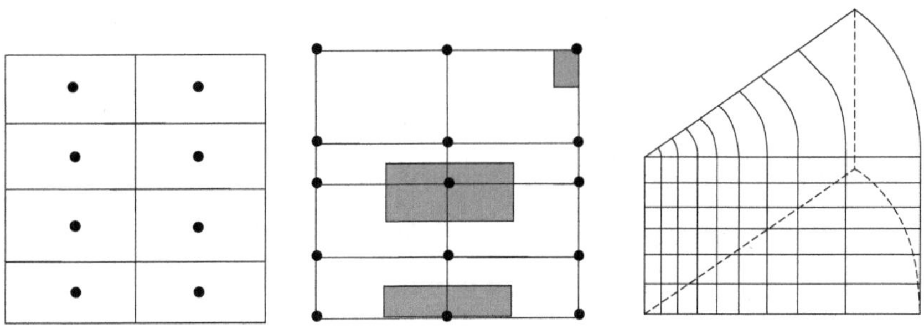

(a) 二维矩形块中心网格　(b) 二维矩形点中心网格(阴影部分为控制体积)　(c) 径向网格

图 6.1　常见结构网格剖分示意图

结构化网格有很多优点：

① 它可以很容易地实现区域的边界拟合，适于流体和表面应力集中等方面的计算；

② 网格生成的速度快；

③ 网格生成的质量好；

④ 数据结构简单；

⑤ 对曲面或空间的拟合大多数采用参数化或样条插值的方法得到，区域光滑，与实际的模型更容易接近。

结构化网格最典型的缺点在于难以对复杂边界情况进行剖分。尤其随着近几年的计算机和数值方法的快速发展，人们对求解区域复杂性的要求越来越高，在这种情况下结构化网格生成技术就显得力不从心。

同结构化网格的定义相对应，非结构化网格是指网格区域内的内部点不具有相同的毗邻单元，其重要特征是网格剖分区域内的与不同内点相连的网格数目不同。非结构网格在流体力学、弹塑性力学、地质建模等领域应用广泛。油藏数值模拟方面，受限于模拟规模和尺度，非结构网格常用于单井数值模拟。典型的非结构网格主要包括混合网格、局部正交网格和有限元网格 3 种。

（1）混合网格

混合网格实际上是几种结构化网格和非结构化网格的杂交网格方法，早期的混合网格主要是指接种结构网格的复合杂交，随着非结构网格技术的发展，目前普遍为结构网格和非结构网格之间相互混合。油气藏模拟计算时，通常对井眼周围采用这种处理手段。该网格既具有结构网格数据简单、质量可靠的优势，又能够在局部通过加密或者非结构剖分等手段实现流场的准确近似描述。Saphir 混合网格剖分示意图如图 6.2（a）所示。

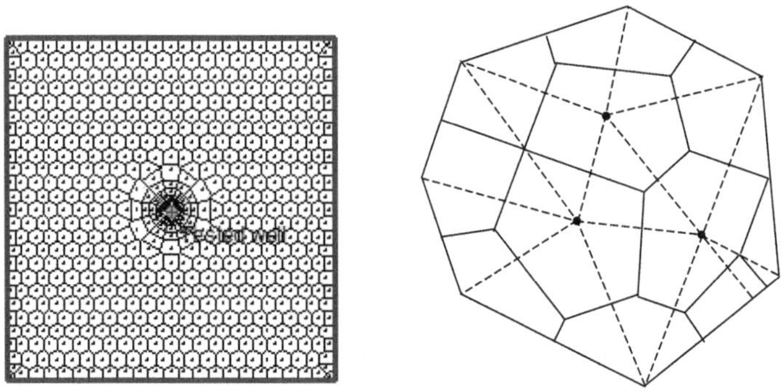

(a) Saphir混合网格剖分示意图　　(b) Delaunay三角二次剖分呈PEBI网格

图 6.2　混合网格及 PEBI 剖分示意图

（2）局部正交网格

狭义上的局部正交网格专指佛德罗意网格（Voronoi grid）或 PEBI 网格（perpendicular BI-sectors）。PEBI 网格的灵活性和局部正交性使其区别于目前的大多数网格。自 1908 年提出以后，局部正交网格在科技、工程领域得到了广泛的应用。PEBI 网格定义了这样一个空间区域：在此空间区域内的任意一点到网格中心点（节点）的距离均小于此点到其他节点的距离。在此定义下，任意两节点之间的连线必然被两节点所在网格边界所垂直平分。PEBI 网格需要在 Delaunay 三角形基础上进行二次构造生成［图 6.2（b）］。

由于 PEBI 网格对空间的离散具有很大的灵活性，可以比较精细地描述许多重要地质特征，同时基于混合网格技术和局部加密技术，PEBI 网格还能很好地反应井周围的实际内边界。图 6.2（a）即为数值试井商业软件 Saphir 通过 PEBI 网格与径向网格的混合网格系统实现的实际井眼剖分示意图。值得注意的是，由于正交性仅限定在网格相邻处，这种网格及其各种衍生网格对网格编号提出了新的要求，并且传统线性方程求解算法也不再适用。无法保证全局正交性后，通过既定的网格排序无法形成稀疏带状矩阵，这就使得必须有优化的网格排序算法压缩矩阵存储带宽，以及相应的大型稀疏非等带宽线性方程组求解方法与之相匹配。

(3) 有限元网格

常见的二维有限元网格主要为三角形和任意四边形网格，广义上的有限元网格还包括基于传统有限元网格的控制体积网格。典型的控制体积网格与 PEBI 网格类似，通过连接相邻的 Delaunay 三角形的重心二次重构获得（图 6.3），不同的是控制体积网格并不要求局部正交特性，因此剖分灵活性和精确度方面都要高于 PEBI 网格。

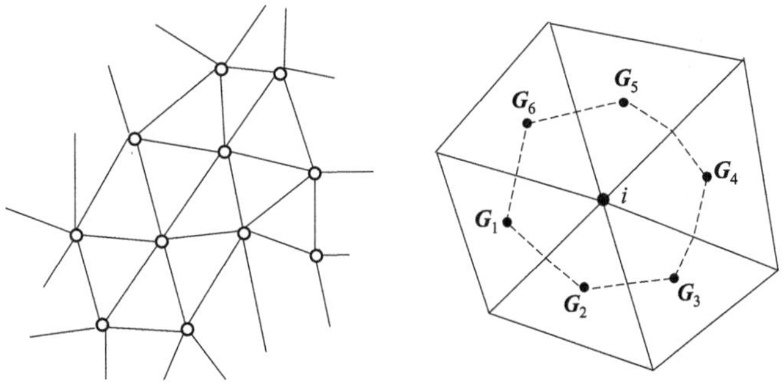

(a) 有限元Delaunay三角形网格　　(b) 节点中心有限体积对偶网格

图 6.3　有限元三角形及其对应控制体积网格

除此之外，常用的三维非结构网格还包括三棱柱网格和三维四面体网格，如图 6.4 所示。

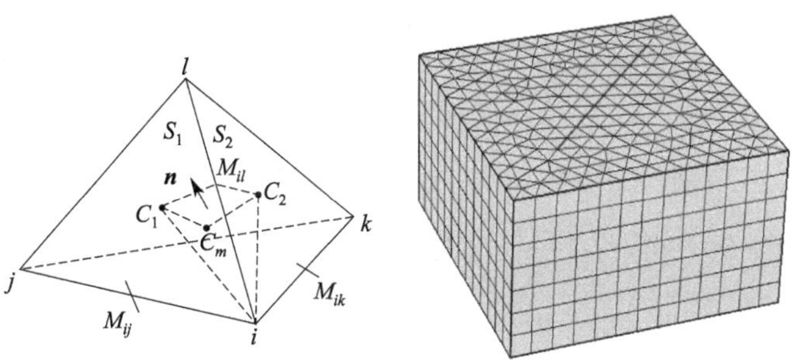

(a) 三棱柱网格　　(b) 三维四面体网格

图 6.4　三维非结构网格

6.1.2　非结构网格生成方法

本书数值求解基于非结构三角形网格和三棱柱网格，其典型剖分方法为 Delaunay 三角剖分。Delaunay 三角剖分具有最小角最大和特性和空圆唯一特性，如图 6.5 所示。即采用 Delaunay 三角离散后，域内所有三角形具有最大的最小内角和，同时任意三角形确定的圆面内有且仅有 3 个离散节点。

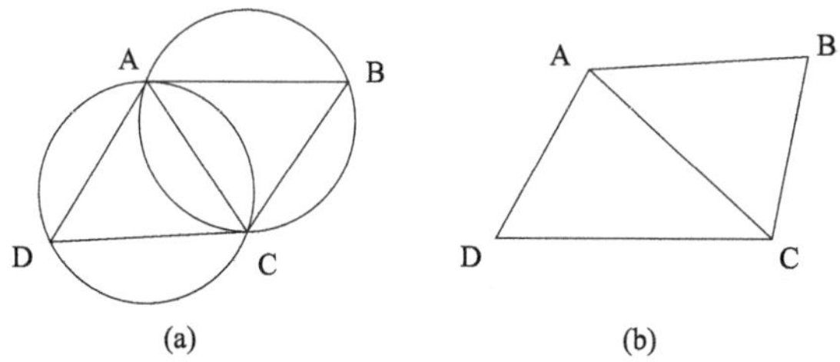

图 6.5　有限元 Delaunay 三角及最小角判定示意图

实现 Delaunay 三角剖分的算法很多，最常用的是由 Bowyer 和 Waston 提出的阵面扫描算法。三角剖分的问题通常可理解为如何把一个点集 $P=\{P_i \mid i=1, \cdots, N\}$ 剖分成不均匀的三角形网格的问题，亦称为点集的三角剖分。对于常见的数值计算来说，是一项极为重要的前处理技术。三角剖分满足的条件包括：

① 平面图形中所有的面都是三角面，三角面的并集是该散点集的凸包；

② 除了三角面的顶点外，平面图形中的边不包含该点集中的任何点；

③ 三角面的边不相交。

当点集相同时，不同的三角剖分方法得到三角形的数目相同，其中包含边的条数也相同，其数目取决于落在该点集凸包内点的个数（包括落在凸包上的点）。

在实际中运用最多的三角剖分方法是 Delaunay 三角剖分。图 6.6 展示了二维平面上 4 个点的两种三角剖分方法，从图中可以看出，左侧剖分方法得到的两个三角形为钝角三角形，而右侧剖分方法得到的两个三角形则接近正三角形。通常用三角剖分所得到三角形中夹角的最小值来衡量三角剖分方法的优劣，若最小夹角相等，则比较它们的次小角，以此类推。对于某一点集 P，三角剖分得到的三角形总数是有限的，必然存在一种三角剖分方法使得剖分得到三角形最小夹角达到最大的三角剖分方法，这种三角剖分方法就称为 Delaunay 三角剖分。图 6.6 中左侧的三角划分由 6 个角度 $\{\alpha_1, \alpha_2, \alpha_3, \alpha_4, \alpha_5, \alpha_6\}$ 组成，右侧的三角剖分角度为 $\{\beta_1, \beta_2, \beta_3, \beta_4, \beta_5, \beta_6\}$，若满足：

$$\text{sorted}\left\{\alpha_1,\alpha_2,\alpha_3,\alpha_4,\alpha_5,\alpha_6\right\}<\text{sorted}\left\{\beta_1,\beta_2,\beta_3,\beta_4,\beta_5,\beta_6\right\} \tag{6.1}$$

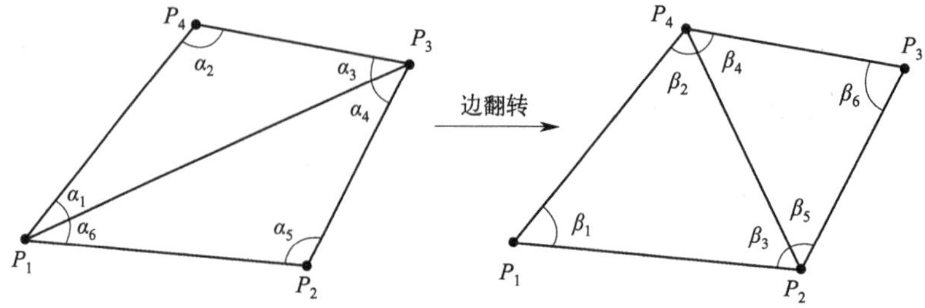

图 6.6　二维平面上 4 个点的三角剖分

则将 P_1P_3 称为一条非法边，若将边 P_1P_3 删去，并增加边 P_2P_4，就可增加局部最小角，该方法称作一次边的翻转。若对任意一个三角形反复进行边的翻转，则可得到没有非法边的三角剖分，该三角剖分方法则被称为 Delaunay 三角剖分。经典的 Delaunay 三角剖分算法主要有增量法和局部变换法两类。图 6.7 为平面点集的 Delaunay 三角剖分。

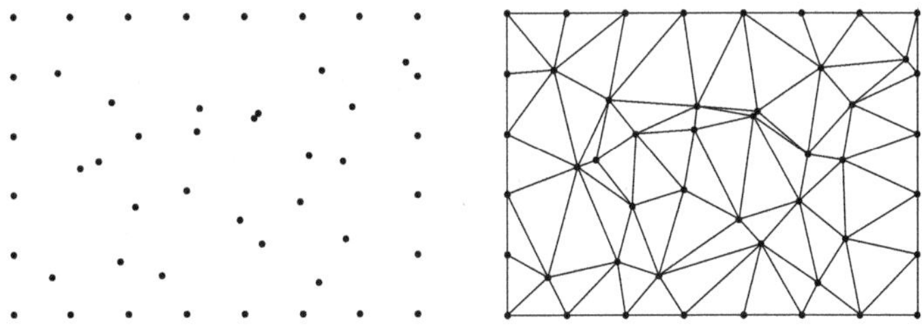

图 6.7 二维平面点集的 Delaunay 三角剖分

6.1.3 插值函数及选择

有限元单元方法利用“分块逼近”思想，将待解区域离散成有限个单元，并假设各单元域内插值函数，从而实现对定解问题的数值离散。因此在完成研究域剖分后，合理选择近似逼近函数成为了影响方程离散格式和最终计算结果的关键因素。有限元法中单元近似函数由插值基函数和节点参数构成，一旦单元节点数和单元形状尺寸确定，单元近似函数便可通过待定系数法计算得到。每个节点所对应的未知数个数称为该节点自由度，单元中所有节点的自由度总和称为单元自由度。考虑多项式在进行积分求导运算时十分方便，因此有限元分析中近似函数常选取为不同幂次的多项式。根据待求解问题的维度，常见的单元分类如下：

① 一维单元：杆（线）单元。

② 二维单元：三角单元、矩形单元、任意四边形等参单元。

③ 三维单元：四面体单元、六面体单元。

一般的，有限单元维度与研究问题的维度应保持一致。但对实际问题维度的合理简化，不仅能够获得反应客观规律的解，还能提高计算效率。实际油气藏渗流问题一般属于三维问题，但是当问题尺度在某一个维度方向上变化不明显时，可以通过降维处理使问题的求解得以简化。例如，细管实验可以简化处理为一维线性模型；忽略水平井筒导流能力的多级压裂水平井渗流问题可以采用二维模型描述。对于某一定解问题，当离散区域保持不变时，随着离散单元的尺寸减小，单元数目增多，近似解不断向真实解收敛靠拢，但是这种收敛趋势会随着单元数目的增加而趋于有限（图 6.8）。当定解问题各向同性或者各向差异不大时，纵横比为 1 的网格往往会获得最优的逼近结构，这就要求三角网格剖分时，尽量少出现钝角三角形。

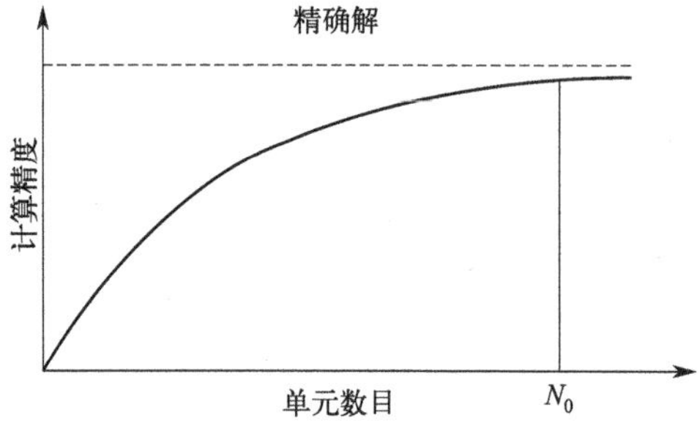

图 6.8　单元数目与计算精度关系图

本书基于离散裂缝模型对水力裂缝采用降维处理，研究了页岩气藏二维、三维压裂水平井渗流问题。模型中采用的网格包括线单元网格、三角形网格和四面体网格，本节介绍并推导了相关网格的插值函数。需要注意的是，这些插值函数对应的网格并没有进行二次加密，均为线性插值函数。

6.1.3.1　一维线单元网格

一维线单元插值函数示意见图 6.9。

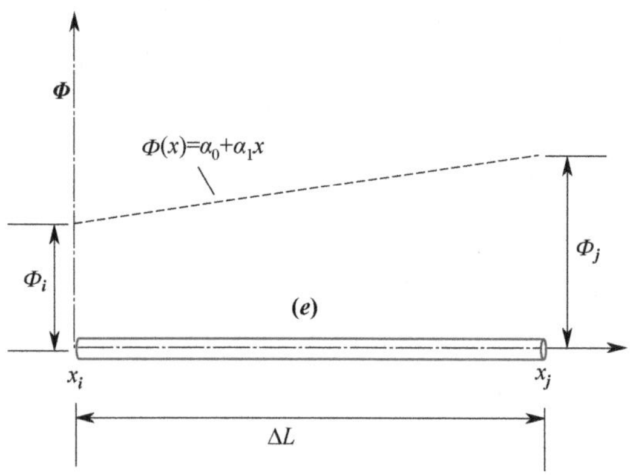

图 6.9　一维线单元插值函数示意图

模型中一维线单元网格主要用于描述平面渗流问题时的离散水力裂缝。由图 6.9 可知一维线单元有 2 个节点，对应自由度为 2，为使得系数方程封闭，线性插值多项式函数的系数应为两个，其具体形式为：

$$\phi(x)=a_0+a_1 x \tag{6.2}$$

对于任意单元 ***e***，认为插值函数在节点处值等于未知函数节点值。

$$\begin{cases}\phi_i=\alpha_0+\alpha_1 x_i\\ \phi_j=\alpha_0+\alpha_1 x_j\end{cases} \tag{6.3}$$

求解式（6.3）可得：

$$\phi^{(e)}=\frac{x_j-x}{\Delta L}\phi_i+\frac{x-x_i}{\Delta L}\phi_j=N_i\phi_i+N_j\phi_j=\left[N_i\ N_j\right]\begin{Bmatrix}\phi_i\\ \phi_j\end{Bmatrix} \tag{6.4}$$

其中，$\{\phi\}$ 为节点处场变量值列向量，N 为形函数，也称为插值基函数，它具有如下性质：

$$N_i(x_j)=\delta_{ij}=\begin{cases}1, & i=j\\ 0, & i\neq j\end{cases}$$
$$\sum_{i=1}^{n}N_i=1 \tag{6.5}$$

式（6.4）即为经典的 Lagrange 线性插值多项式。本质上，N_i、N_j 也可以理解为该单元的自然坐标值。由于后文采用离散裂缝原理通过矩阵叠加的形式求解页岩气藏压裂水平井模型，局部坐标形式的插值函数计算更为方便，因此设局部坐标 L_1 和 L_2 来表示单元内任一点 P，基于绝对坐标系统的一维线单元相对坐标插值格式如图 6.10 和式（6.6）所示。

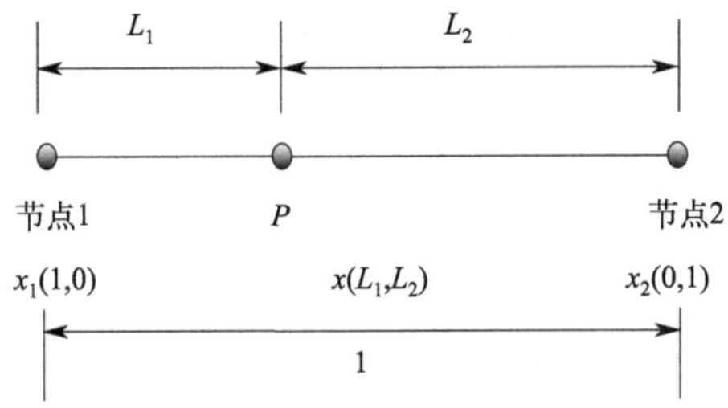

图 6.10　一维杆单元局部坐标示意图

$$\phi^{(e)}=L_i\phi_i+L_j\phi_j=\left[L_i\ L_j\right]\begin{Bmatrix}\phi_i\\ \phi_j\end{Bmatrix} \tag{6.6}$$

由插值函数的线性关系和局部坐标的相关性质，存在如下的积分简化计算公式：

$$\int_{x_1}^{x_2}L_1^{\alpha}L_2^{\beta}\mathrm{d}x=\frac{\alpha!\beta!}{(\alpha+\beta+1)!}l \tag{6.7}$$

该公式可以避免使用线单元进行有限元离散时烦琐的积分计算。

6.1.3.2　二维三角形网格

对于二维问题构建多项式类型的近似函数为：

$$\phi(x,y)=\beta_0+\beta_1x+\beta_2y+\beta_3x^2+\beta_4y^2+\beta_5xy+\cdots+\beta_my^n \tag{6.8}$$

对于实际问题，一般认为插值多项式选择完全多项式时计算精度最好。所谓完全多项式是指多项式应完整地包括各个幂次项。有时完整多项式的项数和单元的自由度数并不相同，这时可以增加单元的节点数使得单元自由度数与完整多项式的项数相同。但是最常用的处理方式则是减少多项式的项数，在减少多项式项数时应注意保持多项式的对称性。多项式的对称性可以保证插值多项式在几何上的各向同性，也就是当坐标系发生转换时不影响插值多项式的表达形式，从而保证插值函数在不同坐标系中有相同的解。本书二维模型中，气藏区域采用三角形单元（图 6.11）进行离散，该网格单元在不进行二次剖分的情况下有 3 个自由度，其插值多项式对应为：

$$\phi(x,y)=\beta_0+\beta_1 x+\beta_2 y \tag{6.9}$$

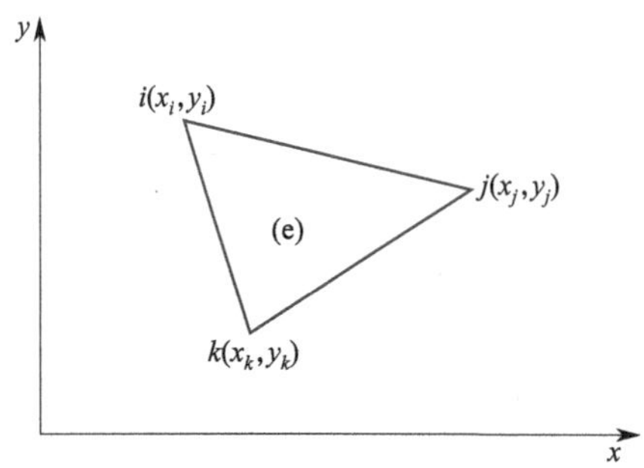

图 6.11 二维三角形单元插值函数

该式具有完全性，考虑插值函数在节点处与节点值相等，则式(6.9)写成：

$$\begin{cases}\phi_i=\beta_0+\beta_1 x_i+\beta_2 y_i\\ \phi_j=\beta_0+\beta_1 x_j+\beta_2 y_j\\ \phi_k=\beta_0+\beta_1 x_k+\beta_2 y_k\end{cases} \tag{6.10}$$

求解式(6.10)，得：

$$\begin{cases}\beta_0=\dfrac{1}{2A}\left(a_i\phi_i+a_j\phi_j+a_k\phi_k\right)\\ \beta_1=\dfrac{1}{2A}\left(b_i\phi_i+b_j\phi_j+b_k\phi_k\right)\\ \beta_2=\dfrac{1}{2A}\left(c_i\phi_i+c_j\phi_j+c_k\phi_k\right)\end{cases} \tag{6.11}$$

式中 A 为三角形 ijk 的面积，其表达式为：

$$A=\frac{1}{2}\begin{vmatrix}1 & x_i & y_i\\ 1 & x_j & y_j\\ 1 & x_k & y_k\end{vmatrix}=\frac{1}{2}\left(x_i y_j+x_j y_k+x_k y_i-x_i y_k-x_j y_i-x_k y_j\right)=\frac{1}{2}\left(b_i c_j-b_j c_i\right) \tag{6.12}$$

其中：

$$\begin{cases} a_i = x_j y_k - x_k y_j, & a_j = x_k y_i - x_i y_k, & a_k = x_i y_j - x_j y_i \\ b_i = y_j - y_k, & b_j = y_k - y_i, & b_k = y_i - y_j \\ c_i = x_k - x_j, & c_j = x_i - x_k, & c_k = x_j - x_i \end{cases} \tag{6.13}$$

将式(6.11）代入式(6.9)，并整理成插值函数形式有：

$$\phi^{(e)} = \frac{1}{2A}\left[\left(a_i + b_i x + c_i y\right)\phi_i + \left(a_j + b_j x + c_j y\right)\phi_j + \left(a_k + b_k x + c_k y\right)\phi_k\right] \tag{6.14}$$

写成向量形式：

$$\phi^{(e)} = N_i\phi_i + N_j\phi_j + N_k\phi_k = \left[N_i \quad N_j \quad N_k\right]\begin{Bmatrix}\phi_i \\ \phi_j \\ \phi_k\end{Bmatrix} = [N]\{\phi\} \tag{6.15}$$

式(6.15）即为绝对坐标表示的二维三角形网格插值函数形式。由于三维模型中裂缝为二维平面，因此为了方便渗透率矩阵的叠加，需要建立局部坐标系下的三角形插值函数。对于三角形单元，其自然坐标为一个三维坐标，它并不等于物理坐标的维度。而是将三角形中任意一点P，用该点与3个三角形顶点相连，形成的3个子三角形面积与单元总面积之比表示，如图6.12所示。

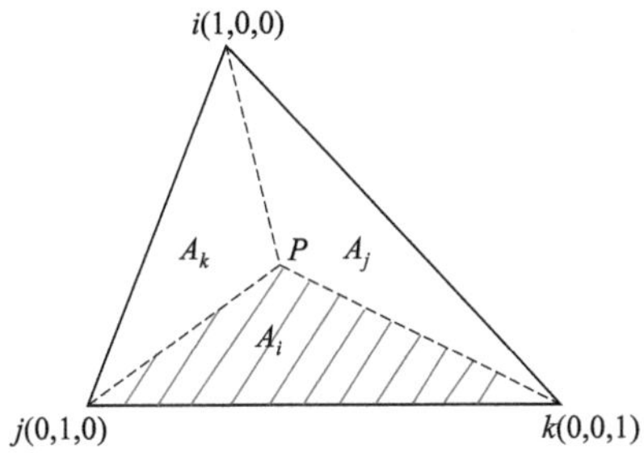

图6.12　二维三角形单元局部坐标示意图

$\triangle Pjk$面积为A_i，$\triangle Pki$面积为A_j，$\triangle Pij$面积为A_k，则P点的自然坐标即由3个比值来确定，$P(L_i，L_j，L_k)$。

$$\begin{cases} L_i = A_i / A \\ L_j = A_j / A; \qquad A_i + A_j + A_k = A \\ L_k = A_k / A \end{cases} \tag{6.16}$$

$$\begin{aligned} A_i &= \frac{1}{2}\begin{vmatrix} 1 & x & y \\ 1 & x_j & y_j \\ 1 & x_k & y_k \end{vmatrix} \\ &= \frac{1}{2}\left[\left(x_j y_k - x_k y_j\right) + \left(y_j - y_k\right)x + \left(x_k - x_j\right)y\right] \\ &= \frac{1}{2}\left(a_i + b_i x + c_i y\right) \end{aligned} \tag{6.17}$$

建立三角形单元局部坐标和整体坐标有如下转换关系：

$$\begin{cases} x = x_i L_i + x_j L_j + x_k L_k \\ y = y_i L_i + y_j L_j + y_k L_k \end{cases} \tag{6.18}$$

由上式可知，将自然坐标转换成整体坐标实际上是通过节点坐标值插值得到的域内坐标表达式，面积坐标 L_i、L_j、L_k 即为插值计算中的形函数，其微分公式可用复合函数求导法则得到：

$$\frac{\partial}{\partial x} = \frac{\partial}{\partial L_i}\frac{\partial L_i}{\partial x} + \frac{\partial}{\partial L_j}\frac{\partial L_j}{\partial x} + \frac{\partial}{\partial L_k}\frac{\partial L_k}{\partial x} \tag{6.19}$$

$$= \frac{1}{2A}\left(\frac{\partial}{\partial L_i}b_i + \frac{\partial}{\partial L_j}b_j + \frac{\partial}{\partial L_k}b_k\right)$$

$$\frac{\partial}{\partial y} = \frac{1}{2A}\left(\frac{\partial}{\partial L_i}c_i + \frac{\partial}{\partial L_j}c_j + \frac{\partial}{\partial L_k}c_k\right) \tag{6.20}$$

由于插值函数为线性函数，与一维线单元类似，二维三角形单元也存在简化积分公式：

$$\iint_A L_1^a L_2^b L_3^c \mathrm{d}x\mathrm{d}y = \frac{a!b!c!}{(a+b+c+2)!}2A \tag{6.21}$$

对于特殊的 a、b、c 值有：

$$\begin{cases} \iint_A L_1 \mathrm{d}x\mathrm{d}y = \dfrac{A}{3} \\ \iint_A L_1^2 \mathrm{d}x\mathrm{d}y = \dfrac{A}{6} \\ \iint_A L_1 L_2 \mathrm{d}x\mathrm{d}y = \dfrac{A}{12} \end{cases} \tag{6.22}$$

6.2 控制体积有限元法基本原理

6.2.1 控制体积有限元法的发展历程

在油藏数值模拟中，所研究的区域往往存在复杂的几何特征，而对于发育有裂缝、断层等非均质性极强的裂缝性储层，情况将更为复杂。裂缝的开度、高度等参数基本在厘米或者米数量级，而裂缝的延伸长度和整个研究区域的地质模型尺寸可能会达到几十千米；同时，裂缝的渗透率等物性参数同其周围的基质储层物性参数之间存在上千倍的数量级差异。针对上述复杂裂缝性储层，基于传统的结构化网格将难以实现准确的油藏数值模拟研究和开发动态分析预测。

有限元和有限体积方法都是在非结构化网格基础上进行的数值离散方法，具有网格划分灵活、易于处理复杂地质特征和几何形态储层的特点。但是，有限元方法遵从整体守恒思想，在处理一些特殊的需要局部质量守恒的问题时会大大增加计算量，并导致数值振荡问题；而有限体积方法在有限元、有限差分方法的基础上发展得到，虽然具有局部物质守恒特征、易于处理对流控制方程、计算速度快、内存需求小的优点，但是，往往需要耗费大量时间去实现二次网格重建，且计算精度越高，数值弥散程度越厉害；存在数值弥散得到有效控制，计算时间耗费大、计算精度下降的相互制约问题。

近年来，为解决上述单一数值方法求解的不足，尝试将有限元和有限体积方法结合起来成为油藏数值模拟研究的热点。目前结合有限元 - 有限体积方法研究的重点是尝试在整个区域上的全面结合，针对不同的物理量采用不同的数值方法求解并最终实现耦合计算。

Larry [1] 采用控制体积有限元方法来离散偏微分方程。CVFEM 方法通过有限元网格来实现对储层模型非结构化网格剖分，通过控制体积方法来构造数值计算格式。该方法保证了整体区域上和局部网格间的物质守恒，相较于单一方法处理具有优越性。但是，由于最后的离散方程是完全由控制体积方法推出，其本质上仍然是有限体积方法。CVFEM 方法虽然存在一定缺陷，但是将有限元的基本思想应用到有限体积方法中，为实现有限元 - 有限体积方法的结合奠定了基础。

Durlofsky[2] 基于三角形网格，提出了 MFE-FVM 方法。采用混合有限元方法处理压力控制方程，通过将扩散项转化为沿三角形边上的流出量实现对饱和度控制方程的离散。文中考虑了毛管力、重力等因素的影响，并由一维 B-L 方程解析结果对数值计算结果进行了验证，对注采单元下含水上升规律进行了理论分析。

Bergamaschi[3] 采用混合有限元和 S-C 有限体积方法实现对黑油模型的数值模拟研究。通过对一维和二维算例分析验证了该方法的准确性，并且针对渗透率分布不均匀的砂岩储层模拟效果较好。

Huber[4] 比较了经典有限元方法和混合有限元结合有限体积法在非均质多相流计算中的优劣，认为混合有限元结合有限体积法在计算精度和计算速度上都优于经典有限元方法。

Geiger[5] 基于 Delaunay 三角形网格，建立了非均质储层多相流动的结合 Galerkin 有限元和有限体积方法数值格式，并采用 IMPES 方法进行了求解。文中比较了 Galerkin 有限元 - 有限体积方法和混合有限元 - 有限体积方法在处理多相流动问题时的优劣，认为针对非均质各向异性储层，宜采用 Galerkin 有限元 - 有限体积方法。并采用上述方法对存在断层、裂缝的复杂储层进行了注水开发动态分析。

Matthai[6] 采用有限元 - 点中心有限体积方法对裂缝性储层进行了岩心流动数值模拟实验。文中基于离散裂缝模型，将大量复杂形态伴生裂缝嵌入适当尺度数值岩块中，并对相对渗透率、含水上升规律和采收率等变化情况进行了数值模拟研究。

Saad[7] 采用结合网格中心有限体积 - 不规则有限元方法对油水两相可压缩流体在多孔介质中的流动进行了数值模拟研究。对于扩散项采用基于不规则三角形单元的片分有限元方法进行离散，其他项则通过二次构建的网格中心有限体积方法实现数值离散。上述方法保证了饱和度在合理范围内变化，并通过先验性预测对收敛性和正确性进行了验证。

国内学者杨军征 [8] 采用基于有限元网格的重心型对偶网格作为有限控制体积单元，采用结合有限体积和有限元方法建立油藏渗流方程的数值计算格式。文中将有限元“片分逼近，整体求解”的思想运用到有限体积网格中，避免了繁重的网格重构工作。但是，对于对流项采用有限体积方法的流量计算处理较为粗糙，虽然推导了多项流动数值计算格式，但是只对单相流条件下的裂缝性油藏动态进行了分析。

6.2.2 控制体积有限元法的基本原理

有限元法求解偏微分方程的核心思想在于“空间离散，分片近似”，首先在每个离散单元内设定插值函数，然后通过代入等效积分“弱”形式使之成为单元离散格式，最后通过矩阵组装，得到待解问题全局定义域上的总体离散矩阵。这样不仅使得有限元数据结构更为规范，同时也避免了直接建立全域近似函数时所必须面临的满足边界条件和完备正交函数系选择等多方面的问题。本节基于有限元基本理论，从等效积分形式的定义入手介绍了构建微分方程等效积分形式的常用方法。

6.2.2.1 微分方程的等效积分形式

基于连续介质假设，实际物理工程问题建立的对应数学模型通常可以描述为某一确定定解域上满足不同边界条件的偏微分方程组。对于不同物理问题，设未知函数 $\boldsymbol{u}$ 为满足该问题控制方程和边界条件的解，则该问题可以用一系列偏微分方程组和对应的定解条件表示。

$$\mathrm{A}(\boldsymbol{u})=\begin{Bmatrix}\mathrm{A}_1(\boldsymbol{u})\\ \mathrm{A}_2(\boldsymbol{u})\\ \vdots\end{Bmatrix}=0 \qquad 在\ \Omega\ 内 \tag{6.23}$$

$$\mathrm{B}(\boldsymbol{u})=\begin{Bmatrix}\mathrm{B}_1(\boldsymbol{u})\\ \mathrm{B}_2(\boldsymbol{u})\\ \vdots\end{Bmatrix}=0 \qquad 在\ \Gamma\ 上（\Gamma\ 为区域\ \Omega\ 的边界） \tag{6.24}$$

式中 A, B——时空坐标的微分算子；

$\boldsymbol{u}$——温度、压力等标量场以及位移、应变等矢量场；

Ω——微分方程控制区域。

定解问题求解域 Ω 及其对应边界 Γ 示意如图 6.13 所示。

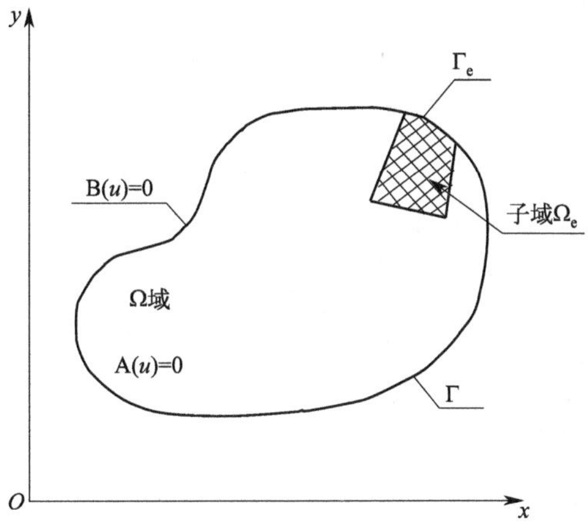

图 6.13　定解问题求解域 Ω 及其对应边界 Γ 示意图

以考虑各向异性的均质单相稳态二维渗流微分方程为例，对应定解问题描述为：

$$A(p)=\frac{\partial}{\partial x}\left(\frac{k_x}{\mu}\frac{\partial p}{\partial x}\right)+\frac{\partial}{\partial y}\left(\frac{k_y}{\mu}\frac{\partial p}{\partial y}\right)+Q=0 \quad 在\Omega内 \tag{6.25}$$

$$B(p)=\begin{cases} p=p_0 & （一类边界） \\ \dfrac{\partial}{\partial x}\left(\dfrac{k_x}{\mu}\dfrac{\partial p}{\partial x}\right)+\dfrac{\partial}{\partial y}\left(\dfrac{k_y}{\mu}\dfrac{\partial p}{\partial y}\right)=q_0 & （二类边界） \end{cases} \tag{6.26}$$

式中　p——压力，MPa；

p_0——边界压力，MPa；

q_0——边界流速，m^3/s；

k——渗透率，mD；

Q——点源（汇）强度，s^{-1}；

μ——黏度，mPa · s。

当 k 和 μ 仅为空间坐标的函数与 p 及其导数值无关时，控制方程是线性的，反之则为非线性。对于页岩气藏渗流系数均为压力的函数，具有非线性，求解时需要采用线性化处理或者迭代解法。在研究域上处处满足该控制方程，有等效积分形式：

$$\int_{\Omega} W^{T} A(\boldsymbol{u})\,d\Omega=\int_{\Omega}\left[w_1 A_1(\boldsymbol{u})+w_2 A_2(\boldsymbol{u})+\cdots\right]d\Omega=0 \tag{6.27}$$

其中，$W=(w_1, w_2, \cdots, wN)^T$。W 为试探函数向量，可以为任意已知函数，其个数与微分方程的个数相等。式（6.27）为原偏微分方程的完全等效积分形式，即满足原偏微分方程的解一定也满足上述积分方程。

对于边界条件，构建类似的试探函数向量满足：

$$\int_{\Gamma} \mathrm{V}^{\mathrm{T}} \mathrm{B}(\boldsymbol{u})\, \mathrm{d}\Gamma = \int_{\Gamma} \left[v_1 \mathrm{B}_1(\boldsymbol{u}) + v_2 \mathrm{B}_2(\boldsymbol{u}) + \cdots \right] \mathrm{d}\Gamma = 0 \tag{6.28}$$

则定解条件的完全等效积分形式：

$$\int_{\Omega} \mathrm{W}^{\mathrm{T}} \mathrm{A}(\boldsymbol{u})\, \mathrm{d}\Omega + \int_{\Gamma} \mathrm{V}^{\mathrm{T}} \mathrm{B}(\boldsymbol{u})\, \mathrm{d}\Gamma = 0 \tag{6.29}$$

为了保证式(6.29）的可积，对函数 V、W 和 $\boldsymbol{u}$ 的连续性提出一定的限制和条件要求。由于方程中积分号内仅含有 V、W 函数本体，因此其对应满足条件在域内边界 Γ 上单值可积即可。对于函数 $\boldsymbol{u}$ 以算子形式出现，根据偏微分方程理论，边界条件微分算子最高阶数小于微分方程算子最高阶数，因此其限制要求取决于微分方程中算子的最高阶数，必须保证函数 $\boldsymbol{u}$ 对应的算子最高阶偏导数在域 Ω 内边界 Γ 上可积。根据高等数学定义，可积情况主要包括连续可积和存在有限个间断点可积两种。若定义 C_0 阶连续性表述为函数 f 在域内连续，其一阶导数在域内含有有限个不连续点但可积，则当微分算子最高阶数为 n 时，若要保证式(6.29）可以计算，函数 $\boldsymbol{u}$ 至少应保证具有 C_{n-1} 阶连续性。描述油气藏渗流过程的微分方程算子最高阶数为 2，显然待解压力场函数 p 至少应该满足 C_1 阶连续性。

需要注意的是，定解问题所对应的完全等效积分形式［式(6.29)］并不是有限元法直接求解的方程形式。因为 $\boldsymbol{u}$ 函数未知，无法保证其一阶及高阶导数的可积性。故在有限元计算时，需要通过提高已知函数构造系 V 和 W 的可积性，并将微分方程的等效积分形式推导成等效积分“弱”形式，来降低对函数 $\boldsymbol{u}$ 的可积性要求。对于具体情况，当微分方程最高阶微分算子阶数为 2 时，为保证该定解问题等效积分“弱”形式存在，要求已知构造函数系 V、W 至少具有 C_0 阶连续性。设 V、W 满足至少 C_0 阶连续性，通过 Green-Gauss定理和分部积分法，构建式（6.29）的等效积分“弱”形式，如式(6.30）所示：

$$\int_{\Omega} \mathrm{C}(\mathrm{W}^{\mathrm{T}}) \mathrm{D}(\boldsymbol{u})\, \mathrm{d}\Omega + \int_{\Gamma} \mathrm{E}(\mathrm{V}^{\mathrm{T}}) \mathrm{F}(\boldsymbol{u})\, \mathrm{d}\Gamma = 0 \tag{6.30}$$

式(6.30）称为原定解问题的等效积分“弱”形式，也是有限单元法直接求解的方程形式。“弱”形式具体反映在两方面，一方面微分算子 C、D、E、F 的最高阶数低于定解问题中微分算子 A、B 的最高阶数，另一方面待解函数 $\boldsymbol{u}$ 的连续性也低于原定解问题，通过等效积分“弱”形式计算的近似数值解与原定解问题的精确解相比“平滑性”降低，但从实际应用的角度来讲，工程问题并不需要满足数学上近乎苛刻的“平滑连续”，该计算结果是真实解一个很好的近似逼近解。

6.2.2.2　有限元加权余量法

变分原理和加权余量法是构建定解问题等效积分“弱”形式的两种重要方法。对于那些有自伴随性质的偏微分方程，变分原理可以方便地给出其泛函形式。针对实际工程问题中泛函形式十分复杂或者根本不存在的情况，加权余量法提供了解构建此类问题等效积分“弱”形式的一般途径。设定解问题的偏微分方程表示为：

$$A(u)-f=0 \quad 在\ \Omega\ 区域内 \tag{6.31}$$

式中　u——待解场量；

f——已知函数；

A——微分算子。

选取任意积分试探函数 v，构造等效积分形式，如式(6.32）所示。

$$\int_{\Omega}[A(u)-f]v\mathrm{d}\Omega=0 \tag{6.32}$$

设问题近似解为：

$$u_{\mathrm{N}}=\sum_{i=1}^{n}N_i\Phi_i \tag{6.33}$$

式中的 Φ_i（i=1, 2, …, n）为待定函数值，N_i（i=1, 2, …, n）为线性无关的已知函数，通常采用完全函数序列。

将插值函数表达的近似解代入式(6.31)，得到余量 ε：

$$\varepsilon=A(u_{\mathrm{N}})-f\neq 0 \tag{6.34}$$

显然，N_i（i=1, 2, …, n）选定时，余量 ε 则是待定函数值 Φ_i（i=1, 2, …, n）的函数。把式(6.33）代入方程(6.32)，可以得到：

$$\int_{\Omega}[A(u_{\mathrm{N}})-f]v\mathrm{d}\Omega=\int_{\Omega}\varepsilon v\mathrm{d}\Omega\neq 0 \tag{6.35}$$

此时一旦未知系数 Φ_i（i=1, 2, …, n）得以确定，则近似解 u_{N} 可知。选择特殊的函数 $v=\omega_j$（j=1, 2, …, n)，使得：

$$\int_{\Omega}\varepsilon\omega_j\mathrm{d}\Omega=0 \quad (j=1, 2, \cdots, n) \tag{6.36}$$

式中，ε 为余量，ω_j（j=1, 2, …, n）为权，这套方法称为加权余量法。应用求解工程问题时数值解近似逼近的“弱”思想，选取不同的函数系 ω_j，可以得到式(6.36）的等效积分“弱”形式表达。最终，通过选取 n 个应取线性无关的自完全函数系权函数 ω_j（j=1, 2, …, n)，可以得到 n 个关于 Φ_i（i=1, 2, …, n）的线性无关方程组，通过线性方程组解法即可获得原定解问题的数值解。根据权函数的选择不同，可以得到不同的加权余量法处理结果并命名，当权函数等于单元插值基函数时（$\omega_j=N_j$)，该套方法即为 Galerkin 加权余量法。

$$\int_{\Omega}\varepsilon\omega_j\mathrm{d}\Omega=\int_{\Omega}[A(\sum_{i=1}^{n}N_i\Phi_i)-f]N_j\mathrm{d}\Omega=0 \quad (j=1, 2, \cdots, n) \tag{6.37}$$

式(6.37）为采用 Galerkin 加权余量法构建的等效积分形式。式中插值基函数 N_i 取决于空间离散的网格类型、节点数和插值函数类型，当这些信息确定后，通过 Green-Gauss 公式结合分部积分法，可以建立有限元法直接求解的 Galerkin 等效积分“弱”形式。与变分原理在构建泛函时引入边界条件不同，Galerkin 法通常在单元特征分析时代入边界条件，这就使得其在复杂边界处理方面更加灵活，为那些不存在泛函的定解问题提供了建立等效积分“弱”形式的一般思路。由于偏微分方程真实解的客观存在性，当定解问题存在泛函时 Galerkin 法与变分原理法的计算结果均一致收敛于真实解。同时考虑插值函数的相关特性，基于 Galerkin 法建立离散方程其系数矩阵具有对称正定性，十分便于计算机存储和矩阵求解。因此，Galerkin 法成为了偏微分方程有限元求解最常用的方法。

6.2.2.3　有限元分析的基本步骤

针对实际物理和工程问题，建立其对应描述的偏微分方程数学模型，通过 Galerkin 加权余量法推导出原定解问题的等效积分“弱”形式，并通过特定网格结构完成求解域空间离散和插值函数选取后，就可以通过计算机编程手段实现有限元求解。由于有限元数据结构规范求解套路比较固定，其基本步骤如图 6.14 所示。

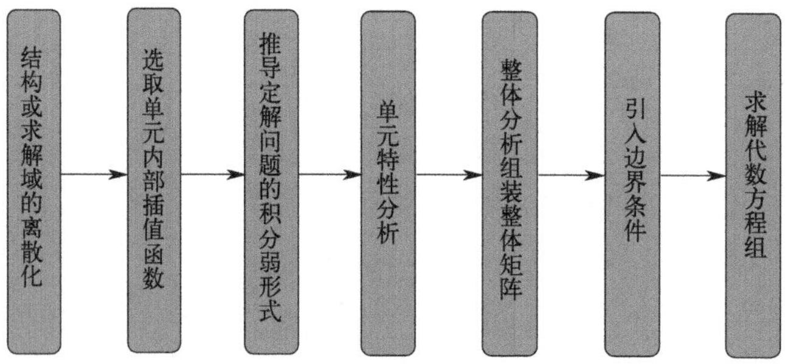

图 6.14　有限元求解基本步骤

采用有限元法对偏微分方程进行求解时，首先将连续的求解域离散成若干单元，单元之间的连续点称为节点。通过插值函数将单元内部场量近似表示为多项式形式。这样整个连续体具有无限自由度的场方程被转化成了以有限个节点参数为未知数的代数方程组。通过线性方程组求解方法，可以得到待解场量在网格节点处的一系列离散值，同时由于插值函数已知，可以方便地计算单元内部场量的具体值。值得注意的是上述过程主要针对稳态问题的求解，当求解非稳态问题时对于时间域也要进行离散，这就使得在求解完当前时步对应的代数方程组后，需要返回单元特性分析，重新组装得到下一时步的代数方程组。

6.3　全隐式数值模型的建立

6.3.1　多组分数学模型的单元离散

近年来，基于非结构网格的有限元方法被广泛应用于裂缝性储层和页岩储层等非常规储层的生产动态模拟中。相比于传统的有限差分方法和正交网格，有限元结合非结构网格的主要优势包括：

① 对于存在大尺度离散裂缝和复杂边界的非常规储层，非结构网格更灵活，能更准确地描述裂缝和复杂边界的形态特征；

② 结合“降维”的离散裂缝模型，非结构网格避免了传统正交网格在裂缝周围的局部加密，将大幅减少网格数目，提高计算效率。

因此，在本小节中，如图 6.15（a）所示，将首先选取一个二维的 Delaunay 三角形网格，实现对单元网格的渗流微分方程的控制体积 - 有限元的数值计算格式的构建。并通过单元矩阵的叠加，实现整个区域的矩阵构建。

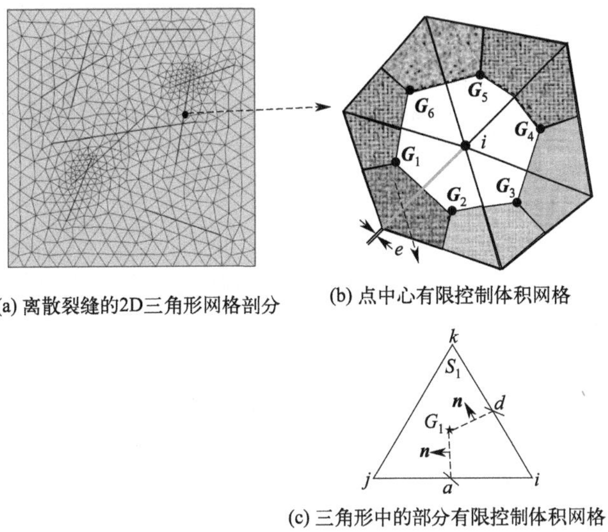

图 6.15　离散裂缝的三角形网格剖分及有限控制体积单元示意图 [1]

如图 6.15（b）所示，选取一个节点 i，其周围包含 6 个三角形网格和 1 条裂缝段。如图 6.15（c）所示，通过连接各三角形的重心，可以构建节点 i 的一个完整的虚拟有限控制体积网格。选取其中一个三角形单元 ijk 和裂缝段 ij，推导页岩基质渗流方程在上述单元中的控制体积 - 有限元数值计算方程。

首先基于有限元基本原理 [9]，由三角形各顶点压力插值逼近网格平均压力 p_m：

$$p_m(x,y)=\sum_{v=i}^{k}N_v(x,y)p_{mv} \tag{6.38}$$

式中，N_v 为插值函数，对于三角形单元，其满足：

$$N_v=\frac{1}{2A}(a_v+b_vx+c_vy)\qquad v=i,j,k \tag{6.39}$$

$$\begin{cases} a_i = y_j - y_k; \quad b_i = x_k - x_j; \quad c_i = x_j y_k - x_k y_j \\ a_j = y_k - y_i; \quad b_j = x_i - x_k; \quad c_j = x_k y_i - x_i y_k \\ a_k = y_i - y_j; \quad b_k = x_j - x_i; \quad c_k = x_i y_j - x_j y_i \end{cases} \tag{6.40}$$

$$\sum_{v=i}^{k} N_v = 1 \tag{6.41}$$

$$\frac{\partial N_i}{\partial \beta} = -\left(\frac{\partial N_j}{\partial \beta} + \frac{\partial N_k}{\partial \beta}\right), (\beta = x, y) \tag{6.42}$$

基于 Galerkin 加权余量法和高斯定律，对于上述公式中的扩散项，可以转化为：

$$\iint_{\Omega_i} -\nabla \times \left(\overline{\overline{\lambda}} \nabla p_{\mathrm{m}}\right) \mathrm{d}V = -\int_{aG_1+G_1d} \overline{\overline{\lambda}} \nabla p_{\mathrm{m}} \boldsymbol{n} d\Gamma \tag{6.43}$$

$$\overline{\overline{\lambda}} = \begin{bmatrix} \dfrac{k_{\mathrm{app}x}}{\mu_{\mathrm{g}} B_{\mathrm{g}}} & \\ & \dfrac{k_{\mathrm{app}y}}{\mu_{\mathrm{g}} B_{\mathrm{g}}} \end{bmatrix} \tag{6.44}$$

式中 $\overline{\overline{\lambda}}$ 为由渗透率张量计算得到的流度矩阵，结合中点坐标公式和外法线向量，上式可转化为：

$$\begin{aligned} f_i &= -\int_{aG_1+G_1d} \overline{\overline{\lambda}} \nabla p_{\mathrm{m}} \boldsymbol{n} d\Gamma \\ &= -\left(y_{G_1} - y_a, x_a - x_{G_1}\right)\left(\overline{\overline{\lambda}} \nabla p_{\mathrm{m}}\right) - \left(y_d - y_{G_1}, x_{G_1} - x_d\right)\left(\overline{\overline{\lambda}} \nabla p_{\mathrm{m}}\right) \\ &= -\left(y_d - y_a, x_a - x_d\right)\left(\overline{\overline{\lambda}} \nabla p_{\mathrm{m}}\right) \\ &= \left(\frac{y_j - y_k}{2}, \frac{x_k - x_j}{2}\right)\left(\overline{\overline{\lambda}} \nabla p_{\mathrm{m}}\right) \\ &= A \overline{\overline{\lambda}} \nabla N_i \sum_{v=i}^{k} \nabla N_v p_{\mathrm{m}v} \end{aligned} \tag{6.45}$$

式中 A——三角形面积，可由节点坐标值计算得到。

将上述公式代入，可以得到：

$$\iint_{\Omega_i} \nabla \times \left(\overline{\overline{\lambda}} \nabla p_{\mathrm{m}}\right) \mathrm{d}V = \sum_{v=j,k} T_{iv}\left(p_i - p_v\right) \tag{6.46}$$

$$T_{iv} = A\left(\lambda_x \frac{\partial N_i}{\partial x} \frac{\partial N_v}{\partial x} + \lambda_y \frac{\partial N_i}{\partial y} \frac{\partial N_v}{\partial y}\right) \tag{6.47}$$

式中 T_{iv}——传导率矩阵。

将上述公式代入，可以得到：

$$
\begin{aligned}
T_{iv} &= A\left(\lambda_x \frac{\partial N_i}{\partial x}\frac{\partial N_v}{\partial x} + \lambda_y \frac{\partial N_i}{\partial y}\frac{\partial N_v}{\partial y}\right) \\
&= \frac{1}{4A}\left(\lambda_x a_i a_l + \lambda_y b_i b_l\right)
\end{aligned}
\tag{6.48}
$$

同时，对流度采用上游加权法进行处理，即：

$$
\lambda_{iv} = \lambda_{\text{up}} = \begin{cases} \left(\dfrac{k}{\mu_{\text{g}} B_{\text{g}}}\right)_i & p_i \geqslant p_v \\ \left(\dfrac{k}{\mu_{\text{g}} B_{\text{g}}}\right)_v & p_i < p_v \end{cases}
\tag{6.49}
$$

上式即为由三角形 ijk 流入节点 i 的有限控制体积内的净流量公式。同理，可以建立节点 j 和 k 的有限控制体积内由三角形 ijk 流入的净流量公式。由此，可以建立基于单元三角形 ijk 的流入各节点虚拟有限控制体积单元的流量矩阵形式为：

$$
\begin{pmatrix} T_{ij}+T_{ik} & -T_{ij} & -T_{ik} \\ -T_{ji} & T_{ji}+T_{jk} & -T_{jk} \\ -T_{ki} & -T_{kj} & T_{ki}+T_{kj} \end{pmatrix}
\begin{pmatrix} p_{mi} \\ p_{mj} \\ p_{mk} \end{pmatrix} = \begin{pmatrix} f_{mi} \\ f_{mj} \\ f_{mk} \end{pmatrix}
\tag{6.50}
$$

从上述公式中，实现了由控制体积 - 有限元方法构建的针对三角形节点的虚拟有限控制体积网格的扩散项处理格式。针对上述公式中的基质 - 裂缝窜流项，吸附解吸项和右端时间项，将采用传统的有限元方法构建数值计算格式如下。

构建窜流项的有限元积分弱形式，并由有限元基本原理得到：

$$
\begin{aligned}
&\iint_{\Omega_{\text{m}}} N_v \alpha \frac{k_{\text{app}}}{\mu_{\text{g}} B_{\text{g}}}\left(p_{\text{m}} - p_{\text{f}}\right)\text{d}\Omega_{\text{m}} \\
&= \iint_{\Omega_{\text{m}}} N_v \alpha \frac{k_{\text{app}}}{\mu_{\text{g}} B_{\text{g}}}\left(\sum_{v=i}^{k} N_v p_{\text{m}v} - \sum_{v=i}^{k} N_v p_{\text{f}v}\right)\text{d}\Omega_{\text{m}} \\
&= \iint_{\Omega_{\text{m}}} N_v [N_i \quad N_j \quad N_k] \alpha \frac{k_{\text{app}}}{\mu_{\text{g}} B_{\text{g}}}\begin{pmatrix} p_{\text{m}i} - p_{\text{f}i} \\ p_{\text{m}j} - p_{\text{f}j} \\ p_{\text{m}k} - p_{\text{f}k} \end{pmatrix}\text{d}\Omega_{\text{m}} \\
&= \begin{pmatrix} \left(\alpha \dfrac{Ak_{\text{app}}}{3\mu_{\text{g}} B_{\text{g}}}\right)_i & 0 & 0 \\ 0 & \left(\alpha \dfrac{Ak_{\text{app}}}{3\mu_{\text{g}} B_{\text{g}}}\right)_j & 0 \\ 0 & 0 & \left(\alpha \dfrac{Ak_{\text{app}}}{3\mu_{\text{g}} B_{\text{g}}}\right)_k \end{pmatrix}
\begin{pmatrix} p_{\text{m}i} - p_{\text{f}i} \\ p_{\text{m}j} - p_{\text{f}j} \\ p_{\text{m}k} - p_{\text{f}k} \end{pmatrix}
\end{aligned}
\tag{6.51}
$$

对于吸附解吸项和右端时间项，结合欧拉向后差分和有限元原理，构建时间载荷向量为：

$$\frac{A}{3\Delta t}\begin{pmatrix}\left(\dfrac{\phi_{\mathrm{m}}}{B_{\mathrm{g}}}\right)_i^{n+1}-\left(\dfrac{\phi_{\mathrm{m}}}{B_{\mathrm{g}}}\right)_i^{n}\\ \left(\dfrac{\phi_{\mathrm{m}}}{B_{\mathrm{g}}}\right)_j^{n+1}-\left(\dfrac{\phi_{\mathrm{m}}}{B_{\mathrm{g}}}\right)_j^{n}\\ \left(\dfrac{\phi_{\mathrm{m}}}{B_{\mathrm{g}}}\right)_k^{n+1}-\left(\dfrac{\phi_{\mathrm{m}}}{B_{\mathrm{g}}}\right)_k^{n}\end{pmatrix}+\frac{A}{3\Delta t}\begin{pmatrix}\left[\left(1-\phi_{\mathrm{m}}-\phi_{\mathrm{f}}\right)V_{\mathrm{E}}\right]_i^{n+1}-\left[\left(1-\phi_{\mathrm{m}}-\phi_{\mathrm{f}}\right)V_{\mathrm{E}}\right]_i^{n}\\ \left[\left(1-\phi_{\mathrm{m}}-\phi_{\mathrm{f}}\right)V_{\mathrm{E}}\right]_j^{n+1}-\left[\left(1-\phi_{\mathrm{m}}-\phi_{\mathrm{f}}\right)V_{\mathrm{E}}\right]_j^{n}\\ \left[\left(1-\phi_{\mathrm{m}}-\phi_{\mathrm{f}}\right)V_{\mathrm{E}}\right]_k^{n+1}-\left[\left(1-\phi_{\mathrm{m}}-\phi_{\mathrm{f}}\right)V_{\mathrm{E}}\right]_k^{n}\end{pmatrix} \tag{6.52}$$

至此，本书成功构建了针对页岩基质渗流方程的基于三角形网格的控制体积-有限元数值计算格式。同理，也可以构建针对天然裂缝系统的数值计算格式。而对于大尺度、离散水力压裂裂缝，已采用离散裂缝模型将其降维处理为具有一定裂缝宽度的一维线段。因此，将采用沿裂缝延伸方向的一维坐标系，对水力压裂缝渗流方程构建数值计算格式。

对于上述公式中的扩散项，先转化为沿裂缝坐标系 l 的渗流微分方程，对于一维坐标系，其插值函数满足：

$$\begin{aligned}p_{\mathrm{F}}&=\frac{x_j-x}{\Delta l}p_{\mathrm{F}i}+\frac{x-x_i}{\Delta l}p_{\mathrm{F}j}\\&=N_i p_{\mathrm{F}i}+N_j p_{\mathrm{F}j}\\&=\left[N_i\ N_j\right]\begin{Bmatrix}p_{\mathrm{wf}i}\\p_{\mathrm{wf}j}\end{Bmatrix}\end{aligned} \tag{6.53}$$

对上述公式中的水力压裂缝扩散项建立积分“弱”形式得到：

$$\begin{aligned}&\iint_{\Omega_{\mathrm{F}}}N_v\frac{\partial}{\partial l}\left(\lambda_{\mathrm{F}}\frac{\partial p_{\mathrm{F}}}{\partial l}\right)\mathrm{d}\Omega_{\mathrm{F}}\\&=w_0\times\Delta l\times\lambda_{\mathrm{F}}\times\frac{\partial N_v}{\partial l}[\frac{\partial N_i}{\partial l}\ \ \frac{\partial N_j}{\partial l}]\begin{bmatrix}p_{\mathrm{F}i}\\p_{\mathrm{F}j}\end{bmatrix}\\&=w_0\times\lambda_{\mathrm{F}}\times\begin{bmatrix}\dfrac{1}{\Delta l}&-\dfrac{1}{\Delta l}\\-\dfrac{1}{\Delta l}&\dfrac{1}{\Delta l}\end{bmatrix}\begin{bmatrix}p_{\mathrm{F}i}\\p_{\mathrm{F}j}\end{bmatrix}\end{aligned} \tag{6.54}$$

对于上述公式中的时间项，可以得到：

$$\iint_{\Omega_{\mathrm{f}}}N_l\frac{\partial\left(\phi_{\mathrm{F}}\right)}{\partial t}\mathrm{d}\Omega_{\mathrm{f}}=w_0\times\frac{\Delta l}{2\Delta t}\times\begin{bmatrix}\left(\dfrac{\phi_{\mathrm{F}}}{B_{\mathrm{g}}}\right)_i^{n+1}-\left(\dfrac{\phi_{\mathrm{F}}}{B_{\mathrm{g}}}\right)_i^{n}\\ \left(\dfrac{\phi_{\mathrm{F}}}{B_{\mathrm{g}}}\right)_j^{n+1}-\left(\dfrac{\phi_{\mathrm{F}}}{B_{\mathrm{g}}}\right)_j^{n}\end{bmatrix} \tag{6.55}$$

最后，如图 6.16 所示，将压裂裂缝单元矩阵格式叠加到储层矩阵中，形成全区域的整体求解矩阵。

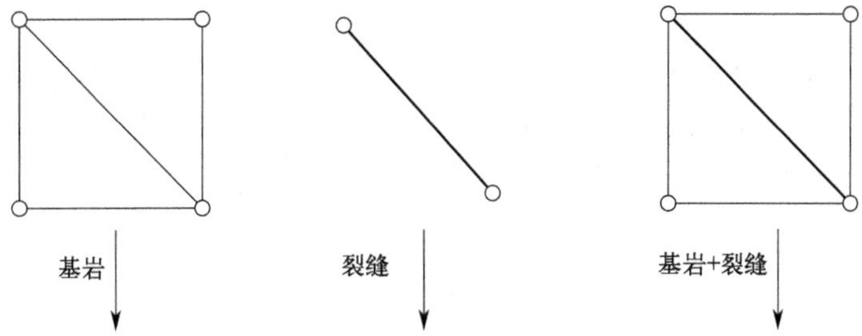

$$\begin{pmatrix} a_{11}^1 & a_{12}^1 & a_{13}^1 & 0 \\ a_{21}^1 & a_{22}^1+a_{22}^2 & a_{23}^1+a_{23}^2 & a_{24}^2 \\ a_{31}^1 & a_{32}^1+a_{32}^2 & a_{33}^1+a_{33}^2 & a_{34}^2 \\ 0 & a_{42}^2 & a_{43}^2 & a_{44}^2 \end{pmatrix} + \begin{pmatrix} 0 & 0 & 0 & 0 \\ 0 & a_{22}^3 & a_{23}^3 & 0 \\ 0 & a_{32}^3 & a_{33}^3 & 0 \\ 0 & 0 & 0 & 0 \end{pmatrix} = \begin{pmatrix} a_{11}^1 & a_{12}^1 & a_{13}^1 & 0 \\ a_{21}^1 & a_{22}^1+a_{22}^2+a_{22}^3 & a_{23}^1+a_{23}^2+a_{23}^3 & a_{24}^2 \\ a_{31}^1 & a_{32}^1+a_{32}^2+a_{32}^3 & a_{33}^1+a_{33}^2+a_{33}^3 & a_{34}^2 \\ 0 & a_{42}^2 & a_{43}^2 & a_{44}^2 \end{pmatrix}$$

图 6.16　裂缝单元与基质单元矩阵叠加原理

6.3.2　单元数值模型的组装

下面，将在已构建的双重介质 - 离散裂缝模型单元网格矩阵的基础上，建立单元矩阵的全隐式迭代计算格式，并实现基质与裂缝方程组的同步联立求解。根据牛顿 - 拉夫逊迭代原理，对于 $n+1$ 时刻的压力值可以有 $k+1$ 步的迭代压力值近似表示为：

$$p^{n+1} \approx p^{k+1} = p^k + \delta p^k \tag{6.56}$$

同理，对于 $n+1$ 时刻的其余变量，可表示为：

$$\zeta^{n+1} \approx \zeta^{k+1} = \zeta^k + \delta\zeta^k \tag{6.57}$$

将上述公式代入，并忽略高阶无穷小量，得到：

$$\mathbf{T}_{\mathrm{m}}^{n+1}\mathbf{P}_{\mathrm{m}}^{n+1} = \mathbf{T}_{\mathrm{m}}^{k}\mathbf{P}_{\mathrm{m}}^{k} + \mathbf{T}_{\mathrm{m}}^{k}\delta\mathbf{P}_{\mathrm{m}}^{k} + \delta\mathbf{T}_{\mathrm{m}}^{k}\mathbf{P}_{\mathrm{m}}^{k} \tag{6.58}$$

令：

$$\mathbf{T}_{\mathrm{m}}^{k} = \begin{pmatrix} T_{ij}+T_{ik} & -T_{ij} & -T_{ik} \\ -T_{ji} & T_{ji}+T_{jk} & -T_{jk} \\ -T_{ki} & -T_{kj} & T_{ki}+T_{kj} \end{pmatrix}_{\mathrm{m}}^{k},\quad \mathbf{P}_{\mathrm{m}}^{k} = \begin{pmatrix} p_{\mathrm{m}i} \\ p_{\mathrm{m}j} \\ p_{\mathrm{m}k} \end{pmatrix}^{k} \tag{6.59}$$

展开传导率变量矩阵为：

$$\begin{aligned} &\mathbf{T}_{\mathrm{m}}^{k}\delta\mathbf{P}_{\mathrm{m}}^{k} + \delta\mathbf{T}_{\mathrm{m}}^{k}\mathbf{P}_{\mathrm{m}}^{k} \\ &= \begin{pmatrix} T_{ij}+T_{ik} & -T_{ij} & -T_{ik} \\ -T_{ji} & T_{ji}+T_{jk} & -T_{jk} \\ -T_{ki} & -T_{kj} & T_{ki}+T_{kj} \end{pmatrix}_{\mathrm{m}}^{k} \begin{pmatrix} \delta p_{\mathrm{m}i} \\ \delta p_{\mathrm{m}j} \\ \delta p_{\mathrm{m}k} \end{pmatrix}^{k} \end{aligned}$$

$$
+\begin{pmatrix}
\begin{bmatrix}\dfrac{\partial T_{ij}}{\partial p_i}\left(p_i-p_j\right)\\+\dfrac{\partial T_{ik}}{\partial p_i}\left(p_i-p_k\right)\end{bmatrix} & \dfrac{\partial T_{ij}}{\partial p_j}\left(p_i-p_j\right) & \dfrac{\partial T_{ik}}{\partial p_k}\left(p_i-p_k\right)\\
\dfrac{\partial T_{ij}}{\partial p_i}\left(p_j-p_i\right) & \begin{bmatrix}\dfrac{\partial T_{ij}}{\partial p_j}\left(p_j-p_i\right)\\+\dfrac{\partial T_{jk}}{\partial p_j}\left(p_j-p_k\right)\end{bmatrix} & \dfrac{\partial T_{jk}}{\partial p_k}\left(p_j-p_k\right)\\
\dfrac{\partial T_{ik}}{\partial p_i}\left(p_k-p_i\right) & \dfrac{\partial T_{jk}}{\partial p_j}\left(p_k-p_j\right) & \begin{bmatrix}\dfrac{\partial T_{ik}}{\partial p_k}\left(p_k-p_i\right)\\+\dfrac{\partial T_{jk}}{\partial p_k}\left(p_k-p_j\right)\end{bmatrix}
\end{pmatrix}_{\mathrm{m}}^{k}
\begin{pmatrix}\delta p_{\mathrm{m}i}\\ \delta p_{\mathrm{m}j}\\ \delta p_{\mathrm{m}k}\end{pmatrix}^{k} \tag{6.60}
$$

对于上述公式中的窜流项，对黏度和体积系数等参数采用上游加权处理以避免数值弥散。由流体流动方向确定页岩基质系统为上游方向，因此得到：

$$
\mathbf{W}^{n+1}\left(\mathbf{P}_{\mathrm{m}}^{n+1}-\mathbf{P}_{\mathrm{f}}^{n+1}\right)=\mathbf{W}^{k}\left(\mathbf{P}_{\mathrm{m}}^{k}-\mathbf{P}_{\mathrm{f}}^{k}\right)+\delta\mathbf{W}^{k}\left(\mathbf{P}_{\mathrm{m}}^{k}-\mathbf{P}_{\mathrm{f}}^{k}\right)+\mathbf{W}^{k}\delta\mathbf{P}_{\mathrm{m}}^{k}-\mathbf{W}^{k}\delta\mathbf{P}_{\mathrm{f}}^{k} \tag{6.61}
$$

令：

$$
\boldsymbol{W}^{k}=\begin{pmatrix}
\left(\alpha\dfrac{Ak_{\mathrm{app}}}{3\mu_{\mathrm{g}}B_{\mathrm{g}}}\right)_{\mathrm{m}i} & 0 & 0\\
0 & \left(\alpha\dfrac{Ak_{\mathrm{app}}}{3\mu_{\mathrm{g}}B_{\mathrm{g}}}\right)_{\mathrm{m}j} & 0\\
0 & 0 & \left(\alpha\dfrac{Ak_{\mathrm{app}}}{3\mu_{\mathrm{g}}B_{\mathrm{g}}}\right)_{\mathrm{m}k}
\end{pmatrix} \tag{6.62}
$$

展开窜流项变量矩阵得到：

$$
\delta\mathbf{W}^{k}\left(\mathbf{P}_{\mathrm{m}}^{k}-\mathbf{P}_{\mathrm{f}}^{k}\right)
$$

$$
=\frac{Ak_{\mathrm{app}}}{3}\begin{pmatrix}
\dfrac{\partial}{\partial p}\left(\dfrac{1}{\mu B_{\mathrm{g}}}\right)\Bigg|_{p_{\mathrm{m}i}}\left(p_{\mathrm{m}i}-p_{\mathrm{f}i}\right) & 0 & 0\\
0 & \dfrac{\partial}{\partial p}\left(\dfrac{1}{\mu B_{\mathrm{g}}}\right)\Bigg|_{p_{\mathrm{m}j}}\left(p_{\mathrm{m}j}-p_{\mathrm{f}j}\right) & 0\\
0 & 0 & \dfrac{\partial}{\partial p}\left(\dfrac{1}{\mu B_{\mathrm{g}}}\right)\Bigg|_{p_{\mathrm{m}k}}\left(p_{\mathrm{m}k}-p_{\mathrm{f}k}\right)
\end{pmatrix}^{k}
\begin{pmatrix}\delta p_{\mathrm{m}i}\\ \delta p_{\mathrm{m}j}\\ \delta p_{\mathrm{m}k}\end{pmatrix}^{k} \tag{6.63}
$$

对于上述公式中的时间项可以展开得到：

$$
\frac{A}{3\Delta t}\begin{pmatrix} \left(\dfrac{\phi_m}{B_g}\right)_i^{n+1}-\left(\dfrac{\phi_m}{B_g}\right)_i^{n} \\ \left(\dfrac{\phi_m}{B_g}\right)_j^{n+1}-\left(\dfrac{\phi_m}{B_g}\right)_j^{n} \\ \left(\dfrac{\phi_m}{B_g}\right)_k^{n+1}-\left(\dfrac{\phi_m}{B_g}\right)_k^{n} \end{pmatrix}=\frac{A}{3\Delta t}\begin{pmatrix} \left(\dfrac{\phi_m}{B_g}\right)_i^{k}-\left(\dfrac{\phi_m}{B_g}\right)_i^{n} \\ \left(\dfrac{\phi_m}{B_g}\right)_j^{k}-\left(\dfrac{\phi_m}{B_g}\right)_j^{n} \\ \left(\dfrac{\phi_m}{B_g}\right)_k^{k}-\left(\dfrac{\phi_m}{B_g}\right)_k^{n} \end{pmatrix}
$$

$$
+\frac{A\phi_m}{3\Delta t}\begin{pmatrix} \left.\dfrac{\partial}{\partial p}\left(\dfrac{1}{B_g}\right)\right|_{p_{mi}^k} & 0 & 0 \\ 0 & \left.\dfrac{\partial}{\partial p}\left(\dfrac{1}{B_g}\right)\right|_{p_{mj}^k} & 0 \\ 0 & 0 & \left.\dfrac{\partial}{\partial p}\left(\dfrac{1}{B_g}\right)\right|_{p_{mk}^k} \end{pmatrix}\begin{pmatrix} \delta p_{mi} \\ \delta p_{mj} \\ \delta p_{mk} \end{pmatrix}^k \tag{6.64}
$$

上式对应的矩阵形式为：

$$
\frac{\left(\boldsymbol{N}_m^k-\boldsymbol{N}_m^n\right)}{\Delta t}+\frac{\delta \boldsymbol{N}_m^k}{\Delta t}\delta \boldsymbol{P}_m^k \tag{6.65}
$$

对于上述公式中的吸附解吸量项，可以展开得到：

$$
\frac{A\left(1-\phi_m-\phi_f\right)}{3\Delta t}\begin{pmatrix} [V_E]_i^{n+1}-[V_E]_i^n \\ [V_E]_j^{n+1}-[V_E]_j^n \\ [V_E]_k^{n+1}-[V_E]_k^n \end{pmatrix}
=\frac{A\left(1-\phi_m-\phi_f\right)}{3\Delta t}\begin{pmatrix} [V_E]_i^{k}-[V_E]_i^n \\ [V_E]_j^{k}-[V_E]_j^n \\ [V_E]_k^{k}-[V_E]_k^n \end{pmatrix}
$$

$$
+\frac{A\left(1-\phi_m-\phi_f\right)}{3\Delta t}\begin{pmatrix} \left.\dfrac{\partial V_E}{\partial p}\right|_{p_{mi}^k} & 0 & 0 \\ 0 & \left.\dfrac{\partial V_E}{\partial p}\right|_{p_{mj}^k} & 0 \\ 0 & 0 & \left.\dfrac{\partial V_E}{\partial p}\right|_{p_{mk}^k} \end{pmatrix}\begin{pmatrix} \delta p_{mi} \\ \delta p_{mj} \\ \delta p_{mk} \end{pmatrix}^k \tag{6.66}
$$

上式对应的矩阵形式为：

$$\frac{\left(\mathbf{V}_{\mathrm{m}}^{k}-\mathbf{V}_{\mathrm{m}}^{n}\right)}{\Delta t}+\frac{\delta \mathbf{V}^{k}}{\Delta t}\delta \mathbf{P}_{\mathrm{m}}^{k} \tag{6.67}$$

整理基质系统单元网格全隐式数值计算格式得到：

$$\begin{aligned}&\mathbf{T}_{\mathrm{m}}^{k}\delta \mathbf{P}_{\mathrm{m}}^{k}+\delta \mathbf{T}_{\mathrm{m}}^{k}\mathbf{P}_{\mathrm{m}}^{k}-\delta \mathbf{W}^{k}\left(\mathbf{P}_{\mathrm{m}}^{k}-\mathbf{P}_{\mathrm{f}}^{k}\right)-\mathbf{W}^{k}\delta \mathbf{P}_{\mathrm{m}}^{k}+\mathbf{W}^{k}\delta \mathbf{P}_{\mathrm{f}}^{k}-\frac{\delta \mathbf{N}_{\mathrm{m}}^{k}}{\Delta t}\delta \mathbf{P}_{\mathrm{m}}^{k}-\frac{\delta \mathbf{V}^{k}}{\Delta t}\delta \mathbf{P}_{\mathrm{m}}^{k}\\&=\mathbf{W}^{k}\left(\mathbf{P}_{\mathrm{m}}^{k}-\mathbf{P}_{\mathrm{f}}^{k}\right)+\frac{\left(\mathbf{N}_{\mathrm{m}}^{k}-\mathbf{N}_{\mathrm{m}}^{n}\right)}{\Delta t}+\frac{\left(\mathbf{V}_{\mathrm{m}}^{k}-\mathbf{V}_{\mathrm{m}}^{n}\right)}{\Delta t}-\mathbf{T}_{\mathrm{m}}^{k}\mathbf{P}_{\mathrm{m}}^{k}=\mathbf{R}_{\mathrm{m}}^{k}\end{aligned} \tag{6.68}$$

式中　$\mathbf{R}_{\mathrm{m}}^{k}$——$k$ 迭代步的残余量。

同理，我们可以对微裂缝系统建立单元网格的全隐式计算格式如下：

$$\begin{aligned}&\mathbf{T}_{\mathrm{f}}^{k}\delta \mathbf{P}_{\mathrm{f}}^{k}+\delta \mathbf{T}_{\mathrm{f}}^{k}\mathbf{P}_{\mathrm{f}}^{k}+\delta \mathbf{W}^{k}\left(\mathbf{P}_{\mathrm{m}}^{k}-\mathbf{P}_{\mathrm{f}}^{k}\right)+\mathbf{W}^{k}\delta \mathbf{P}_{\mathrm{m}}^{k}-\mathbf{W}^{k}\delta \mathbf{P}_{\mathrm{f}}^{k}-\frac{\delta \mathbf{N}_{\mathrm{f}}^{k}}{\Delta t}\delta \mathbf{P}_{\mathrm{f}}^{k}\\&=\frac{\left(\mathbf{N}_{\mathrm{f}}^{k}-\mathbf{N}_{\mathrm{f}}^{n}\right)}{\Delta t}-\mathbf{T}_{\mathrm{f}}^{k}\mathbf{P}_{\mathrm{f}}^{k}-\mathbf{W}^{k}\left(\mathbf{P}_{\mathrm{m}}^{k}-\mathbf{P}_{\mathrm{f}}^{k}\right)=\mathbf{R}_{\mathrm{f}}^{k}\end{aligned} \tag{6.69}$$

将压裂缝矩阵叠加到微裂缝系统中，由此建立基质 - 微裂缝 - 压裂缝单元矩阵同时联立求解方程组为：

$$\left\{\begin{matrix}\mathbf{T}_{\mathrm{f}}^{k}\delta \mathbf{P}_{\mathrm{f}}^{k}+\delta \mathbf{T}_{\mathrm{f}}^{k}\mathbf{P}_{\mathrm{f}}^{k}-\mathbf{W}^{k}-\dfrac{\delta \mathbf{N}_{\mathrm{f}}^{k}}{\Delta t} & \delta \mathbf{W}^{k}\left(\mathbf{P}_{\mathrm{m}}^{k}-\mathbf{P}_{\mathrm{f}}^{k}\right)+\mathbf{W}^{k}\\ \mathbf{W}^{k} & \mathbf{T}_{\mathrm{m}}^{k}+\delta \mathbf{T}_{\mathrm{m}}^{k}-\delta \mathbf{W}^{k}\left(\mathbf{P}_{\mathrm{m}}^{k}-\mathbf{P}_{\mathrm{f}}^{k}\right)\\ & -\mathbf{W}^{k}-\dfrac{\delta \mathbf{N}_{\mathrm{m}}^{k}}{\Delta t}-\dfrac{\delta \mathbf{V}^{k}}{\Delta t}\end{matrix}\right\}\begin{bmatrix}\delta \mathbf{P}_{\mathrm{f}}^{k}\\ \delta \mathbf{P}_{\mathrm{m}}^{k}\end{bmatrix}=\begin{bmatrix}\mathbf{R}_{\mathrm{f}}^{k}\\ \mathbf{R}_{\mathrm{m}}^{k}\end{bmatrix} \tag{6.70}$$

在二维网格数值模型的基础上，本书进一步提出了针对多层储层的拟三维三棱柱网格，并采用水平方向渗流数学方程由控制体积 - 有限元方法构建数值模型，垂向上渗流数学方程由传统的有限差分方法进行数值离散的混合数值算法获取数值解。首先介绍上述混合数值计算方法的基本构造原理，并应用到考虑分形多孔介质的有机质 - 无机质 - 微裂缝 - 离散裂缝渗流模型中，构建全隐式的数值计算格式。如图 6.17 所示，采用三棱柱网格对储层进行空间网格离散，并采用全隐式迭代算法获取页岩气藏注 CO_2 组分模型的数值解。

如图 6.18 所示，对于多层的三棱柱网格，选取某一层中的包含裂缝面的三棱柱网格，并构建针对该层中部深度的各虚拟节点的高度为层厚度 h_m 的一个虚拟有限控制体积网格和一个“降维”的裂缝面网格。同时，如图 6.19 所示，选取一个三棱柱网格和其存在的部分虚拟有限控制体积网格，构建渗流方程的控制体积有限元 - 有限差分数值计算格式单元矩阵。全区域的数值计算格式将通过叠加单元矩阵得到。

如上述公式所示，对于渗流微分方程，通过构建单元网格体积积分形式，转化为水平方向和垂直方向两部分。

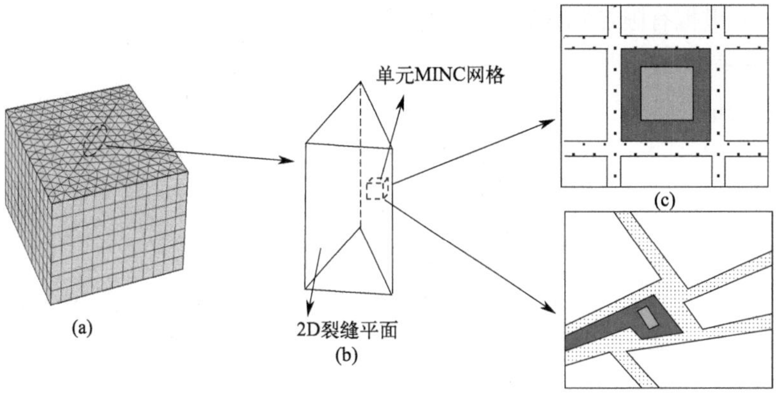

图 6.17　多重介质组分模型渗流模型及网格离散示意图

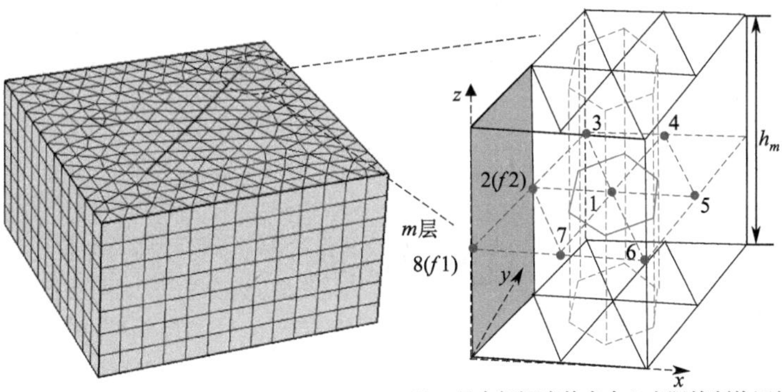

图 6.18　多层离散裂缝模型三棱柱网格离散示意图

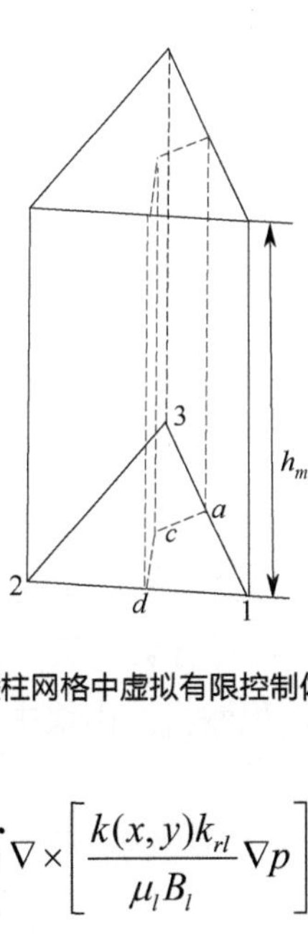

图 6.19　单元三棱柱网格中虚拟有限控制体积网格构建示意图

$$\iiint_{V_1} \nabla \times \left(\frac{\overline{\overline{k}} k_{rl}}{\mu_l B_l} \nabla p \right) \mathrm{d}V = h_m \iint_{\Omega_i} \nabla \times \left[\frac{k(x,y) k_{rl}}{\mu_l B_l} \nabla p \right] \times \boldsymbol{n} \mathrm{d}\Omega + V_1 \frac{\partial}{\partial z} \left[\frac{k(z) k_{rl}}{\mu_l B_l} \frac{\partial p}{\partial z} \right] \quad (6.71)$$

式中 V_1——虚拟有限控制体积单元的体积；

l——气相或水相。

渗透率张量表示为：

$$\bar{\bar{\boldsymbol{k}}} = \begin{bmatrix} k_x & & \\ & k_y & \\ & & k_z \end{bmatrix} \tag{6.72}$$

对于上述公式中的水平方向积分式，可以采用类似于 3.2.1 部分中的方法，基于高斯定理，将其转化为：

$$h_m \iint\limits_{\Omega_{1dca}} \nabla \times \left[\frac{k(x,y)k_{rl}}{\mu_l B_l} \nabla p \right] \mathrm{d}\Omega = h_m \int\limits_{ac+cd} \frac{k(x,y)k_{rl}}{\mu_l B_l} \nabla p \boldsymbol{n} d\Gamma = h_m f_{1dca} \tag{6.73}$$

对于变量 p 和 S_w，在 Delaunay 三角形 123 中，由线性插值函数近似得到：

$$\sum_{i=1}^{3} N_i = 1 \tag{6.74}$$

$$\bar{p}(x,y) = \sum_{i=1}^{3} N_i(x,y) p_i \tag{6.75}$$

$$\bar{S}_{\mathrm{w}}(x,y) = \sum_{i=1}^{3} N_i(x,y) S_{\mathrm{w}i} \tag{6.76}$$

将上述公式带入，可以推出：

$$f_{1dca} = \sum_{i=2,3} T_{il}(p_1 - p_i) \tag{6.77}$$

$$T_{il} = \frac{1}{4A}\left(\frac{k_x k_{rl}}{\mu_l B_l} b_1 b_i + \frac{k_y k_{rl}}{\mu_l B_l} c_1 c_i \right) \tag{6.78}$$

由此，本书推出了通过三棱柱网格 V_1 流入节点 1 的高度为 h_m 的虚拟有限体积网格的水平方向流量计算公式。类似上述公式，可以建立三棱柱网格 123 中的传导率单元矩阵为：

$$\mathbf{TP} = h_m \begin{pmatrix} T_{12}+T_{13} & -T_{12} & -T_{13} \\ -T_{21} & T_{21}+T_{23} & -T_{23} \\ -T_{31} & -T_{32} & T_{31}+T_{32} \end{pmatrix} \begin{pmatrix} p_1 \\ p_2 \\ p_3 \end{pmatrix} = h_m \begin{pmatrix} f_1 \\ f_2 \\ f_3 \end{pmatrix} \tag{6.79}$$

对于多层储层中各层水平方向的扩散项，将采用单元矩阵叠加原理得到全区域水平方向的控制体积 - 有限元计算格式。对于上述公式中垂直方向上的扩散项积分式，本书将采用传统的有限差分算法进行数值离散。如图 6.20 所示，分别选取 $m-1$ 层，m 层和 $m+1$ 层上的虚拟有限体积网格，由块中心有限差分法处理得到 [10]：

$$V_1 \frac{\partial}{\partial z}\left[\frac{k(z)k_{rl}}{\mu_l B_l} \frac{\partial p}{\partial z} \right] = V_1 \left[T_{m+1/2}(p_{m+1,1} - p_{m,1}) - T_{m-1/2}(p_{m,1} - p_{m-1,1}) \right] \tag{6.80}$$

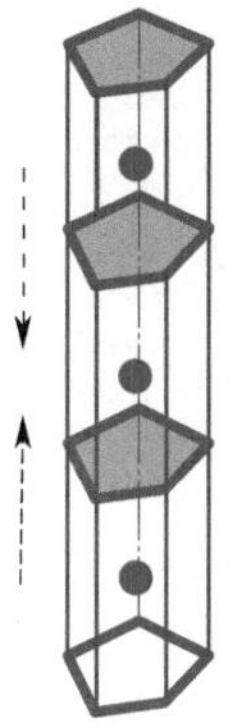

图 6.20　垂向上的流动及块中心有限差分法离散示意图

因此，对于多层储层中各层垂直方向上的扩散项，将由各层中三棱柱网格的中部深度各节点，也即各层中虚拟的有限体积网格各中心点在垂向上有限差分离散得到。

同时，对“降维”的裂缝面，可以采用类似的方法，将扩散项分为沿裂缝方向和垂直方向，具体处理方法为：

$$\iiint_{V_{\mathrm{F1}}}\nabla\times\left(\frac{\bar{\bar{k}}_{\mathrm{F}}k_{\mathrm{F}rl}}{\mu_l B_l}\nabla p_{\mathrm{F}}\right)\mathrm{d}V=w_0 h_m\iint_{\Omega_{\mathrm{F}}}N_v\frac{\partial}{\partial l_{\mathrm{F}}}\left(\frac{k_{\mathrm{F}}k_{\mathrm{F}rl}}{\mu_l B_l}\frac{\partial p_{\mathrm{F}}}{\partial l_{\mathrm{F}}}\right)\mathrm{d}\Omega_{\mathrm{F}}+V_{\mathrm{F1}}\frac{\partial}{\partial z}\left(\frac{k_{\mathrm{F}}k_{\mathrm{F}rl}}{\mu_l B_l}\frac{\partial p_{\mathrm{F}}}{\partial z}\right)$$
$$=w_{\mathrm{F}}h_m\frac{k_{\mathrm{F}}k_{\mathrm{F}rl}}{\mu_l B_l}\begin{bmatrix}\dfrac{1}{\Delta l_{\mathrm{F}}} & -\dfrac{1}{\Delta l_{\mathrm{F}}}\\ -\dfrac{1}{\Delta l_{\mathrm{F}}} & \dfrac{1}{\Delta l_{\mathrm{F}}}\end{bmatrix}\begin{bmatrix}p_{\mathrm{F1}}\\ p_{\mathrm{F2}}\end{bmatrix}$$
$$+V_{\mathrm{F1}}\left[T_{\mathrm{F}m+1/2}\left(p_{m+1,\mathrm{F1}}-p_{m,\mathrm{F1}}\right)-T_{\mathrm{F}m-1/2}\left(p_{m,\mathrm{F1}}-p_{m-1,\mathrm{F1}}\right)\right] \tag{6.81}$$

对于窜流项：

$$\boldsymbol{W}=h_m\begin{pmatrix}\left(\alpha\dfrac{Ak_{\mathrm{app}}}{3\mu_{\mathrm{g}}B_{\mathrm{g}}}\right)_1 & 0 & 0\\ 0 & \left(\alpha\dfrac{Ak_{\mathrm{app}}}{3\mu_{\mathrm{g}}B_{\mathrm{g}}}\right)_2 & 0\\ 0 & 0 & \left(\alpha\dfrac{Ak_{\mathrm{app}}}{3\mu_{\mathrm{g}}B_{\mathrm{g}}}\right)_3\end{pmatrix}\begin{pmatrix}p_{\mathrm{m1}}-p_{\mathrm{f1}}\\ p_{\mathrm{m2}}-p_{\mathrm{f2}}\\ p_{\mathrm{m3}}-p_{\mathrm{f3}}\end{pmatrix} \tag{6.82}$$

对于吸附解吸项：

$$\frac{\boldsymbol{V}}{\Delta t}=\frac{h_m Af_{\mathrm{O}}\left(1-\phi_{\mathrm{O}}\right)}{3\Delta t}\begin{pmatrix}\left[V_{\mathrm{E}}\right]_1^{n+1}-\left[V_{\mathrm{E}}\right]_1^{n}\\ \left[V_{\mathrm{E}}\right]_2^{n+1}-\left[V_{\mathrm{E}}\right]_2^{n}\\ \left[V_{\mathrm{E}}\right]_3^{n+1}-\left[V_{\mathrm{E}}\right]_3^{n}\end{pmatrix} \tag{6.83}$$

对于时间项：

$$\frac{\boldsymbol{N}}{\Delta t}=\frac{h_m A}{3\Delta t}\begin{pmatrix}\left(\dfrac{\phi}{B_{\rm g}}\right)_1^{n+1}-\left(\dfrac{\phi}{B_{\rm g}}\right)_1^{n}\\ \left(\dfrac{\phi}{B_{\rm g}}\right)_2^{n+1}-\left(\dfrac{\phi}{B_{\rm g}}\right)_2^{n}\\ \left(\dfrac{\phi}{B_{\rm g}}\right)_3^{n+1}-\left(\dfrac{\phi}{B_{\rm g}}\right)_3^{n}\end{pmatrix} \tag{6.84}$$

6.3.3 全隐式数值模型

对 n+1 时步下的变量 p^{n+1}，$S_{\rm w}^{n+1}$ 和 y^{n+1} 采用第 k 迭代步的值来近似逼近：

$$\begin{aligned}p^{n+1}&\approx p^{k+1}=p^k+\delta p^k\\ S_{\rm w}^{n+1}&\approx S_{\rm w}^{k+1}=S_{\rm w}^k+\delta S_{\rm w}^k\\ y^{n+1}&\approx y^{k+1}=y^k+\delta y^k\end{aligned} \tag{6.85}$$

将上式代入各系统单元网格矩阵中，构建的组分模型气相方程全隐式迭代单元矩阵如下。

（1）有机质

$$\boldsymbol{R}_{{\rm gOy}_i}^k=\begin{cases}\left(\mathbf{M}^k{}_{\rm \_d\it p}\right)\delta p_{\rm gO}+\left(\mathbf{M}^k{}_{\rm \_d\it p}\right)\delta S_{\rm wO}+\left(\mathbf{M}^k{}_{\rm \_d\it y}\right)\delta y_{{\rm O}i}\\ +\mathbf{W}_{\rm gOIup\_}^k{\rm d}p\delta p_{\rm gI}+\mathbf{W}_{\rm gOIup\_}^k{\rm d}S_{\rm w}\delta S_{\rm wI}+\mathbf{W}_{\rm gOIup\_}^k{\rm d}y\delta y_{{\rm I}i}\end{cases} \tag{6.86}$$

（2）无机质

$$\boldsymbol{R}_{{\rm gIy}_i}^k=\begin{cases}\left(\mathbf{M}_{\rm I}^k\_{\rm d}p\right)\delta p_{\rm gI}-\left(\mathbf{W}_{\rm gfIup}^k+\mathbf{W}_{\rm gfIup\_}^k{\rm d}p\right)\delta p_{\rm gf}\\ +\left(\mathbf{W}_{\rm gOIup}^k+\mathbf{W}_{\rm gOIup\_}^k{\rm d}p\right)\delta p_{\rm gO}+\mathbf{M}_{\rm I}^k\_{\rm d}S_{\rm w}\delta S_{\rm wI}+\mathbf{M}_{\rm I}^k\_{\rm d}y\delta y_{{\rm I}i}\\ -\left(\mathbf{W}_{\rm gfIup}^k+\mathbf{W}_{\rm gfIup\_}^k{\rm d}y\right)\delta y_{{\rm f}i}+\left(\mathbf{W}_{\rm gOIup}^k+\mathbf{W}_{\rm gOIup\_}^k{\rm d}y\right)\delta y_{{\rm O}i}\\ -\mathbf{W}_{\rm gfIup\_}^k{\rm d}S_{\rm w}\delta S_{\rm wf}+\mathbf{W}_{\rm gOIup\_}^k{\rm d}S_{\rm w}\delta S_{\rm wO}\end{cases} \tag{6.87}$$

（3）天然裂缝

$$\boldsymbol{R}_{{\rm gfy}_i}^k=\begin{cases}\left(\mathbf{M}_{\rm f}^k\_{\rm d}p\right)\delta p_{\rm gf}-\left(\mathbf{W}_{\rm gFfup}^k+\mathbf{W}_{\rm gFfup\_}^k{\rm d}p\right)\delta p_{\rm gF}+\left(\mathbf{W}_{\rm gfIup}^k+\mathbf{W}_{\rm gfIup\_}^k{\rm d}p\right)\delta p_{\rm gI}\\ -\left(\mathbf{W}_{\rm gFfup}^k+\mathbf{W}_{\rm gFfup\_}^k{\rm d}y\right)\delta y_{{\rm F}i}+\left(\mathbf{W}_{\rm gfIup}^k+\mathbf{W}_{\rm gfIup\_}^k{\rm d}y\right)\delta y_{{\rm I}i}\\ -\mathbf{W}_{\rm gFfup\_}^k{\rm d}S_{\rm w}\delta S_{\rm w_F}+\mathbf{W}_{\rm gfIup\_}^k{\rm d}S_{\rm w}\delta S_{\rm wI}+\mathbf{M}_{\rm f}^k\_{\rm d}S_{\rm w}\delta S_{\rm wf}+\mathbf{M}_{\rm f}^k\_{\rm d}y\delta y_{{\rm f}i}\end{cases} \tag{6.88}$$

(4) 水力压裂裂缝

$$\boldsymbol{R}_{\mathrm{gFy}_i}^k=\begin{cases}\left(\mathbf{M}_{\mathrm{F}}^k\_\mathrm{d}p\right)\delta p_{\mathrm{gF}}+\left(\mathbf{W}_{\mathrm{gFfup}}^k+\mathbf{W}_{\mathrm{gFfup}}^k\_\mathrm{d}p\right)\delta p_{\mathrm{gf}}+\left(\mathbf{W}_{\mathrm{gFfup}}^k+\mathbf{W}_{\mathrm{gFfup}}^k\_\mathrm{d}y\right)\delta y_{\mathrm{f}i}\\+\mathbf{W}_{\mathrm{gFfup}}^k\_\mathrm{d}S_{\mathrm{w}}\delta S_{\mathrm{wf}}+\mathbf{M}_{\mathrm{F}}^k\_\mathrm{d}S_{\mathrm{w}}\delta S_{\mathrm{wF}}+\mathbf{M}_{\mathrm{F}}^k\_\mathrm{d}y\delta y_{\mathrm{F}i}\end{cases}\tag{6.89}$$

同理，水相方程单元矩阵数值计算迭代格式为：

$$\boldsymbol{R}_{\mathrm{wO}}^k=\begin{cases}\left(\delta\mathbf{T}_{\mathrm{wO}}^k\_\mathrm{d}S_{\mathrm{w}}-\dfrac{\mathbf{N}_{\mathrm{wO}}^k}{\Delta t}-\delta\mathbf{W}_{\mathrm{wOIup}}^k\_\mathrm{d}S_{\mathrm{w}}\right)\delta\mathbf{S}_{\mathrm{wO}}^k\\-\mathbf{W}_{\mathrm{wOIup}}^k\left(\mathrm{d}\mathbf{P}_{\mathrm{cI}}-\mathrm{d}\mathbf{P}_{\mathrm{cO}}\right)\end{cases}\tag{6.90}$$

$$\boldsymbol{R}_{\mathrm{wI}}^k=\begin{cases}\delta\mathbf{W}_{\mathrm{wOIup}}^k\_\mathrm{d}S_{\mathrm{w}}\delta\mathbf{S}_{\mathrm{wO}}^k+\left(\delta\mathbf{T}_{\mathrm{wI}}^k\_\mathrm{d}S_{\mathrm{w}}-\dfrac{\mathbf{N}_{\mathrm{wI}}^k}{\Delta t}-\delta\mathbf{W}_{\mathrm{wfIup}}^k\_\mathrm{d}S_{\mathrm{w}}\right)\delta\mathbf{S}_{\mathrm{wI}}^k\\-\mathbf{W}_{\mathrm{wfIup}}^k\left(\mathrm{d}\mathbf{P}_{\mathrm{cf}}-\mathrm{d}\mathbf{P}_{\mathrm{cI}}\right)+\mathbf{W}_{\mathrm{wOIup}}^k\left(\mathrm{d}\mathbf{P}_{\mathrm{cI}}-\mathrm{d}\mathbf{P}_{\mathrm{cO}}\right)\end{cases}\tag{6.91}$$

$$\boldsymbol{R}_{\mathrm{wf}}^k=\begin{cases}\delta\mathbf{W}_{\mathrm{wf1up}}^k\_\mathrm{d}S_{\mathrm{w}}\delta\mathbf{S}_{\mathrm{w1}}^k+\left(\delta\mathbf{T}_{\mathrm{wf}}^k\_\mathrm{d}S_{\mathrm{w}}-\dfrac{\mathbf{N}_{\mathrm{wf}}^k}{\Delta t}-\delta\mathbf{W}_{\mathrm{w_{Ff}up}}^k\_\mathrm{d}S_{\mathrm{w}}\right)\delta\mathbf{S}_{\mathrm{wf}}^k\\-\mathbf{W}_{\mathrm{w_{Ff}up}}^k\left(\mathrm{d}\mathbf{P}_{\mathrm{cF}}-\mathrm{d}\mathbf{P}_{\mathrm{cf}}\right)+\mathbf{W}_{\mathrm{wf1up}}^k\left(\mathrm{d}\mathbf{P}_{\mathrm{cf}}-\mathrm{d}\mathbf{P}_{\mathrm{c1}}\right)\end{cases}\tag{6.92}$$

$$\boldsymbol{R}_{\mathrm{wF}}^k=\begin{cases}\left(\delta\mathbf{T}_{\mathrm{wF}}^k\_\mathrm{d}S_{\mathrm{w}}-\dfrac{\mathbf{N}_{\mathrm{wF}}^k}{\Delta t}\right)\delta\mathbf{S}_{\mathrm{wF}}^k+\delta\mathbf{W}_{\mathrm{wFfup}}^k\_\mathrm{d}S_{\mathrm{w}}\delta\mathbf{S}_{\mathrm{wf}}^k\\+\mathbf{W}_{\mathrm{wFfup}}^k\left(\mathrm{d}\mathbf{P}_{\mathrm{cF}}-\mathrm{d}\mathbf{P}_{\mathrm{cf}}\right)\end{cases}\tag{6.93}$$

传导率矩阵满足：

$$\begin{gathered}\mathbf{T}_{\mathrm{g}ly_i}^k=\mathbf{T}\left(p_{\mathrm{g}l}^k,S_{\mathrm{w}l}^k,y_{li}^k\right),\quad\mathbf{T}_{\mathrm{w}ly_i}^k=\mathbf{T}\left(p_{\mathrm{g}l}^k,S_{\mathrm{w}l}^k,y_{li}^k\right),\quad\mathbf{T}_{\mathrm{g}ly_i}^k\_\mathrm{d}p_{\mathrm{g}l}=\frac{\mathrm{d}\mathbf{T}_{\mathrm{g}ly_i}^k}{\mathrm{dp}_{\mathrm{g}l}}\delta\mathbf{p}_{\mathrm{g}l}^k\\\mathbf{T}_{\mathrm{g}ly_i}^k\_\mathrm{d}S_{\mathrm{w}l}=\frac{\mathrm{d}\mathbf{T}_{\mathrm{g}ly_i}^k}{\mathrm{d}S_{\mathrm{w}l}}\delta\mathbf{S}_{\mathrm{w}l}^k,\quad\mathbf{T}_{\mathrm{g}ly_i}^k\_\mathrm{d}y_i=\frac{\mathrm{d}\mathbf{T}_{\mathrm{g}ly_i}^k}{\mathrm{d}y_i}\delta y_{li}\end{gathered}\tag{6.94}$$

窜流项矩阵满足：

$$\begin{gathered}\mathbf{W}_{\mathrm{g}l}^k=\mathbf{N}\mathbf{N}^{\mathrm{T}}\boldsymbol{w}_{\mathrm{g}l}^k,\ \mathbf{W}_{l\mathrm{up}}^k\_\mathrm{d}p_{\mathrm{g}l}=\frac{\mathrm{d}\mathbf{W}_{l\mathrm{up}}^k}{\mathrm{d}p_{\mathrm{g}l}}\delta\mathbf{p}_{\mathrm{g}l}^k,\\\mathbf{W}_{l\mathrm{up}}^k\_\mathrm{d}S_{\mathrm{w}l}^k=\frac{\mathbf{W}_{l\mathrm{up}}^k}{\mathrm{d}S_{\mathrm{w}l}}\delta\mathbf{S}_{\mathrm{w}l}^k,\ \mathbf{W}_{l\mathrm{up}}^k\_\mathrm{d}y_i^k=\frac{\mathbf{W}_{l\mathrm{up}}^k}{\mathrm{d}y_i}\delta y_i^k\end{gathered}\tag{6.95}$$

吸附解吸项矩阵满足：

$$\begin{gathered}\mathbf{V}_{\mathrm{E}i}^k=\mathbf{N}\mathbf{N}^{\mathrm{T}}\mathbf{V}_{\mathrm{E}i}\left(p_l^k,y_{li}^k\right),\ \mathbf{V}_{\mathrm{E}i}^n=\mathbf{N}\mathbf{N}^{\mathrm{T}}\mathbf{V}_{\mathrm{E}}\left(p_l^n,y_{li}^n\right),\\\mathbf{V}_{\mathrm{E}i}^k\_\mathrm{d}p=\frac{\mathrm{d}\mathbf{V}_{\mathrm{E}i}^k}{\mathrm{d}p}\delta p_l^k,\ \mathbf{V}_{\mathrm{E}i}^k\_\mathrm{d}y_i=\frac{\mathrm{d}\mathbf{V}_{\mathrm{E}i}^k}{\mathrm{d}y}\delta y_{li}^k\end{gathered}\tag{6.96}$$

时间项矩阵满足：

$$\mathbf{N}_{\mathrm{g}ly_i}^{k}=\mathbf{NN}^{\mathrm{T}}\left(y_{li}\rho_l\phi_l\right)^k,\ \mathbf{N}_{\mathrm{g}ly_i}^{n}=\mathbf{NN}^{\mathrm{T}}\left(y_{li}\rho_l\phi_l\right)^n,\ \mathbf{N}_{\mathrm{g}ly_i}^{k}\_\mathrm{d}p=\frac{\mathrm{d}\mathbf{N}_{\mathrm{g}ly_i}^{k}}{\mathrm{d}p}\delta\mathbf{p}_{\mathrm{g}l}^{k}$$

$$\mathbf{N}_{\mathrm{w}ly_i}^{k}=\mathbf{NN}^{\mathrm{T}}\left(y_{li}\rho_l\phi_l S_{\mathrm{w}l}\right)^k,\ \mathbf{N}_{\mathrm{w}ly_i}^{n}=\mathbf{NN}^{\mathrm{T}}\left(y_{li}\rho_l\phi_l S_{\mathrm{w}l}\right)^n,\mathbf{N}_{\mathrm{g}ly_i\_\mathrm{sw}l\_}^{k}\mathrm{d}p=\mathbf{S}_{\mathrm{w}l}\frac{\mathbf{N}_{\mathrm{g}ly_i}^{k}}{\mathrm{d}p}\delta\mathbf{p}_{\mathrm{g}l}^{k} \tag{6.97}$$

并且：

$$\mathbf{M}_l^k\_\mathrm{d}p=\begin{cases}\mathbf{T}_{\mathrm{g}l}^k+\mathbf{T}_{\mathrm{g}l\_\mathrm{dp}}^k-\mathbf{W}_{\mathrm{g}_{l-1}\mathrm{up}}^k-\mathbf{W}_{\mathrm{g}_{l-1}\mathrm{up}\_}^k\mathrm{d}p+\mathbf{W}_{\mathrm{g}_{l+1}\mathrm{up}}^k+\mathbf{W}_{\mathrm{g}_{l+1}\mathrm{up}\_}^k\mathrm{d}p\\ -\dfrac{\mathbf{N}_{\mathrm{g}l\_}^k\mathrm{d}p}{\Delta t}+\dfrac{\mathbf{N}_{\mathrm{g}l\_S_{\mathrm{wm}l}\_}^k\mathrm{d}p}{\Delta t}\end{cases} \tag{6.98}$$

$$\mathbf{M}_l^k\_\mathrm{d}S_{\mathrm{w}}=\mathbf{T}_{\mathrm{g}l\_}^k\mathrm{d}S_{\mathrm{w}}+\frac{\mathbf{N}_{\mathrm{g}l}^k}{\Delta t}-\mathbf{W}_{\mathrm{g}_{l+1}\mathrm{up}\_}^k\mathrm{d}S_{\mathrm{w}}+\mathbf{W}_{\mathrm{g}_{l-1}\mathrm{up}\_}^k\mathrm{d}S_{\mathrm{w}} \tag{6.99}$$

$$\begin{aligned}\mathbf{M}_l^k\_\mathrm{d}y=&\mathbf{T}_{\mathrm{g}l}^k+\mathbf{T}_{\mathrm{g}l\_\mathrm{dy}}^k+\mathbf{W}_{\mathrm{g}_{l+1}\mathrm{up}}^k+\mathbf{W}_{\mathrm{g}_{l+1}\mathrm{up}\_}^k\mathrm{d}y-\mathbf{W}_{\mathrm{g}_{l-1}\mathrm{up}}^k-\mathbf{W}_{\mathrm{g}_{l-1}\mathrm{up}\_}^k\mathrm{d}y\\&-\frac{\mathbf{N}_{\mathrm{g}l}^k}{\Delta t}-\frac{\mathbf{N}_{\mathrm{g}l\_}^k\mathrm{d}y}{\Delta t}\end{aligned} \tag{6.100}$$

最后，假设多级压裂水平井及储层区域网格离散形成 N 个三棱柱网格，总的组分数为 N_{C}。将上述单元矩阵格式应用到每一个三棱柱及虚拟有限控制体积网格和压裂裂缝网格中，最终形成了（N_{C}+1）×3N×（N_{C}+1）×3N 的线性方程组求解体系：

$$\left[\mathbf{k}\right]_{(N_{\mathrm{C}}+1)3N\times(N_{\mathrm{C}}+1)3N}\left[\delta\mathbf{X}\right]_{(N_{\mathrm{C}}+1)3N\times1}=\left[\mathbf{R}\right]_{(N_{\mathrm{C}}+1)3N\times1} \tag{6.101}$$

6.3.4 线性代数方程组的求解

对于大型稀疏线性矩阵，常采用预处理共轭梯度法求解。该方法同时表现出了直接求解和迭代求解的特征，具有求解速度快、计算精度高的优势 [10]。但是，这种方法最大的问题是要求系数矩阵是对称正定的，而由有限元 - 有限体积方法离散得到的矩阵往往不满足这一条件，笔者在采用共轭梯度法实际计算的过程中就曾发现，当系数矩阵不满足这一条件时，求解结果往往受初始值的影响较大，计算结果变得很不确定。笔者还发现，收敛速度也影响了求解矩阵的阶数。因此，需要寻求更稳定的求解方法，在广泛调研求解大型矩阵的方法并分别进行测试的基础上，认为正交极小化算法（Orthomin）是一种适合非对称矩阵的比较优秀的算法。

正交极小化算法（Orthomin）也是一种共轭梯度法。是 Vinsome 等在传统的预处理共轭梯度法和最小余量法的基础上改进而来的 [11]，是目前数值模拟中应用比较广泛的迭代方法之一。

对于这样一个代数方程组：

$$\boldsymbol{A}x=\boldsymbol{B} \tag{6.102}$$

式中 $\boldsymbol{A}$——系数矩阵；

B ——常数向量。

其余量形式为：

$$R^{(n)} = A\delta x^{(n)} \tag{6.103}$$

其中，$R^{(n)}=Ax^{(n)}-b$，是第 n 次迭代的余量。在进行第 n 次迭代时，$\delta x^{(1)}$、$\delta x^{(2)}$、…、$\delta x^{(n-1)}$ 都已经算出，由此，可以得到每一步计算的余量，只有每步计算的余量都减小，才能使得计算逼近方程的真解。

构造向量组 $Aq^{(1)}$，$Aq^{(2)}$，…，$Aq^{(n-1)}$，其表达式为：

$$Aq^{(n-1)} = A\delta x^{(n-1)} - \sum_{i=1}^{n-2} \alpha_i Aq^{(i)} \tag{6.104}$$

向量组内所有向量满足两两正交关系，即：

$$\left[Aq^{(n-1)}, Aq^{(i)}\right] = 0, i \neq n-1 \tag{6.105}$$

由此可以得到：

$$\alpha_i = \frac{\left[Aq^{(i)}, A\delta x^{(n-1)}\right]}{\left[Aq^{(i)}, Aq^{(i)}\right]}, i = 1, 2, \cdots, n-2 \tag{6.106}$$

由第 $n-1$ 次迭代余量 $R^{(n-1)}$ 和 $Aq^{(n-1)}$ 构造第 n 次迭代余量：

$$R^{(n)} = R^{(n-1)} - \beta_{n-1} Aq^{(n-1)} \tag{6.107}$$

其中，β_{n-1} 是极小化参数，它使 $\left\|R^{(n)}\right\|_2$ 取极小。

又因为：

$$\begin{aligned}\left\|R^{(n)}\right\|_2 &= \left\|R^{(n-1)} - \beta_{n-1} Aq^{(n-1)}\right\|_2 \\ &= \left[R^{(n-1)} - \beta_{n-1} Aq^{(n-1)}, R^{(n-1)} - \beta_{n-1} Aq^{(n-1)}\right] \\ &= \left[R^{(n-1)}, R^{(n-1)} - 2\beta_{n-1}(Aq^{(n-1)}, R^{(n-1)}) + \beta_{n-1}^2 (Aq^{(n-1)}, Aq^{(n-1)})\right]\end{aligned} \tag{6.108}$$

上式是关于 β_{n-1} 的二次三项式，由极值的必要条件：

$$\frac{\partial \left\|R^{(n)}\right\|_2}{\partial \beta_{n-1}} = 0 \tag{6.109}$$

可以得到：

$$\beta_{n-1} = \frac{\left[Aq^{(n-1)}, R^{(n-1)}\right]}{\left[Aq^{(n-1)}, Aq^{(n-1)}\right]} \tag{6.110}$$

将式（6.110）的 β_{n-1} 代入式（6.107）中，可以得到第 n 次迭代余量 $R^{(n)}$。

可由下式求解 $\delta x^{(n)}$：

$$A\delta x^{(n)} = R^{(n)} \tag{6.111}$$

则第 n 次迭代解为：

$$x^{(n)} = x^{(n-1)} + \delta x^{(n)} \tag{6.112}$$

如果存在某一 n 值使 $\left\|R^{(n)}\right\|_2$ 小于某一允许值，这样就可以求出方程的解，否则继续迭代，直到满足要求为止。对于非稳态偏微分方程进行求解时，无论哪种数值求解方法都存在求解时间域的离散问题。在本小节中将对离散格式的稳定性进行研究，并优选出合适的离散格式对整体矩阵的时间域进行离散处理。一般地，当对定解问题进行有限元平衡方程推导后可得如下平衡矩阵形式：

$$\mathbf{K}\boldsymbol{\psi} + \mathbf{C}\frac{\partial \psi}{\partial t} = \mathbf{F} \tag{6.113}$$

式中　$\mathbf{K}$——刚度矩阵；

$\boldsymbol{\psi}$——未知场的节点参数向量；

$\mathbf{C}$——系数矩阵；

$\mathbf{F}$——载荷向量。

经过空间离散后原偏微分方程的定解问题转换成了关于时间 t 的常微分方程。对于时间域的离散，假设形函数与时间有关，节点的未知函数值与时间无关，可以得到针对任意时间段的特征插值函数：

$$\widetilde{\psi}(t) = \sum N_i(t)\psi_i \tag{6.114}$$

假设时间单元为 Δt，令 $\psi_i(t) = \psi_i^{(n)}$，$\psi_i(t+\Delta t) = \psi_i^{(n+1)}$，式(6.114)可以表示为：

$$\widetilde{\psi}(t) = \zeta\psi_i^{(n)} + (1-\zeta)\psi_i^{(n+1)} \tag{6.115}$$

其插值函数的导数形式如下：

$$\widetilde{\psi}'(t) = \zeta'\psi_i^{(n)} + (1-\zeta)'\psi_i^{(n+1)} \tag{6.116}$$

其中：

$$\begin{cases} \zeta = \dfrac{t}{\Delta t}\left(0 < \zeta < 1\right) \\ \zeta' = \dfrac{1}{\Delta t} \quad (1-\zeta)' = -\dfrac{1}{\Delta t} \end{cases} \tag{6.117}$$

对于上述公式构建加权余量形式：

$$\int_0^1 w\left[\mathbf{K}\left(\zeta\boldsymbol{\psi}^{(n)} + (1-\zeta)\boldsymbol{\psi}^{(n+1)}\right) + \mathbf{C}\left(\zeta'\boldsymbol{\psi}^{(n)} + (1-\zeta)'\boldsymbol{\psi}^{(n+1)}\right) - \mathbf{F}\right]\mathrm{d}\zeta = 0 \tag{6.118}$$

化简合并后可以得到，单元时间步前后的未知节点参数关系式为：

$$\begin{aligned} &\left(\mathbf{K}\int_0^1 w\zeta\,\mathrm{d}\zeta + \mathbf{C}\int_0^1 \frac{w}{\Delta t}\mathrm{d}\zeta\right)\boldsymbol{\psi}^{(n+1)} + \\ &\left[\mathbf{K}\int_0^1 w(1-\zeta)\mathrm{d}\zeta - \mathbf{C}\int_0^1 \frac{w}{\Delta t}\mathrm{d}\zeta\right]\boldsymbol{\psi}^{(n)} - \int_0^1 w\mathbf{F}\mathrm{d}\zeta = 0 \end{aligned} \tag{6.119}$$

由于 $\mathbf{K}$、$\mathbf{C}$ 不随时间变化，式(6.113)对于不同的权函数 w，可以得到如下表达形式：

$$\left(\mathbf{K}\theta+\frac{\mathbf{C}}{\Delta t}\right)\psi^{(n+1)}+\left[\mathbf{K}(1-\theta)-\frac{\mathbf{C}}{\Delta t}\right]\psi^{(n)}=\overline{\mathbf{F}} \tag{6.120}$$

式中：

$$\theta=\int_0^1 w\zeta\mathrm{d}\zeta \,/\int_0^1 w\mathrm{d}\zeta \tag{6.121}$$

$$\overline{\mathbf{F}}=\int_0^1 w\mathbf{F}\mathrm{d}\zeta \,/\int_0^1 w\mathrm{d}\zeta \tag{6.122}$$

对于 $\overline{\mathbf{F}}$ 可以采用与 ψ 具有相同的插值格式：

$$\overline{\mathbf{F}}=\mathbf{F}^{(n+1)}\theta+\mathbf{F}^{(n)}(1-\theta) \tag{6.123}$$

若载荷向量 $\mathbf{F}$ 与时间 t 无关，则有 $\overline{\mathbf{F}}$=$\mathbf{F}$。当求解初值问题并且边界载荷向量 $\mathbf{F}$ 随 t 的变化函数已知时，即可通过已知的当前时刻的一组 $\psi^{(n)}$ 值求解得到下一时刻的未知场变量 $\psi^{(n+1)}$。不断地迭代循环就可以得到偏微分方程在离散的各个时间步下的数值解。

对于 θ 不同的取值代表了时间离散格式修正加权项的不同。

当 θ=0 时，上述公式即可化为向前差分公式：

$$\frac{\mathbf{C}}{\Delta t}\psi^{(n+1)}=\mathbf{F}^{(n)}-\left(\mathbf{K}-\frac{\mathbf{C}}{\Delta t}\right)\psi^{(n)} \tag{6.124}$$

当 θ=1 时，上述公式可化为向后差分公式：

$$\left(\mathbf{K}+\frac{\mathbf{C}}{\Delta t}\right)\psi^{(n+1)}=\mathbf{F}^{(n+1)}-\frac{\mathbf{C}}{\Delta t}\psi^{(n)} \tag{6.125}$$

当 θ=1/2 时，上述公式可化为 Crank-Nicolson 差分公式：

$$\left(\mathbf{K}+\frac{2\mathbf{C}}{\Delta t}\right)\psi^{(n+1)}=\left[\mathbf{F}^{(n+1)}+\mathbf{F}^{(n)}\right]-\left(\mathbf{K}-\frac{2\mathbf{C}}{\Delta t}\right)\psi^{(n)} \tag{6.126}$$

当 θ=2/3 时，上述公式可化为有限元法的 Galerkin 差分公式：

$$\left(2\mathbf{K}+\frac{3\mathbf{C}}{\Delta t}\right)\psi^{(n+1)}=\left[2\mathbf{F}^{(n+1)}+\mathbf{F}^{(n)}\right]-\left(\mathbf{K}-\frac{3\mathbf{C}}{\Delta t}\right)\psi^{(n)} \tag{6.127}$$

借鉴学者在传热学中冷却过程实例计算的分析结果。如图 6.21 所示，纵坐标为 θ 值，横坐标为时间步长值。稳定性分析：曲线 1 上方为稳定区域，下方为不稳定区域，因此，当 $\theta\geqslant 0.5$ 的区域都是稳定的，包括了向后差分格式，C-N 格式和 Galerkin 差分公式；由振荡性分析可知，曲线 2 上方为非振荡区域，下方为振荡区域，因此，只有向后差分法（θ=1）是无条件非振荡的，当时间步长较大时 C-N 格式会产生较大的振荡，但是这种振荡是衰减的，也是稳定的；Galerkin 差分格式在抵抗振荡性方面优于 C-N 差分格式。因此，由上面的研究结果，本书将采用无条件稳定和无条件非振荡的向后差分方法对时间项进行离散。

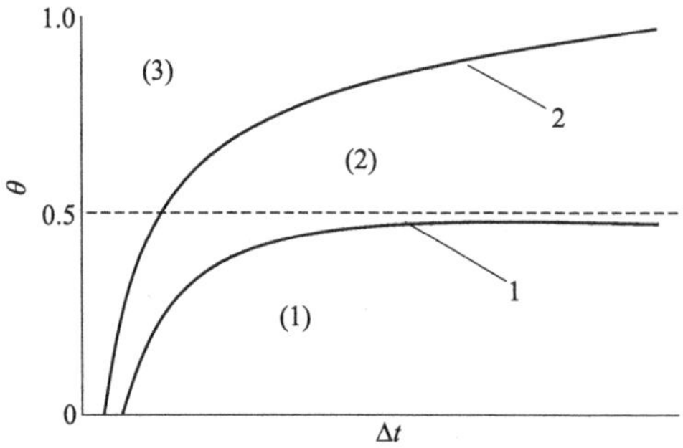

图 6.21 差分格式稳定性分析

6.4 CO_2 压裂与压后生产一体化模拟

6.4.1 裂缝扩展数学模型的建立

在人工压裂过程中，存在流体的流动、裂缝变形及裂缝扩展等多个物理行为，因此，针对人工压裂的各作用机理，构建准确的数学模型，是描述裂缝扩展行为特征的关键。

6.4.1.1 裂缝变形

本书采用位移不连续法来表征裂缝变形与应力应变的关系。位移不连续法（DDM）通过将裂缝单元离散成 N 个裂缝单元，结合全局的应力构建裂缝单元的应力应变方程，形成 N 个裂缝单元的线性方程组，求解的各裂缝单元的位移不连续量，即为裂缝单元的剪切开度和法向开度。

对于任意一个裂缝单元，以裂缝单元为中心，以裂缝面为边界，则裂缝单元可以分为上下两个边界，如图 6.22 所示。基于 DDM 表示其法向及切向的位移不连续量可以表示为：

$$\begin{cases} D_x = u_x^- - u_x^+ \\ D_y = u_y^- - u_y^+ \end{cases} \tag{6.128}$$

式中，正号代表上表面，负号代表下表面。

定义两向位移不连续量靠近及压缩为正，疏离及张拉为负。在平面应变假设下，裂缝面的法向及剪切位移不连续量可以表示为：

$$\begin{aligned} u_x &= D_x\left[2(1-\nu)f_{,y} - yf_{,xx}\right] + D_y\left[-(1-2\nu)f_{,x} - yf_{,xy}\right] \\ u_y &= D_x\left[(1-2\nu)f_{,x} - yf_{,xy}\right] + D_y\left[2(1-\nu)f_{,y} - yf_{,yy}\right] \end{aligned} \tag{6.129}$$

相应的位移不连续量与应力间的关系可表示为：

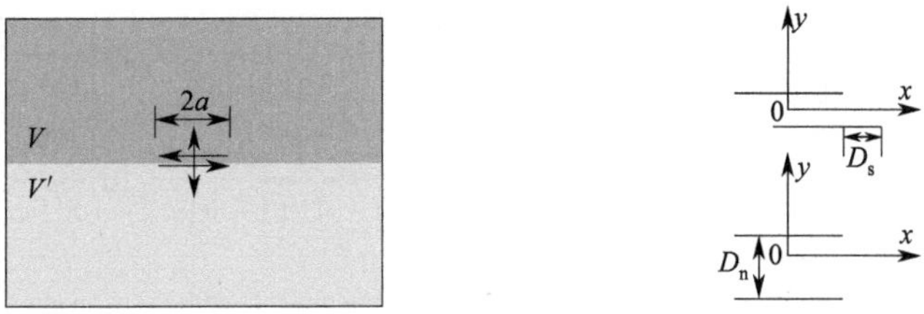

(a) 上下半空间及位移不连续单元示意图　(b) 二维位移不连续单元切向及法向位移不连续量定义

图 6.22　裂缝单元示意图

$$
\begin{aligned}
\sigma_{xx} &= 2GD_x\left[2f_{,xy}+yf_{,xyy}\right]+2GD_y\left[f_{,yy}+yf_{,yyy}\right]\\
\sigma_{yy} &= 2GD_x\left[-yf_{,xyy}\right]+2GD_y\left[f_{,yy}-yf_{,yyy}\right]\\
\tau_{xy} &= 2GD_x\left[f_{,yy}+yf_{,yyy}\right]+2GD_y\left[-yf_{,xyy}\right]
\end{aligned}
\tag{6.130}
$$

定义函数 $f(x,y)$ 为：

$$
f(x,y)=\frac{-1}{4\pi(1-v)}\begin{bmatrix} y\left(\arctan\dfrac{y}{x-a}-\arctan\dfrac{y}{x+a}\right)\\ -(x-a)\ln\sqrt{\left[(x-a)^2+y^2\right]}\\ +(x+a)\ln\sqrt{\left[(x+a)^2+y^2\right]} \end{bmatrix}
\tag{6.131}
$$

令 $\theta_1=\arctan\dfrac{y}{x-a}$，$\theta_2=\arctan\dfrac{y}{x+a}$，$r_1=\sqrt{(x-a)^2+y^2}$，则 $r_2=\sqrt{(x+a)^2+y^2}$，则关于 $f(x,y)$ 的各阶导数为：

$$
\begin{aligned}
F_2 &= f_{,x}=\frac{\partial f}{\partial x}=\frac{-1}{4\pi(1-v)}\ln\left(\frac{r_2}{r_1}\right)\\
F_3 &= f_{,y}=\frac{\partial f}{\partial y}=\frac{-1}{4\pi(1-v)}(\theta_1-\theta_2)\\
F_4 &= f_{,xy}=\frac{\partial^2 f}{\partial x\partial y}=\frac{-1}{4\pi(1-v)}\left(\frac{y}{r_2^2}-\frac{y}{r_1^2}\right)\\
F_5 &= f_{,xx}=\frac{\partial^2 f}{\partial x^2}=-\frac{\partial^2 f}{\partial y^2}=\frac{-1}{4\pi(1-v)}\left(\frac{x+a}{r_2^2}-\frac{x-a}{r_1^2}\right)\\
F_6 &= f_{,xyy}=\frac{\partial^3 f}{\partial x\partial y^2}=-\frac{\partial^3 f}{\partial x^3}=\frac{-1}{4\pi(1-v)}\left[\frac{(x+a)^2+y^2}{r_2^4}-\frac{(x-a)^2+y^2}{r_1^4}\right]\\
F_7 &= f_{,yyy}=\frac{\partial^3 f}{\partial y^3}=-\frac{\partial^3 f}{\partial x^2\partial y}=\frac{-1}{4\pi(1-v)}\left[\frac{2(x+a)y}{r_2^4}-\frac{2(x-a)y}{r_1^4}\right]
\end{aligned}
\tag{6.132}
$$

综合上述公式可知，裂缝单元在其他位置位移连续，而在 $|x| \leqslant a, y=0$ 上位移不连续，并且，当 y 趋近于 0 时：

$$
\begin{aligned}
u_x &= -\frac{1}{2\pi} D_x \lim_{y \to 0_{\pm}} \left[\arctan \frac{y}{x-a} - \arctan \frac{y}{x+a} \right] - \frac{1-2v}{4\pi(1-v)} D_y \ln \left| \frac{x-a}{x+a} \right| \\
u_y &= -\frac{1}{2\pi} D_y \lim_{y \to 0_{\pm}} \left[\arctan \frac{y}{x-a} - \arctan \frac{y}{x+a} \right] + \frac{1-2v}{4\pi(1-v)} D_x \ln \left| \frac{x-a}{x+a} \right|
\end{aligned} \tag{6.133}
$$

对于上述公式分区间讨论，则有：

① $|x| > a, y = 0_{\pm}$（单元外界面处）。

$$
\begin{aligned}
u_x(x,0) &= -\frac{1-2v}{4\pi(1-v)} D_y \ln \left| \frac{x-a}{x+a} \right| \\
u_y(x,0) &= +\frac{1-2v}{4\pi(1-v)} D_x \ln \left| \frac{x-a}{x+a} \right|
\end{aligned} \tag{6.134}
$$

② $|x| < a, y = 0_{+}$（单元所在位置上空间）。

$$
\begin{aligned}
u_x(x,0_+) &= -\frac{1}{2} D_x - \frac{1-2v}{4\pi(1-v)} D_y \ln \left| \frac{x-a}{x+a} \right| \\
u_y(x,0_+) &= -\frac{1}{2} D_y + \frac{1-2v}{4\pi(1-v)} D_x \ln \left| \frac{x-a}{x+a} \right|
\end{aligned} \tag{6.135}
$$

③ $|x| < a, y = 0_{-}$（单元所在位置上空间）。

$$
\begin{aligned}
u_x(x,0_-) &= +\frac{1}{2} D_x - \frac{1-2v}{4\pi(1-v)} D_y \ln \left| \frac{x-a}{x+a} \right| \\
u_y(x,0_-) &= +\frac{1}{2} D_y + \frac{1-2v}{4\pi(1-v)} D_x \ln \left| \frac{x-a}{x+a} \right|
\end{aligned} \tag{6.136}
$$

综合上述公式可知，在 $|x| \leqslant a, y = 0$ 处存在位移不连续量 D_x 和 D_y。

其中，作用于 y=0 上的应力分量分别为：

$$
\begin{aligned}
\sigma_{xx}(x,0) &= \frac{-aG}{\pi(1-v)} D_y \frac{1}{x^2 - a^2} \\
\sigma_{yy}(x,0) &= \frac{-aG}{\pi(1-v)} D_y \frac{1}{x^2 - a^2} \\
\tau_{xy}(x,0) &= \frac{-aG}{\pi(1-v)} D_x \frac{1}{x^2 - a^2}
\end{aligned} \tag{6.137}
$$

由上述公式可看出，直线 y=0 上的两向正应力仅与纵向位移不连续量 D_y 有关，而剪切应力也仅与水平位移不连续量 D_x 有关。此外，从方程可以看出应力在 $x=\pm a$ 处具有奇异性和不连续性，但在其他位置则是有限和连续的。

根据对裂缝单元的应力及位移不连续量的分析，根据各裂缝单元应力场的叠加

（图 6.23），可以求解全域裂缝单元的整体应力分量表达式为：

$$
\begin{aligned}
\sigma_{xx} &= \sum_{i}^{N} A_{xs}^{i}(x,y)D_{s}^{i} + \sum_{i}^{N} A_{xn}^{i}(x,y)D_{n}^{i} \\
\sigma_{yy} &= \sum_{i}^{N} A_{ys}^{i}(x,y)D_{s}^{i} + \sum_{i}^{N} A_{yn}^{i}(x,y)D_{n}^{i} \\
\tau_{xy} &= \sum_{i}^{N} A_{ts}^{i}(x,y)D_{s}^{i} + \sum_{i}^{N} A_{tn}^{i}(x,y)D_{n}^{i}
\end{aligned} \tag{6.138}
$$

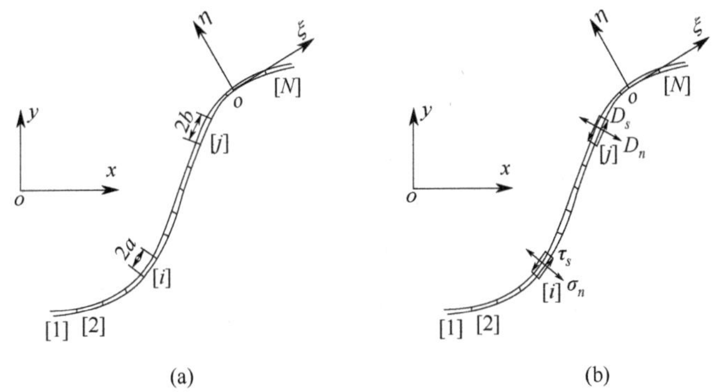

图 6.23　位移不连续方法裂缝单元划分示意图

式中，A^i 为不同位移不连续量于不同方向诱导应力的系数，在上述公式确定了任意裂缝各方向应力分量的基础上，真实坐标系下的两向应力分别为：

$$
\begin{aligned}
\tau_{s}^{i} &= \sum_{j}^{N} A_{ss}^{ij} D_{s}^{j} + \sum_{j}^{N} A_{sn}^{ij} D_{n}^{j} \\
\sigma_{n}^{i} &= \sum_{j}^{N} A_{ns}^{ij} D_{s}^{j} + \sum_{j}^{N} A_{nn}^{ij} D_{n}^{j}
\end{aligned} \tag{6.139}
$$

式中　A_{ss}^{ij}——裂缝单元 j 在剪切方向上对裂缝单元 i 所产生的剪切应力；

A_{nn}^{ij}——法向方向上单元 j 对单元 i 所产生的正应力。

因此，求解裂缝单元所受的应力大小，首先需求解影响系数 A。对于任意裂缝单元均存在剪切应力及法向应力。因此，对于 N 个裂缝单元则存在 $2N$ 个应力向量。即可将上述公式写成矩阵形式有：

$$
\begin{bmatrix} a_{11} & \cdots & a_{1N} \\ \vdots & \ddots & \vdots \\ a_{N1} & \cdots & a_{NN} \end{bmatrix}
\begin{bmatrix} D_{s}^{1} \\ \vdots \\ D_{n}^{N} \end{bmatrix}
=
\begin{bmatrix} \tau_{s}^{1} \\ \vdots \\ \sigma_{n}^{N} \end{bmatrix} \tag{6.140}
$$

上述公式表明，系数矩阵 A 的大小，只与储层岩石的性质以及裂缝位置有关，与应力场大小无关。因此，确定了影响系数矩阵 A 后，结合应力场分布，求解线性方程组上述公式，即可计算出各裂缝单元的位移不连续量。上述推导过程基于平面应变假设的条件完成的，但实际储层并非无穷大，为消除这一影响，Olson 提出了三维分高修正系数以考虑有限缝高的影响，则上述公式可改写为：

$$\begin{aligned}\tau_s^i &= \sum_j^N G^{ij} A_{ss}^{ij} D_s^j + \sum_j^N G^{ij} A_{sn}^{ij} D_n^j + \tau_{s,0}^i \\ \sigma_n^i &= \sum_j^N G^{ij} A_{ns}^{ij} D_s^j + \sum_j^N G^{ij} A_{nn}^{ij} D_n^j + \sigma_{n,0}^i\end{aligned} \tag{6.141}$$

式中，$\tau_{s,0}^i$ 和 $\sigma_{n,0}^i$ 分别为裂缝单元就地应力大小，而三维修正系数为：

$$G^{ij} = 1 - \frac{d_{ij}^{\beta}}{\left[d_{ij}^2 + \left(\dfrac{h}{\alpha}\right)^2\right]^{\beta/2}} \tag{6.142}$$

式中　d_{ij}——裂缝单元 i 与裂缝单元 j 中心点的距离，m；

α, β——经验常数（α=1，β=2.3）。

综合裂缝常规单元及尖端单元位移不连续量求解，上述公式可变形为简化的矩阵形式，有：

$$\boldsymbol{A}_{ij}\Delta u_j + \boldsymbol{B}_{ij} p_j = \boldsymbol{f}_i \tag{6.143}$$

式中　$\boldsymbol{A}_{ij}$——位移不连续影响系数矩阵；

Δu_j——单元位移不连续量；

$\boldsymbol{B}_{ij}$——裂缝内流体影响系数矩阵；

p_j——裂缝内流体压力；

$\boldsymbol{f}_i$——单元就地应力系数矩阵。

为验证上述所建立的裂缝变形模型的准确性，采用经典解析解数学模型验证，对于均匀受压裂缝，沿裂缝长度方向开度分布满足解析式：

$$w(x) = \frac{4\left(1-v^2\right)}{E} pa\sqrt{\frac{1-x^2}{a^2}} \tag{6.144}$$

将本书建立的裂缝变形模型与经典裂缝开度解吸模型对比，模型参数设置如表 6.1 所例，计算结果如图 6.24 所示，表明位移不连续方法能够表征水力裂缝在应力作用下的应变及变形特征，证明了本书模型的准确性。

表 6.1　模型参数设置

参数	值
裂缝半长 L/m	0.1
缝内净压力 p/MPa	1
杨氏模量 E/GPa	30
泊松比 v	0.35

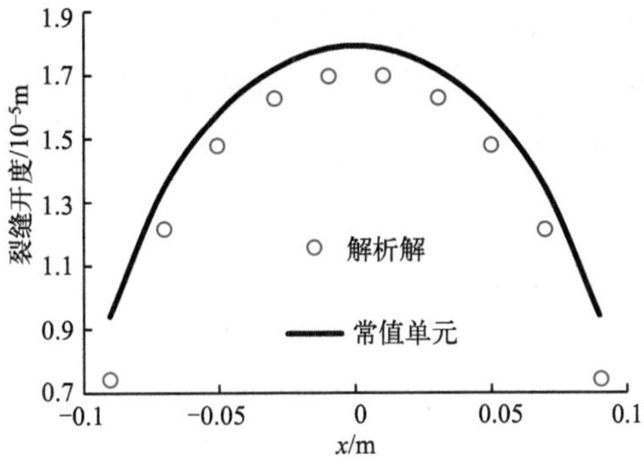

图 6.24　位移不连续法计算结果与解析解对比

6.4.1.2　裂缝扩展

基于断裂力学理论，当裂缝尖端应力强度达到临界状态时，岩石会发生断裂，并向前扩展。如何判断裂缝尖端强度是否达到临界值可采取应力集中因子作为判据依据，应力集中因子的表达式为：

$$K_i = \frac{E}{2\left(1-v^2\right)}\lim_{r\to 0}\sqrt{\frac{\pi}{2r}}u_i\left(r,\theta,z\right)_{\theta=0} \qquad i=x,y,z \tag{6.145}$$

由式（6.145）可以看出，裂缝尖端是否发生破裂并进一步扩展，仅与岩石自身属性有关，与周围应力场强弱无关。结合前文所求取的位移不连续量，带入上述公式的 u_i 当中，可分别求取剪切和法向方向上的应力集中因子：

$$\begin{aligned} K_I &= \frac{0.806E\sqrt{\pi}}{4\left(1-v^2\right)\sqrt{2a}}D_n \\ K_{II} &= \frac{0.806E\sqrt{\pi}}{4\left(1-v^2\right)\sqrt{2a}}D_s \end{aligned} \tag{6.146}$$

本书裂缝扩展准则采用最大能量释放率（MSERR）准则，如图 6.25 所示，对于厚度为 t、长度为 a 的裂缝，当裂缝延伸至 $a+\Delta a$ 长度时，释放出的能量为 ΔU，能量释放率定义为：

$$G = \lim_{\Delta a\to 0}\frac{\Delta U}{\Delta A} = \frac{\partial U}{t\partial a}$$

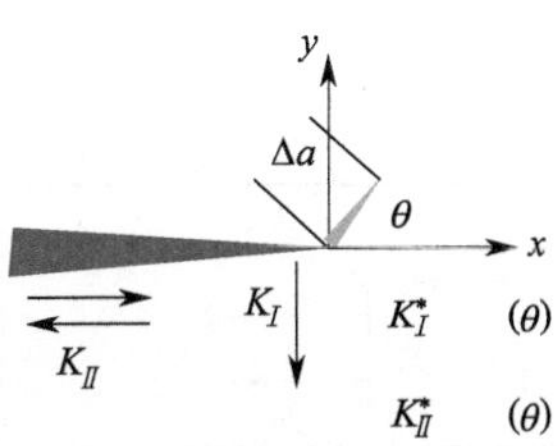

图 6.25　裂缝尖端扩展示意图

式中　U——外部加载应力做功与应变能之差。

根据能量释放率可知，当能量释放率达到临界值时，裂缝扩展，并且裂缝扩展方向沿着最大能量释放率方向，表达式为：

$$\begin{aligned} \theta_f &= \theta\big|_{G_0=G_{\theta\max}} \\ G_{\theta\max} &\geqslant G_c \end{aligned} \tag{6.147}$$

能量释放率即为裂缝尖端局部应力强度因子的函数：

$$G=\frac{1}{E'}\left(K_I^{*2}+K_{II}^{*2}\right),\qquad E'=\begin{cases}E\\ E/\left(1-v^2\right)\end{cases} \tag{6.148}$$

局部应力强度因子函数为：

$$\begin{aligned} K_I^*(\theta)&=\left(\frac{4}{3+\cos^2\theta}\right)\left(\frac{\pi-\theta}{\pi+\theta}\right)^{\theta/2\pi}\left(K_I\cos\theta-\frac{3}{2}K_{II}\sin\theta\right) \\ K_{II}^*(\theta)&=\left(\frac{4}{3+\cos^2\theta}\right)\left(\frac{\pi-\theta}{\pi+\theta}\right)^{\theta/2\pi}\left(K_I\cos\theta+\frac{1}{2}K_{II}\sin\theta\right) \end{aligned} \tag{6.149}$$

由全局应力强度因子 K_I 和 K_{II} 即可求解局部应力强度因子。并且局部应力强度因子最大时的角度，即为裂缝扩展方向；当最大能量释放率达到临界值时裂缝发生扩展。

6.4.1.3　流体流动

裂缝内流体流动满足质量守恒定律，即裂缝内流体流量与滤失量的和微元单位时间流体的变化量，即：

$$q_{\text{flow}}+q_{\text{leak}}=q_{\text{time}} \tag{6.150}$$

其中的滤失量采用 Carter 滤失模型计算，则有：

$$q_{\text{leak}}=\frac{C_l}{\sqrt{t-t_{sp}}} \tag{6.151}$$

流体流动采用泊肃叶流动（图 6.26）：

$$q_{\text{flow}}=-\nabla(wu)=\frac{1}{12\mu}\left(\frac{\partial^2 w^3 p_{\text{net}}}{\partial x^2}\right) \tag{6.152}$$

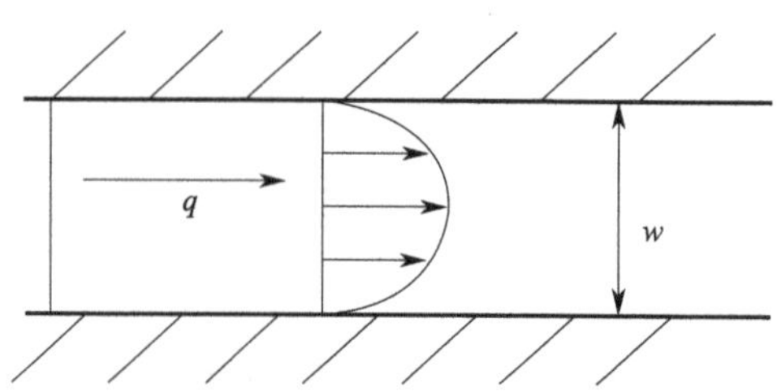

图 6.26　泊肃叶平板内流动示意图

结合上述公式，可整理为：

$$\frac{1}{12\mu}\frac{\partial}{\partial x}\left(w^3\frac{\partial p}{\partial x}\right)-\frac{C_l}{\sqrt{t-t_{sp}}}+Q=\frac{\partial w}{\partial t} \tag{6.153}$$

流动方程采用有限体积法离散，则有：

$$\int_{S_i}\frac{1}{12\mu}\frac{\partial}{\partial x}\left(w^3\frac{\partial p}{\partial x}\right)\mathrm{d}S-\int_{S_i}\frac{C_l}{\sqrt{t-t_{sp}}}\mathrm{d}S+\int_{S_i}Q\mathrm{d}S=\int_{S_i}\frac{\partial w}{\partial t}\mathrm{d}S \tag{6.154}$$

基于散度定理，则有：

$$\int_{S_i}\frac{1}{12\mu}\frac{\partial}{\partial x}\left(w^3\frac{\partial p}{\partial x}\right)\mathrm{d}S=\int_{l_i}\frac{1}{12\mu}\left(w^3\frac{\partial p}{\partial x}\right)\mathrm{d}l \tag{6.155}$$

进一步变形，则有：

$$\int_{l_i}\left(w^3\frac{\partial p}{\partial x}\right)\mathrm{d}l=\sum_{k=1}^{N}w_i^3 l_i\left(\frac{\partial p}{\partial x}\right)_i \tag{6.156}$$

其中 N 为与单元 i 相连的单元数量，则单元 i 压力梯度求解表达式为：

$$\left(\frac{\partial p}{\partial x}\right)_i=\frac{p_j-p_i}{d_{ij}} \tag{6.157}$$

式中　d_{ij}——单元 i 和单元 j 中点到达公共面的距离之和。

综合上式，则流动方程变为：

$$\frac{w_i^3 l_i}{12\mu}\sum_{k=1}^{N}\frac{p_j-p_i}{d_{ij}}-\frac{C_l}{\sqrt{t-t_{sp}}}S_i+q_i=\frac{\partial w}{\partial t}S_i \tag{6.158}$$

将时间项离散后，写成全隐式的形式为：

$$K^{n+1}\sum_{k=1}^{N}\left(p_j^{n+1}-p_i^{n+1}\right)-\frac{C_l}{\sqrt{t-t_{sp}}}S_i+q_i=\frac{w_i^{n+1}-w_i^n}{\Delta t}S_i \tag{6.159}$$

式中，$K=\dfrac{w_i^3 l_i}{12\mu d_{ij}}$。此外，式中裂缝开度 w 即为前文求解的位移不连续量 Δu，将上述公式整理，写成简化形式有：

$$\mathbf{C}_{ij}\Delta u_j^{n+1,k+1}+\mathbf{D}_{ij}p_j^{n+1,k+1}=\mathbf{g}_i \tag{6.160}$$

式中：

$$\begin{aligned}&\mathbf{C}_{ij}=\frac{S_i}{\Delta t}\\&\mathbf{D}_{ij}=\sum_{k=1}K^{n+1,k}\\&\mathbf{g}_i=q_i-\frac{C_l}{\sqrt{t-t_{sp}}}S_i+\frac{w_i^n}{\Delta t}S_i\end{aligned} \tag{6.161}$$

6.4.1.4 井筒流动模型

假设流入井筒总流量为 Q_T（图 6.27），压裂液流经每个射孔簇时，会有部分流量分流到该射孔簇连接的裂缝，裂缝 1 分走井筒流量 $Q_{1,1}$ 和 $Q_{1,2}$，剩余流量继续沿井筒运输至下一射孔位置。井筒内流量满足守恒关系式：

$$Q_0 = \sum_i^2 \sum_{j=1}^N Q_{i,j} \tag{6.162}$$

式中，N 为压裂裂缝条数；i 取值为 1 和 2，分别对应射孔簇连接的两条裂缝。

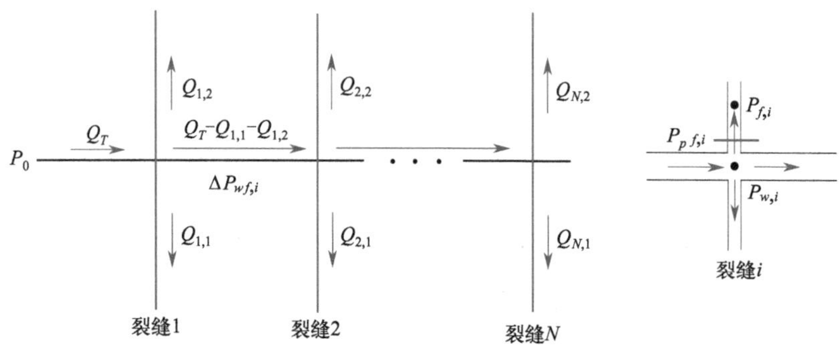

图 6.27　井筒模型示意图

只有流量守恒关系并不能求出每个射孔簇对应的流量。假设水平井注入压强为 P_0，裂缝 i 与水平井井筒相邻处裂缝内压强为 $P_{f,i}$，该裂缝对应井筒内部压强为 $P_{w,i}$，则每个射孔簇位置满足压强关系式：

$$P_{w,f} = P_{f,i} + P_{pf,i} \tag{6.163}$$

每个射孔簇对应井筒位置压强与注入压强应满足关系式：

$$P_0 = P_{w,i} + P_{cf,i} \tag{6.164}$$

式中　$P_{cf,i}$——从注入点到射孔簇 i，由于井筒内井壁摩擦、流动能量耗散产生的压降；

$P_{pf,i}$——裂缝 i 处由于射孔摩阻产生的压强损失，射孔摩阻压降通常认为与流入裂缝的流量平方成正比。

射孔摩阻表达式为：

$$P_{pf,i} = \frac{0.2369 q^2 \rho}{n_p^2 d^4 K_d^2} \tag{6.165}$$

需要额外注意摩阻压差中各项的单位。

式中　$P_{pf,i}$——裂缝 i 处由于射孔摩阻产生的压强损失，psi（1psi=0.00689MPa）；

ρ——压裂液密度，lbs/gal；

d_p——射孔簇直径，单位为 in；

n_p——射孔簇射孔点个数；

K_d——经验常数，无量纲，取值范围为 0.56~0.89。

井筒内压强 $P_{w,i}$ 在不同射孔簇位置不等，这是因为井筒摩擦、流体流动产生的阻力会耗散井筒内压强。$P_{cf,i}$ 为水平井筒内的压强损耗，且在井筒内为理想的平流状态，则井筒内不同射孔簇位置的压强损耗 $P_{cf,i}$ 可以通过下式进行计算：

$$
\begin{aligned}
&P_{cf,i}=C_{cf}\sum_{j=1}^{i}\left(x_j-x_{j-1}\right)Q_{w.j}\\
&Q_{w,j}=Q_T-\sum_{k=1}^{j-1}Q_k\\
&Q_{w,j}=Q_T\left(j=1\right)\\
&C_{cf}=\frac{128\mu}{\pi D^4}
\end{aligned}
\tag{6.166}
$$

式中　D——井筒直径。

6.4.1.5　压裂裂缝与天然裂缝的相互作用

压裂裂缝可能被天然裂缝捕获并沿天然裂缝生长，也有可能穿过天然裂缝沿原有路径扩展，或者沿天然裂缝生长一段距离后再次转向进入基质。理解天然裂缝对压裂裂缝生长的影响，首先需要判断压裂裂缝与天然裂缝相遇后会发生上述哪种行为。

根据线弹性力学理论，裂缝尖端应力趋于无穷大，而真实岩石在受力达到一定程度时已发生屈服。以岩石受力达到临界抗拉强度为边界，可以绘制出如图 6.28 所示的裂缝过程区，依据断裂力学理论，裂缝过程区内应力应小于或等于过程区边界。因此裂缝最有可能发生破坏的区域应位于过程区边界，以裂缝尖端局部坐标系为准，过程区在 θ 角位置的半径 $r_c(\theta)$ 根据下式进行计算：

$$
\sigma_1\left[r_c\left(\theta\right)\right]=T_o \tag{6.167}
$$

式中　σ_1—— 最大主应力（以拉为正）；

T_o—— 岩石抗拉强度。

若在沿天然裂缝的临界半径 r_c 处基质所受周向应力大于岩石抗拉强度，则认为有新的压裂裂缝在天然裂缝壁面生成。β 为压裂裂缝当前生长方向与天然裂缝的夹角，对于图 6.28 所示情形，β=90° 。若在此临界半径位置天然裂缝已发生滑移，则认为天然裂缝破坏发生在新裂缝生成之前，压裂裂缝无法穿过天然裂缝；反之认为压裂裂缝穿过天然裂缝，继续沿原路径扩展。根据摩尔库伦准则判断裂缝是否发生滑移：

$$
|\tau_\beta|<S_o-\lambda\sigma_{\beta n} \tag{6.168}
$$

式中　τ_β——临界距离 r_c 处沿天然裂缝面的剪应力；

S_o——天然裂缝内聚力；

λ——天然裂缝摩擦系数；

$\sigma_\beta N$——作用在天然裂缝表面的法向应力。

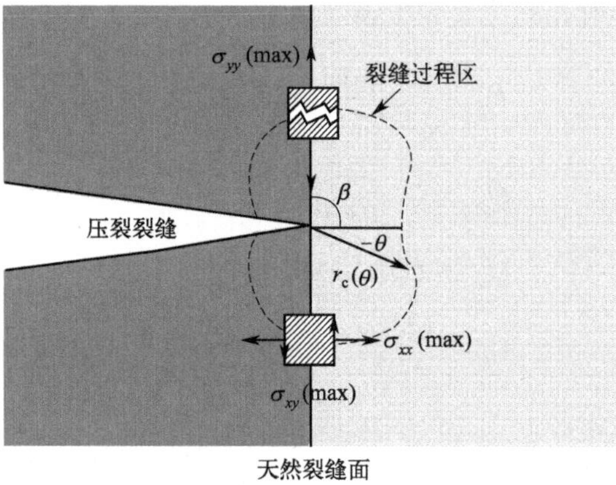

图 6.28　压裂裂缝尖端过程区

裂缝尖端附近应力分布可根据应力集中因子计算，在 Renshaw & Pollard 的模型中只考虑了 I 型应力集中因子的作用。本书采用 Jiang 等 [12] 和 Wu[13] 等提出的修正 Renshaw & Pollard 模型，采用 I 型应力集中因子 K_I 与 II 型应力集中因子 K_{II} 表征裂缝尖端应力场，表达式为：

$$\begin{Bmatrix}\sigma_{xx}\\ \sigma_{yy}\\ \tau_{xy}\end{Bmatrix}=\begin{Bmatrix}S_{H\max}\\ S_{h\min}\\ 0\end{Bmatrix}+\frac{K_I}{\sqrt{2\pi r}}\begin{Bmatrix}\cos\left(\dfrac{\theta}{2}\right)\left[1-\sin\left(\dfrac{\theta}{2}\right)\sin\left(\dfrac{3\theta}{2}\right)\right]\\ \cos\left(\dfrac{\theta}{2}\right)\left[1+\sin\left(\dfrac{\theta}{2}\right)\sin\left(\dfrac{3\theta}{2}\right)\right]\\ \sin\left(\dfrac{\theta}{2}\right)\cos\left(\dfrac{\theta}{2}\right)\cos\left(\dfrac{3\theta}{2}\right)\end{Bmatrix}$$
$$+\frac{K_{II}}{\sqrt{2\pi r}}\begin{Bmatrix}-\sin\left(\dfrac{\theta}{2}\right)\left[2+\cos\left(\dfrac{\theta}{2}\right)\cos\left(\dfrac{3\theta}{2}\right)\right]\\ \sin\left(\dfrac{\theta}{2}\right)\cos\left(\dfrac{\theta}{2}\right)\cos\left(\dfrac{3\theta}{2}\right)\\ \cos\left(\dfrac{\theta}{2}\right)\left[1-\sin\left(\dfrac{\theta}{2}\right)\sin\left(\dfrac{3\theta}{2}\right)\right]\end{Bmatrix}\tag{6.169}$$

式中　K_I，K_{II}——I 型与 II 型裂缝应力集中因子；

r——空间中任意点到裂缝尖端的距离。

最大主应力表达式为：

$$\sigma_1 = \frac{\sigma_{xx} + \sigma_{yy}}{2} - \sqrt{\left(\frac{\sigma_{xx} - \sigma_{yy}}{2}\right)^2 + \tau_{xy}^2} \tag{6.170}$$

计算的第一步需要找出临界长度 $r_c(\beta)$，有：

$$\frac{\sigma_{xx} + \sigma_{yy}}{2} - \sqrt{\left(\frac{\sigma_{xx} - \sigma_{yy}}{2}\right)^2 + \tau_{xy}^2} = T_o \tag{6.171}$$

假设压裂裂缝尖端此时离天然裂缝足够接近，因此作用在天然裂缝壁面的主应力与压裂裂缝沿线夹角约等于 β。作用于天然裂缝的切向应力与法向应力计算公式为：

$$\begin{aligned} \tau_\beta &= -\frac{\sigma_{xx} - \sigma_{yy}}{2}\sin 2\beta + \cos 2\beta \sigma_{xy} \\ \sigma_{\beta n} &= \frac{\sigma_{xx} + \sigma_{yy}}{2} - \frac{\sigma_{xx} - \sigma_{yy}}{2}\cos 2\beta - \sin 2\beta \sigma_{xy} \end{aligned} \tag{6.172}$$

将临界半径 r_c 代入上式计算，若天然裂缝在基质破裂之前已开始滑移，压裂裂缝无法穿过天然裂缝，否则认为压裂裂缝可以穿过天然裂缝。

6.4.2　裂缝扩展数学模型的求解与验证

前文分别探究了人工压裂过程裂缝变形、裂缝扩展以及流体流动的主要机理，构建了各物理过程的数值表征模型。本小节将在上述研究基础上，将各物理过程联系到一起，构建裂缝扩展的流 - 固耦合模型，实现裂缝扩展过程的精准刻画。结合实际压裂施工过程，首先储层存在原始应力场作用及平衡状态，压裂伊始，流体注入进入裂缝；随着流体不断注入，导致缝内净压力逐渐增大，裂缝发生变形；随着注入持续进行，裂缝尖端压力达到临界断裂应力，岩石发生破裂，而产生新的裂缝。上述是压裂施工中最基本的裂缝扩展过程，后续则是流体流入，并继续上一个过程的循环，直到压裂施工结束。

数值模拟过程中，裂缝内压强和裂缝位移不连续量是相互作用的关系，结合上述应力方程式和流动方程式，则有：

$$\begin{bmatrix} \mathbf{A} & \mathbf{B} \\ \mathbf{C} & \mathbf{D} \end{bmatrix} \begin{bmatrix} \Delta u \\ p \end{bmatrix}^{k+1} = \begin{bmatrix} \mathbf{f} \\ \mathbf{g} \end{bmatrix} \tag{6.173}$$

压裂数值模拟流程如图 6.29 所示，裂缝扩展模拟主要是求解裂缝位移与应力之间关系的耦合过程，通过裂缝开度及缝内压力的相互作用，实现压裂裂缝流体流动与裂缝变形的相互耦合，并且在耦合过程中，以裂缝尖端应力强度因子作为判据，判断裂缝是否稳定扩展。

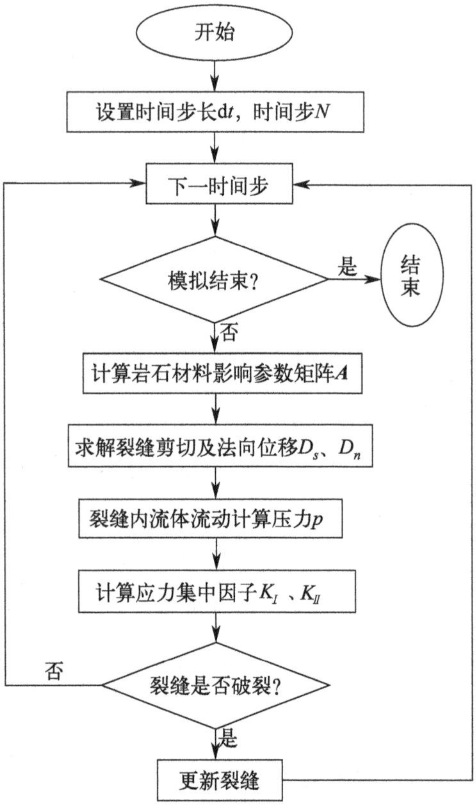

图 6.29 压裂模拟计算流程图

6.4.2.1 单裂缝扩展模拟验证

为验证本书所构建数值模型的准确性，采用 KGD 解析模型与本模型计算结果进行对比，KGD 模型的基本解为：

$$
\begin{aligned}
L(t) &= 0.539\left(\frac{q^3 E'}{\mu h^3}\right)^{1/6} t^{2/3} \\
w(t) &= 2.36\left(\frac{\mu q^3}{E' h^3}\right)^{1/6} t^{1/3} \\
p(t) &= S_h + 1.09\left(E'\mu\right)^{1/3} t^{-1/3}
\end{aligned}
\tag{6.174}
$$

式中 L——裂缝的半长，m；

w——注入点位置裂缝开度，m；

p——注入点压力，MPa；

q——注入速率，m^3/s；

E'——岩石平面应变模量，GPa；

μ——流体黏度，mPa·s；

h——裂缝高度，m；

S_h——最小水平主应力，MPa；

t——时间，s。

模型基本参数如表 6.2 所列。

表 6.2　模型基本参数

参数	值	参数	值
最小水平主应力 S_h/MPa	30.7	杨氏模量 E/GPa	47
流体黏度 μ/（mPa·s）	10	注入速率 q/（bbl/min）	20
泊松比 v	0.2	缝高 h/m	66

采取上述参数进行水力压裂数值模拟，模拟结果与 KGD 解析模型对比，如图 6.30 所示。从裂缝开度［图 6.30（a）］、注入点压力［图 6.30（b）］及裂缝半长［图 6.30（c）］的模拟结果对比可以看出，数值解与 KGD 解析解均表现出较好的一致性，证实本书所构建的水力压裂裂缝扩展数值模型的准确性。

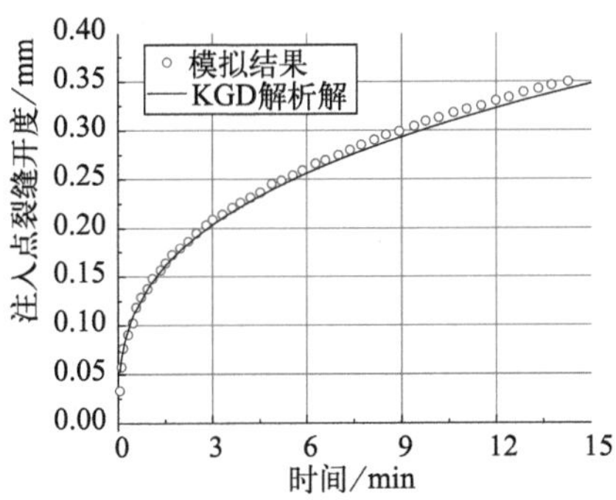

(a) 裂缝开度对比验证

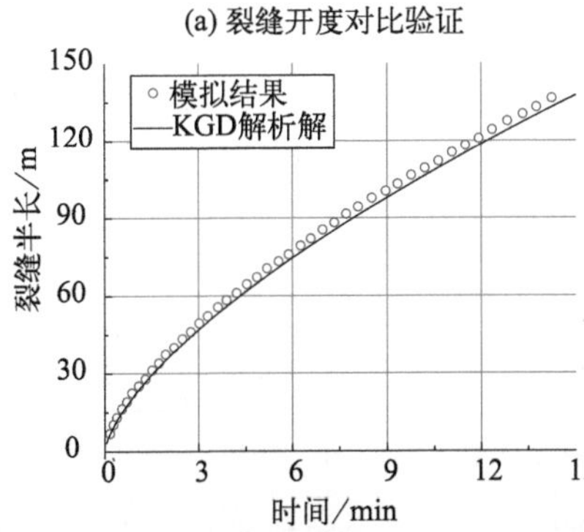

(b) 注入压力对比验证

图 6.30

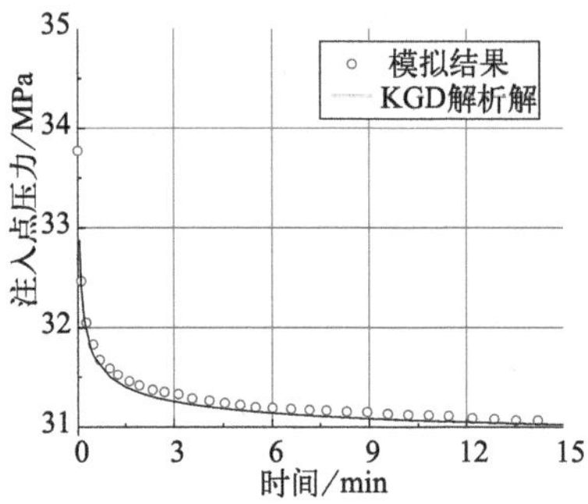

(c) 裂缝长度对比验证

图 6.30 数值模拟结果与 KGD 解析模型对比

6.4.2.2 多裂缝扩展模拟验证

水平井水力压裂过程中，每个压裂段均存在多个射孔簇，一般是 2~6 簇，密切割压裂工艺下射孔簇数更多，因此，多裂缝扩展模拟十分必要。本节采用 Wu 等给出的基于商业软件 UFM 计算结果作为参考，多裂缝扩展模拟参数如表 6.3 所列。

表 6.3 模拟关键参数

参数	值	参数	值
最小水平主应力 S_{hmin}/MPa	46.7	杨氏模量 E/GPa	29
流体黏度 μ/（mPa · s）	1	注入速率 q/（bbl/min）	40
缝间距 L/m	10	应力差 σ/MPa	1
泊松比 v	0.35	裂缝高度 h/m	120

模拟结果主要包括两部分，分别是并排生长的裂缝以及交错生长的裂缝，并且分别对比了地应力差为 0MPa 及 1MPa 时的模拟结果。模拟结果如图 6.31 所示，本书所构建的模型与 UFM 模型模拟结果基本一致。

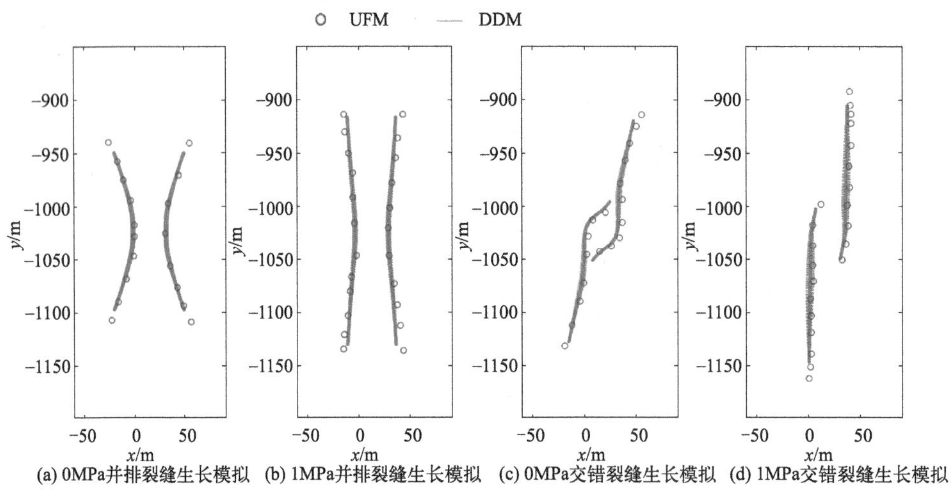

(a) 0MPa并排裂缝生长模拟 (b) 1MPa并排裂缝生长模拟 (c) 0MPa交错裂缝生长模拟 (d) 1MPa交错裂缝生长模拟

图 6.31 模拟结果与 UFM 模拟结果对比图

对于并排生长的裂缝，当应力差为 0MPa 时，由于两向应力相等，裂缝扩展不受应力的约束；两条裂缝相近时，彼此扩展过程中对相互产生的诱导应力对裂缝扩展影响较大，由于裂缝间的相互挤压，导致裂缝扩展相互远离；当存在应力差时，地应力对裂缝扩展的影响作用明显，裂缝间相互挤压导致的排斥作用较小，最终裂缝形态趋近于最大主应力方向。

对于交错生长的裂缝，当应力差为 0MPa 时，靠近裂缝尖端受到缝间应力干扰，向另一条裂缝靠近，并停止扩展；而裂缝另一尖端，应力干扰影响较小，则可以快速扩展；当存在应力差时，表现出与并排生长的裂缝相近的特征，裂缝扩展沿着最大主应力方向。

6.4.3　CO_2 压裂与压后生产一体化模拟

在本节中，将介绍针对页岩储层的水平井多级压裂及压后生产动态模拟一体化模拟软件。通过数据文件传输，实现从地质模型、属性模型构建，压裂施工参数输入及压裂缝网扩展模拟到数值模型构建和多级压裂水平井生产动态预测。如图 6.32 所示，一体化软件包括了压裂扩展模块和数值模拟模块两大部分，将阐述两大模块的主要功能和运行流程。

图 6.32　一体化软件主界面

6.4.3.1　压裂模拟模块

采用 C++、Qt 和 Matlab 混合语言编程，通过可执行 exe 文件进行不同语言编制程序间功能调用，搭建了包括井位信息、控制参数、地层参数、施工参数、天然裂缝、输出参数、计算结果、运行的 8 个子模块的压裂扩展模拟模块。

(1) 主界面

模块主界面如图 6.33 所示。从图 6.33（a）中可以看出，主界面包括模块入口、显示界面和顶部文件 3 个部分。

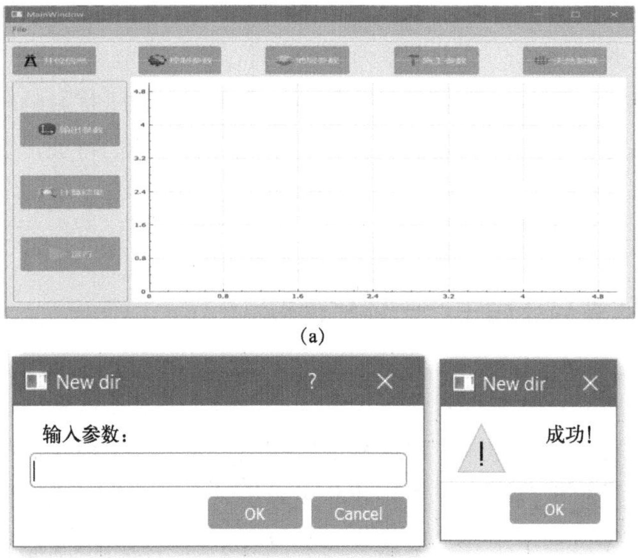

(a)

(b)

图 6.33　模型主界面及对话框

点击文件按钮，可以设定新算例的名称。点击文件按钮后，会出现新的对话框[图 6.33（b）]，在输入算例名称后，之后所有操作生产的文件都将会存放在可执行文件目录所在 DATA 文件夹下的与用户输入名称一致的子文件夹下。如果输入项目已存在会提示输入新的项目名称。

右下角的图形显示界面在输入井位信息与天然裂缝信息后，根据输入参数显示井、射孔以及天然裂缝的几何位置。

(2) 井位信息

点击井位信息按钮，将出现二级窗口（图 6.34）。从图 6.34 中可以看到，该窗口中需要首先输入水平井的数量。根据水平井的数量，自行增加行数。例如水平井数量为 2 时，应增加两行，在每一行输入与井位相关的参数。从左往右依次输入：水平井名称、水平井根部坐标（x，y）、水平井顶部坐标（x，y）、射孔簇数量，各射孔簇的坐标[假设有 2 个射孔簇，该位置应填写第一个射孔簇（x，y）和第二个射孔簇（x，y）]。输入完毕后，点击保存后再点击关闭，井筒与射孔位置相关信息即输入完毕。

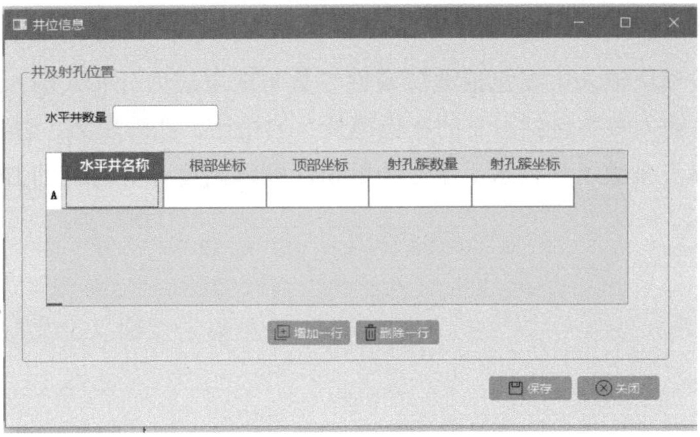

图 6.34　井位信息窗口

(3) 控制参数

控制参数模块的操作界面如图 6.35 所示。控制参数模块提供了计算过程中模拟所需参数的接口。接口包括裂缝单元长度、初始时间步长、最大单元个数（即模拟过程中生成单元的最大数量）、最大时间步数（即模拟过程中最多可运行的时间步）、收敛判据（牛顿 - 拉夫森迭代时，判断收敛的最小偏差值）与最大迭代步（迭代时最多允许的迭代步数量，若大于输入值，则缩短时间步长）。其中，最大单元和最大时间步数是方便程序开辟初始空间，如果模拟过程中裂缝单元数量或时间步数超过设定值，程序会自动分配新的空间。右侧的显示范围设定窗口中，包含 x 与 y 的范围两组参数。与井位参数界面相同，用户输入结束后须先点击保存，再点击关闭。

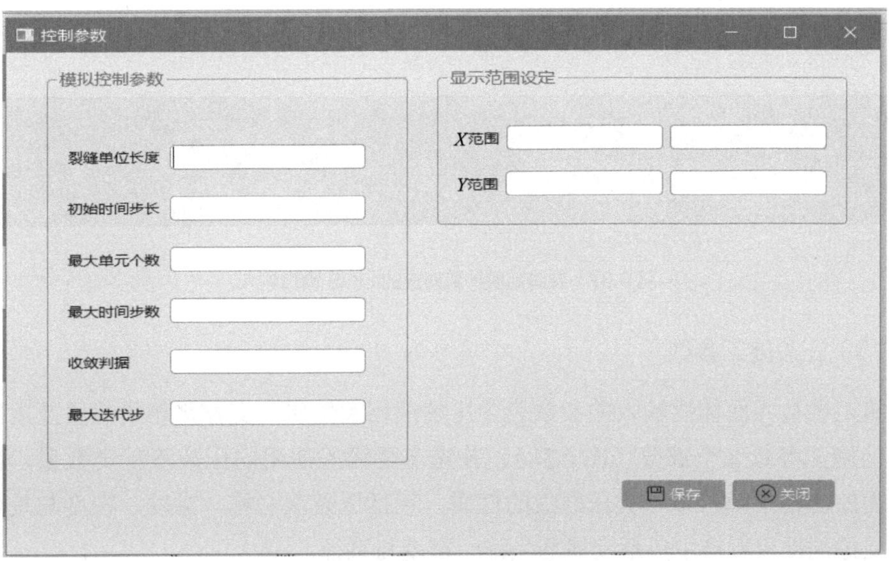

图 6.35　控制参数界面

（4）地层参数

地层参数模块输入主要包括地层属性参数与地层应力分布（图 6.36）。地层属性面板中，可输入参数包括岩石的杨氏模量、泊松比、孔隙压力、岩石的 I 型断裂韧性、地层漏失系数、最大水平主应力的值。裂缝高度计算对应的 DOS 窗口输入如图 6.37 所示。

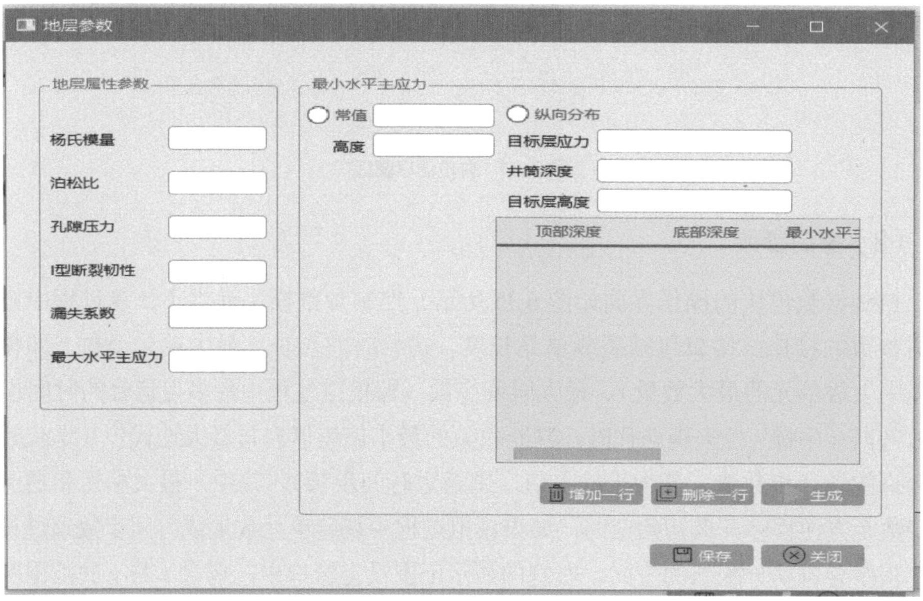

图 6.36　地层参数输入界面

图 6.37　裂缝高度计算对应的 DOS 窗口输入

（5）压裂施工参数

施工参数界面需要输入的参数包含压裂液相关性质、支撑剂相关性质及压裂时采用的施工参数 3 个部分（图 6.38）。首先需要输入使用的压裂液种类数量，接着在下面的表格中填入每一类压裂液的性质，包括压裂液名称、黏度、密度与是否漏失。支撑剂性质表格中包括支撑剂名称、密度与直径。

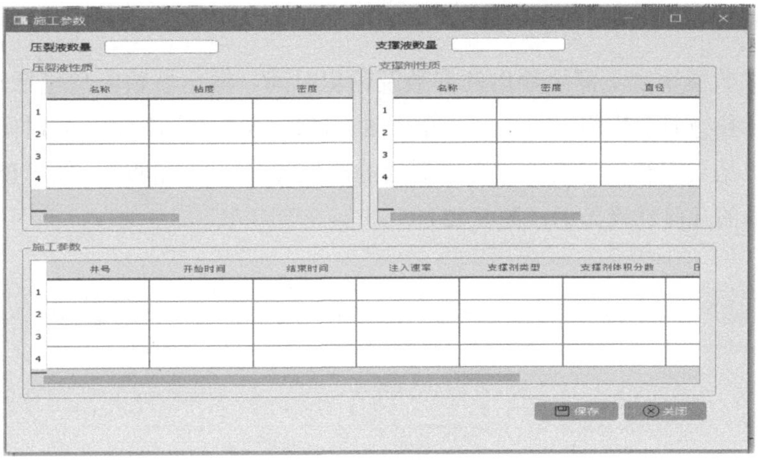

图 6.38　施工参数输入界面

（6）天然裂缝

天然裂缝模块界面如图 6.39 所示。该界面提供了两类输入天然裂缝的方法：一类直接加载天然裂缝位置文件；另一类通过随机算法生成天然裂缝分布。当选定随机生成时，需要输入生成天然裂缝的空间范围大小与生成天然裂缝的组数。输入完毕之后，会自动根据天然裂缝组数产生对应行的空表格。同时，需要填写每一组天然裂缝的统计参数。天然裂缝生成弹出的 DOS 窗口示意如图 6.40 所示。

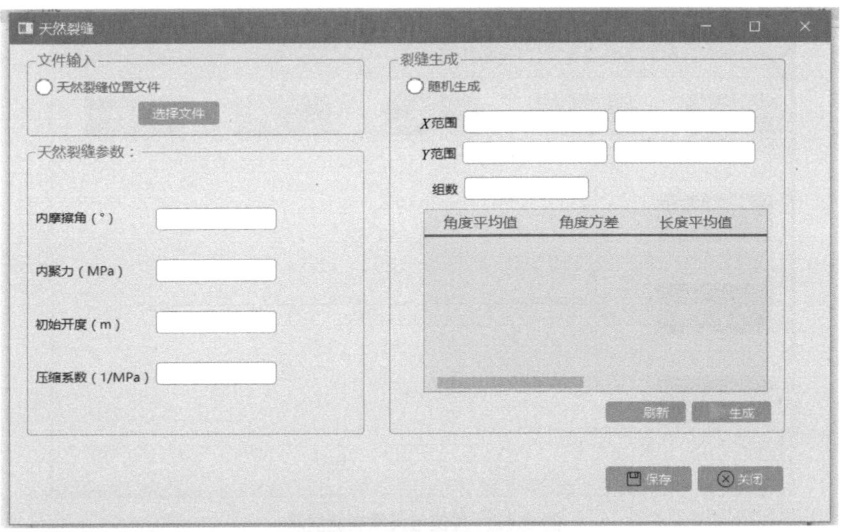

图 6.39　天然裂缝模块界面

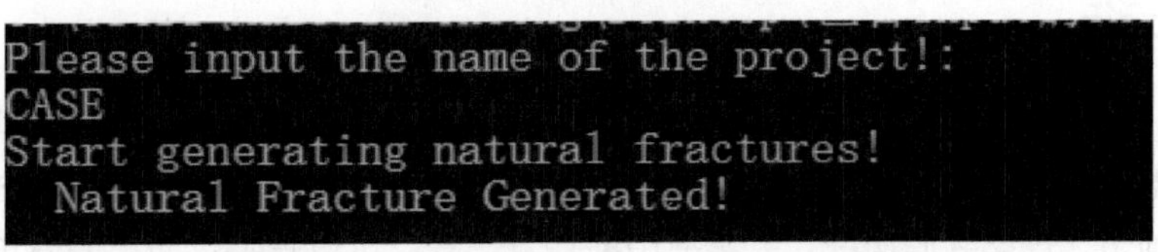

图 6.40　天然裂缝生成弹出的 DOS 窗口示意图

（7）输出参数

输出参数模块定义需要输出的参数及输出时间。输出参数类型包括裂缝开度、裂缝压强、裂缝剪切位移、地应力分布（图 6.41）。当计算运行到设定时间处时，相应参数计算结果将会被保留下来用于后续的结果查看。与此同时，图形显示界面会根据输入井的几何位置显示（图 6.42）。

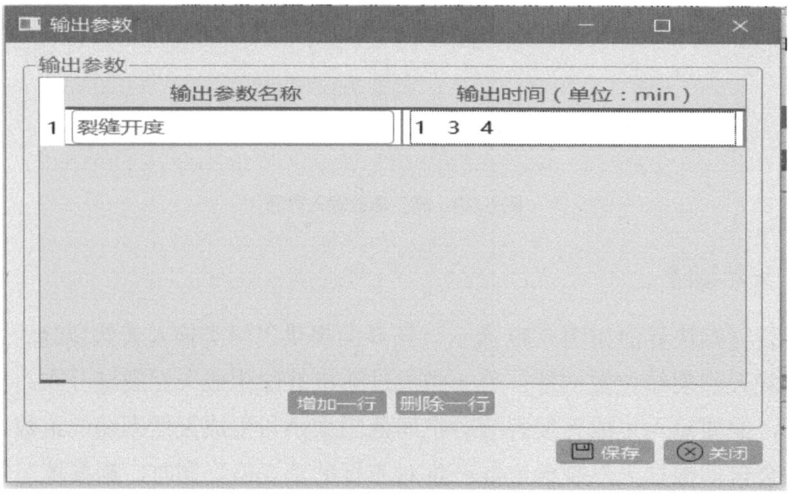

图 6.41　输出参数设置界面

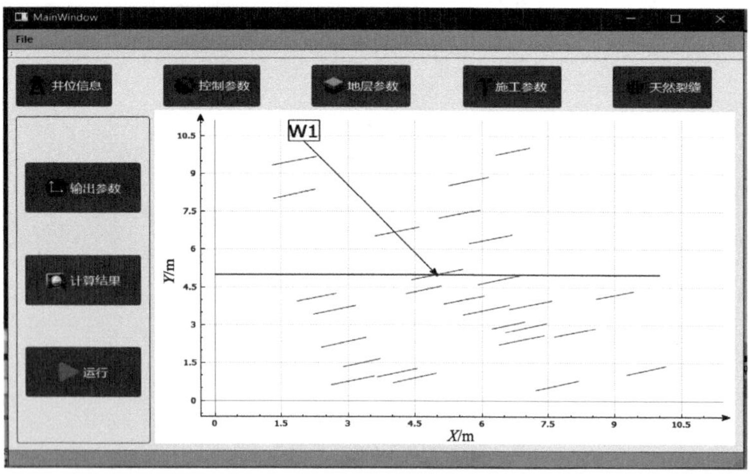

图 6.42　井位与天然裂缝显示

（8）运行

至此，所需的输入参数完成后，点击运行按钮，会看到如图 6.43 所示的界面。在该界面中需定义运行结束的时间，运行的时间起点从开始压裂施工算起。输入完毕之后，点击确定，程序开始运行。若需要中断计算运行，可以点击页面上的停止按钮。

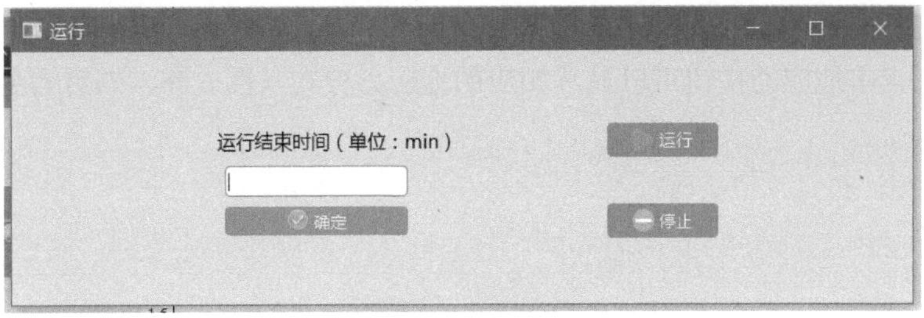

图 6.43　运行界面

（9）计算结果

运行结束后，可以进入计算结果模块查看（图 6.44）。主要针对井相关变量、地应力、裂缝相关参数三类结果进行显示。

图 6.44　计算结果模块界面

其中，井相关井筒参数如图 6.45 所示，可以查看各射孔簇流量、井底压强与开度随时间的变化。

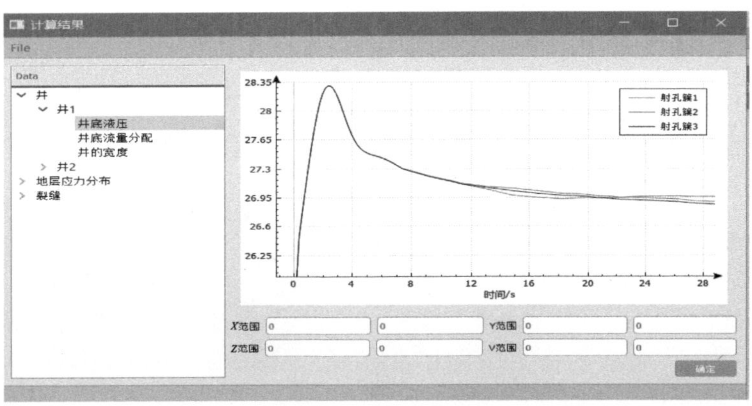

图 6.45　井筒参数界面显示

地应力相关参数包括最大 / 最小水平主应力、x 方向应力、y 方向应力与 xy 方向剪切应力。点击地应力按钮可以显示相应的地应力分布（图 6.46，书后另见彩图）。

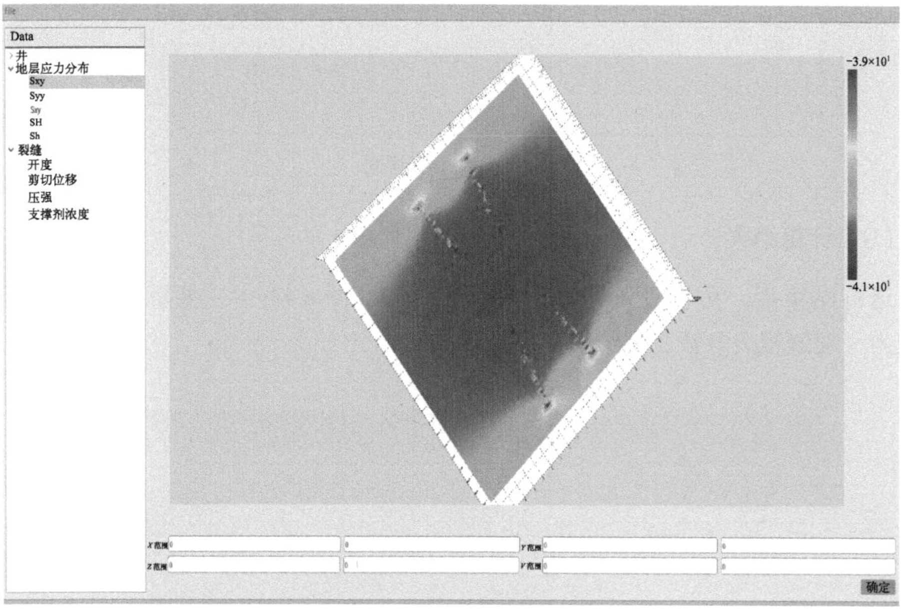

图 6.46　地应力分布界面显示

同时，开发了考虑缝高的拟 3D 裂缝形态显示窗口（图 6.47，书后另见彩图），可以在当前窗口切换显示裂缝的参数。

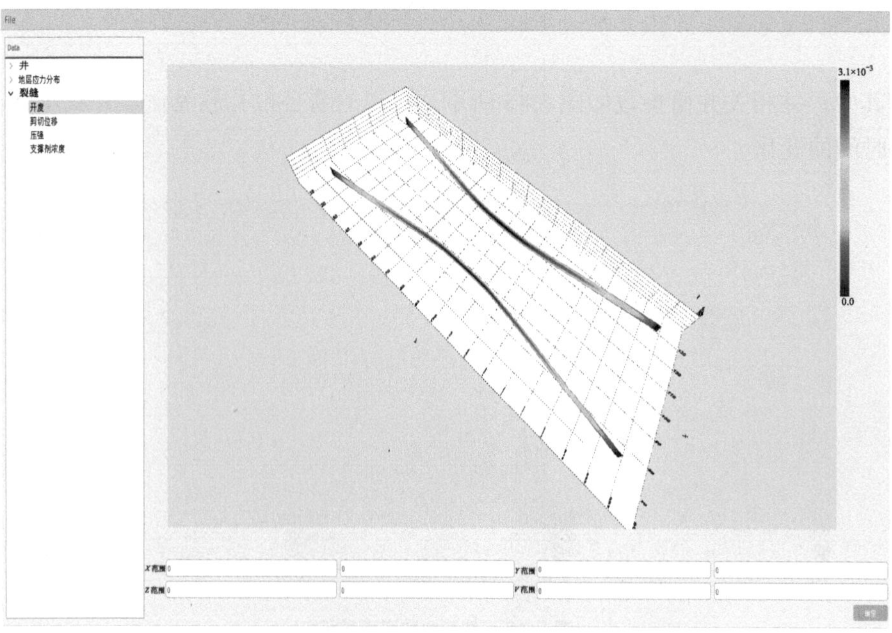

图 6.47　裂缝形态界面显示

（10）压裂模拟模块输入参数顺序

根据前文所述，使用压裂模拟模块的主要顺序如图 6.48 所示。需要首先在主界面设定当前项目的名称，接着输入井位信息、控制参数、地层参数、天然裂缝信息、输出参数。完成所有输入后，开始运行程序。程序计算结束后，通过计算结果模块查看包括井、地层应力与裂缝相关的结果。

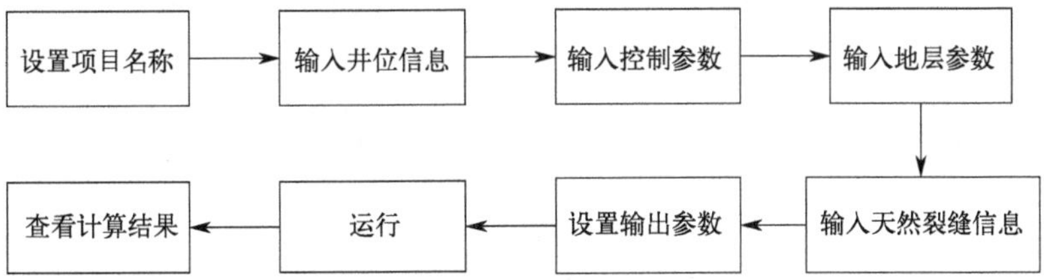

图 6.48　操作流程

（11）输入、输出文件

在每一个模块的参数输入后，都会形成相应的数据文件，也就是说，可以通过文件的方式输入模拟所需的各类参数或者通过文件的方式导入矿场实际参数。模拟开始之前，需要准备的输入文件包括：Input_para.in、Input_OC.in、Input_g.in、Input_nf.in、Input_NFG.txt、save.out 和 Input_well.in。

① Input.para.in 里包括储层参数及模型控制参数；

② Input_OC.in 包含输出的时间和类型；

③ Input_g.in 为地层最小水平主应力沿高度的分布；

④ Input_nf.in 为天然裂缝几何信息；

⑤ Input_NFG.txt 为选择随机生成天然裂缝时的统计参数；

⑥ save.out 为计算得到的裂缝高度与净压力的关系；

⑦ Input_well.in 包括井的参数和射孔簇、压裂施工参数信息等。

6.4.3.2　数值模拟模块

（1）模块操作流程及步骤

在压裂模拟基础上，进一步研制了压后生产动态数值模拟程序，以实现页岩气藏二氧化碳压裂水平井的生产动态预测和分析。数值模拟模块以 WIN10 系统为开发平台，采用 C++ 和 Matlab 混合语言环境进行开发，包括流体性质、属性参数、井参数和网格数据处理的前处理程序，数值算法运行程序，以及数据整理和结果显示的后处理程序。各程序间通过文件格式传输。

按照压裂裂缝导入—数值模拟运算—计算结果输出流程，首先在模拟程序主界面设定基本模拟程序运行信息（例如开始时间、网格类型、迭代误差、流体性质等）；然后导入区域大小，边界、井轨迹和分层信息等，并完成网格剖分；接着进行储层和裂缝的属性参数赋值，并运行数值计算程序；最后将各时步下的日产量、井底流压数据，以及压力场、浓度场数据等导入显示程序，输出表格、曲线、2D/3D图像等模拟结果。压裂与生产动态一体化模拟流程如图 6.49 所示。

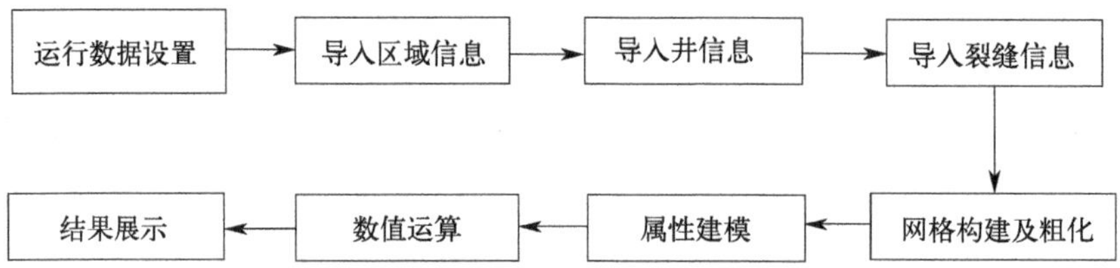

图 6.49　压裂与生产动态一体化模拟操作流程

目前国内外尚无综合考虑二氧化碳压裂裂缝特征、竞争吸附、多尺度空间渗流机理、多组分流动等非线性流动特征的页岩气藏二氧化碳压裂与生产动态数值模拟计算程序。因此，本节在前文所构建的页岩气藏二氧化碳压裂扩展模型、注二氧化碳组分模型和相应的数值模型的基础上，研制了针对页岩气藏多级压裂水平井的、基于非结构网格的控制体积 - 有限元的压后生产数值计算程序。

该数值计算程序适用于考虑二氧化碳压裂与压后生产的多组分流体类型。主体程序包含网格数据导入、流体物性设置（组分模型）、渗流模型设置（有机质 - 无机质 - 天然裂缝模型）、模拟初始条件设置、全隐式迭代计算和结果输出等。数值计算程序的核心数值算法为基于非结构网格的控制体积 - 有限元数值计算方法，因此在数值计算过程中严格遵循了控制体积 - 有限元方法求解渗流数学模型的基本步骤：

① 研究域的非结构网格离散；

② 对单元内场变量进行插值近似；

③ 单元特征分析，计算单元矩阵和单元载荷列阵；

④ 将单元矩阵组装为总体平衡矩阵；

⑤ 总体平衡矩阵求解和结果输出。

数值计算程序的运行流程如图 6.50 所示。

（2）模块界面及功能介绍

数值模拟模块的主要功能包括：

① 针对非均质、复杂边界储层区域，生成基于非结构网格的构造模型；

② 储层和裂缝网络属性参数建模；

③ 相渗、气体高压物性参数（PVT）数据导入；

④ 井轨迹和生产制度信息录入；

⑤ 模型选择及数值运算；

⑥ 结果输出及显示等。

数值模拟器初始界面如图 6.51 所示。

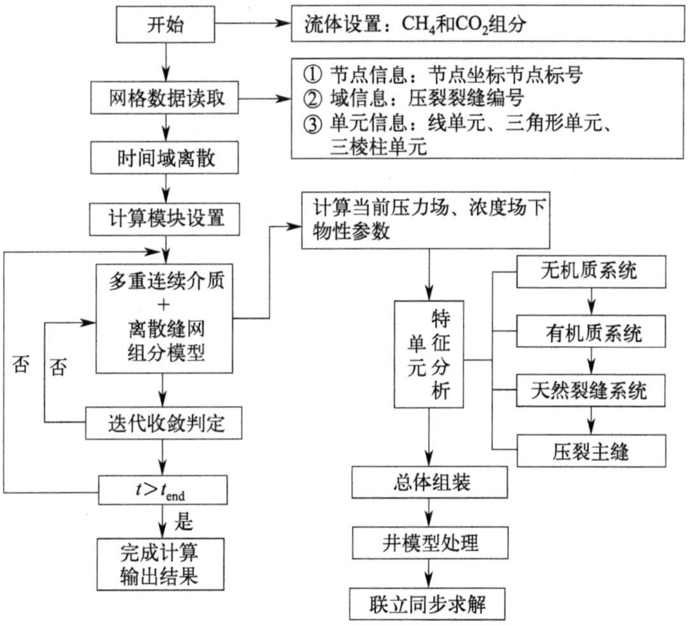

图 6.50　数值计算运行流程

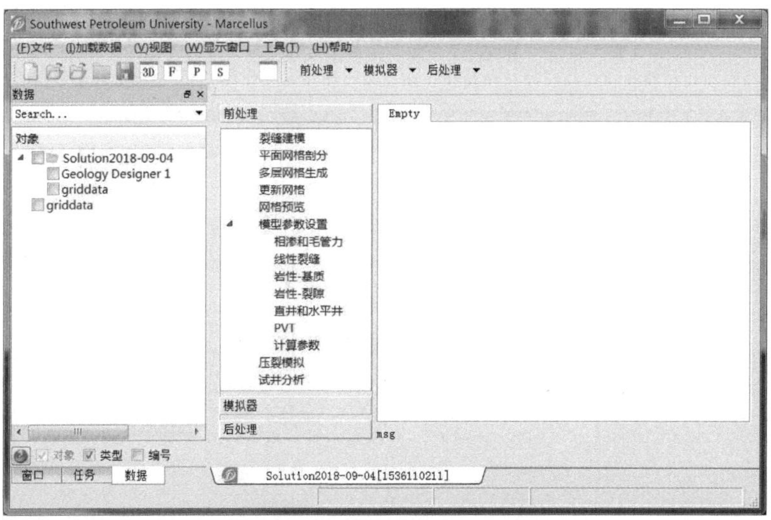

图 6.51　数值模拟模块初始界面

1）文件传输

如图 6.52 所示，通过定义输入、输出文件格式，实现模拟器各模块，例如：前处理网格文件，基础物性参数文件，井数据文件以及后处理输出压力、饱和度场参数文件等之间的快速对接。实现了混合语言编程下各模块数据体准确、快速传递。

2）构造建模

数值模拟模块中的储层构造建模，主要依赖于压裂模拟模块中提供的区块边界信息，目标储层埋深、层厚和分层信息，井眼轨迹和裂缝网络信息等数据，通过加载文件项的方式实现储层构造信息导入，并由非结构网格进行空间网格离散和网格粗化（图 6.53 和图 6.54）。

```
************************************************************************************************************
网格文件：griddata.dat
       |-#GRIDINFO  //网格信息
       |c01 c02 c03  //单元总数  点总数 层总数
       |-#GRIDCELLS  //单元信息
       |c00 c01 c02 c03 c04 c05 c06 c07 c08  //c00单元编号 上层点编号（c:1-4）  下层点编号（c:5-8）
       |-#GRIDPOINTS  //点信息
       |c00 c01 c02 c03  //c00点编号  X,Y,Z坐标（c:1-3）
       |/          终止符号
************************************************************************************************************
地质建模文件：pregrid.gmd    //Geological modeling data
************************************************************************************************************
地质建模-裂缝文件：pregrid-fracture.pf    //建模初始裂缝信息
       |-#FRACINFO  //裂缝信息
       |c01 //总条数
       |-#FRACPART  //裂缝条信息
       |c00  c01 c02 c03 c04 c05 c06 c07 c08// 第一条裂缝、裂缝宽度、孔隙度、渗透率X、渗透率Y、渗透Z、相渗曲线编号、起始层、终止层
       |c00-1  c01 c02 c03 c04 c05 c06 c07 c08 // 第一条裂缝第一段、起点X、起点Y、终点X、终点Y
       |c00-2  c01 c02 c03 c04 c05 c06 c07 c08// 第一条裂缝第二段、起点X、起点Y、终点X、终点Y
       |c00-3  c01 c02 c03 c04 c05 c06 c07 c08
       |c00-n  c01 c02 c03 c04 c05 c06 c07 c08
       |c11  // 第二条裂缝
       |c11-1  c01 c02 c03 c04 c05 c06 c07 c08 // 第二条裂缝第一段、起点X、起点Y、终点X、终点Y
       |c11-2  c01 c02 c03 c04 c05 c06 c07 c08 // 第二条裂缝第二段、起点X、起点Y、终点X、终点Y
       |c11-3  c01 c02 c03 c04 c05 c06 c07 c08
       |c11-n  c01 c02 c03 c04 c05 c06 c07 c08
       |/          终止符号
************************************************************************************************************
地质建模-水平井文件：pregrid-hwell.hw
```

图 6.52　文件传输格式定义

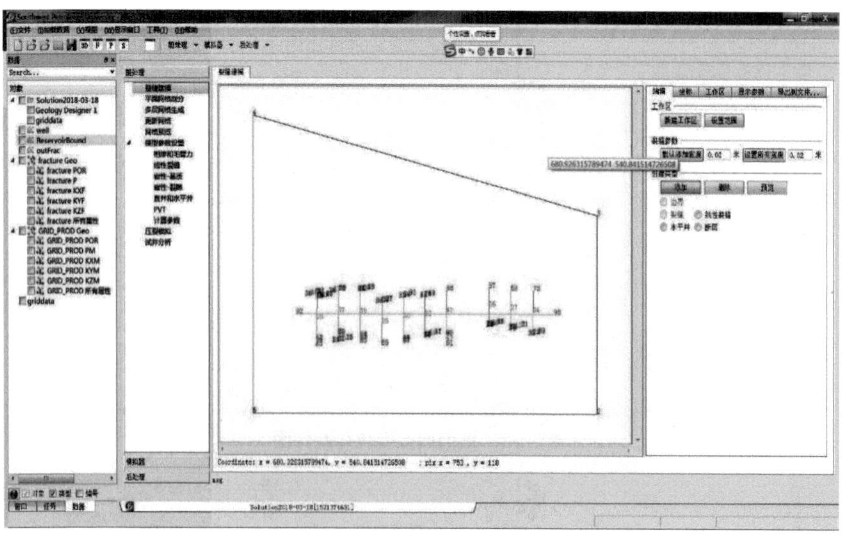

图 6.53　构造建模示意图

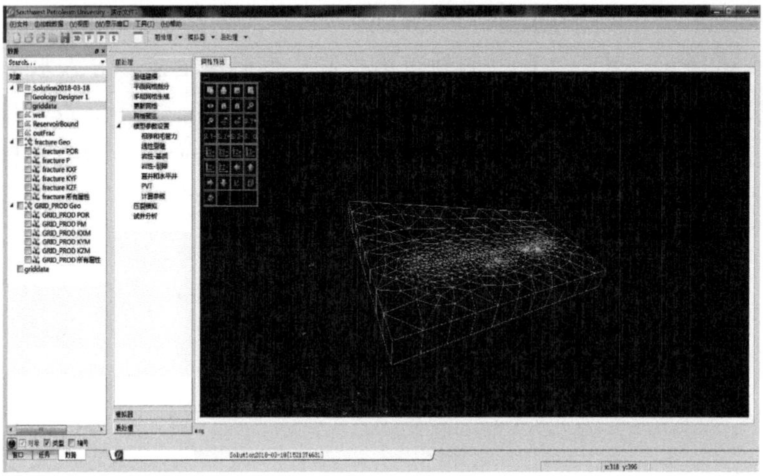

图 6.54　3D 网格预览

3）属性建模

对构造的多级压裂水平井及其复杂缝网网格，分别针对基质和裂缝系统的孔隙度、渗透率、原始储层压力等参数进行属性赋值（图 6.55）。主要通过两种手段实现：

① 对建立的网格系统，采用添加多边形的方式，对不同层位上不同区域分别赋值，也可通过添加覆盖各层上全区域的多边形，对各个层内区域进行赋值。并将属性建模信息写入到相应的属性参数文件中。

② 通过规定格式的数据文件，将由 Petrel 等商业软件生成的矿场区域属性文件以加载属性文件的方式添加到属性模型中，并由空间插值算法将多边形网格下的属性数据赋值到各网格中。

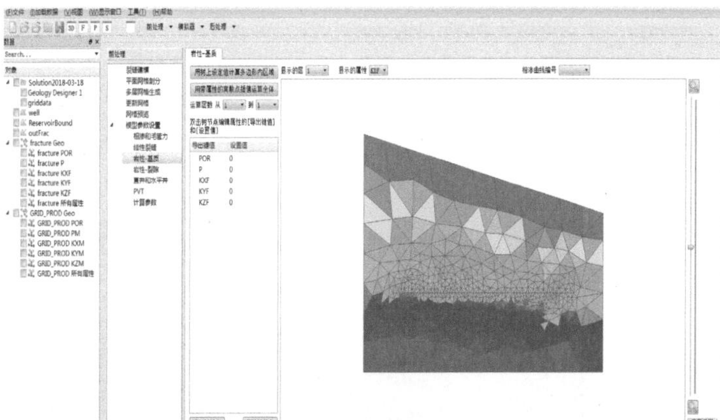

图 6.55　属性建模

4）井轨迹和井生产制度定义

如图 6.56 所示，基于实际井眼轨迹数据和生产制度信息，导入水平井直井段和水平段长度、穿透层数、起始点及终点数据和生产制度信息等。也可在操作界面中，自行设定水平井位置和定义生产制度，并显示井点编号、位置等信息，并导入井信息文件中。

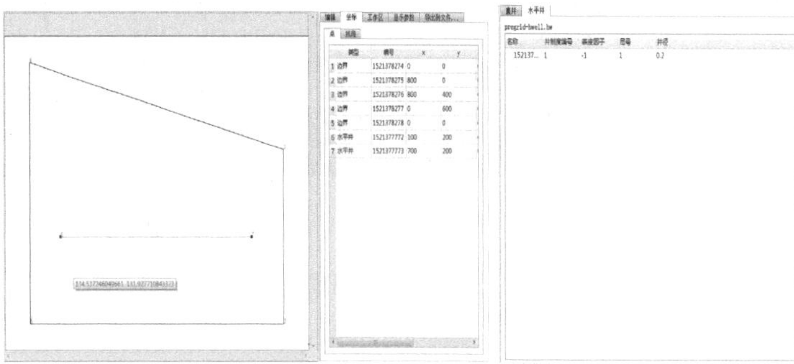

图 6.56 井轨迹和生产制度定义

5）压裂缝构造建模和属性建模

图 6.57 和图 6.58 展示了数值模拟模块中，如何实现对水力压裂大尺度、离散裂缝的构造建模和裂缝属性参数赋值。在裂缝模型构建子模块，可以分别添加边界、裂缝和断层等储层构造信息，并将如裂缝编号，起点、终点坐标和裂缝宽度等信息使用表格显示或通过加载文件项导入裂缝构造建模模块中。对于裂缝属性，可以对各条压裂缝的孔隙度、渗透率、裂缝穿层信息等属性参数进行赋值或通过数据文件导入。最后将裂缝构造模型和属性参数信息输出到文件中。

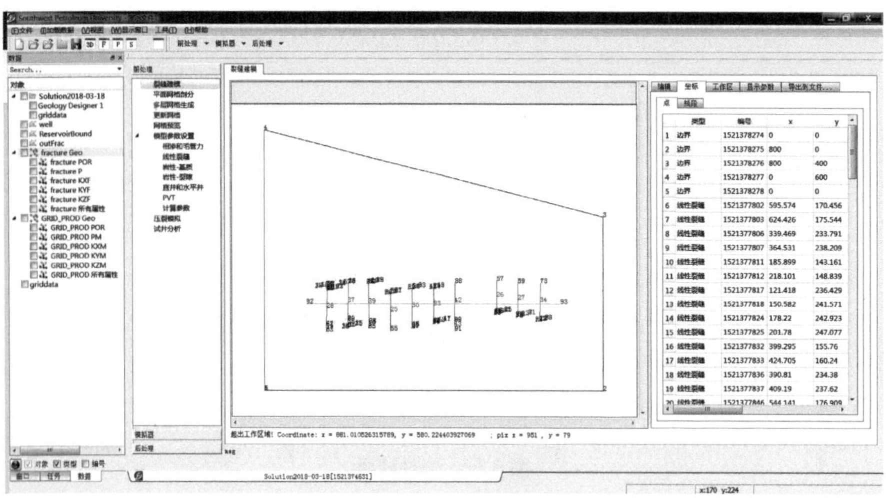

图 6.57 压裂裂缝构造建模

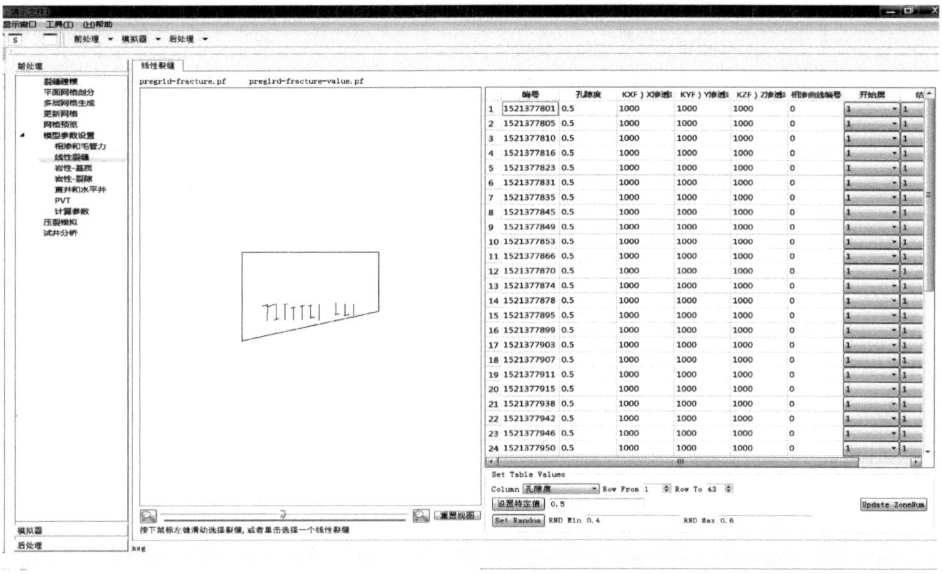

图6.58　压裂裂缝属性建模

6）相渗和PVT数据导入

如图6.59所示，可以分别针对压裂裂缝、天然裂缝和页岩基质等不同系统，给定不同的相渗曲线和毛管力曲线或导入各自的相渗及毛管力数据信息，并存储到相缝和毛管力文件中。同时，可以通过自定义或数据导入的方式将页岩气藏气体PVT信息输入模拟器并储存到PVT数据文件中（图6.60）。

图6.59　相渗数据录入或导入

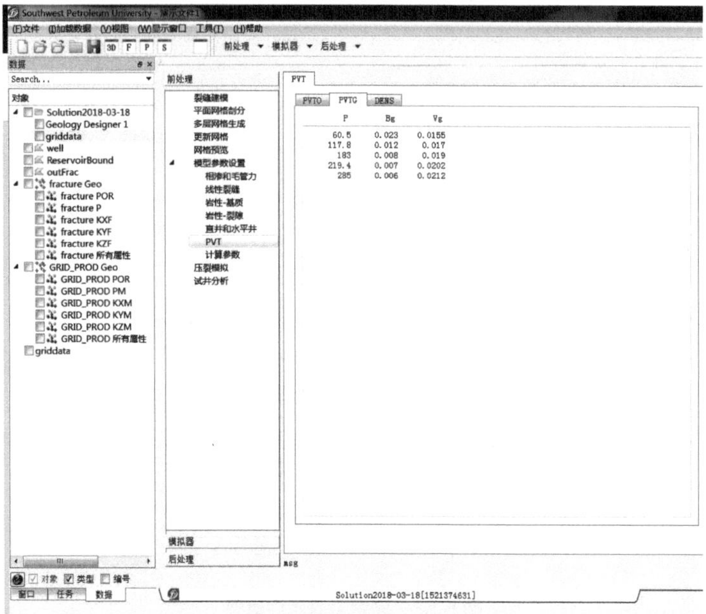

图 6.60　PVT 数据录入或导入

7）模拟器运算和结果处理

如图 6.61 所示，设定模拟器运算的初始条件，包括开始时间、网格类型、计算模型、Langmuir 压力和体积等。点击模拟器运算按钮，后台自动运行全隐式数值计算程序。

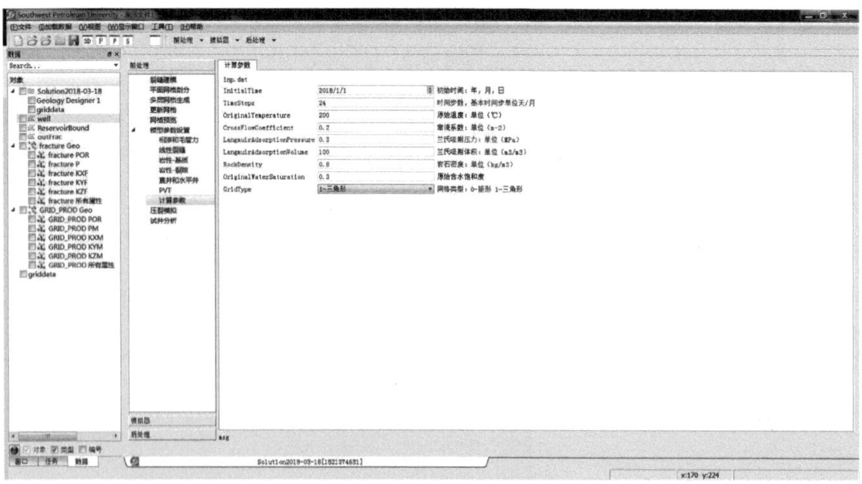

图 6.61　计算初始条件设置

模拟器运算结果将自动存储到相应输出文件中，并由后处理模块中的显示模块读取相关输出文件数据，进行产量和井底流压变化曲线的 2D 显示，压力场、饱和度场等分布情况的 3D 空间展示和动画展示等［图 6.62 和图 6.63（书后另见彩图）］。

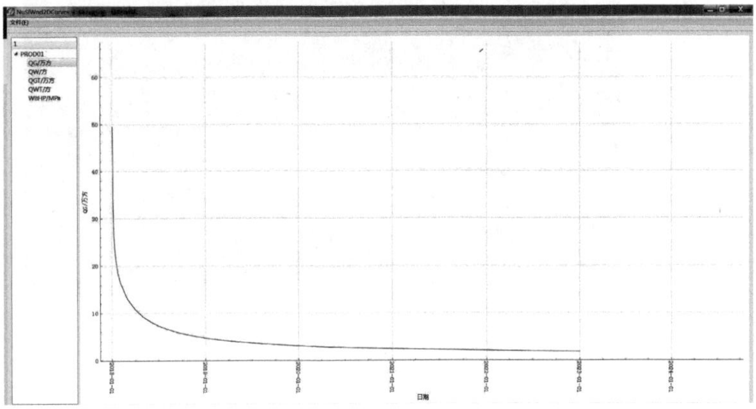

(a)

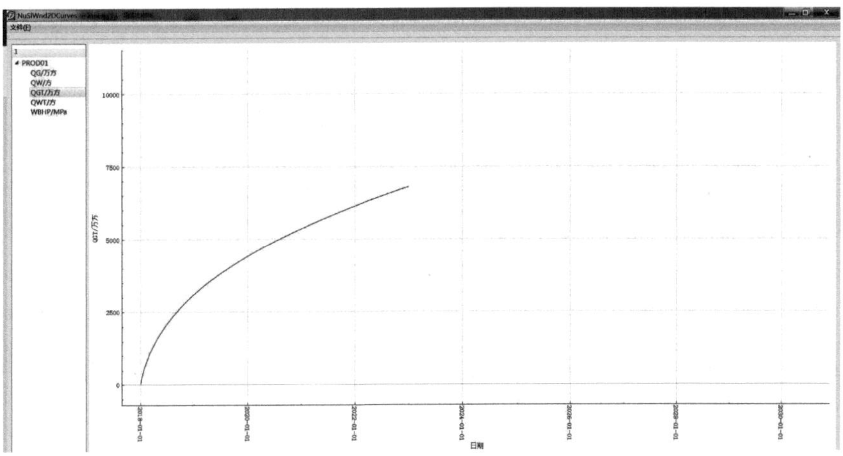

(b)

图 6.62　2D 生产曲线显示

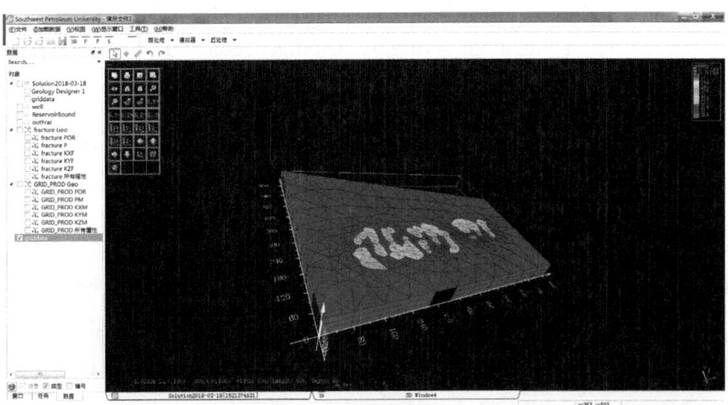

(a)

图 6.63

(b)

图 6.63 不同时刻下压力分布 3D展示

参考文献

[1] Larry S K, Hiebert A D. Reservoir simulation with a control-volume finite-element method[C]. Proceedings of the SPE Symposium on Reservoir Simulation, Anaheim, California, 1991(3)：1-3.

[2] Durlofsky L J. A triangle based mixed finite element-finite volume technique for modeling two phase flow through porous media[J]. Journal of Computational Physics, 1993, 105: 252-266.

[3] Bergamaschi L, Mantica S, Manzini G. A mixed finite element-finite volume formulation of the black-oil model[J]. SIAM Journal on Scientific Computing, 1998,20(3)：970-997.

[4] Huber R, Helmig R. Multiphase flow in heterogeneous porous media: a classical finite element method versus an implicit pressure-explicit saturation-based mixed finite element-finite volume approach[J]. International Journal for Numerical Methods in Fluids，1999, 29(8)：899-920.

[5] Geiger S, Roberts S, Matthäi S K, et al. Combining finite element and finite volume methods for efficient multiphase flow simulations in highly heterogeneous and structurally complex geologic media[J]. Geofluids, 2004, 4(4)：284-299.

[6] Matthai S K, Mezentsev A, Belayneh M. Finite element-node-centered finite-volume two-phase-flow experiments with fractured rock represented by unstructured hybrid-element meshes[J]. SPE Reservoir Evaluation and Engineering, 2007, 10(6)：740.

[7] Saad B, Saad M. A combined finite volume–nonconforming finite element scheme for compressible two phase flow in porous media[J]. Numerische Mathematik, 2014, 2(5)：1-15.

[8] 杨军征 . 有限体积 - 有限元法在油藏数值模拟中的原理和应用 [D]. 中国科学院博士论文，2010.

[9] Zhang R H, Zhang L H, Luo J X, et al. Numerical simulation of water flooding in natural fractured

reservoirs based on control volume finite element method[J]. Journal of Petroleum Science and Engineering, 2016, 146：1211-1225.

[10] 刘振宇 .有限元法在油藏渗流中的理论和应用 [D]. 大庆：大庆石油学院，2004.

[11] 张烈辉 . 油气藏数值模拟基本原理 [M]. 北京：石油工业出版社，2005.

[12] Vinsome P K W. Orthomin. An iterative method for solving sparse banded sets of simultaneous linear equation[C]. SPE Symposium on Numerical Simulation of Reservoir Performance, Los Angeles, 1976(2)：19-20.

[13] Wu K. Numerical modeling of complex hydraulic fracture development in unconventional reservoirs[D]. The University of Texas at Austin, 2014.

第 7 章

页岩气藏注 CO_2 提采封存模型的应用

在本书第 5 章和第 6 章中，分别针对页岩气藏水平井水力压裂和 CO_2 压裂压后注采动态建立了组分数学模型和全隐式数值模型，在本章中将应用页岩气藏注 CO_2 提采封存模拟方法对各模型示例和四川盆地龙马溪页岩现场实际井开展注采动态预测和注采制度敏感性分析，探究页岩气藏注 CO_2 实现提高气藏采收率和 CO_2 地下封存的可行性。

7.1　CO_2 压裂及压后注采数值模拟方法应用

在本节中，将利用压裂与生产动态一体化模拟方法开展页岩气藏二氧化碳压裂井压后生产动态模拟预测。基于二氧化碳压裂裂缝扩展模拟结果，实现压裂与生产动态一体化模拟。通过建立单井二氧化碳吞吐和双压裂井注采机理模型，模拟预测和分析页岩气藏水平井压后二氧化碳埋存和提高采收率效果。

7.1.1　压后衰竭开采模式应用

进一步结合第 3 章中模拟预测的页岩气藏水平井二氧化碳压裂和水力压裂裂缝扩展结果，开展压后生产动态模拟预测。将第 6 章中的水平井和压裂裂缝数据导入，如图 7.1（书后另见彩图）和图 7.2 所示（书后另见彩图）。

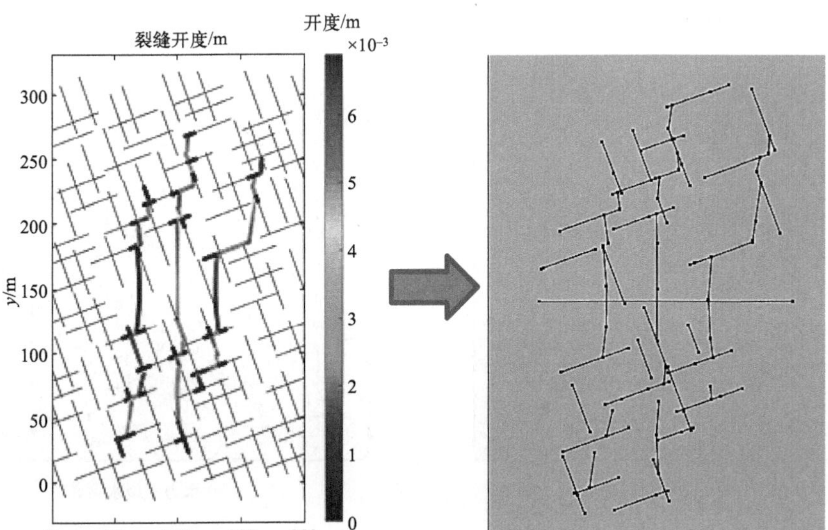

图 7.1　二氧化碳压裂裂缝数据导入和显示

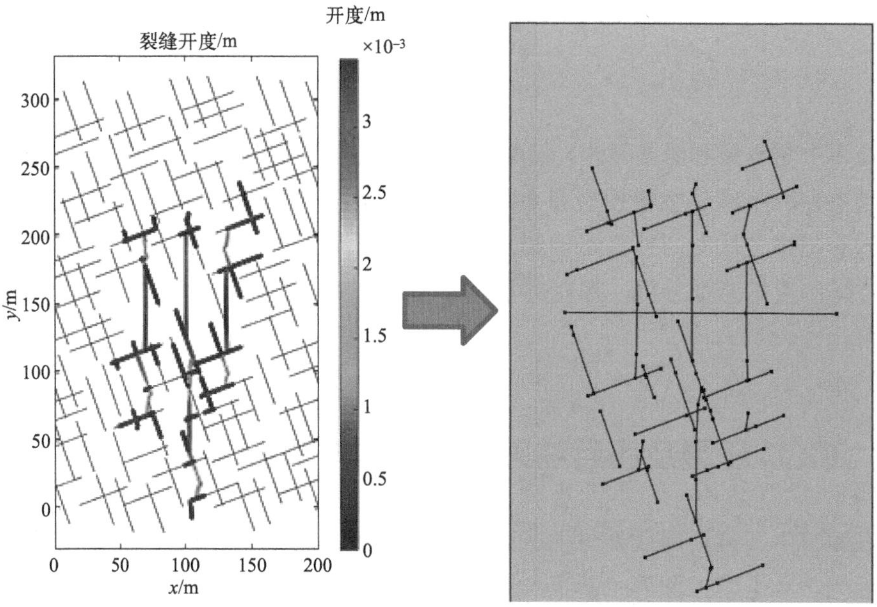

图 7.2 水力压裂裂缝数据导入和显示

基于非结构网格，开展压裂水平井空间网格生成如图 7.3 所示。

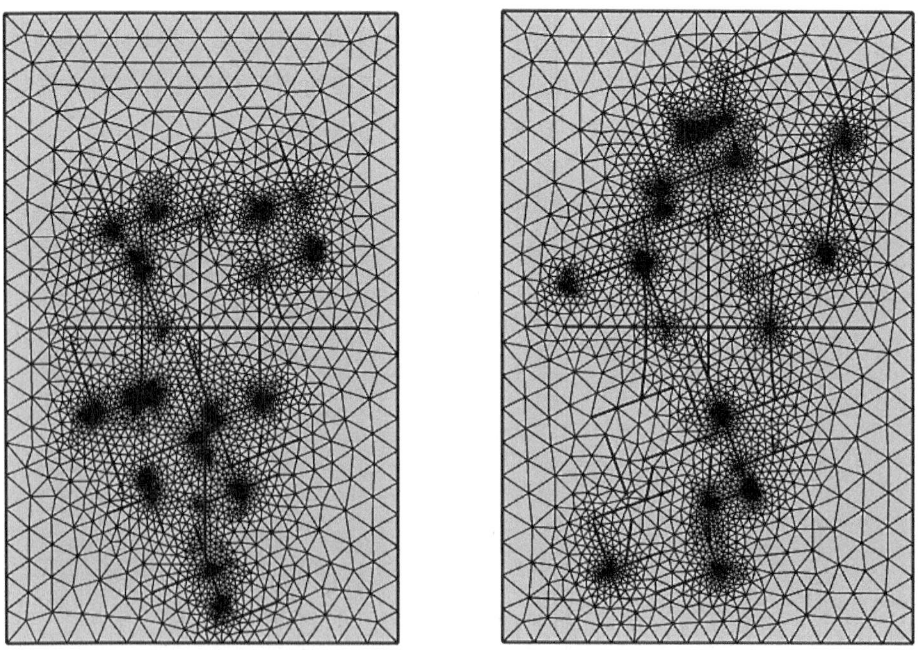

(a) 二氧化碳压裂

(b) 水力压裂水平井

图 7.3 非结构网格剖分俯视图

模拟了不同生产时间下的气体浓度和压力变化情况，如图 7.4（书后另见彩图）和图 7.5（书后另见彩图）所示。可以看出：初始状态下，压裂施工泵入的二氧化碳主要集中在人工压裂裂缝中，随着生产进行，二氧化碳在生产压差作用下随天然气一起采出，近井和裂缝周围二氧化碳浓度不断降低，天然气浓度不断升高；同时，由于压裂裂缝的高导流特征，压后生产早期，迅速在裂缝和井周围形成压力快速递减区域，随着压力波不断向外扩展，储层整体压力也随之降低。

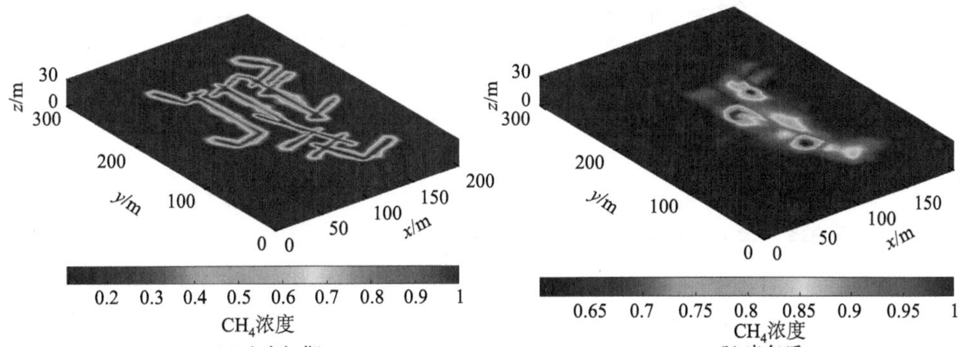

(a) 生产初期　(b) 半年后

图 7.4　CH_4 浓度变化预测

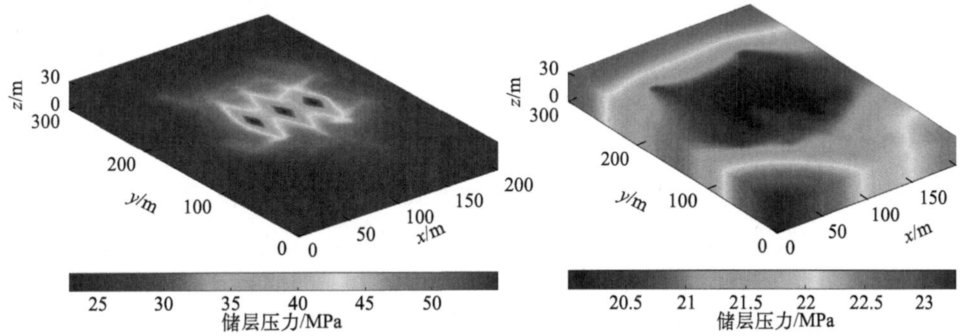

(a) 生产初期　(b) 半年后

图 7.5　储层压力变化预测

在定井底流压 20MPa 生产制度下，二氧化碳压裂和水力压裂水平井生产 6 个月的日产气量和累产气量如图 7.6 所示。对比表明：在忽略裂缝导流能力随生产时间变化的情况下，水力压裂水平井由于平均裂缝开度更大，早期日产气量更高，但后续生产过程中，受产水和气水两相流动影响，日产气量下降更快，导致累产气量比二氧化碳压裂更低。

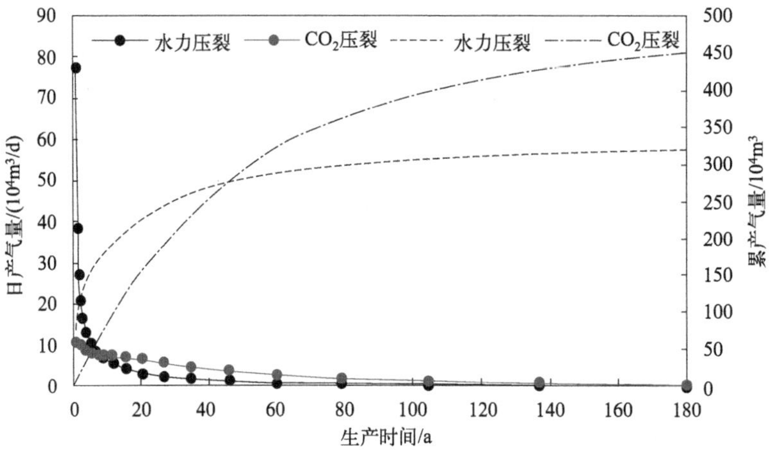

图 7.6　生产动态模拟预测结果

7.1.2　压后单井注 CO_2 吞吐模式应用

目前，对单井采用注 CO_2 或注 N_2 吞吐方式已广泛应用于稠油油藏增产开发中，而学者 Jiang 等[1] 也提出了针对页岩气藏的注二氧化碳吞吐的提高采收率方法。页岩气藏中多级压裂水平井单井的注二氧化碳吞吐方法主要是通过设计和优化生产井开井生产、闷井和关井注气 3 个阶段的相关参数，以达到提高页岩气井采收率和实现二氧化碳气体封存的目的。

基于文献 [2] 中的布井假设，将上一小节中的双压裂井去掉一口压裂井，从而构建相同储层区域单压裂井生产模型如图 7.7(a) 所示。仍然采用单层非结构三棱柱网格对储层进行网格离散，获得储层及多级压裂井网格剖分情况如图 7.7(b) 所示。模型基本参数如表 7.1 所列，并利用一体化软件组分模型数值计算程序进行页岩气藏多级压裂水平井单井注二氧化碳吞吐增产方式生产动态预测。开井生产压力为 30MPa，关井注气压力为 45MPa。

表 7.1　压后单井吞吐模式基本参数

基本参数	取值	基本参数	取值
原始储层压力 p_i/ MPa	45	储层温度 T/K	333.15
计算区域长度 /m	1450	计算区域宽度 /m	900
储层厚度 h/m	50	水平井长度 L/m	1350
应力敏感系数 d_f/MPa^{-1}	0.2	压裂缝孔隙度 ϕ_F	0.38
单井压裂段数 N_F	8	压裂缝有效高度 h_F/m	50
压裂缝渗透率 K_{F0}/D	10	压裂缝开度 w_F/mm	5
最小孔隙直径 λ_{min}/nm	1	CH_4 分子直径 d_m/nm	0.414

续表

基本参数	取值	基本参数	取值
有机质最大孔隙直径 λ_{maxO}/nm	50	有机质体积比 f_o	0.4
无机质最大孔隙直径 λ_{maxI}/nm	200	无机质体积比 f_I	0.6
天然裂缝孔隙度 ϕ_f	0.01	天然裂缝渗透率 k_{f0}/mD	0.0005
天然裂缝间距 L_N/m	10	基质孔隙度 ϕ_m	0.05

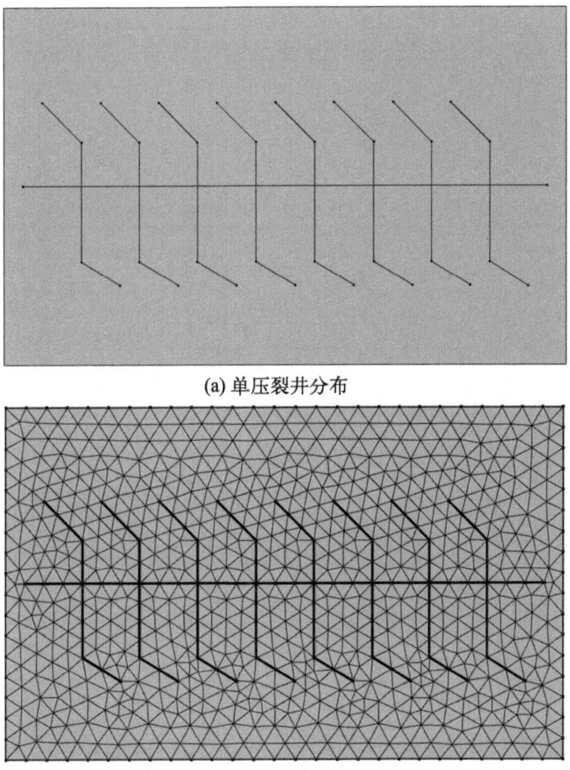

(a) 单压裂井分布

(b) 网格剖分

图 7.7 单压裂井分布及网格剖分示意图

下面，本书将对压裂井单井注二氧化碳吞吐开采的重要参数，如注气时间、闷井时间、生产时间和吞吐次数等进行参数敏感性分析，探究参数变化对注气开采生产动态的影响。如表 7.2 所列，假设采用 2 个吞吐周期，注气阶段时间分别为 3 个月和 6 个月，并由图 7.8（书后另见彩图）给出了自然衰竭式开采（base）和注气时间 3 个月（case 1）、6 个月（case 2）方案下的日产气量和累产气量变化情况。结合表 7.2 中的模拟预测结果和图 7.8 中的生产曲线变化，可以得到：采用单井吞吐方式，可以提高页岩气井累积产量，注气时间越长，产量增加越多；随着注气时间增加，二氧化碳注入量和净埋存量均增加，但是由于在吞吐周期的生产阶段，大量二氧化碳会混合着 CH_4 气体一同被采出，因此采用吞吐方式的二氧化碳净埋存量将小于采用双压裂井一注一采方式的埋存量；日产曲线和累产曲线都能够直观反映出吞吐过程中的生产制度变化，在注气和闷井阶段，气井暂停生产，累产曲线为水平线，日产量为 0，一旦气井重新开井，由于注气提高了储层压力，并削弱了天然裂缝的应力敏感性，开井后的瞬时日产气量将高于衰竭式开采日产气量。

表 7.2 不同注气时间方案下的产量对比

方案	注气时间 / 月	CH_4 累积产量 /10^8m^3	CO_2 注入量 /10^4m^3	CO_2 产出量 /10^4m^3	CO_2 净埋存量 /10^4m^3
基准		0.31			
方案 1	3	0.32	1416.6	812.1	604.4
方案 2	6	0.33	2362.6	1324.4	1038.2

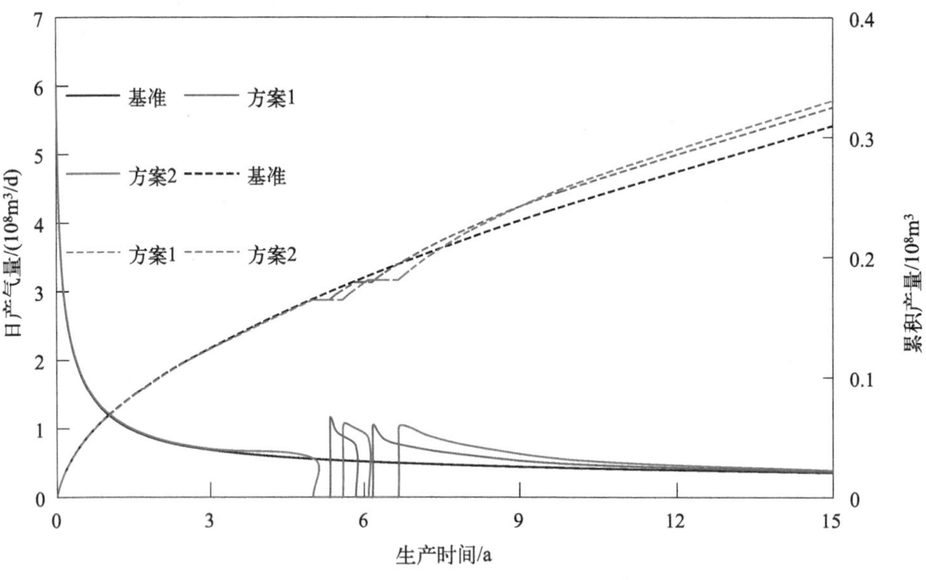

图 7.8 单压裂井不同注气时间方案下的生产动态预测

同时，图 7.9（书后另见彩图）展示了吞吐完成时刻和生产预测结束时刻的裂缝系统和有机质系统的二氧化碳浓度分布情况，可以看出：由于吞吐过程中注气和生产阶段交替进行，二氧化碳的扩展范围主要集中在压裂井周围区域，并且只有少量二氧化碳能通过页岩气藏多尺度孔隙进入有机质系统中，大部分二氧化碳仍停留在裂缝系统中，因此通过二氧化碳与 CH_4 的竞争吸附置换出的吸附态 CH_4 气体也较少。

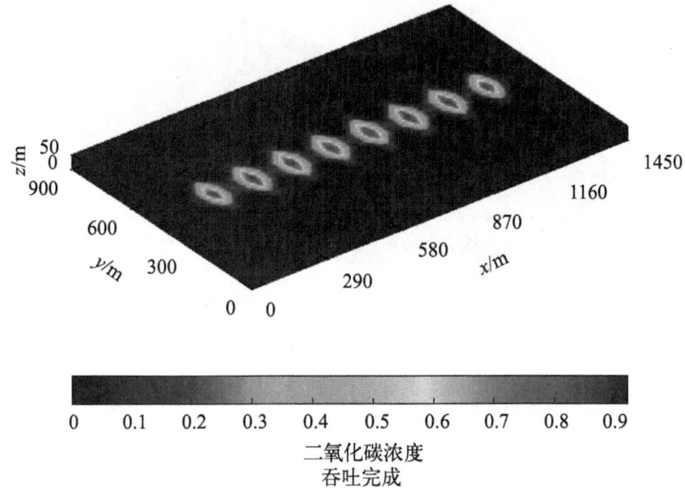

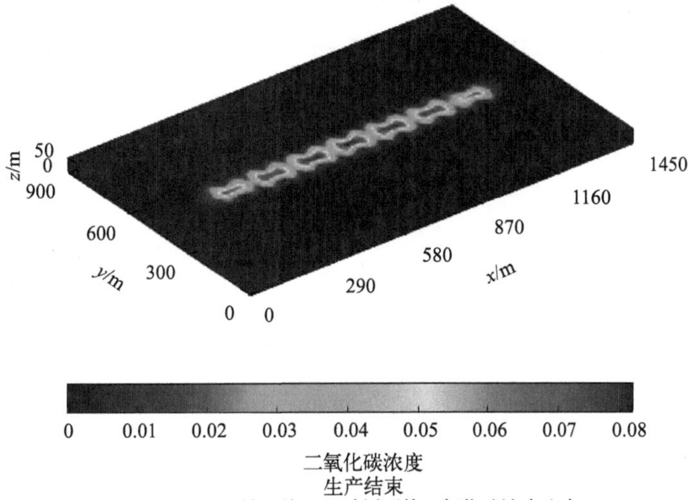

(a) 裂缝系统不同时刻下的二氧化碳浓度分布

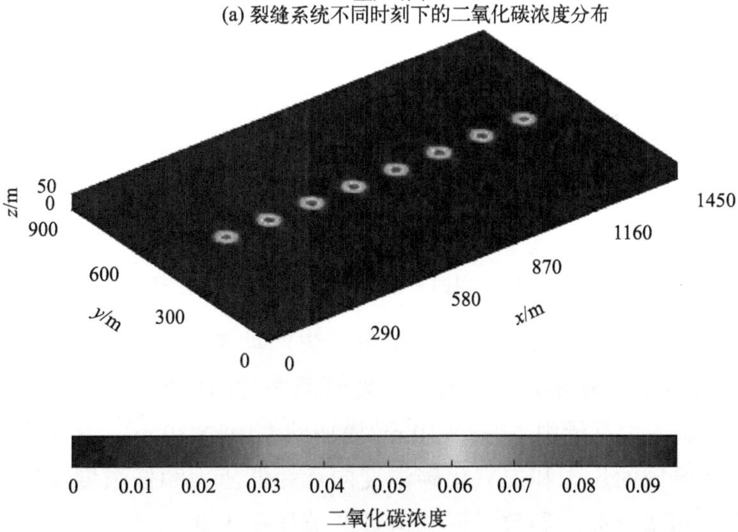

图 7.9

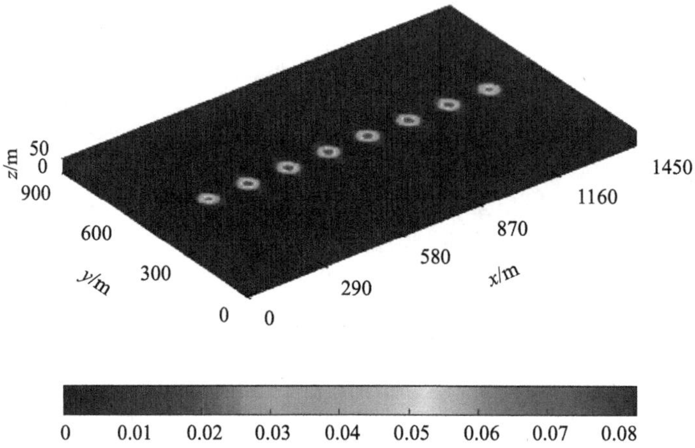

(b) 有机质系统不同时刻下的二氧化碳浓度分布

图 7.9 单压裂井裂缝和有机质系统不同时刻下的二氧化碳浓度分布

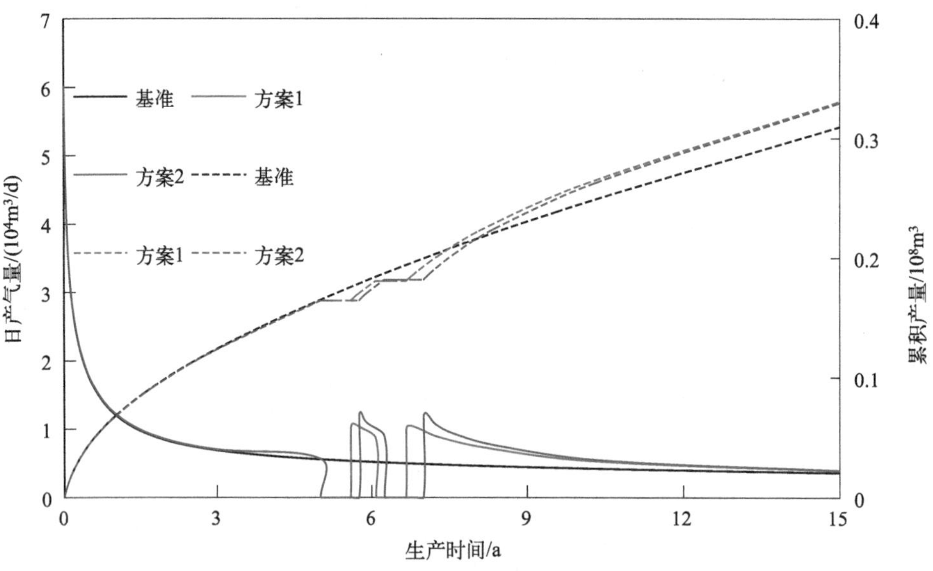

图 7.10 不同闷井时间下的单压裂井吞吐生产动态预测

不同闷井时间下的产量模拟预测结果和生产动态变化情况如表 7.3 所列和图 7.10（书后另见彩图）所示，可以看出：随着闷井时间增加，CH_4 累产气量略微下降，而二氧化碳净埋存量由 $1.038\times10^7m^3$ 增加到 $1.108\times10^7m^3$，这主要是因为在闷井阶段，近井区域的压力和二氧化碳浓度向远井低压力和低浓度储层区域进行扩散以平衡压差和浓度差，导致了近井区域的储层压力和二氧化碳浓度降低，使得产出的 CH_4 和二氧化碳气体减少，从而导致 CH_4 累产略微下降，而二氧化碳净埋存量增加。

表 7.3　不同闷井时间方案下的产量对比

方案	闷井时间 / 月	CH_4 累积产量 /10^8m^3	CO_2 注入量 /10^4m^3	CO_2 产出量 /10^4m^3	CO_2 净埋存量 /10^4m^3
基准		0.31			
方案 1	1	0.33	2362.6	1324.4	1038.2
方案 2	3	0.329	2355.1	1246.4	1108.7

表 7.4 和图 7.11（书后另见彩图）给出了在不同生产时间下的单压裂井注二氧化碳吞吐模拟计算结果和生产动态变化情况，可以得到：在吞吐过程中，随着生产阶段时间增大，CH_4 累产气量和 CO_2 净埋存量均略有提高。因此，对于矿场实际井实施注二氧化碳吞吐措施前，需要经过大量的方案计算来优化吞吐过程中注气时间、闷井时间和生产时间的合理范围，以获得最大的经济效益。

表 7.4　不同生产时间方案下的产量对比

方案	生产时间 / 月	CH_4 累积产量 /10^8m^3	CO_2 注入量 /10^4m^3	CO_2 产出量 /10^4m^3	CO_2 净埋存量 /10^4m^3
基准		0.31			
方案 1	6	0.33	2362.6	1324.4	1038.2
方案 2	12	0.332	2434.7	1368.7	1066

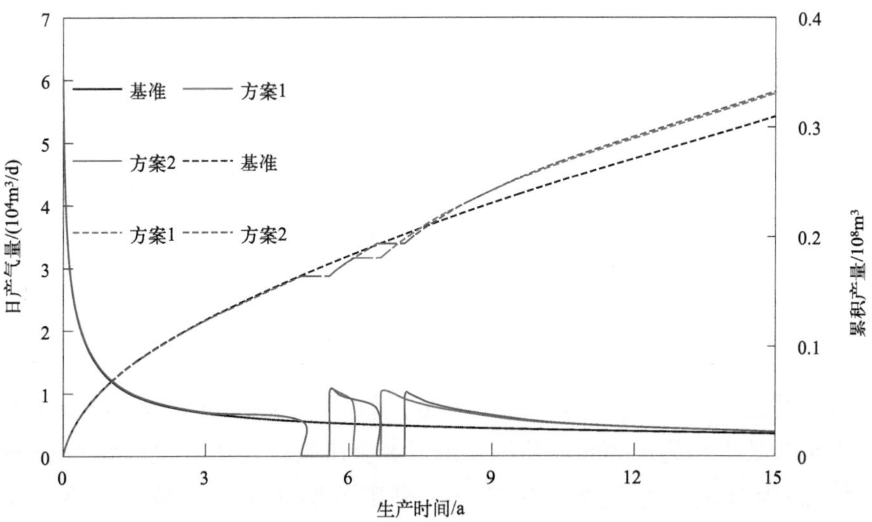

图 7.11　不同生产时间下的单压裂井吞吐生产动态预测

由表 7.5 和图 7.12（书后另见彩图）可知，随着吞吐次数的增加，CH_4 累产气量和 CO_2 净埋存量均增大。这是因为吞吐周期增加，由注气带来的储层压力恢复更大。同时，对于页岩气藏单压裂井吞吐开采，将存在一个最优的吞吐周期。

表 7.5　不同吞吐次数方案下的产量对比

方案	吞吐次数	CH_4 累积产量 /10^8m^3	CO_2 注入量 /10^4m^3	CO_2 产出量 /10^4m^3	CO_2 净埋存量 /10^4m^3
基准		0.31			
方案 1	2	0.332	2434.7	1368.7	1066
方案 2	3	0.34	3686.1	2069.7	1616.4

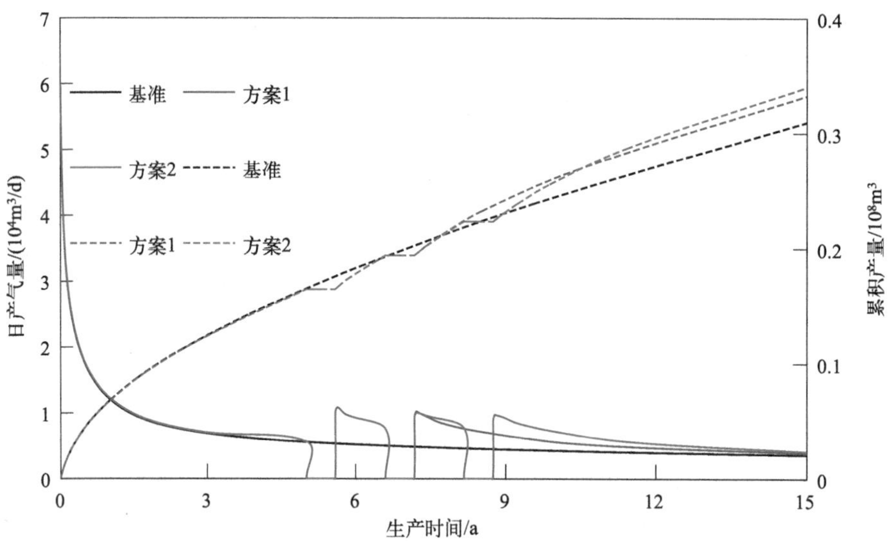

图 7.12　不同吞吐次数下的单压裂井生产动态预测

7.1.3　压后两井注采模式应用

双压裂井储层区域及布井情况如图 7.13(a) 所示，储层区域尺寸为 1450m×900m×50m，水平井长度均为 1350m，并压裂形成 8 个压裂段，压裂段间距为 150m，水平井井间距为 300m。如图 7.13(b) 所示，采用单层非结构三棱柱网格对储层进行空间网格离散，网格总数为 1510 个。基于构建的页岩气藏注二氧化碳多组分渗流模型和数值模型，对注气开采过程进行模拟和预测。模型基本参数如表 7.6 所列。

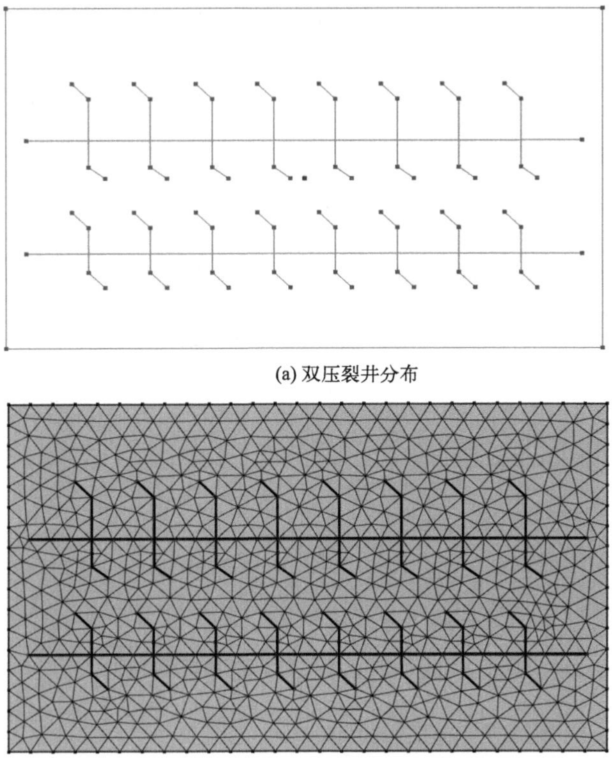

(a) 双压裂井分布

(b) 网格离散

图 7.13　双压裂井分布特征及网格离散示意图

表 7.6　双压裂井注气开采基本参数

基本参数	取值	基本参数	取值
原始储层压力 p_i/MPa	45	储层温度 T/K	333.15
计算区域长度 /m	1450	计算区域宽度 /m	900
储层厚度 h/m	50	水平井长度 L/m	1350
应力敏感系数 d_f/MPa^{-1}	0.2	压裂缝孔隙度 ϕ_F	0.38
单井压裂段数 N_F	8	压裂缝有效高度 h_F/m	50
压裂缝渗透率 K_{F0}/D	10	压裂缝开度 w_F/mm	5
井间距 /m	300	注气压力 /MPa	45

为评价注二氧化碳增产效果情况，在开展注气模拟前，还构建了采用衰竭式自然开采模式的基础模型，即：双压裂井以 30MPa 的定井底流压同时开井生产 15 年。在生产和注气过程中，甲烷的吸附解吸规律采用 Langmuir 等温吸附公式进行描述，

假设 V_L=0.004m³/kg，P_L=1.56MPa；超临界二氧化碳的吸附解吸量采用 OK 模型进行计算。图 7.14 展示了双压裂井同时生产 5 年后采用一注一采方案继续生产模式和双压裂井同时自然衰竭式生产 15 年模式的产量变化对比情况。可以看出：当同时生产 5 年后，一口压裂井停止生产，转为注气井后，两口井的总日产气量迅速降低，并且导致最后累积 CH_4 产量的下降。

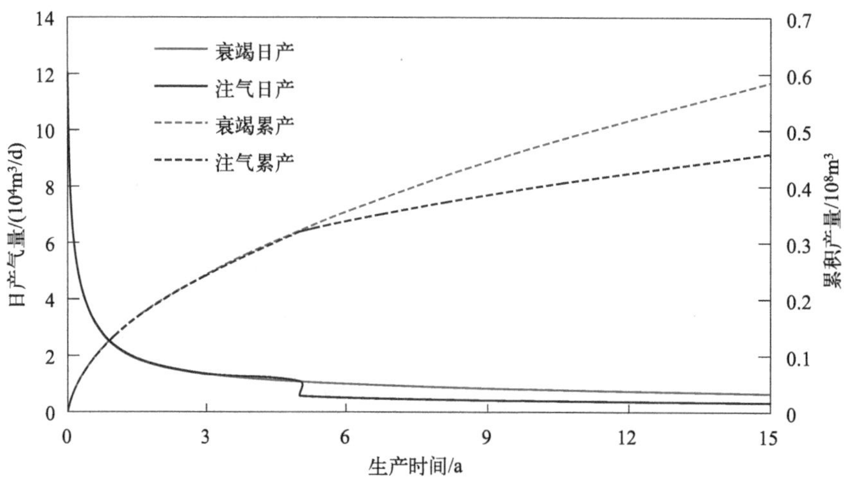

图 7.14　注气开采与衰竭式开采生产动态对比

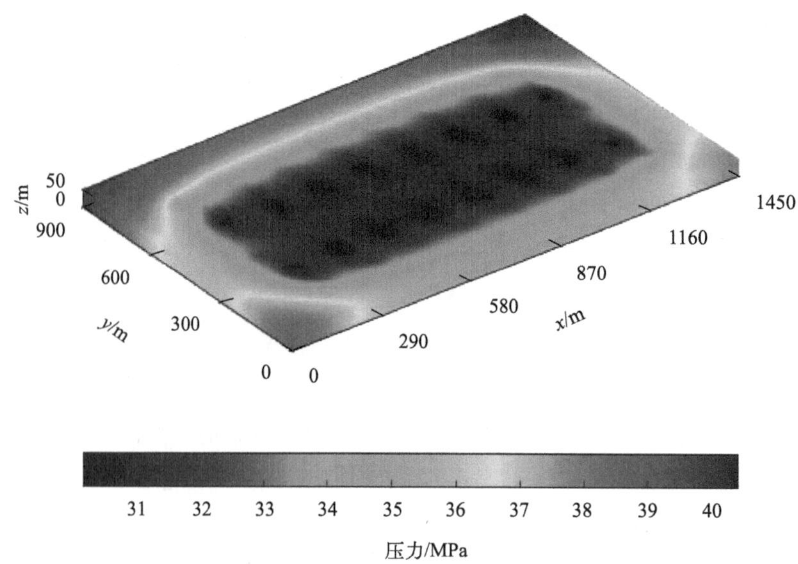

(a) 同时生产结束时(5年)的压力分布

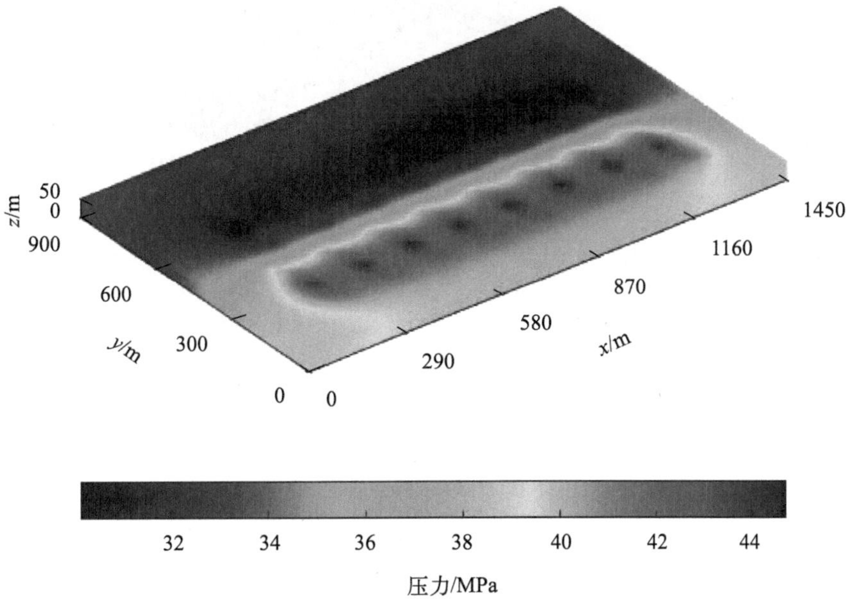

(b) 注气结束时(15年)的压力分布

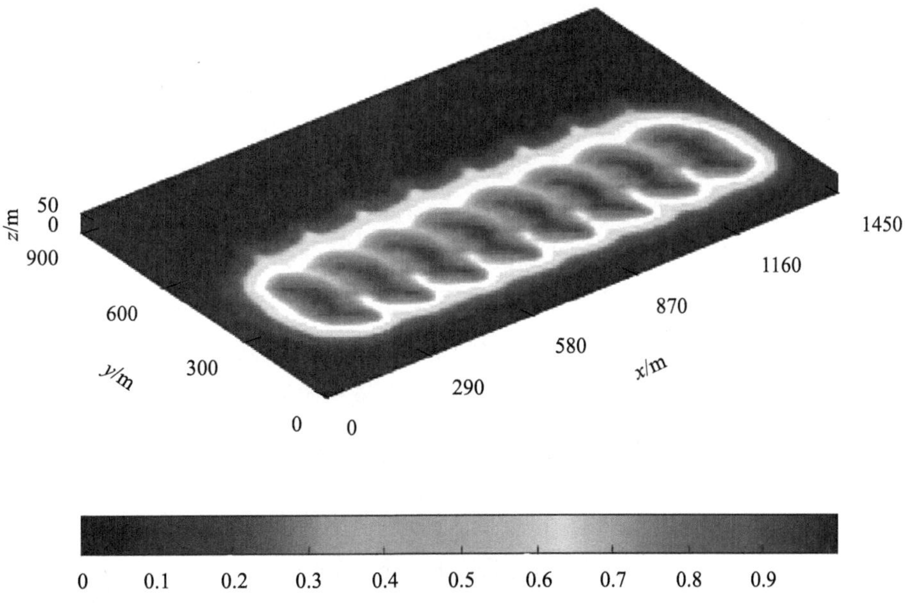

(c) 注气结束时裂缝系统二氧化碳浓度分布

图 7.15

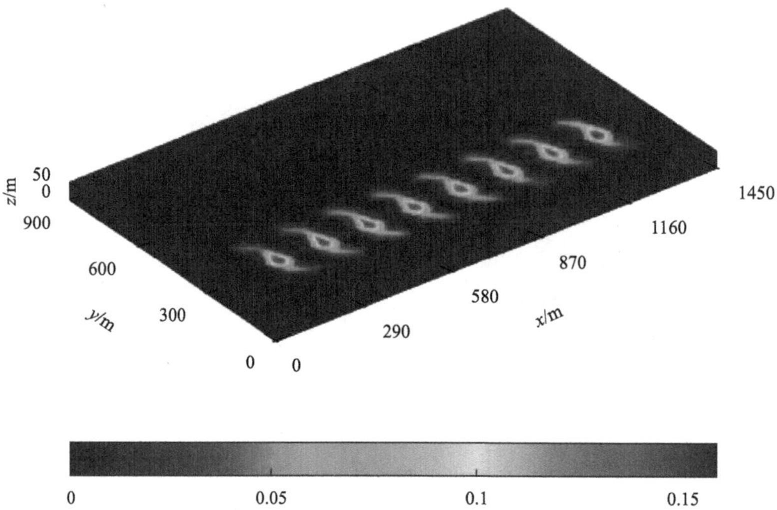

(d) 注气结束时有机质系统二氧化碳浓度分布

图 7.15　压力与二氧化碳浓度分布示意图

在图 7.15（书后另见彩图）中，展示了随着注气开采，页岩储层压力和二氧化碳浓度空间分布变化情况。由图 7.15(a) 和图 7.15(b) 可知，随着注气过程的不断进行，注气井的压力不断升高；对于生产井，同生产 5 年时的压力相比，由于受到注气开采增压效果的作用，生产 15 年时的压力略有提高。由图 7.15(c) 和图 7.15(d) 可知，不同于压力波的快速扩展，受到页岩储层超低渗透率的影响，二氧化碳由注气井向生产井的流动速度非常缓慢；同时，注入的二氧化碳主要存在于裂缝系统中，通过多尺度孔隙系统到达有机质孔隙的二氧化碳含量非常少。

同时，组分模型数值计算程序还模拟计算了当注气压力提升到 50MPa 时的 CH_4 累积产量和二氧化碳净埋存量等的变化情况。如表 7.7 所列，可以看出：随着注气压力的提高，二氧化碳注气量和二氧化碳净埋存量相比注气压力为 45MPa 时均大幅提高；但是，由于页岩气藏的超低渗透率，突破采气井的二氧化碳量仍较少，且注气带来的储层压力恢复对采气井的影响也较小，采气井累积产气量未有提高。

表 7.7　不同注气压力下产量对比

注气压力 /MPa	CH_4 累积产量 /10^8m^3	CO_2 注入量 /10^4m^3	CO_2 产出量 /10^4m^3	CO_2 净埋存量 /10^4m^3
	0.58			
45	0.45	2926.9	36.2	2890.7
50	0.45	6626.8	58.3	6568.5

假设页岩气藏天然裂缝渗透率增加到 0.001mD，如表 7.8 所列，自然衰竭式开

采和注气开采的 CH_4 累积产量均有所提高，在相同的 55MPa 注气压力下，二氧化碳净埋存量也由表 7.8 中的 $6568.5\times10^4m^3$ 增加到 $6704\times10^4m^3$。说明如果采用体积压裂方式在压裂井之间形成压裂改造区域，改善井间储层物性和连通性，平台累产气量将进一步提高，注气开采的气井突破时间将减小，注气效果会更好。

表 7.8　不同裂缝系统渗透率下产量对比

开采模式	CH_4 累积产量 /10^8m^3	CO_2 注入量 /10^4m^3	CO_2 产出量 /10^4m^3	CO_2 净埋存量 /10^4m^3
衰竭开采	0.63			
注气开采	0.48	6819.8	115.8	6704

如图 7.16 所示，本书还模拟了当两口压裂井井间距离由 300m 减少到 250m 时的自然衰竭式开采方式和一注一采方式下的生产动态情况。由表 7.9 可知，随着井间距离减小，压裂井井间干扰增强，CH_4 累积产量相比表中的 350m 井间距时有所降低；但是，随着井间距减小，二氧化碳由注入井在压差和浓度差作用下流向采气井的距离减少，二氧化碳的产出量增大。

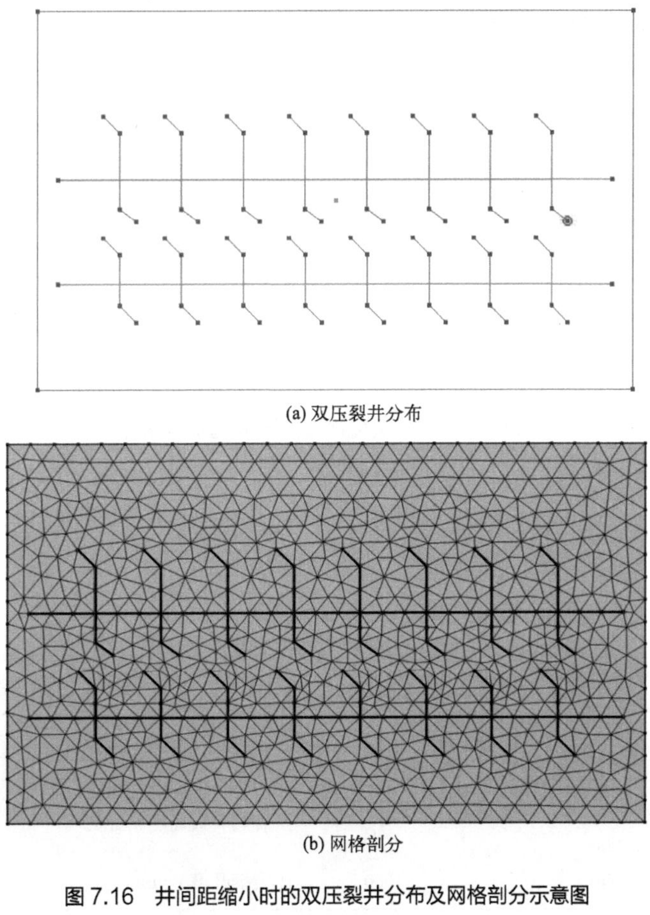

(a) 双压裂井分布

(b) 网格剖分

图 7.16　井间距缩小时的双压裂井分布及网格剖分示意图

表 7.9 井间距减小时产量对比

开采模式	CH_4 累积产量 /10^8m^3	CO_2 注入量 /10^4m^3	CO_2 产出量 /10^4m^3	CO_2 净埋存量 /10^4m^3
衰竭开采	0.59			
注气开采	0.46	6840.6	439.3	6401.3

7.2 水力压裂及压后注 CO_2 数值模拟方法应用

在本节中，利用一体化软件数值模拟模块开展页岩气藏注 CO_2 提高采收率和 CO_2 埋存可行性研究。其中，双压裂井采用在两口井同时生产 5 年后，转为一口井关井注 CO_2，一口井继续开井生产的模式进行生产动态预测；单压裂井则采用开井生产 5 年后，采用 CO_2 吞吐的模式进行生产动态预测。并通过对注气后 CO_2 浓度分布特征、生产井最终采收率和储层净埋存 CO_2 含量等重要参数的对比分析，获得页岩气藏注 CO_2 增产方式机理的深入认识，并对矿场实践提供一定的理论支持。

7.2.1 在双压裂井注采模型中的应用

双压裂井储层区域及布井情况如图 7.17(a) 所示，储层区域尺寸为 1450m×900m×50m，水平井长度均为 1350m，并压裂形成 4 个压裂段，压裂段间距为 300m，主裂缝长度为 260m，水平井井间距为 350m。如图 7.17(b) 所示，采用单层非结构三棱柱网格对储层进行空间网格离散，网格总数为 766 个。基于 3.1.4 和 3.2.4 部分中构建的页岩气藏注 CO_2 多组分渗流模型和数值模型，对注气开采过程进行模拟和预测。模型基本参数如表 7.10 所列。

表 7.10 双压裂井注气开采基本参数

基本参数	取值	基本参数	取值
原始储层压力 p_i/MPa	12	储层温度 T/K	333.15
计算区域长度 /m	1450	计算区域宽度 /m	900
储层厚度 h/m	50	水平井长度 L/m	1350
应力敏感系数 d_f/MPa^{-1}	0.2	压裂缝孔隙度 ϕ_F	0.38
水平井筒半径 r_w/m	0.1	压裂缝半长 x_f/m	130
单井压裂段数 N_F	4	压裂缝有效高度 h_F/m	50
压裂缝渗透率 K_{F0}/mD	1000	压裂缝开度 w_F/mm	5

续表

基本参数	取值	基本参数	取值
CH_4 摩尔分子质量 M /(kg/mol)	16×10^{-3}	压裂裂缝含水饱和度 S_{wF}	0.5
最小孔隙直径 λ_{min}/nm	1	CH_4 分子直径 d_m/nm	0.414
有机质最大孔隙直径 λ_{maxO}/nm	50	有机质体积比 f_o	0.4
无机质最大孔隙直径 λ_{maxI}/nm	200	无机质体积比 f_I	0.6
天然裂缝孔隙度 ϕ_f	0.01	天然裂缝渗透率 k_{f0}/mD	0.0005
天然裂缝间距 L_N/m	10	天然裂缝系统含水饱和度 S_{wf}	0.3
基质孔隙度 ϕ_m	0.05	基质系统含水饱和度 S_{wm}	0.3

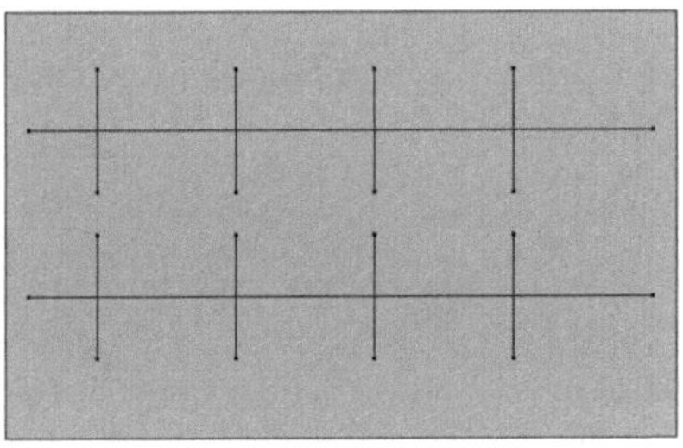

(a) 双压裂井分布

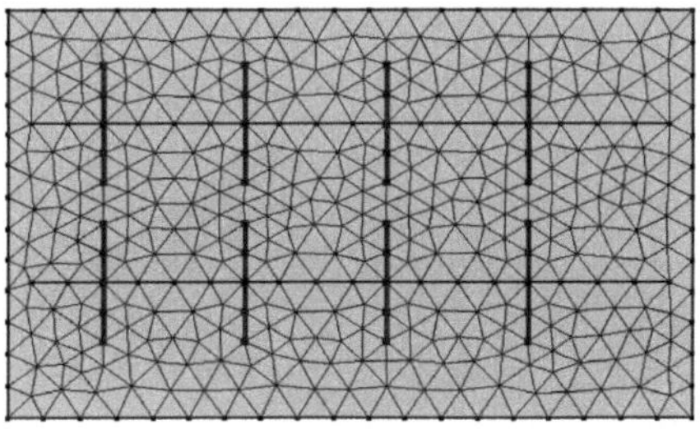

(b) 网格离散

图 7.17　双压裂井分布特征及网格离散示意图

为评价注 CO_2 增产效果情况，在开展注气模拟前，还构建了采用衰竭式自然开采模式的基础模型，即：双压裂井以 6MPa 的定井底流压同时开井生产 15 年。在生产和注气过程中，甲烷的吸附解吸规律采用 Langmuir 等温吸附公式进行描述，假设 V_L=0.004 m^3/kg，P_L=1.56MPa；超临界 CO_2 的吸附解吸量采用 OK 模型进行计算。图 7.18 展示了双压裂井同时生产 5 年后采用一注一采方案继续生产模式和双压裂井同时自然衰竭式生产 15 年模式的产量变化对比情况。可以看出：当同时生产 5 年后，一口压裂井停止生产，转为注气井后，两口井的总日产气量迅速降低，并且导致了最后累积 CH_4 产量的下降。

在图 7.19（书后另见彩图）中，展示了随着注气开采，页岩储层压力和 CO_2 浓度空间分布变化情况。由图 7.19(a) 和图 7.19(b) 可知：随着注气过程的不断进行，注气井的压力不断升高；对于生产井，同生产 5 年时的压力相比，由于受到注气开采增压效果的作用，生产 15 年时的压力略有提高。由图 7.19(c) 和图 7.19(d) 可知：不同于压力波的快速扩展，受到页岩储层超低渗透率的影响，CO_2 由注气井向生产井的流动速度非常缓慢；同时，注入的 CO_2 主要存在于裂缝系统中，通过多尺度孔隙系统到达有机质孔隙的 CO_2 含量非常少。

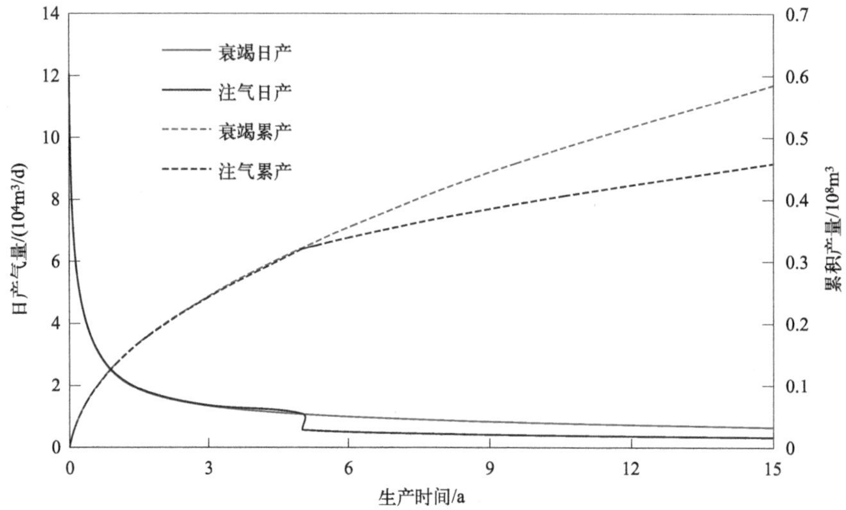

图 7.18　注气开采与衰竭式开采生产动态对比

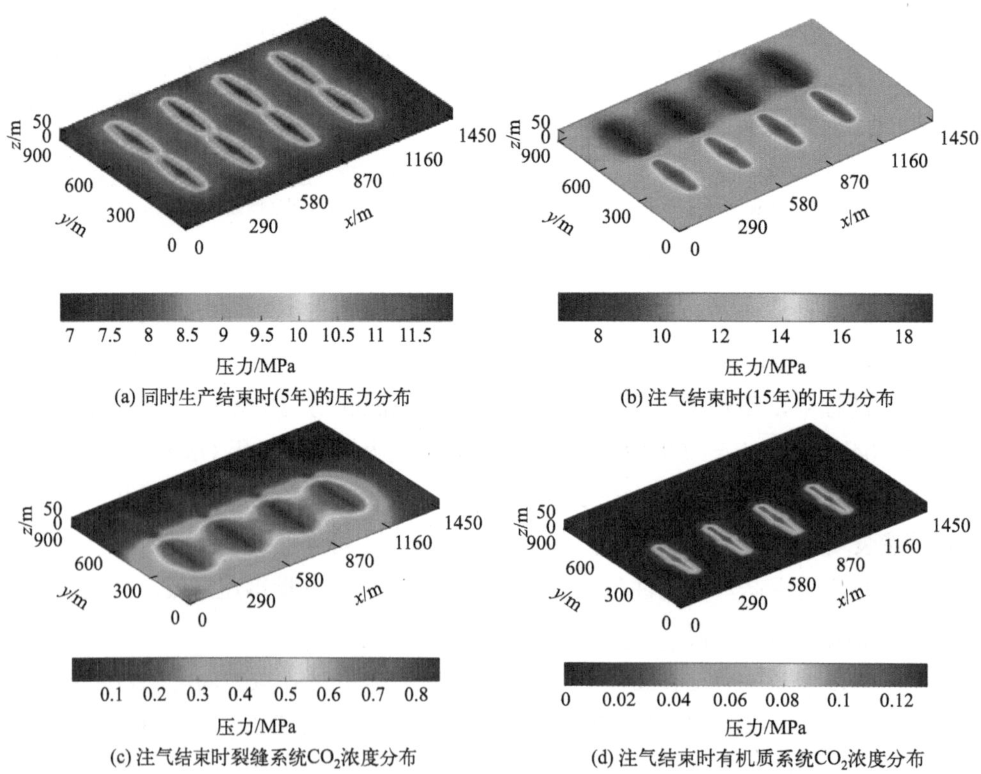

图 7.19　压力与 CO_2 浓度分布示意图

同时，组分模型数值计算程序还模拟计算了当注气压力提升到 20MPa 时的 CH_4 累积产量和 CO_2 净埋存量等的变化情况。如表 7.11 所列，可以看出：随着注气压力的提高，CO_2 注气量和 CO_2 净埋存量相比注气压力为 15MPa 时均大幅提高；但是，由于页岩气藏的超低渗透率，突破采气井的 CO_2 量仍较少，且注气带来的储层压力恢复对采气井的影响也较小，采气井累积产气量未有提高。

表 7.11　不同注气压力下产量对比

注气压力 /MPa	CH_4 累积产量 /10^8m^3	CO_2 注入量 /10^4m^3	CO_2 产出量 /10^4m^3	CO_2 净埋存量 /10^4m^3
	0.58			
15	0.45	2926.9	36.2	2890.7
20	0.45	6626.8	58.3	6568.5

假设页岩气藏天然裂缝渗透率增加到 0.001mD，如表 7.12 所列，自然衰竭式开采和注气开采的 CH_4 累积产量均有所提高，在相同的 20MPa 注气压力下，CO_2 净埋存量也由表 7.11 中的 $6.5685\times10^7m^3$ 增加到 $6.704\times10^7m^3$。说明如果采用体积压裂方式在压裂井之间形成压裂改造区域，改善井间储层物性和连通性，平台累产气量将进一步提高，注气开采的气井突破时间将减小，注气效果会更好。

表 7.12　不同裂缝系统渗透率下产量对比

开采模式	CH_4 累积产量 /10^8m^3	CO_2 注入量 /10^4m^3	CO_2 产出量 /10^4m^3	CO_2 净埋存量 /10^4m^3
衰竭开采	0.63			
注气开采	0.48	6819.8	115.8	6704

如图 7.20 所示，本书还模拟了当两口压裂井井间距离由 350m 减少到 280m 时的自然衰竭式开采方式和一注一采方式下的生产动态情况。由表 7.13 可知，随着井间距离减小，压裂井井间干扰增强，CH_4 累积产量相比表中的 350m 井间距时有所降低；但是，随着井间距减小，CO_2 由注入井在压差和浓度差作用下流向采气井的距离减少，CO_2 的产出量增大。

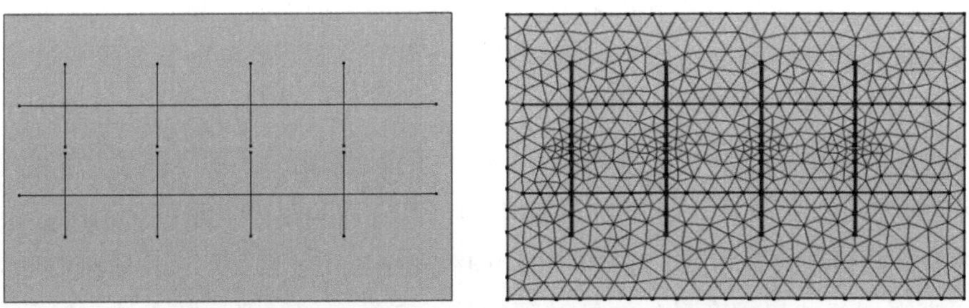

(a) 双压裂井分布　　(b) 网格剖分

图 7.20　井间距缩小时的双压裂井分布及网格剖分示意图

表 7.13　井间距减小时产量对比

开采模式	CH_4 累积产量 /10^8m^3	CO_2 注入量 /10^4m^3	CO_2 产出量 /10^4m^3	CO_2 净埋存量 /10^4m^3
衰竭开采	0.59			
注气开采	0.46	6840.6	439.3	6401.3

7.2.2　在单井注 CO_2 吞吐模型中的应用

目前，对单井采用注 CO_2 或注 N_2 吞吐方式已广泛应用于稠油油藏增产开发中，页岩气藏中多级压裂水平井单井的注 CO_2 吞吐方法主要是通过设计和优化生产井开井生产、闷井和关井注气三个阶段的相关参数，以达到提高页岩气井采收率和实现 CO_2 气体埋存的目的。

将上一小节中的双压裂井去掉一口压裂井，从而构建相同储层区域单压裂井生产模型如图 7.21(a) 所示。仍然采用单层非结构三棱柱网格对储层进行网格离散，获得储层及多级压裂井网格剖分情况如图 7.21(b) 所示。模型基本参数如表 7.10 所列，并利用一体化软件组分模型数值计算程序进行页岩气藏多级压裂水平井单井注 CO_2 吞吐增产方式生产动态预测。开井生产压力为 6MPa，关井注气压力为 20MPa。

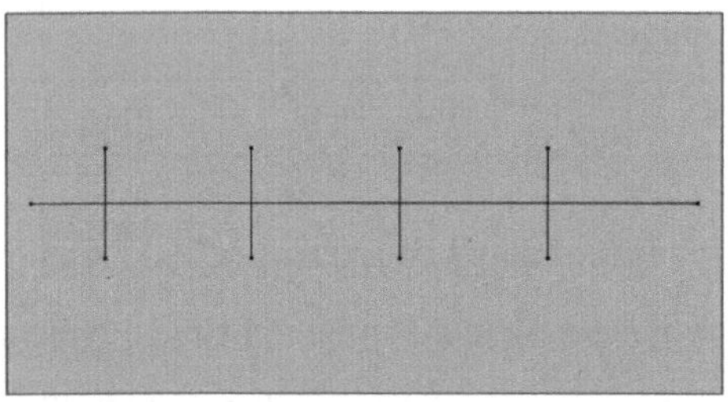

(a) 单压裂井分布

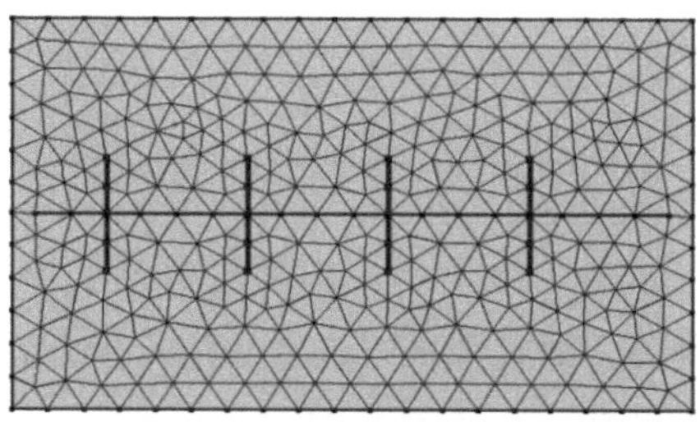

(b) 网格剖分

图 7.21　单压裂井分布及网格剖分示意图

下面，本书将对压裂井单井注 CO_2 吞吐开采的重要参数，例如注气时间、闷井时间、生产时间和吞吐次数等进行参数敏感性分析，探究参数变化对注气开采生产动态的影响。如表 7.14 所列，假设采用 2 个吞吐周期，注气阶段时间分别为 3 个月和 6 个月，并由图 7.22（书后另见彩图）给出了自然衰竭式开采（基准）和注气时间 3 个月（方案 1）、6 个月（方案 2）方案下的日产气量和累产气量变化情况。结合表 7.14 中的模拟预测结果和图 7.22 中的生产曲线变化，可以得到：采用单井吞吐方式，可以提高页岩气井累积产量，注气时间越长，产量增加越多；随着注气时间增加，CO_2 注入量和净埋存量均增加，但是由于在吞吐周期的生产阶段，大量 CO_2 会混合着 CH_4 气体一同被采出，因此采用吞吐方式的 CO_2 净埋存量将小于采用双压裂井一注一采时的埋存量；日产气量曲线和累产气量曲线都能够直观反映出吞吐过程中的生产制度变化，在注气和闷井阶段，气井暂停生产，累产气量曲线为水平线，日产量为0，一旦气井重新开井，由于注气提高了储层压力，并削弱了天然裂缝的应力敏感性，开井后的瞬时日产气量将高于衰竭式开采日产气量。

表7.14　不同注气时间方案下的产量对比

方案	注气时间/月	CH_4 累积产量/10^8m^3	CO_2 注入量/10^4m^3	CO_2 产出量/10^4m^3	CO_2 净埋存量/10^4m^3
基准		0.31			
方案1	3	0.32	1416.6	812.1	604.4
方案2	6	0.33	2362.6	1324.4	1038.2

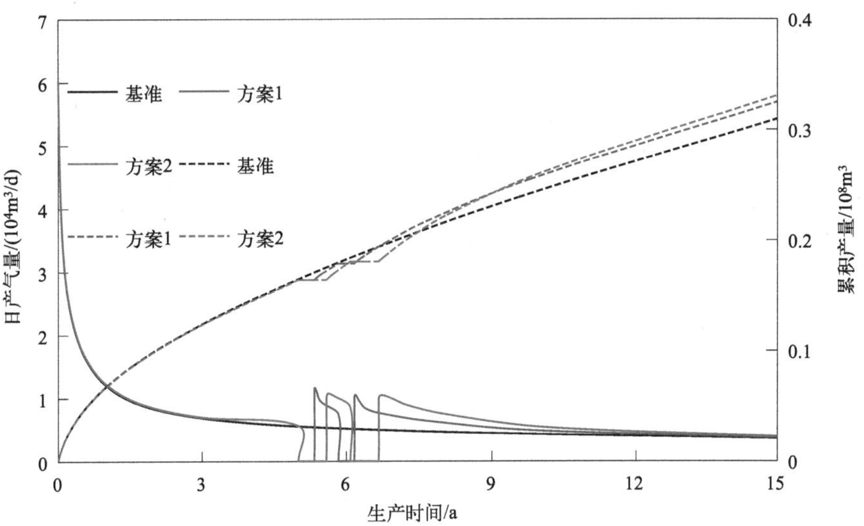

图7.22　单压裂井不同注气时间方案下的生产动态预测

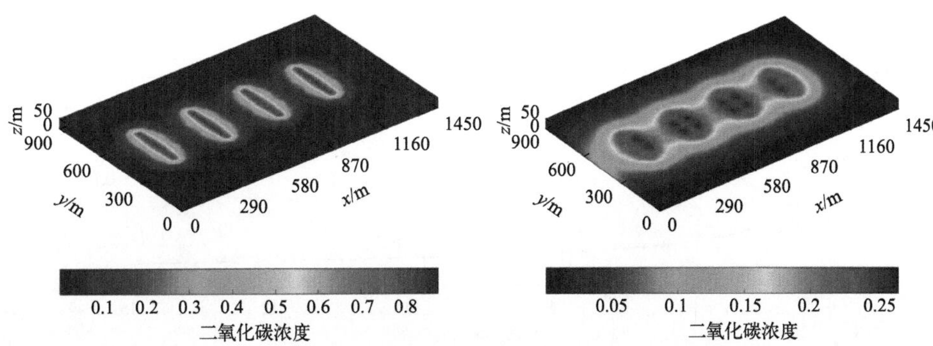

(a) 裂缝系统不同时刻下的CO_2浓度分布

图7.23

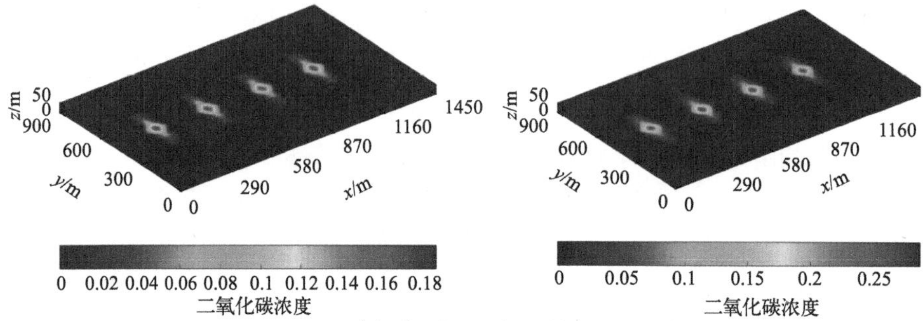

(b) 有机质系统不同时刻下的CO_2浓度分布

图 7.23 单压裂井裂缝和有机质系统不同时刻下的 CO_2 浓度分布

同时，图 7.23（书后另见彩图）展示了吞吐完成时刻和生产预测结束时刻的裂缝系统和有机质系统的 CO_2 浓度分布情况，可以看出：由于吞吐过程中注气和生产阶段交替进行，CO_2 的扩展范围主要集中在压裂井周围区域，并且只有少量 CO_2 能通过页岩气藏多尺度孔隙进入有机质系统中，大部分 CO_2 仍停留在裂缝系统中，因此，通过 CO_2 与 CH_4 的竞争吸附置换出的吸附态 CH_4 气体也较少。

不同闷井时间下的产量模拟预测结果和生产动态变化情况如表 7.15 所列和图 7.24（书后另见彩图）所示，可以看出：随着闷井时间增加，CH_4 累产气量略微下降，而 CO_2 净埋存量由 $1.0382 \times 10^7 m^3$ 增加到 $1.1087 \times 10^7 m^3$，这主要是因为在闷井阶段，近井区域的压力和 CO_2 浓度向远井低压力和低浓度储层区域进行扩散以平衡压差和浓度差，导致了近井区域的储层压力和 CO_2 浓度降低，使得产出的 CH_4 和 CO_2 气体减少，从而导致 CH_4 累产略微下降，而 CO_2 净埋存量增加。

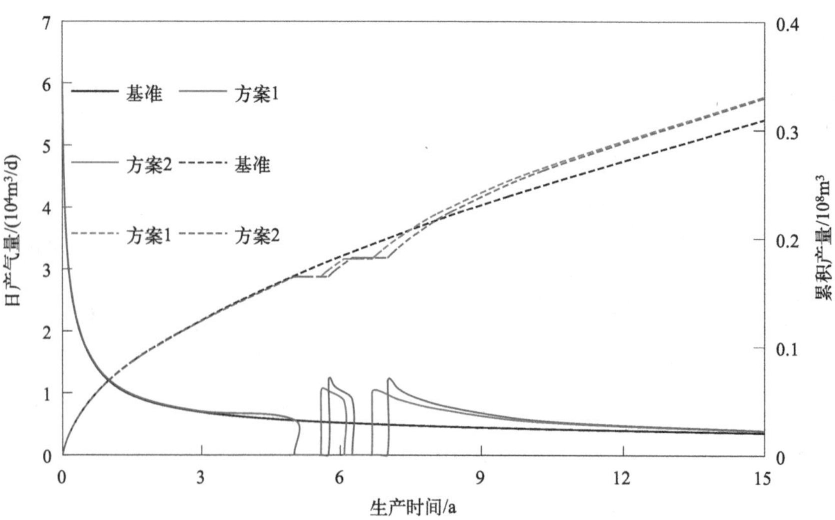

图 7.24 不同闷井时间下的单压裂井吞吐生产动态预测

表 7.15 不同闷井时间方案下的产量对比

方案	闷井时间 / 月	CH_4 累积产量 /10^8m^3	CO_2 注入量 /10^4m^3	CO_2 产出量 /10^4m^3	CO_2 净埋存量 /10^4m^3
基准		0.31			
方案 1	1	0.33	2362.6	1324.4	1038.2
方案 2	3	0.329	2355.1	1246.4	1108.7

表 7.16 和图 7.25（书后另见彩图）给出了在不同生产时间下的单压裂井注 CO_2 吞吐模拟计算结果和生产动态变化情况，可以得到：在吞吐过程中，随着生产阶段时间增大，CH_4 累产气量和 CO_2 净埋存量均略有提高。因此，对于矿场实际井实施注 CO_2 吞吐措施前，需要经过大量的方案计算来优化吞吐过程中注气时间、闷井时间和生产时间的合理范围，以获得最大的经济效益。

表 7.16 不同生产时间方案下的产量对比

方案	生产时间 / 月	CH_4 累积产量 /10^8m^3	CO_2 注入量 /10^4m^3	CO_2 产出量 /10^4m^3	CO_2 净埋存量 /10^4m^3
基准		0.31			
方案 1	6	0.33	2362.6	1324.4	1038.2
方案 2	12	0.332	2434.7	1368.7	1066

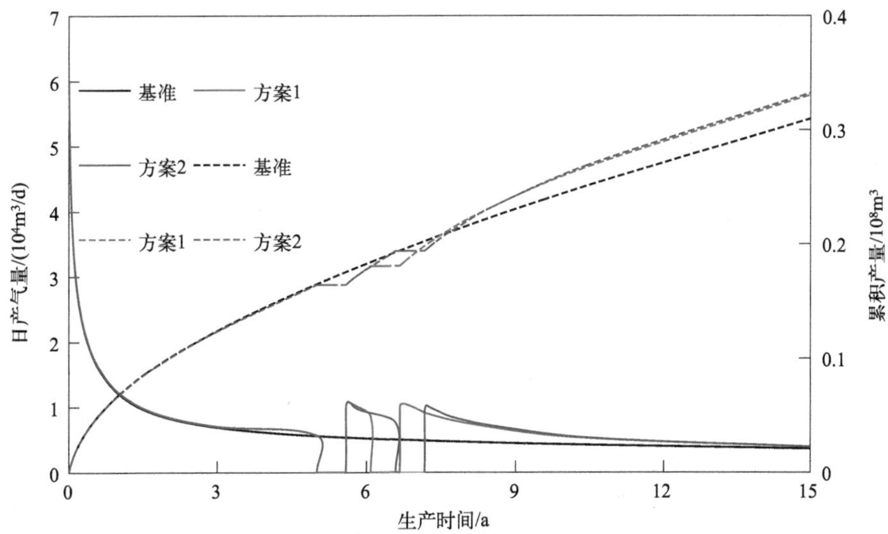

图 7.25 不同生产时间下的单压裂井吞吐生产动态预测

由表 7.17 和图 7.26（书后另见彩图）可知，随着吞吐次数的增加，CH_4 累产气量和 CO_2 净埋存量均增大。这是因为吞吐周期增加，由注气带来的储层压力恢复更大。同时，对于页岩气藏单压裂井吞吐开采将存在一个最优的吞吐周期。

表 7.17　不同吞吐次数方案下的产量对比

方案	吞吐次数 / 次	CH_4 累积产量 /10^8m^3	CO_2 注入量 /10^4m^3	CO_2 产出量 /10^4m^3	CO_2 净埋存量 /10^4m^3
基准		0.31			
方案 1	2	0.332	2434.7	1368.7	1066
方案 2	3	0.34	3686.1	2069.7	1616.4

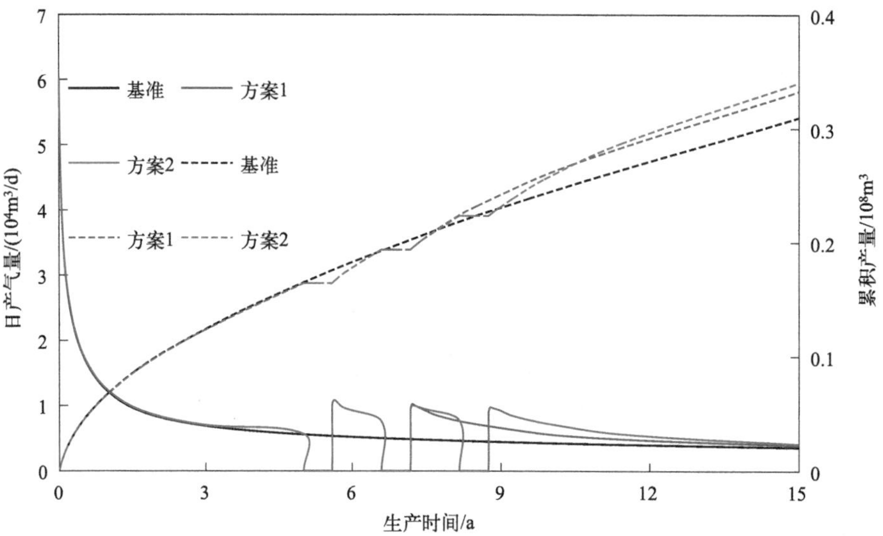

图 7.26　不同吞吐次数下的单压裂井生产动态预测

7.2.3　在现场井注 CO_2 吞吐开采中的应用

由上两小节中的理论模型分析，并结合 Sanchez-Rivera 等 [3] 的研究成果，在页岩储层中，由于超低渗透率特征，当采用传统的一注一采方式向页岩储层注入超临界 CO_2 时，虽然 CO_2 的净埋存量更高，但是需要经过很长时间的关井注入阶段以实现注入的 CO_2 突破采气井，因此对于提高页岩气藏采收率效果不理想。对于页岩气井提高产量的同时实现 CO_2 的埋存，单压裂井吞吐开采方式比传统的一注一采双压裂井方式效果更好。因此，在本节中，将基于由 6.4 部分中结合微地震测试数据建立的四川盆地龙马溪组一口多级压裂水平井及其离散裂缝网络，开展单井注入超临界 CO_2 提高采收率和 CO_2 气体埋存的研究。其中，由生产数据历史拟合和矿场资料数据获得的压裂井及储层基本物性参数如表 7.18 所列。同时，对龙马溪组页岩岩样进行 CH_4 和 CO_2 的等温吸附实验，并由 OK 方法回归拟合得到吸附解吸特征参数。

表 7.18　CH_4 和 CO_2 等温吸附实验拟合参数

基本参数	取值	基本参数	取值
CO_2 吸附相密度 ρ_{mc1}/（mol/L）	23.34	CH_4 吸附相密度 ρ_{mc2}/（mol/L）	23.13
拟合参数 C_{CO_2}/（cm^3/g）	29.43	ε_{is}/k_BT, CO_2	−0.68
拟合参数 C_{CH_4}/（cm^3/g）	1.68	ε_{is}/k_BT, CH_4	−3.81

在本节中，将首先通过建立一个基础的单井 CO_2 吞吐方案与自然衰竭式开采方案进行对比分析来研究在高压页岩气藏中注入 CO_2 以提高页岩气单井采收率和实现 CO_2 埋存的流动机理和可行性；之后，将通过设计 6 因素 3 水平［$L_{18}(3^6)$］的正交试验方案，来分析影响单井 CO_2 吞吐的主要 6 大因素（注气压力、闷井时间、注气开始时间、注气时间、生产时间以及吞吐次数）对 CH_4 采收率和 CO_2 在页岩储层中净埋存量的影响水平和显著程度，并确定最优的 CO_2 吞吐施工方案。

下面，采用一体化软件的组分模型数值计算程序，并结合 6.4 部分中基于微地震监测数据的龙马溪组多级压裂水平井单井前期生产数据历史拟合结果，预测中后期以定 10MPa 井底流压开井生产 25 年后的日产量和采收率变化情况；同时，制定了该井的一个注入超临界 CO_2 吞吐方案，包括第一阶段为 10 年的自然衰竭开采和第二阶段为 1 年注气时间，1 个月闷井时间和 6 个月生产时间的 2 周期注超临界 CO_2 吞吐。其中，注入压力为 58MPa，生产井底流压为 10MPa。

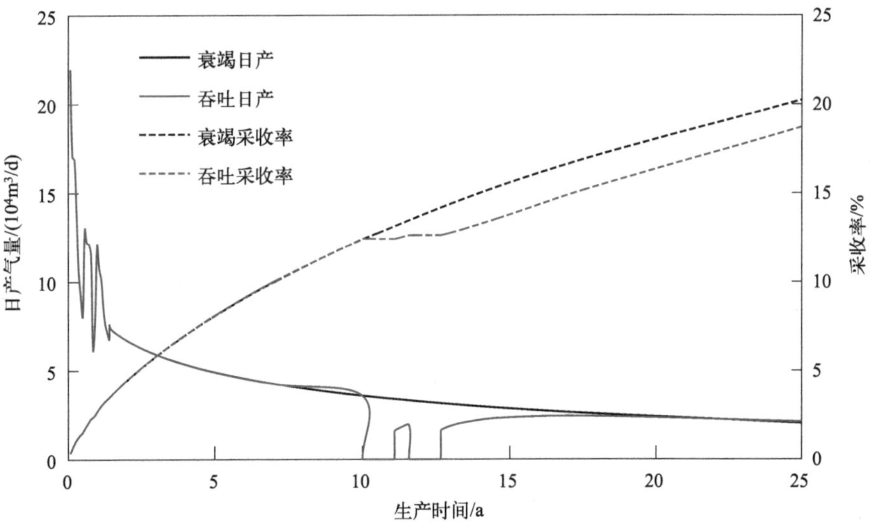

图 7.27　实际井吞吐与衰竭式开采产气量和采收率变化对比

图 7.27 显示了注入和不注入超临界 CO_2 情况下的 CH_4 日产量和采收率变化情况，图 7.28 则给出了上述两种情况下的日产水量和累积产水量预测结果。可以得到：在 10 年的自然衰竭开采阶段，注入和不注入超临界 CO_2 的 CH_4 日产量和采

收率是相同的。在注气和闷井阶段，压裂井停止生产，没有产生 CH_4，因此采收率保持不变。闷井期结束后，重新开井生产，CH_4 日产量有一个快速上升的阶段，但日产气量值低于同期的自然耗竭开采方案。由此可知：注入超临界 CO_2 对储层具有恢复压力的作用，有利于提高采收率；同时，由于注入 CO_2 的驱替作用，压裂井及周围复杂裂缝区域的 CH_4 的浓度降低，生产井由 CH_4 和水同时采出变为产出 CH_4、CO_2 和水的混合物，CH_4 占比减少，采出量降低，从而降低了采收率。因此，注入 CO_2 进行吞吐开采方案中，压裂井采收率变化受到了有利和不利因素的共同作用。假设在完成 CO_2 吞吐之后由衰竭式开采直到 25 年生产时间，采用上述 CO_2 吞吐模式的压裂井 CH_4 采收率为 18.7%，达到了自然衰竭式开采模式的采收率（20.2%）的 92.3%。

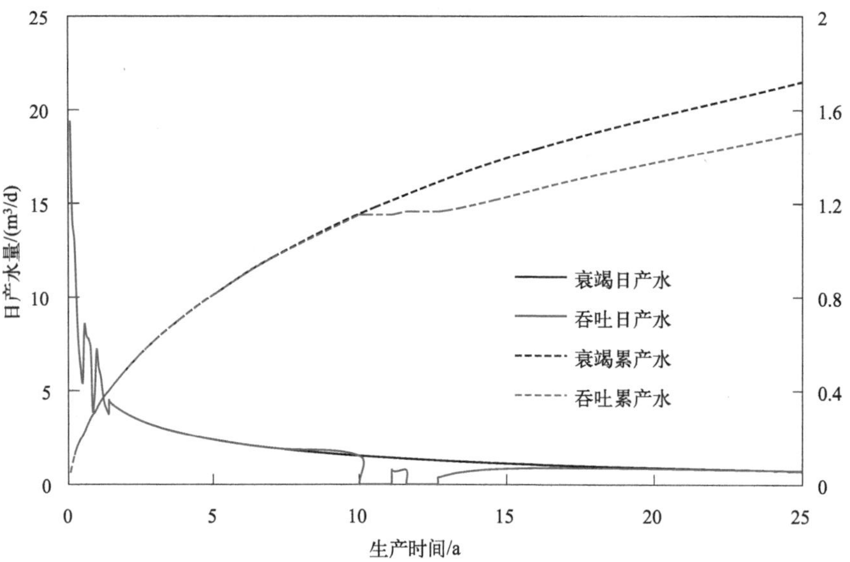

图 7.28 实际井吞吐与衰竭式开采产水量对比

图 7.29 描述了采用注 CO_2 吞吐方案开采 25 年后的 CO_2 注入量、产出量和净埋存量。可以看出：随着超临界 CO_2 的注入，CO_2 净埋存量迅速增加，一旦停止注入，闷井期结束后压裂井重新开井生产，注入的 CO_2 与 CH_4 同时产生，导致净 CO_2 埋存量减少。模拟预测 25 年后，共注入 CO_2 量 $3.5\times10^7m^3$，包含 $2\times10^7m^3CO_2$ 产出量和 $1.5\times10^7m^3$ 的净 CO_2 埋存量。因此，对于龙马溪组页岩气藏多级压裂水平井单井采用注超临界 CO_2 吞吐的方法进行开采，在比自然衰竭式开采减少了 2 年 2 个月的生产时间的情况下，其 CH_4 采收率达到了不注入 CO_2 模型的 92.3%，同时实现了 $1.5\times10^7m^3$ 的 CO_2 气体埋存，综合考虑 CH_4 采收率和 CO_2 净埋存量，本书认为上述 CO_2 吞吐方案是有效的。

通过上述模拟计算，可以看出虽然在生产时间减少的情况下，龙马溪组多级压

裂水平井注超临界 CO_2 吞吐方案获得了自然衰竭式开采 92.3% 的 CH_4 采收率，但是并未实现提高 CH_4 采收率的效果。下面，将结合 CH_4 和注入 CO_2 的吸附 / 解吸量变化特征，压力及浓度分布情况，来深入研究 CO_2 吞吐模式的复杂流动机理对生产动态的影响，并分析 CH_4 采收率提高效果不佳的原因。由文献 [4] 可知，页岩气藏中注入 CO_2 的主要增产机制为：

① 通过注入超临界 CO_2 与有机质孔隙表面的 CH_4 之间的竞争吸附，置换出更多的 CH_4 气体；

② 注入 CO_2 气体有助于页岩储层的压力恢复，从而减少天然裂缝的应力敏感效应和增大生产压差。

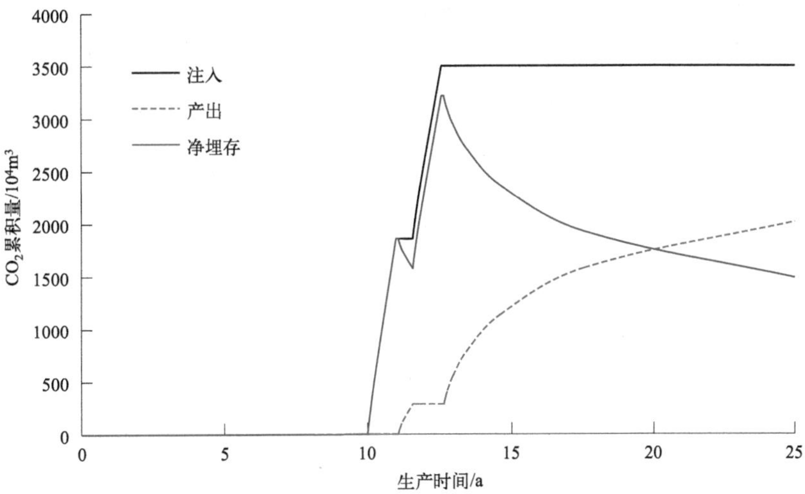

图 7.29 实际井 CO_2 注入和产出量变化

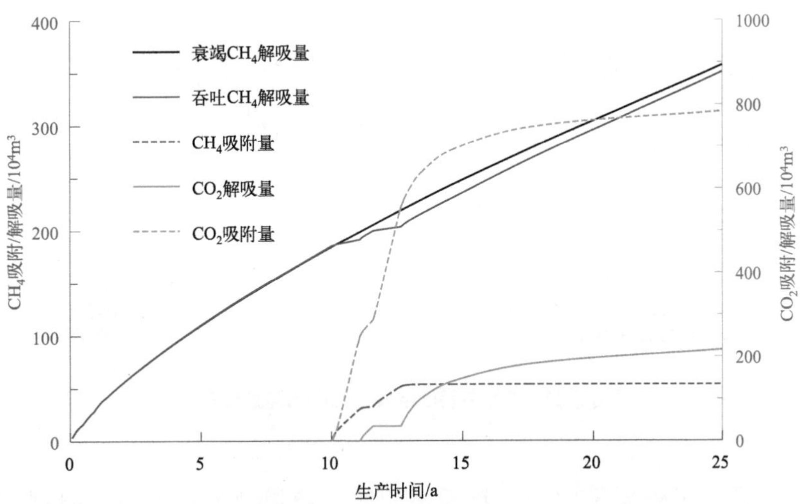

图 7.30 实际井 CO_2 和 CH_4 吸附 / 解吸量变化情况

图 7.30 显示了注 CO_2 吞吐情况下 CH_4 和 CO_2 的累积吸附量和解吸量。结果表明：在 CO_2 注入过程中，游离 CH_4 和 CO_2 均吸附在有机物表面，少量的吸附态 CH_4 通过 CO_2 竞争吸附而置换出。同时，注入的超临界 CO_2 使储层压力逐渐恢复，根据 2.4.4 部分中的 CH_4 和 CO_2 的等温吸附实验曲线（图 2.63），CH_4 和 CO_2 的吸附量均随储层压力的升高而增加。

结合图 7.31(a) ～ (c)（书后另见彩图）中裂缝网络系统、基质无机质和有机质系统中注入 CO_2 的浓度分布特征，可以发现通过 CO_2 竞争吸附方式置换出更多 CH_4 的增产机制效果甚微的主要原因是：注入的 CO_2 气体大部分仍存在于孔渗条件更好的裂缝系统中，只有少部分 CO_2 能在浓度和压差作用下通过超低渗透率微纳尺度孔隙和残余压裂液到达有机质孔隙表面。此外，图 7.30 中 CH_4 和 CO_2 的累积解吸量变化表明，气体的吸附 / 解吸过程是瞬时的，一旦压裂井重新开井进行生产，吸附在有机质表面的 CO_2 会随着储层压力的再一次降低而立即从有机质表面脱附解吸。

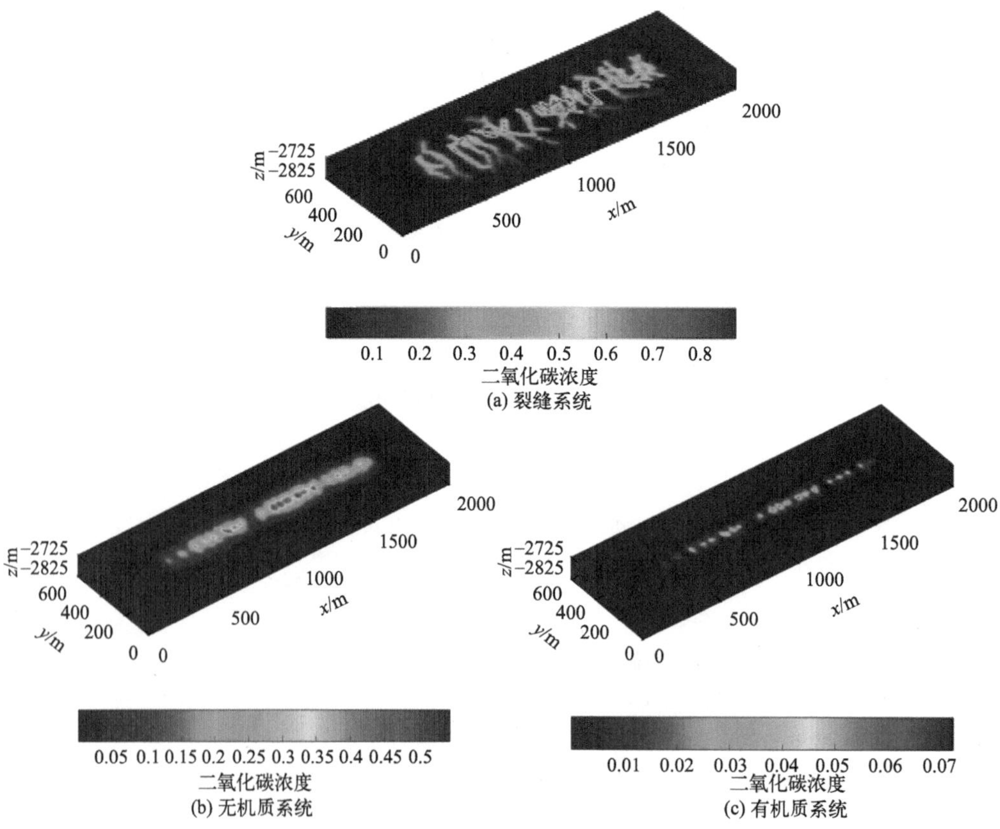

图 7.31 实际井吞吐结束时的 CO_2 浓度分布

图 7.32 显示了储层压力变化对天然裂缝系统渗透率的影响。根据式（2.36）中依赖于应力变化的天然裂缝渗透率模型，在前期衰竭开采阶段，随着储层压力

降低，天然裂缝渗透率迅速下降。随着 CO_2 的注入，渗透率开始增加，当生产井开始重新开井生产时，渗透率再次下降。然而，超临界 CO_2 的注入对天然裂缝渗透率的增加以及对 CH_4 采收率提高效果不佳的主要因为：原始页岩储层中天然裂缝渗透率偏低，加上 CO_2 吞吐方案中伴随着注采循环，储层压力也随之上下波动［图 7.33(a) ～ (c), 书后另见彩图］，从而导致了天然裂缝渗透率的增加和减少交替发生。

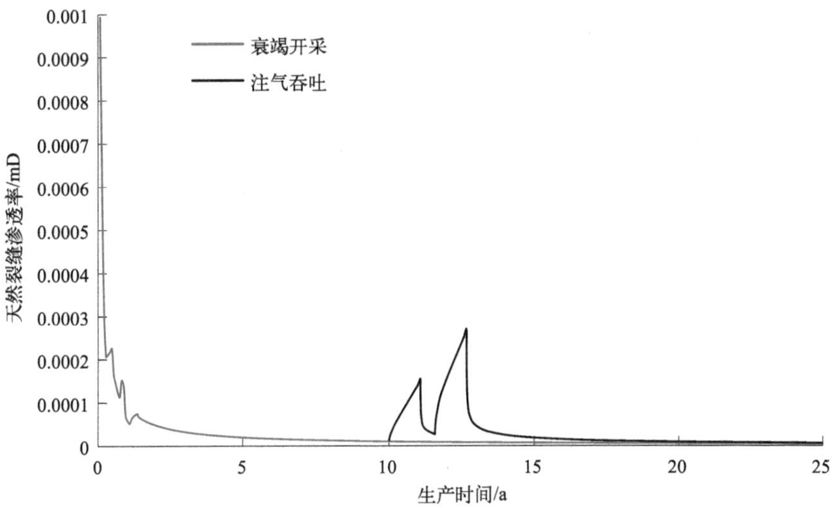

图 7.32　衰竭式和注气吞吐开采过程中天然裂缝渗透率随时间的变化情况

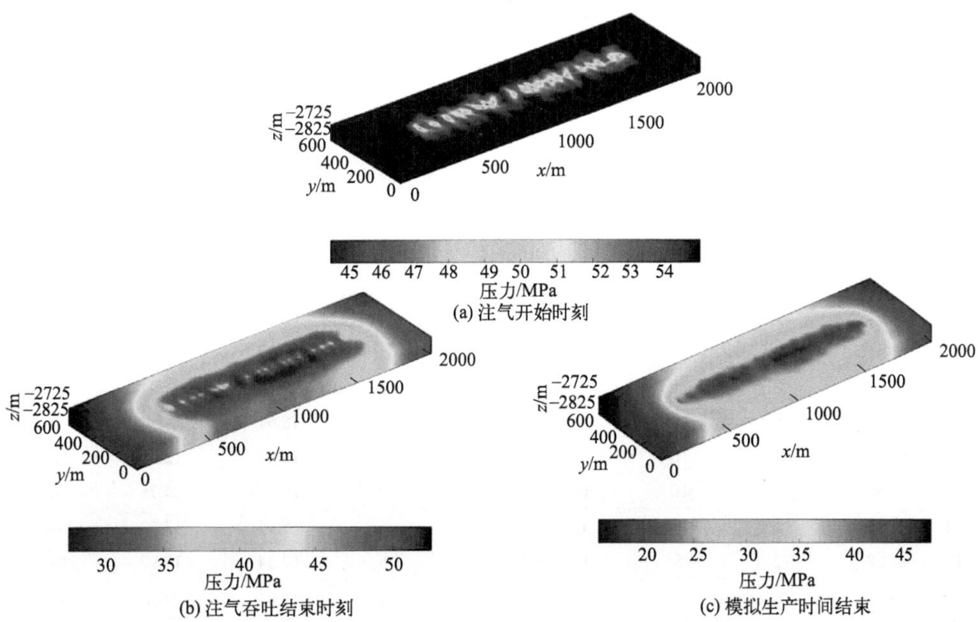

图 7.33　实际井注气吞吐过程中裂缝系统压力分布图

综上所述，向页岩储层注入超临界 CO_2 的过程对于提高 CH_4 采收率存在着正反两方面的影响：注入 CO_2 带来的储层压力升高，竞争吸附置换作用以及天然裂缝渗透率的提高被认为有助于采收率的提高；同时，注气和闷井过程中的关井停产，注气时的压力提高导致吸附量增加，压裂井重新开井生产时的 CH_4 和 CO_2 同产以及压力降低导致的吸附态 CO_2 脱附解吸被认为是 CH_4 采收率提高的不利因素。因此，对于实际的页岩区块，采用 CO_2 吞吐方式能否有效地提高 CH_4 采收率，将取决于正反两方面的影响谁占据了主导地位。

同时，如表 7.19 所列，本书设计了 6 因素 3 水平 $L_{18}(3^6)$ 的正交试验方案来优化龙马溪组多级压裂水平井的单井注超临界 CO_2 吞吐方案，以实现提高 CH_4 采收率和 CO_2 埋存，并获得 CH_4 采收率和 CO_2 净埋存量的最优化平衡结果。在表 7.20 中，给出了 18 个方案的具体设计参数以及一体化软件组分模型数值计算程序模拟得到的相应 CH_4 采收率和 CO_2 净埋存量结果。同时，本书设定了一个加权指标即“采收率 ×0.6+ 净埋存量 ×0.4”作为唯一的参考指标来优选出最佳的吞吐方案。

表 7.19　6 因素 3 水平正交试验方案

水平	A（注气压力）/MPa	B（闷井时间）/ 月	C（开始时间）/a	D（注气时间）/ 月	E（吞吐次数）/ 次	F（生产时间）/ 月
1	55	0	5	6	2	3
2	58	1	10	12	3	6
3	61	2	15	18	4	9

表 7.20　正交试验设计方案计算结果统计

实验	A	B	C	D	E	F	采收率 / %	净埋存量 /10^6m^3	加权指标
1	55	0	5	6	2	3	19.65	4.63	13.64
2	55	1	10	12	3	6	18.16	20.27	19.0
3	55	2	15	18	4	9	16.72	66.3	36.56
4	58	0	5	12	3	9	18.19	17.57	17.94
5	58	1	10	18	4	3	16.67	49.32	29.73
6	58	2	15	6	2	6	19.2	6.79	14.24
7	61	0	10	6	4	6	18.67	17.3	18.13
8	61	1	15	12	2	9	18.68	22.23	20.10
9	61	2	5	18	3	3	17.13	27.11	21.12
10	55	0	15	18	3	6	17.68	45.91	28.97
11	55	1	5	6	4	9	18.61	7.24	14.06
12	55	2	10	12	2	3	18.67	12.28	16.12
13	58	0	10	18	2	9	18.25	24.75	20.85
14	58	1	15	6	3	3	18.95	13.33	16.7
15	58	2	5	12	4	6	17.34	19.92	18.37
16	61	0	15	12	4	3	17.91	50.1	30.79
17	61	1	5	18	2	6	18.04	19.1	18.46

续表

实验	A	B	C	D	E	F	采收率 / %	净埋存量 /10^6m^3	加权指标
18	61	2	10	6	3	9	18.67	8.02	14.41
$K1$	128.35	130.32	103.59	91.18	103.41	128.1			
$K2$	117.83	118.05	118.24	122.32	118.14	117.17			
$K3$	123.01	120.82	147.36	155.69	147.64	123.92			
$k1$	21.39	21.72	17.27	15.2	17.24	21.35			
$k2$	19.64	19.68	19.71	20.39	19.7	19.53			
$k3$	20.5	20.14	24.56	25.95	24.61	20.65			
R	1.75	2.05	7.3	10.75	7.37	1.82			

注：A 为注气压力，MPa；B 为闷井时间，月；C 为开始时间，年；D 为注气时间，月；E 为吞吐次数，次；F 为生产时间，月。

根据表 7.20 中的各因素 K 或者 k 值，本书获得的最大加权指标结果即最优化方案为：$A_1B_1C_3D_3E_3F_1$（注气压力 55 MPa，无闷井阶段，注气开始时间 15 年，注气时间 18 个月，吞吐次数 42 次，生产时间 3 个月），其 CH_4 采收率为 19.1%，CO_2 净埋存量为 $6.29\times10^7m^3$，加权指标为 36.63。虽然压裂井生产时间减少了 6 年，但该方案获得了自然衰竭式开采 94.5% 的累积产量。各因素在不同水平下的变化趋势如图 7.34 所示。

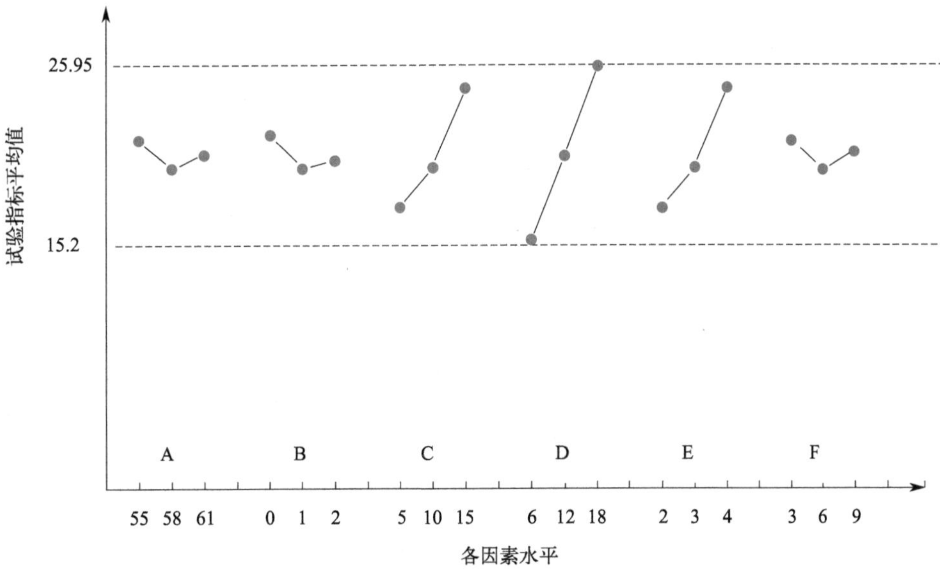

图 7.34　各因素在不同水平下的变化趋势

同时，结合表 7.20 中的各因素极差 R 值，以及表 7.21 中的各因素显著水平分析，可以得到：$R4>R5=R3>R2>R6=R1$。即在 CO_2 吞吐过程中，注气时间的影响最显著，其次是吞吐次数和注气开始时间，而其他因素的影响较小。说明了对于 CH_4 采收率

和 CO_2 净埋存量，注气时间、吞吐次数和 CO_2 吞吐开始时间的影响较大。

表 7.21 各因素显著水平统计

方差来源	偏差平方和	自由度	方差	*F* 值	*Fa*	显著水平
注气压力	9.22	2	4.61	—	F0.01(2,8)=8.65	—
闷井时间	13.8	2	6.9	—	F0.05(2,8)=4.46	—
开始时间	165.47	2	82.73	15.61	F0.1(2,8)=3.11	**
注气时间	346.93	2	173.47	32.74	F0.25(2,8)=1.66	***
吞吐次数	169.08	2	84.54	15.96	—	**
生产时间	10.14	2	5.07	—	—	—

注：*** 代表影响显著；** 代表中等影响程度；—表示对结果影响不显著。

参考文献

[1] Jiang J M, Shao Y, Rami M Y. Development of a multi-continuum multi-component model for enhanced gas recovery and CO_2 storage in fractured shale gas reservoirs[C]. Paper SPE 169114 presented at the SPE Improved Oil Recovery Symposium, Tulsa, Oklahoma, USA, 2014.

[2] Bacon D H, Ruprecht C M, Schaef H T, et al. CO_2 storage by sorption on organic matter and clay in gas shale[J]. Journal of Unconventional Oil and Gas Resources, 2015, 12：123-133.

[3] Sanchez-Rivera D, Mohanty K, Balhoff M. Reservoir simulation and optimization of huff-and-puff operations in the Bakken Shale[J]. Fuel, 2015, 147：82-94.

[4] Rafiee M, Soliman M Y, Pirayesh E, et al. Geomechanical considerations in hydraulic fracturing designs[C]. Paper SPE 162637 presented at the SPE Canadian Unconventional Resources Conference, Calgary, Alberta, Canada, 2012.

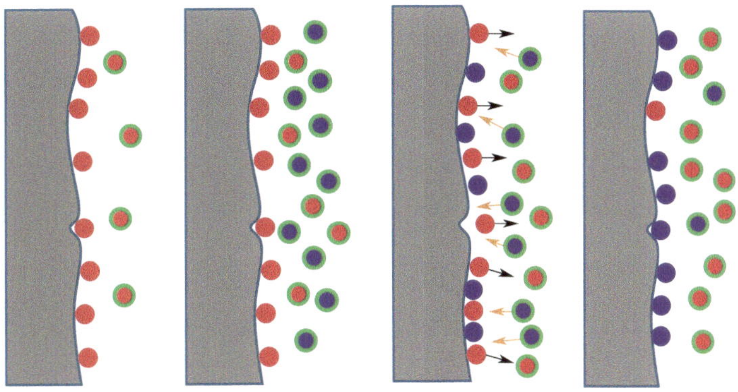

图 1.3　CO_2 竞争吸附置换 CH_4 示意图

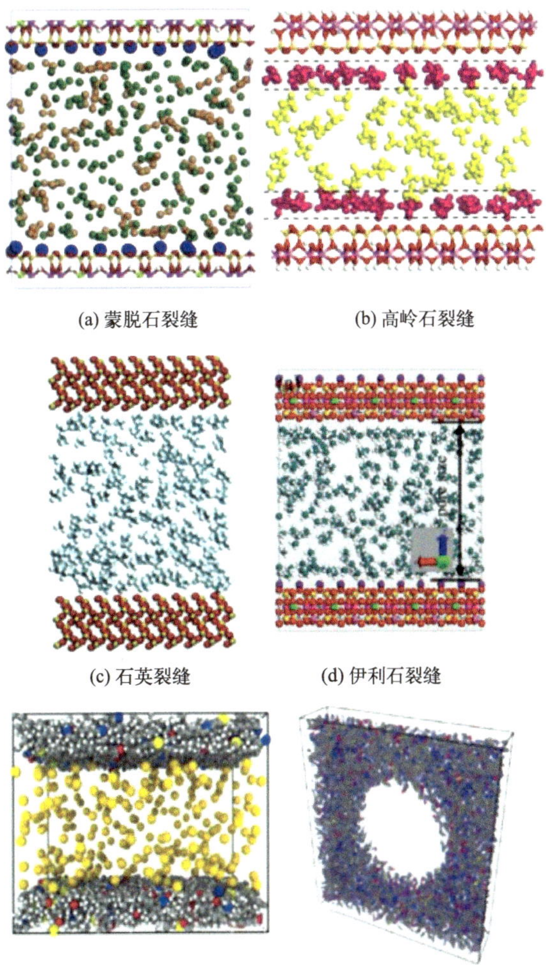

(a) 蒙脱石裂缝　(b) 高岭石裂缝

(c) 石英裂缝　(d) 伊利石裂缝

(e) 干酪根裂缝　(f) 干酪根孔隙

图 1.11

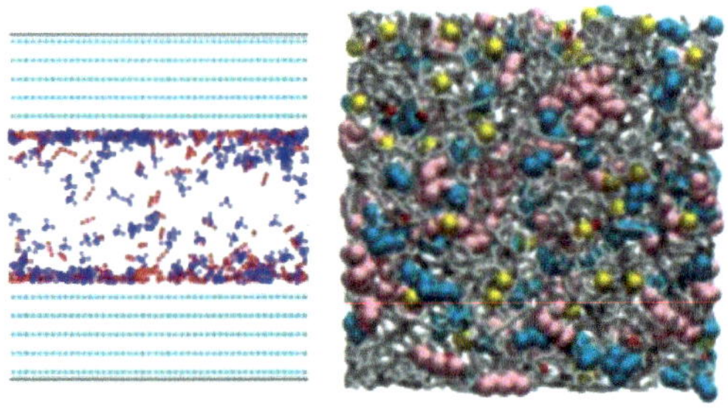

(g) 石墨烯裂缝　　(h) 干酪根无定形

图 1.11　页岩中主要采用的分子模型 [125]

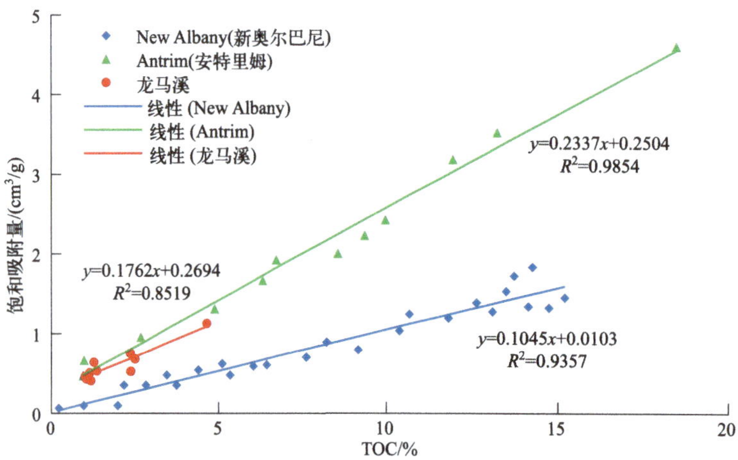

图 2.3　TOC 与饱和吸附量关系（龙马溪组页岩数据源于文献 [104]，New Albany 和 Antrim 页岩数据源于文献 [107]）

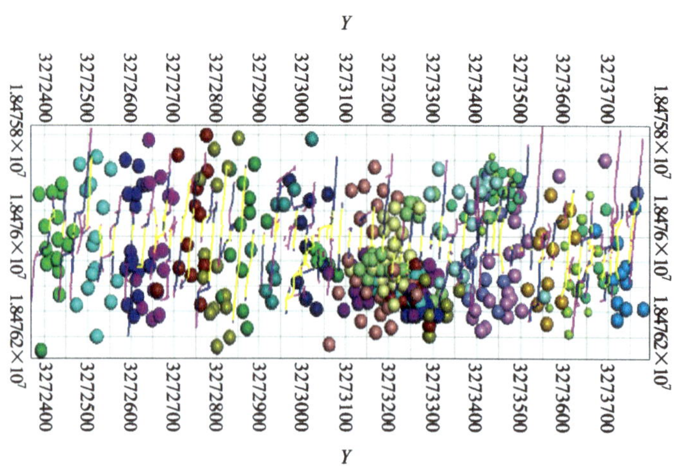

(a) 微地震测试数据云图

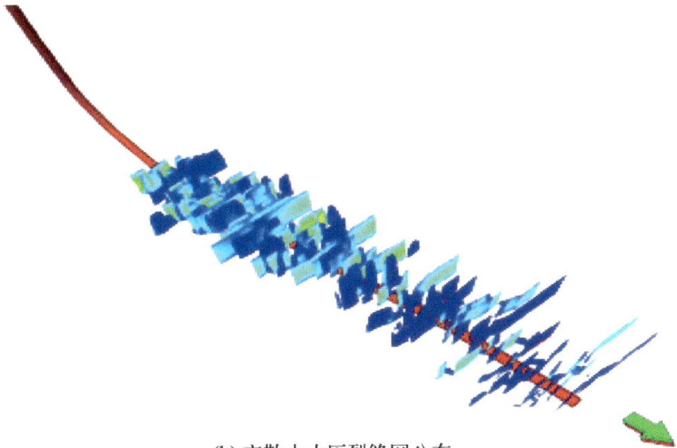

(b) 离散水力压裂缝网分布

图 2.16　龙马溪组某水平井水力压裂裂缝网络

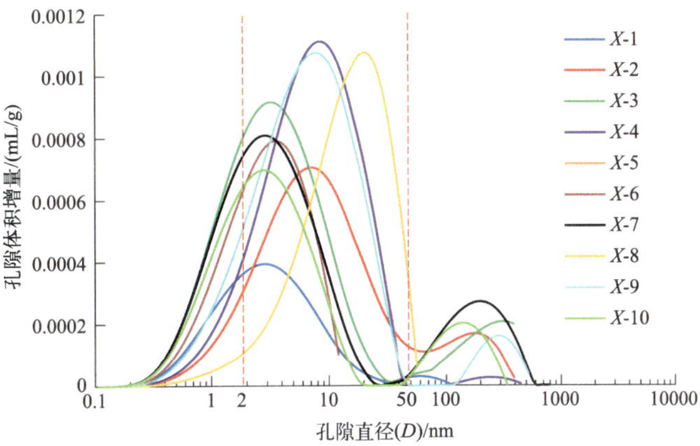

图 2.17　龙马溪组页岩岩样孔径分布

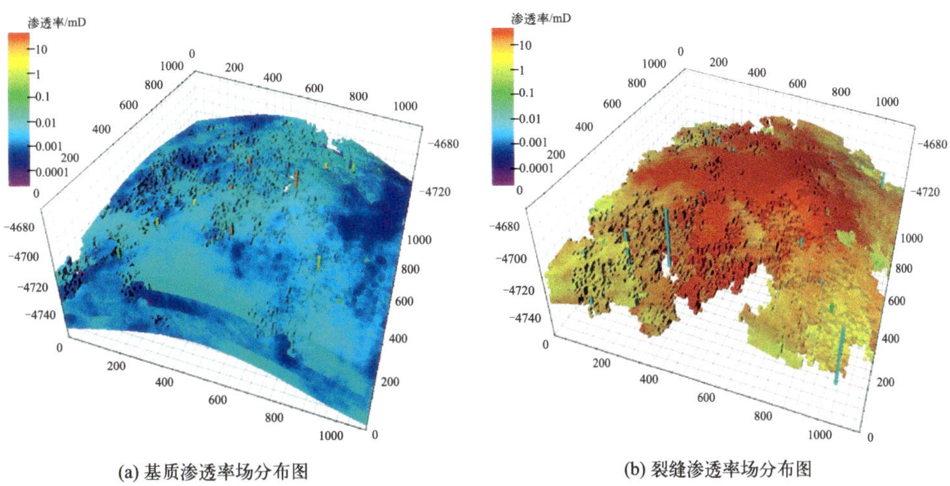

(a) 基质渗透率场分布图

(b) 裂缝渗透率场分布图

图 2.29　Eclipse 双重介质模型网格构建简图

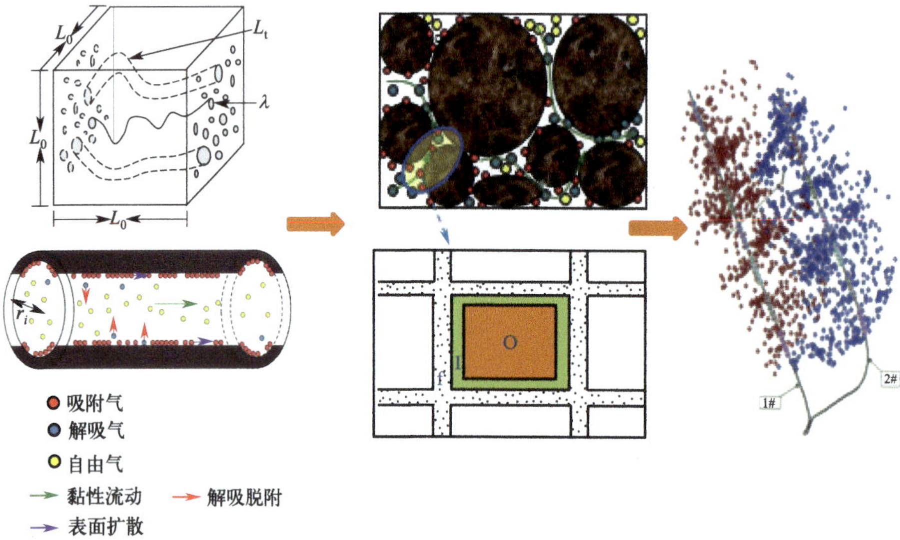

图 2.42　页岩气藏基于分形理论的多重连续介质 - 离散裂缝多尺度渗流模型

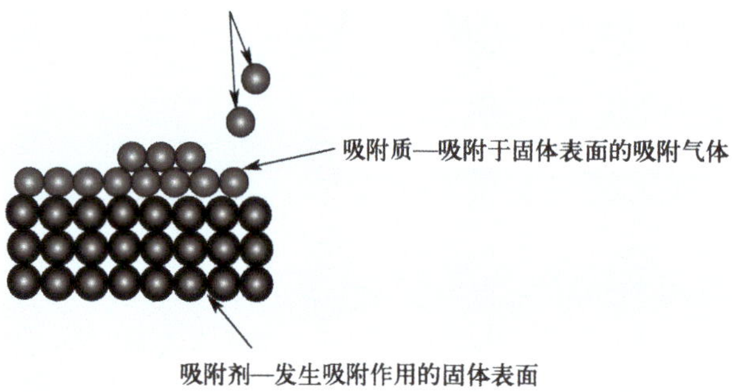

图 2.43　吸附作用示意图

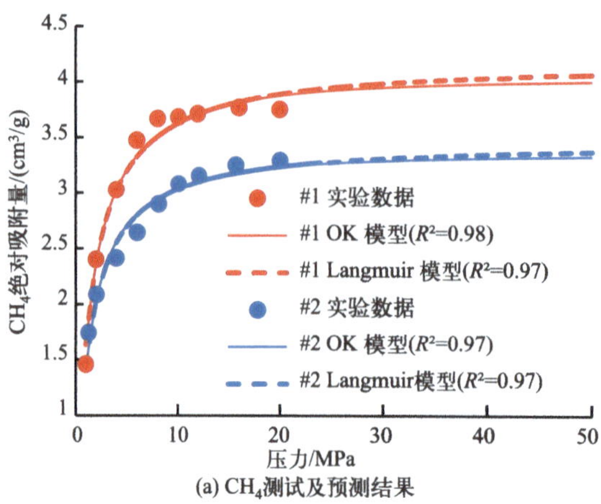

(a) CH_4测试及预测结果

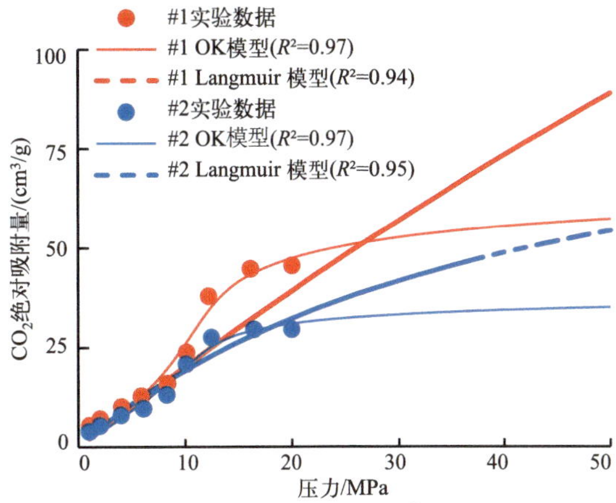

(b) CO_2测试及预测结果

图 2.63　不同压力下等温吸附实验测试及模型预测结果

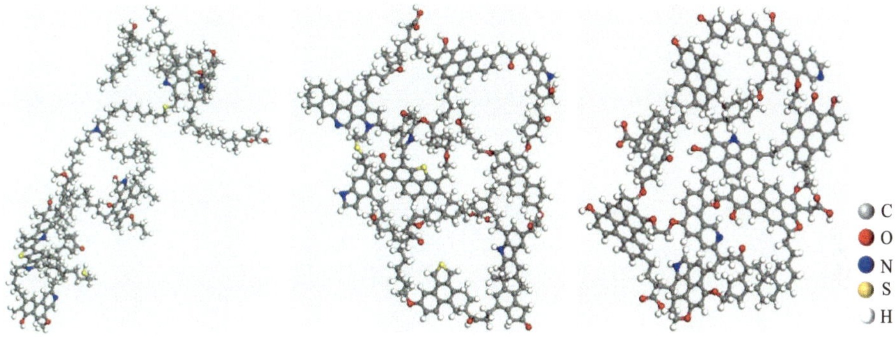

(a) Ⅰ型干酪根　　(b) Ⅱ型干酪根　　(c) Ⅲ型干酪根

图 3.5　3 类常用的页岩干酪根分子模型

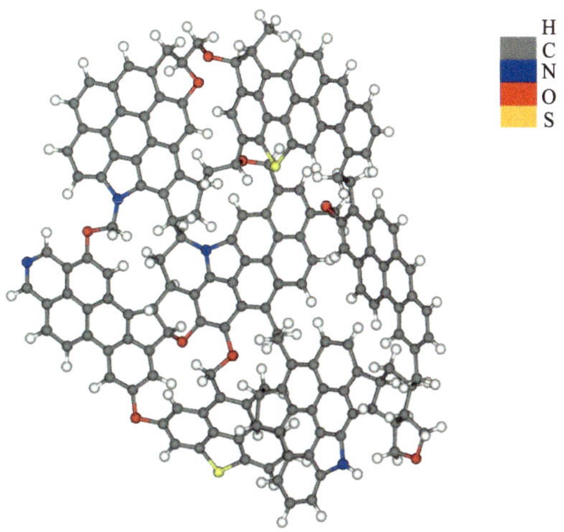

图 3.6　Ⅱ-D 型干酪根分子单元

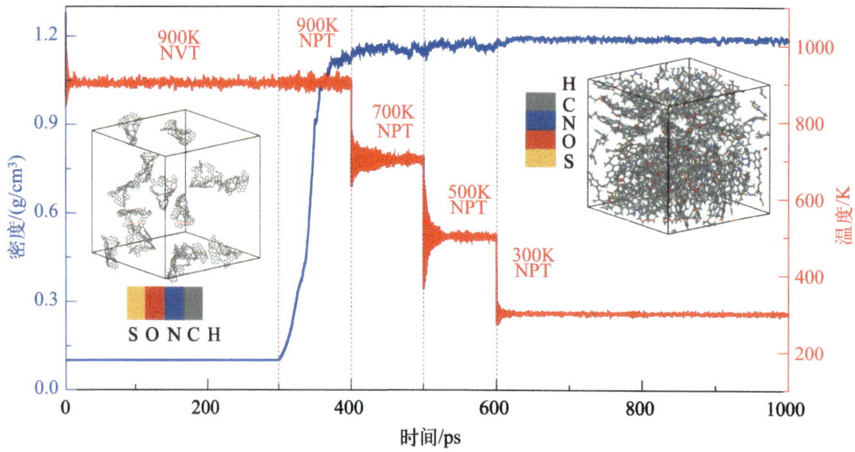

图 3.7　致密干酪根基质的构建过程

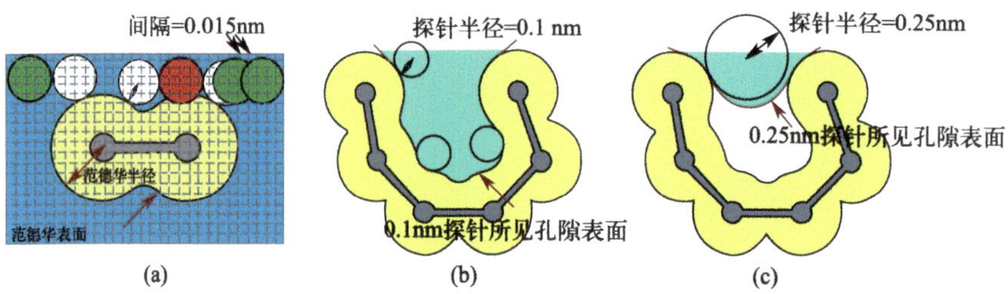

图 3.8　探针法研究分子结构内部孔隙示意图[16]

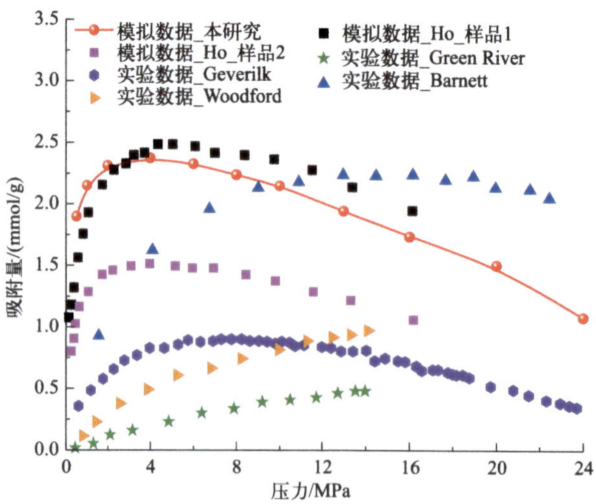

图 3.10　将本书采用干酪根基质模型中的过量吸附与文献中报道的 Green River（绿色）、Geverilk（紫色）、Barnett（紫红色）和 Woodford（橙色）的先前模拟（黑色和紫色）和实验数据进行比较

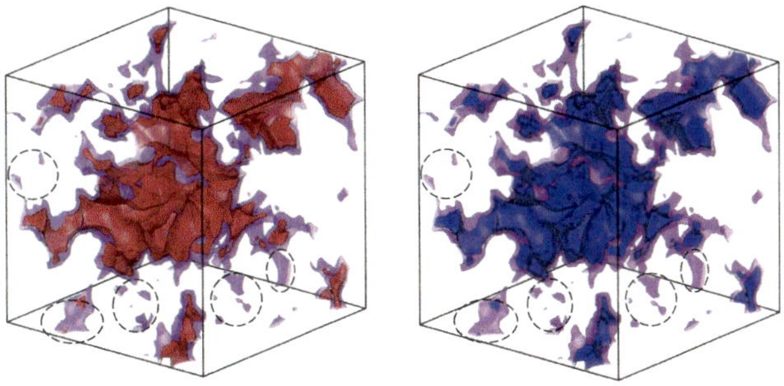

(a) CH_4　(b) CO_2

图 3.12　由 He（以紫色表示）和相应的吸附剂形成的吸附面对比

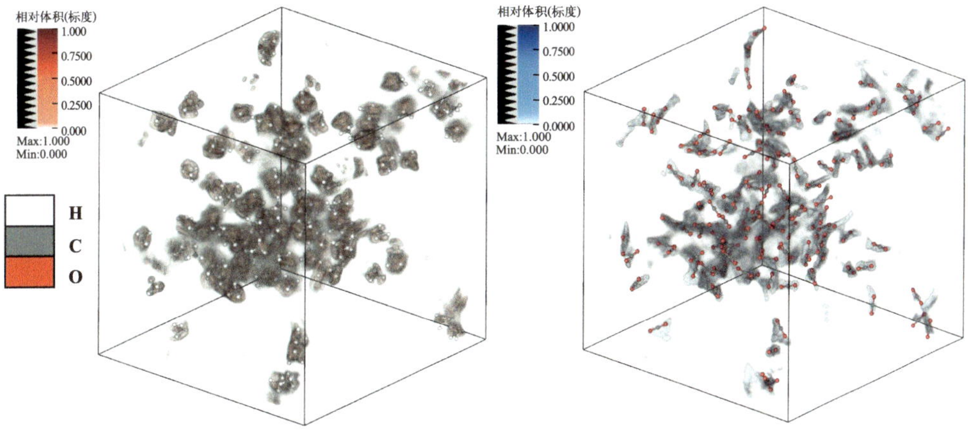

(a) CH_4　(b) CO_2

图 3.13　粒子快照提与三维密度分布重叠规律对比

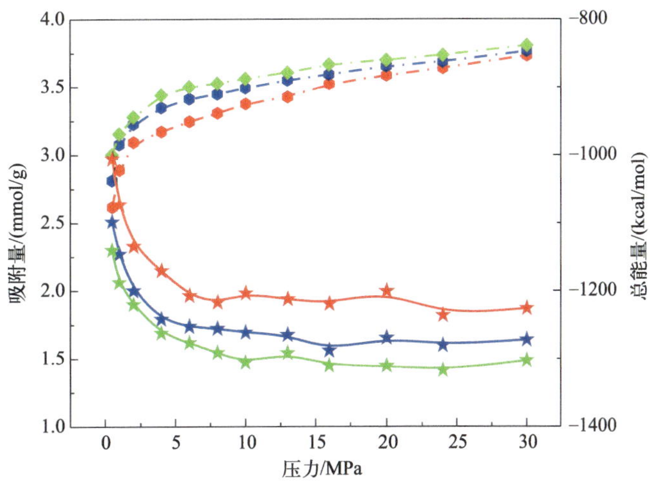

图 3.16　不同 CO_2/CH_4 混合比例下吸附总量及能量变化

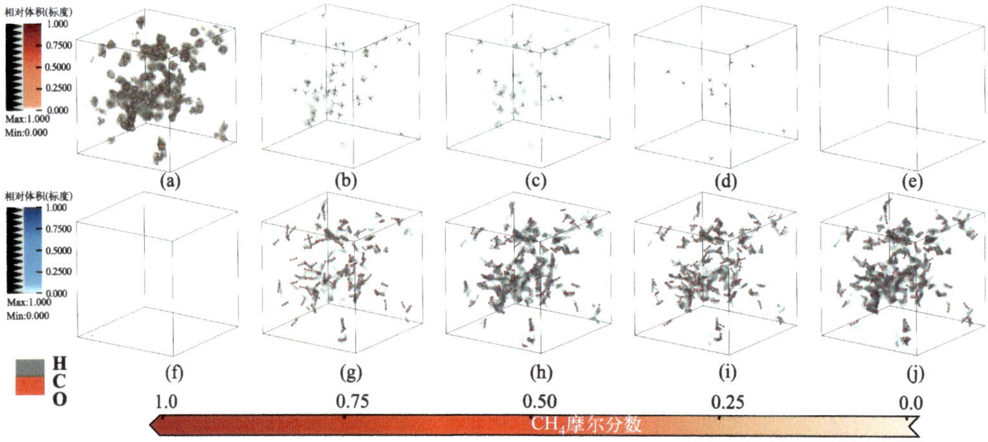

图 3.19 不同 CO_2-CH_4 混合比例下流体三维空间展布

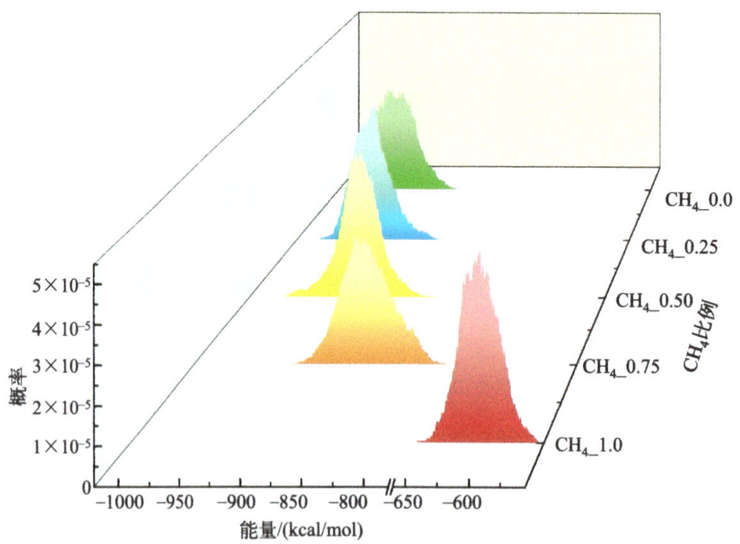

图 3.21 不同 CO_2-CH_4 混合比例下能量的分布概率

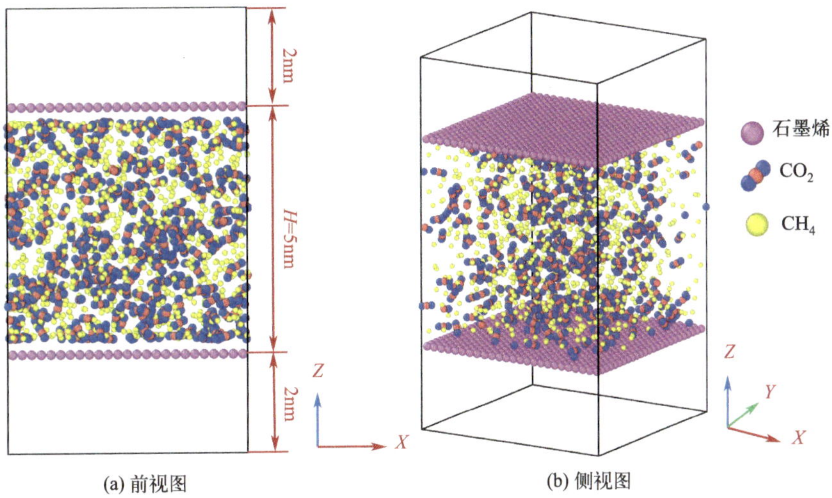

图 3.22　竞争吸附孔隙模型示意图

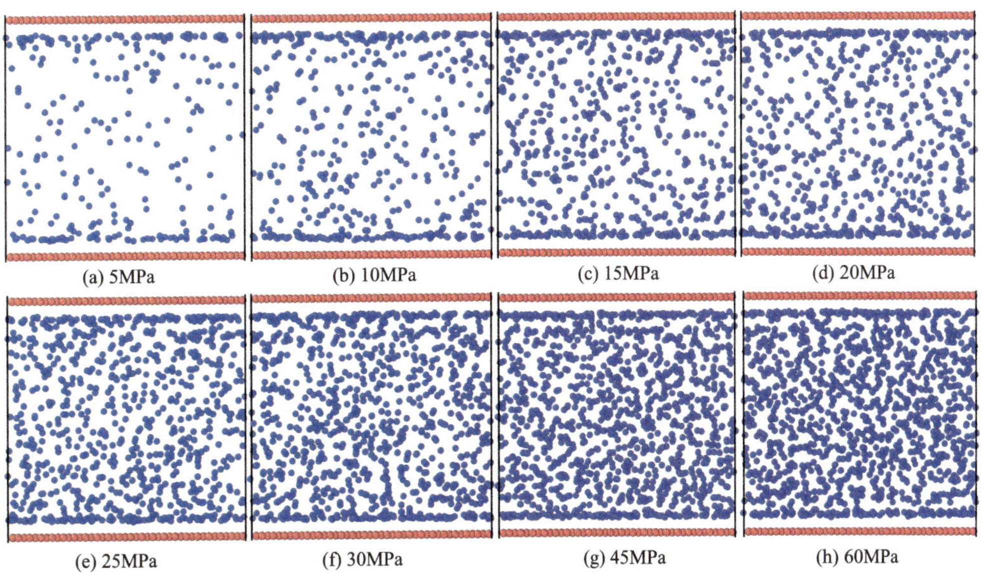

图 3.23　不同压力下的 CH_4 吸附图

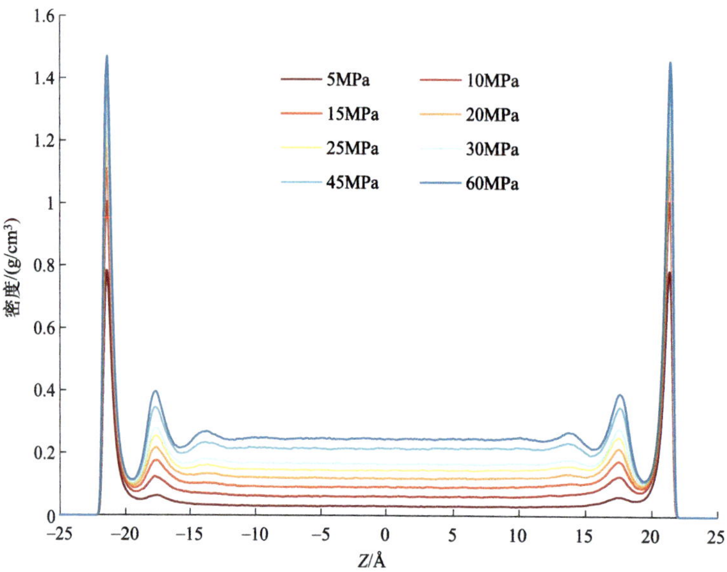

图 3.24 不同压力条件下孔隙中的 CH_4 密度分布曲线（T=333K）

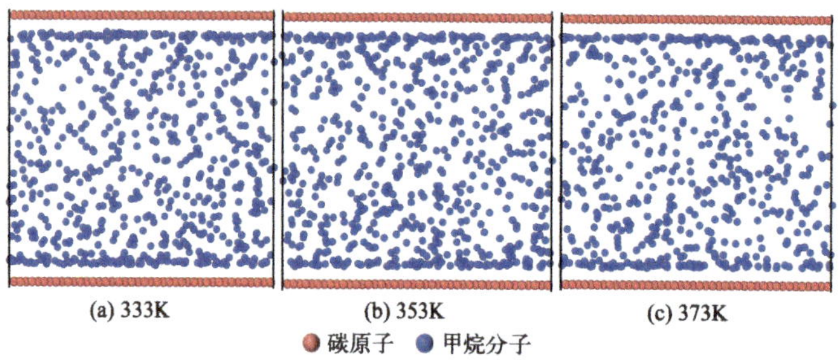

图 3.25 20MPa 不同温度下的 CH_4 吸附模拟图

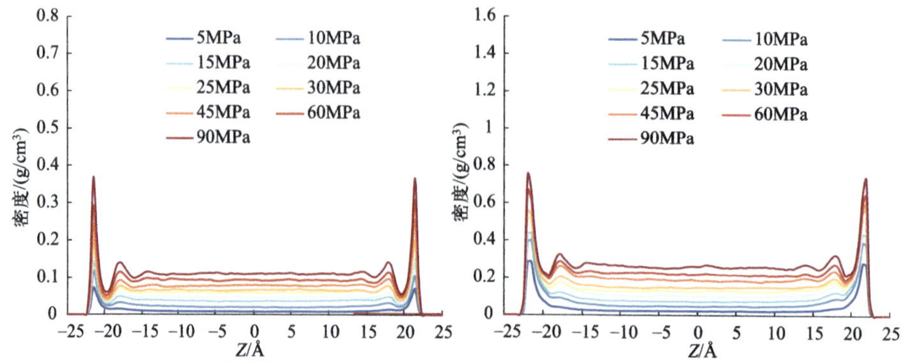

(a) $0.25CH_4$

(b) $0.25CO_2$

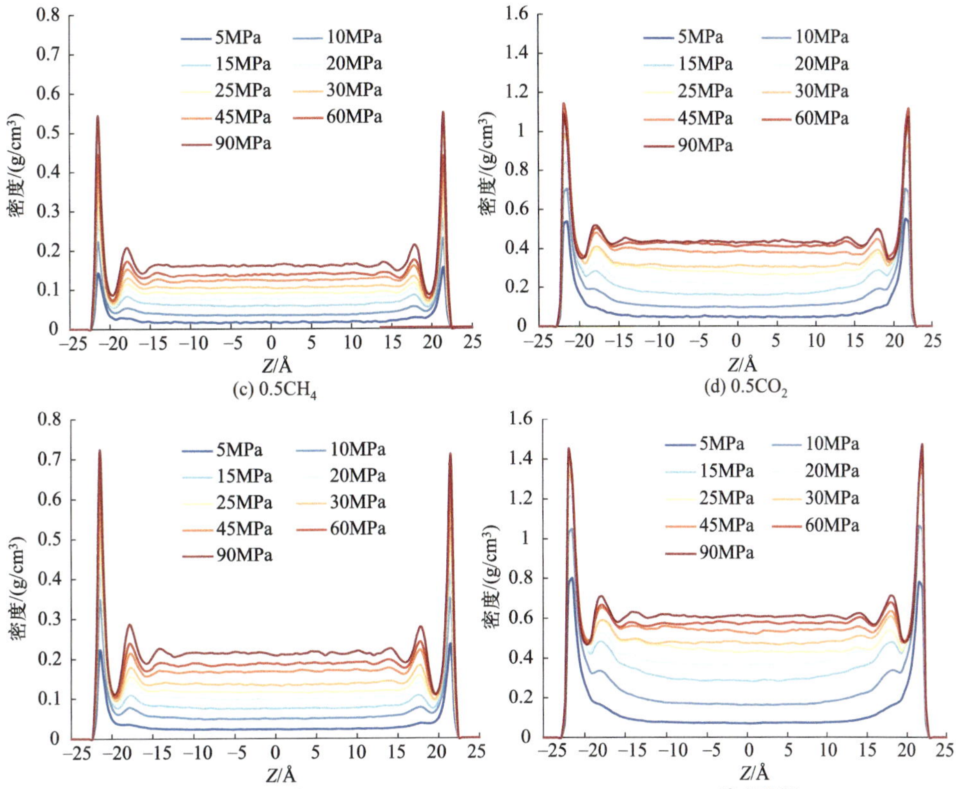

(c) $0.5CH_4$　(d) $0.5CO_2$

(e) $0.75CH_4$　(f) $0.75CO_2$

图 3.28　333K 不同压力和摩尔比例下 CH_4/CO_2 密度分布

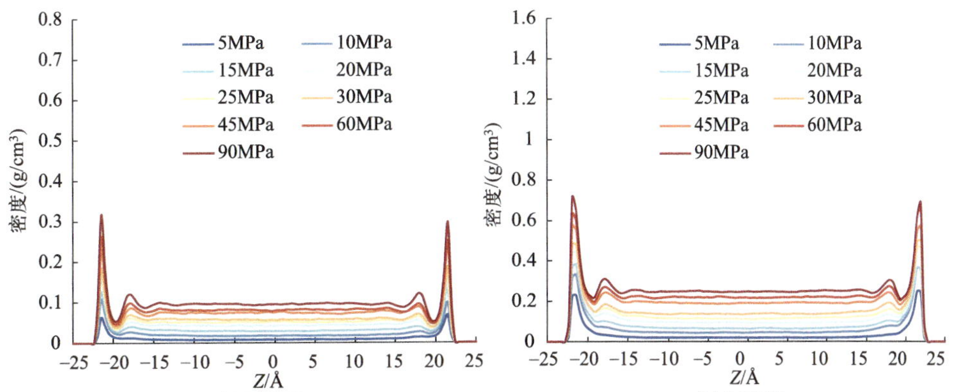

(a) $0.25CH_4$　(b) $0.25CO_2$

图 3.29

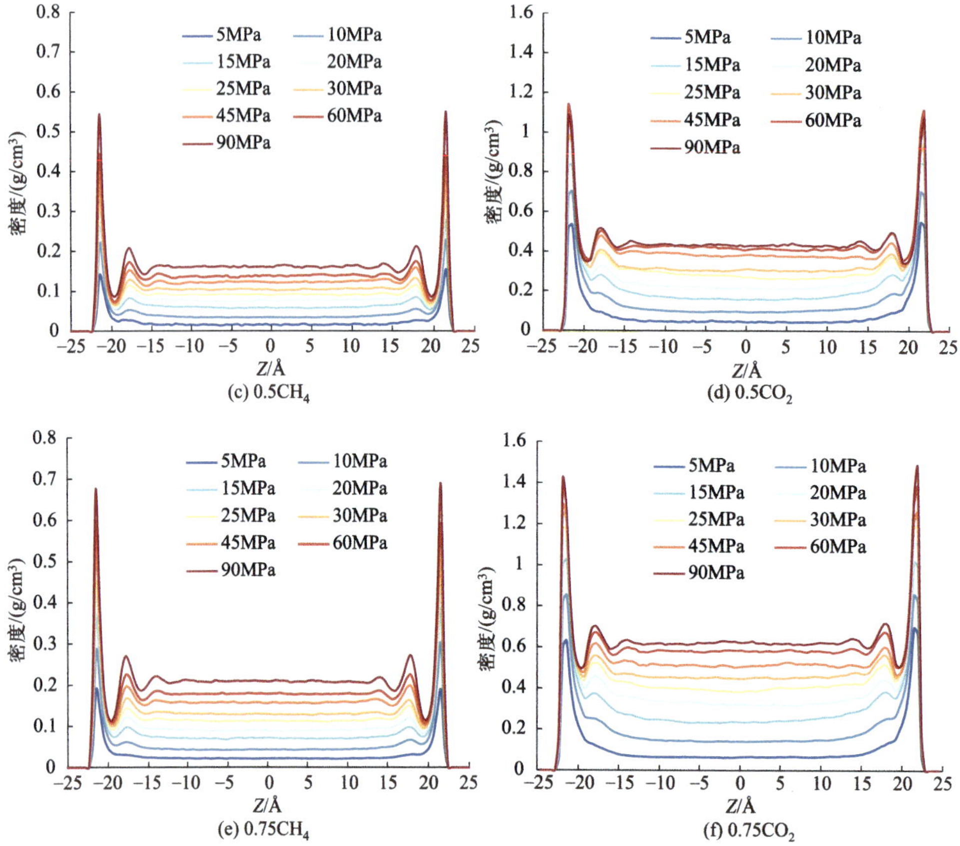

图 3.29　353K 不同压力和摩尔比例下 CH_4/CO_2 密度分布

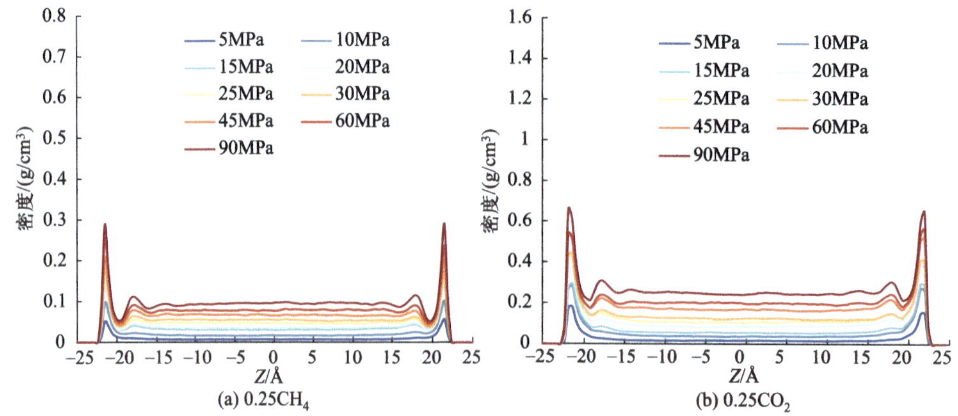

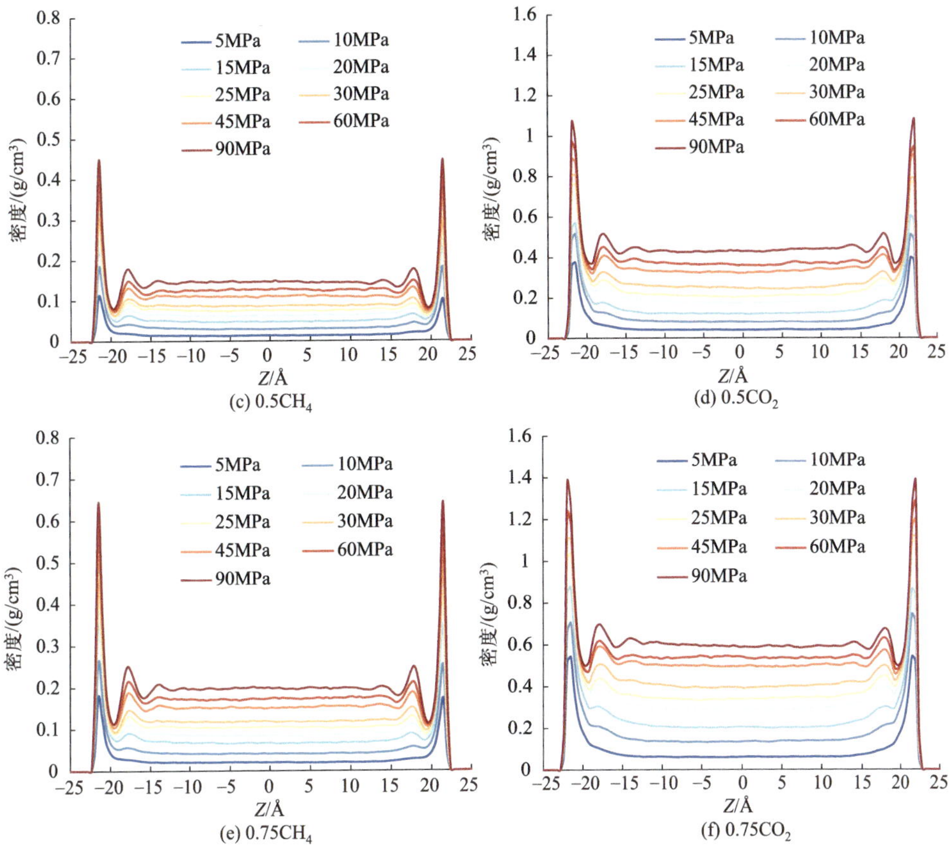

图 3.30 373K 不同压力和摩尔比例下 CH_4/CO_2 密度分布

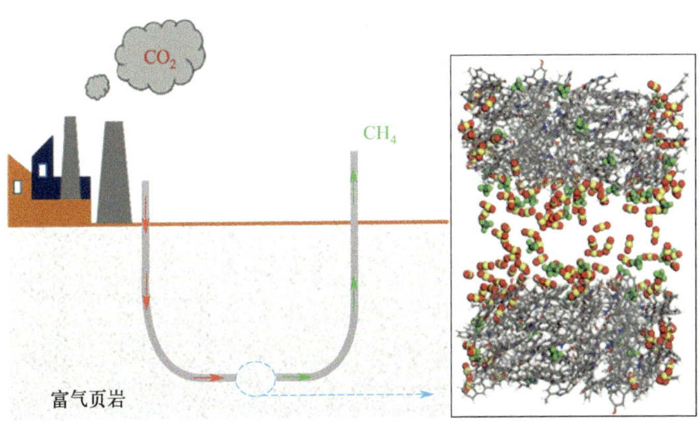

图 4.1 注 CO_2 提高页岩气采收率示意图[3]

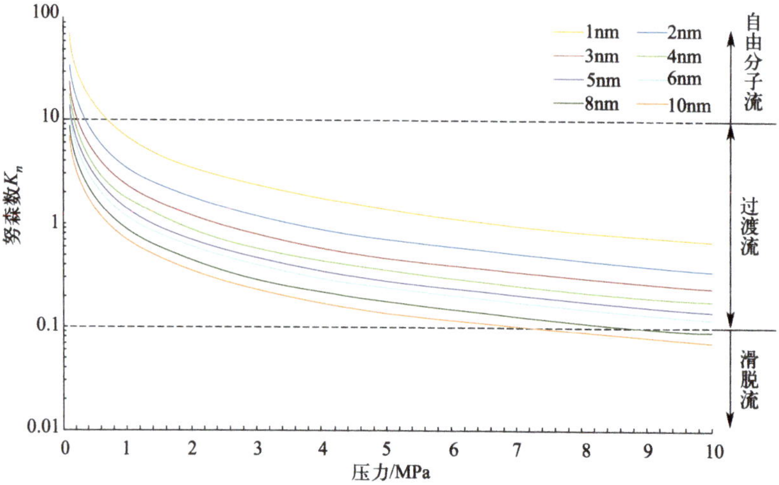

图 4.3　不同尺寸孔隙内 CH_4 的努森数随压力变化曲线（T=363K）

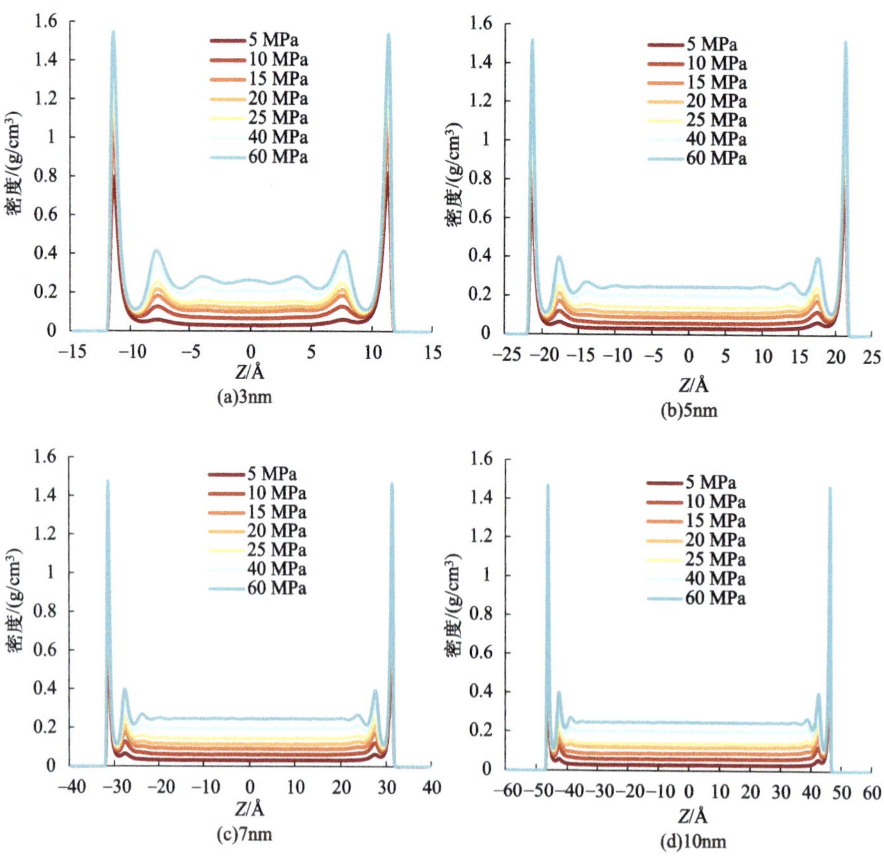

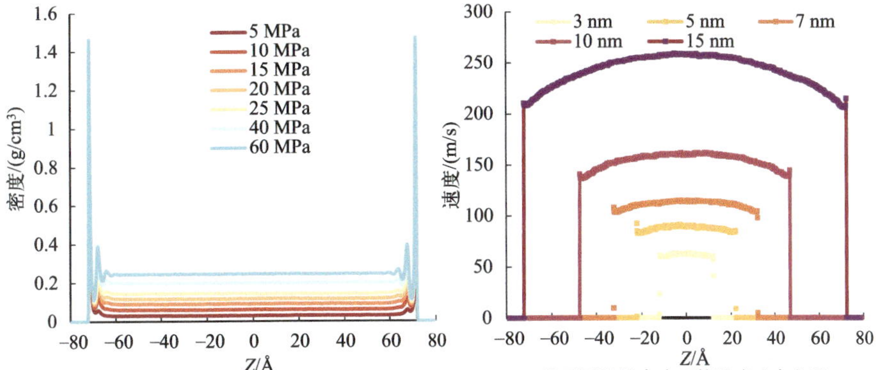

(e)10nm

(f)不同孔隙宽度下的速度分布曲线

图 4.7　不同孔隙宽度下的密度分布曲线及速度分布曲线

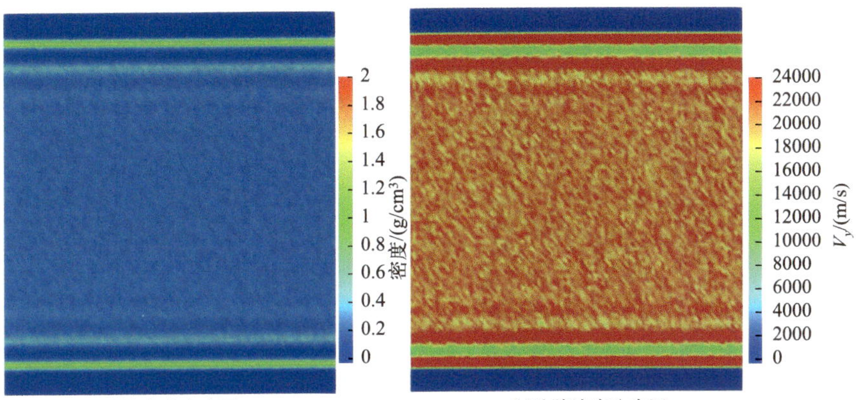

(a)孔隙密度分布图

(b)孔隙速度分布图

图 4.10　孔隙密度和速度分布图

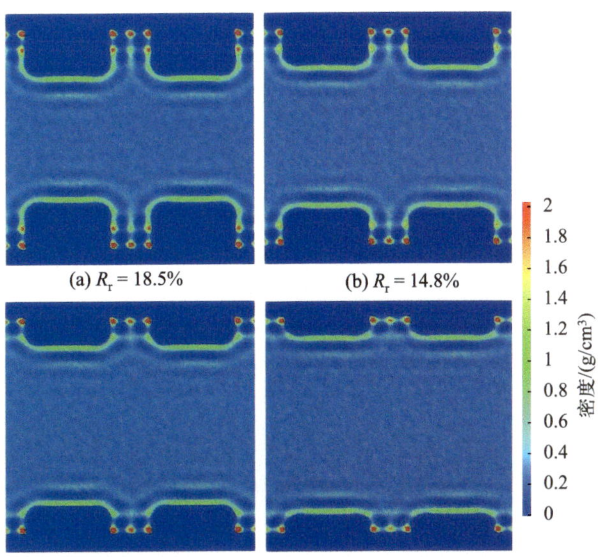

(a) $R_r = 18.5\%$

(b) $R_r = 14.8\%$

(c) $R_r = 11.1\%$

(d) $R_r = 7.4\%$

图 4.12　不同相对粗糙度下 CH_4 的密度分布图

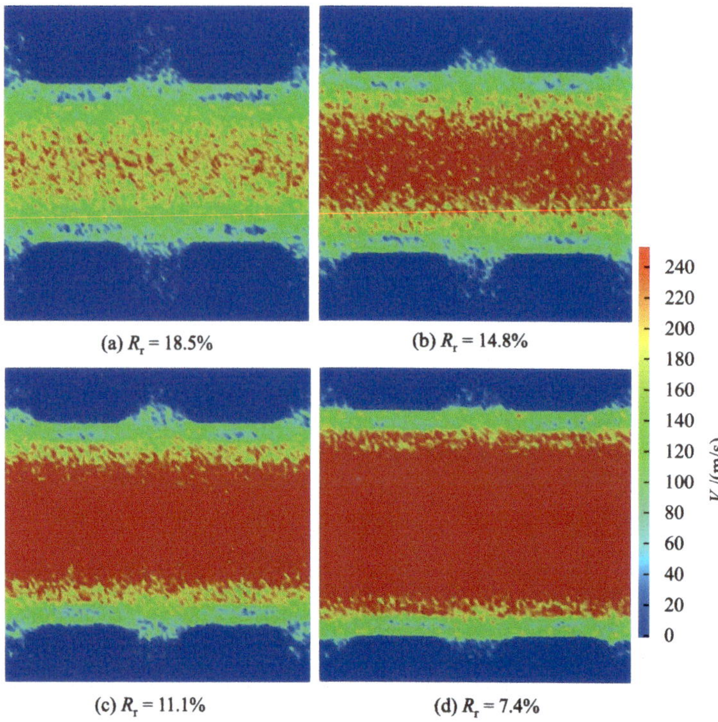

图 4.13　不同相对粗糙度下 CH_4 的速度分布图

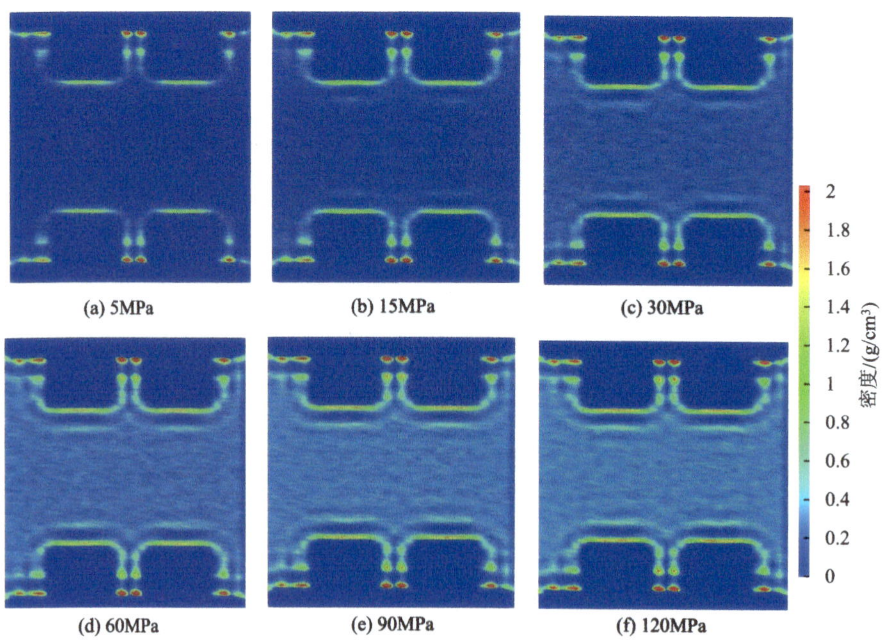

图 4.16　不同压力下的粗糙纳米孔中 CH_4 的密度分布图

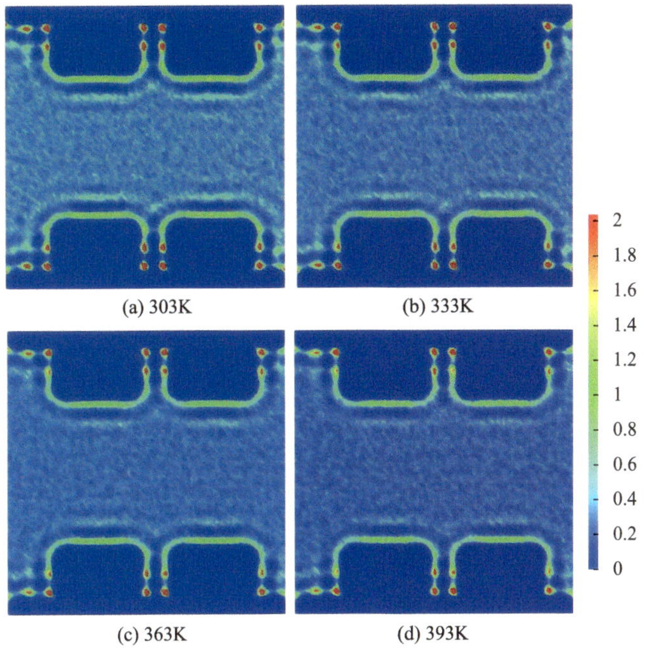

图 4.19　不同温度下的 CH_4 密度分布图

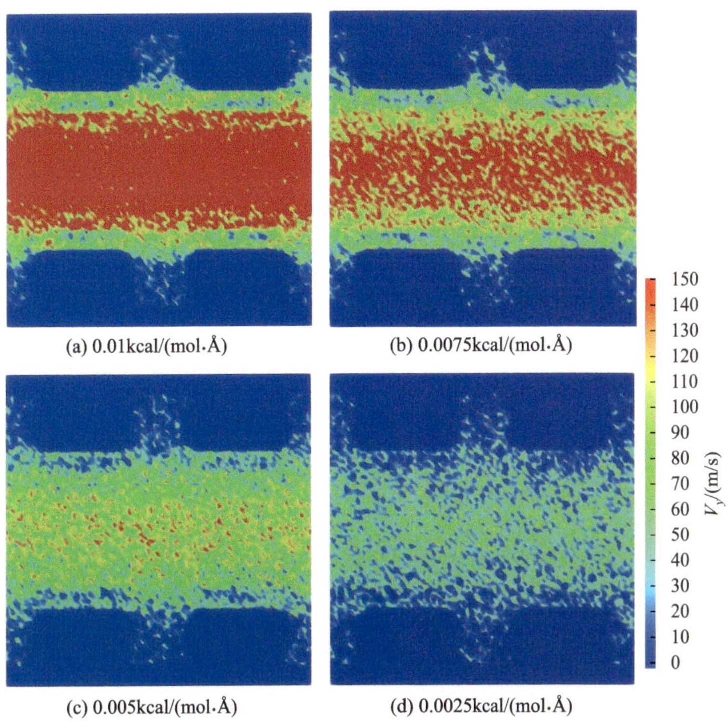

图 4.22　不同驱动力条件下 CH_4 的速度分布图

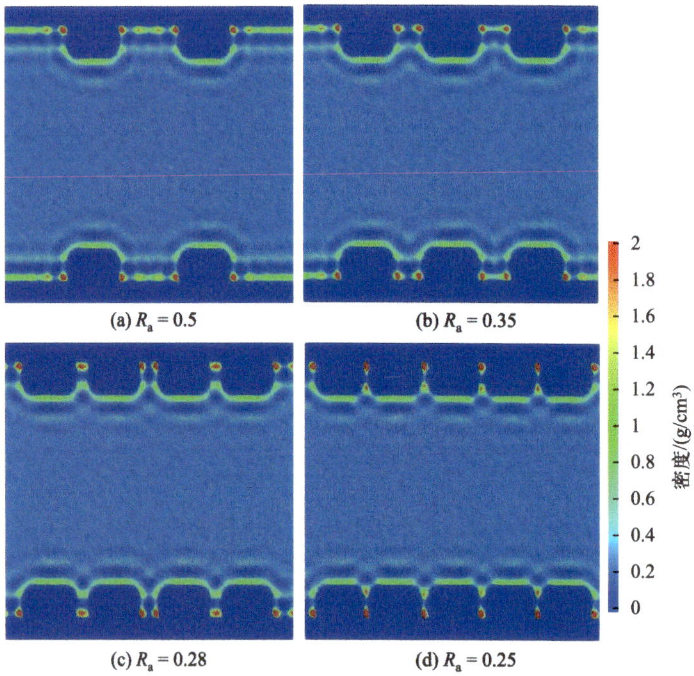

图 4.24　不同绝对粗糙度下 CH_4 的密度分布图

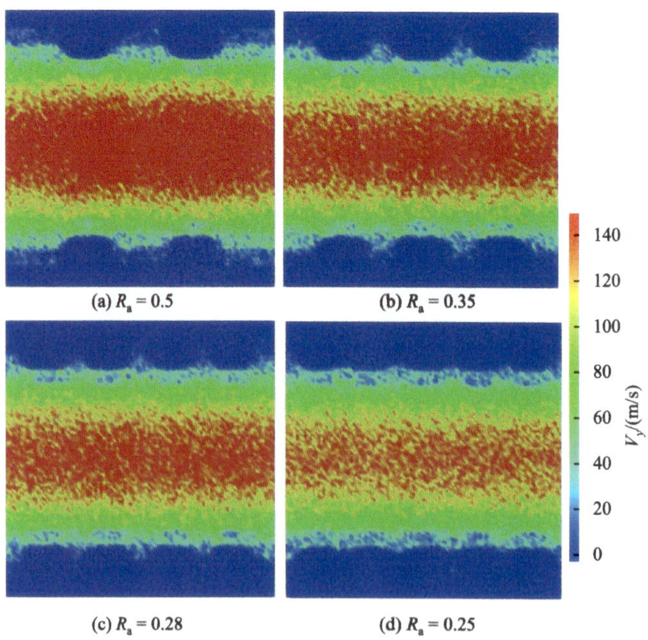

图 4.25　不同绝对粗糙度下 CH_4 的速度分布图

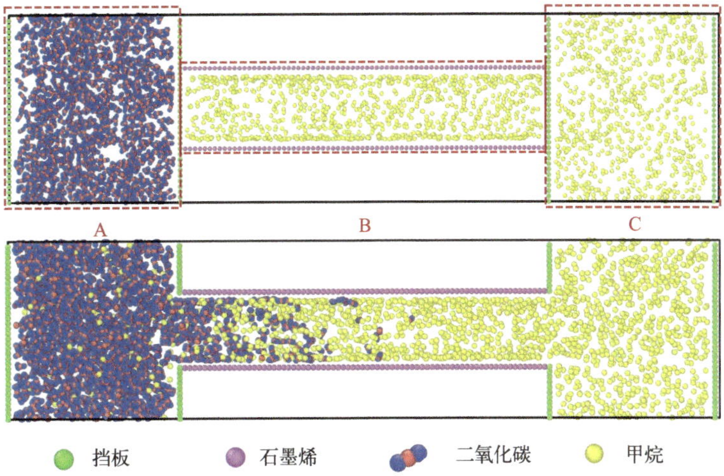

图 4.27　DCV-GCMD 驱替模型

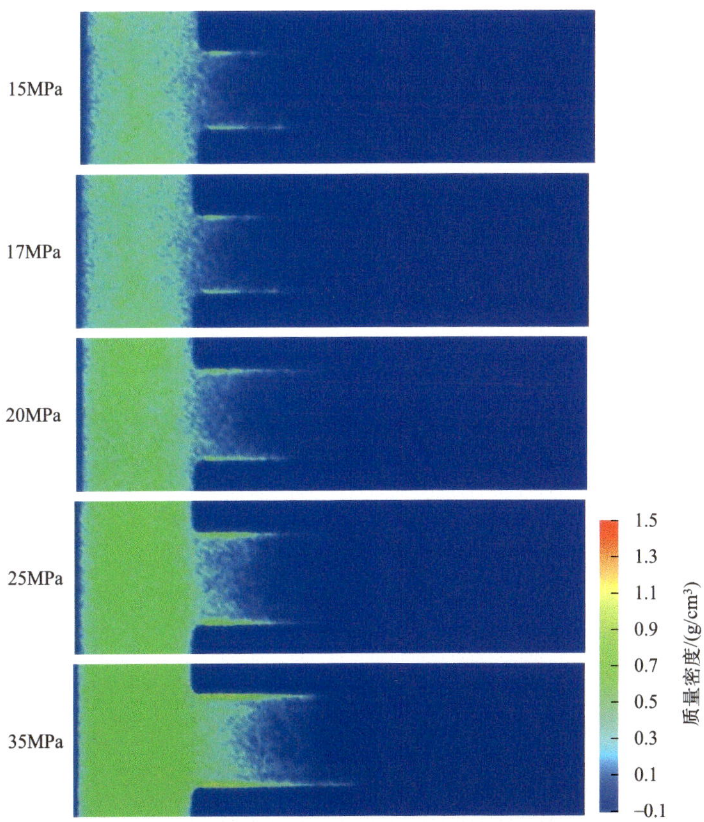

图 4.28　不同压差下驱替前缘示意

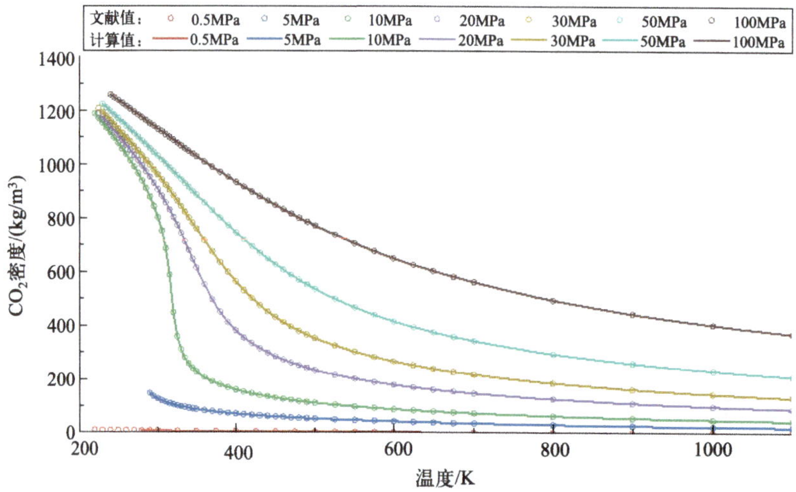

图 5.3　二氧化碳温度 - 密度 - 压力验证对比

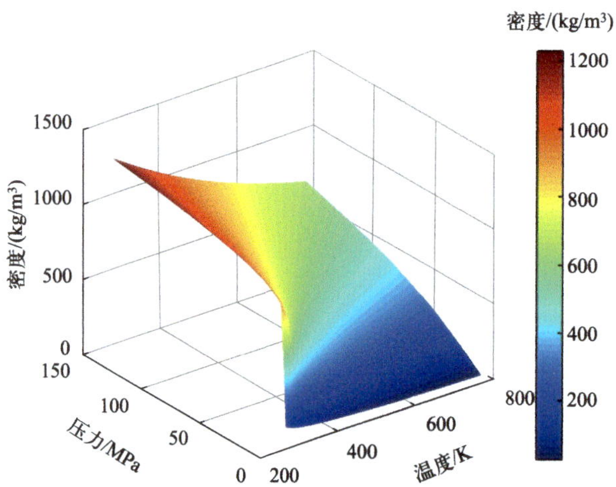

图 5.4　不同温度、压力条件下二氧化碳密度

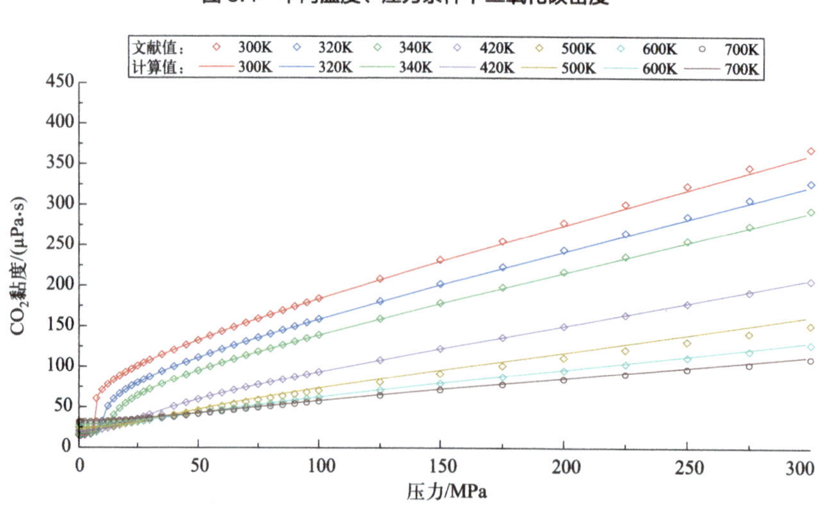

图 5.5　二氧化碳温度 - 黏度 - 压力验证对比

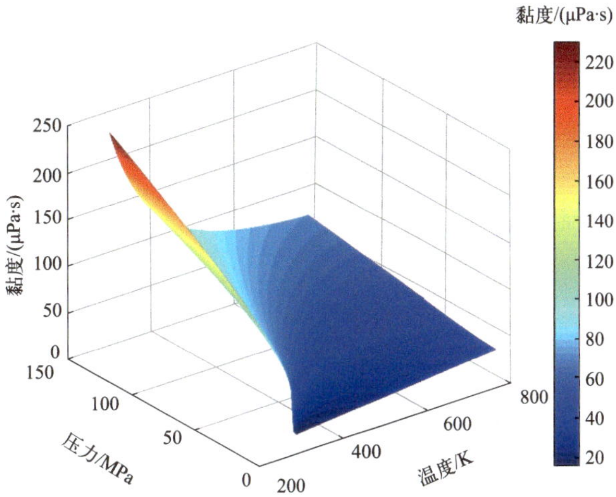

图 5.6　不同温度、压力条件下二氧化碳黏度

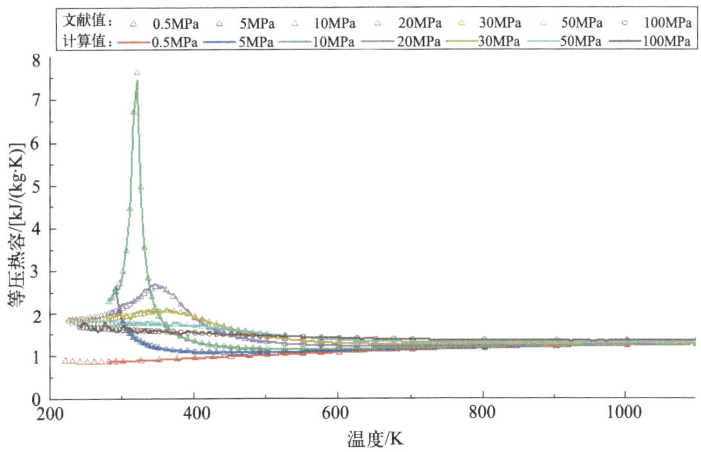

图 5.7　二氧化碳温度 - 热容 - 压力验证对比

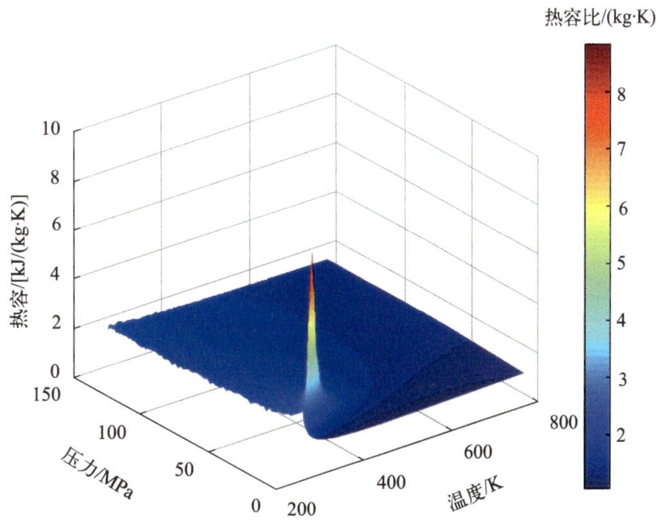

图 5.8　不同温度、压力条件下二氧化碳热容

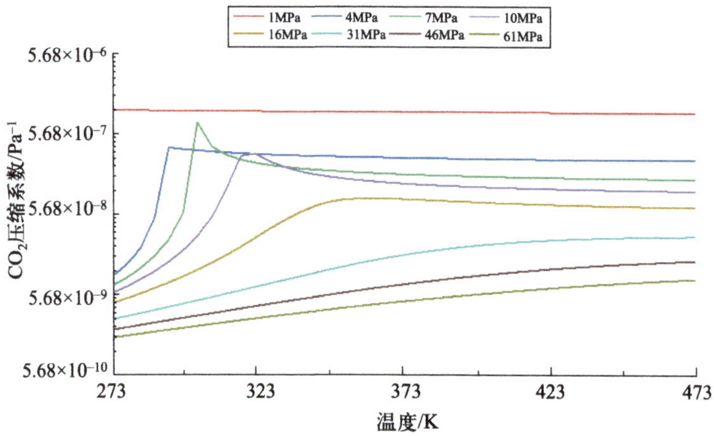

图 5.9　不同温度、压力条件下二氧化碳压缩系数

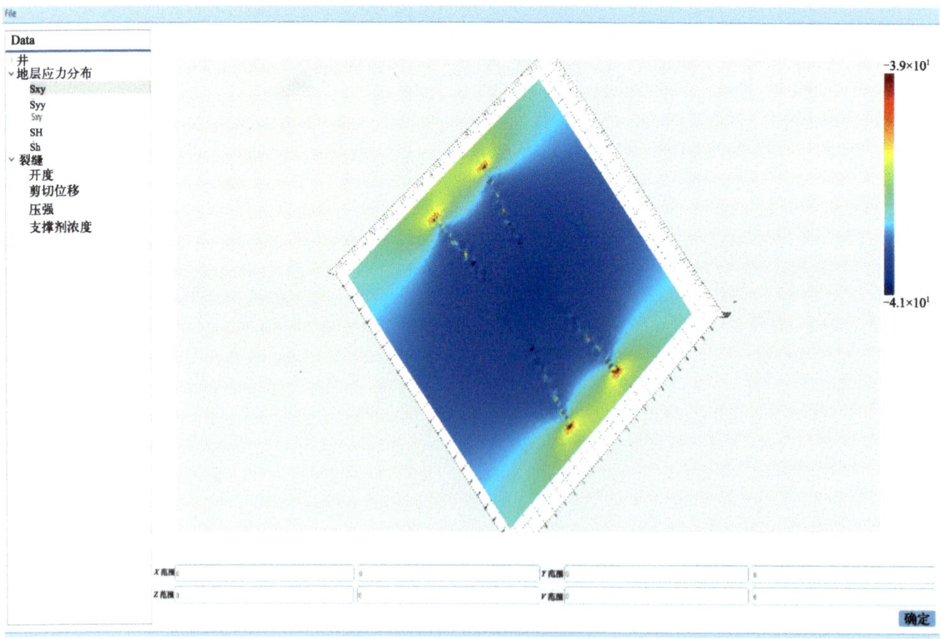

图 6.46　地应力分布界面显示

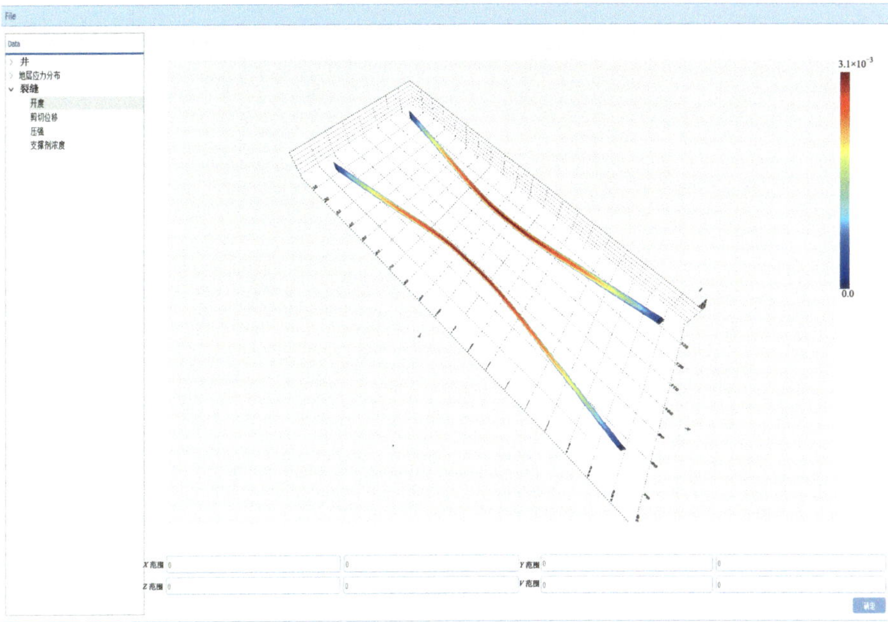

图 6.47　裂缝形态界面显示

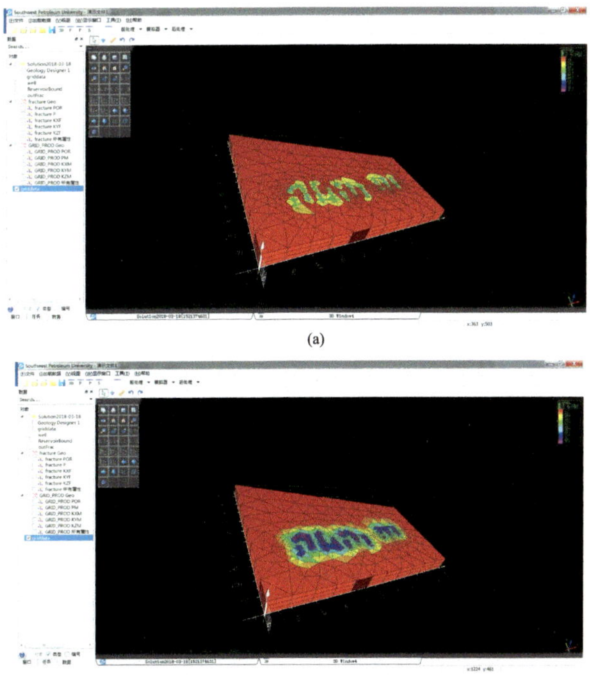

(a)

(b)

图 6.63　不同时刻下压力分布 3D展示

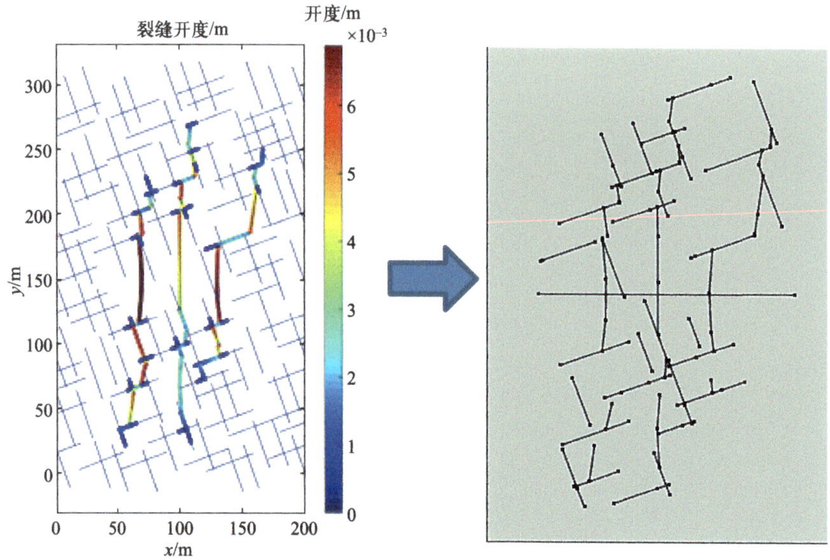

图 7.1　二氧化碳压裂裂缝数据导入和显示

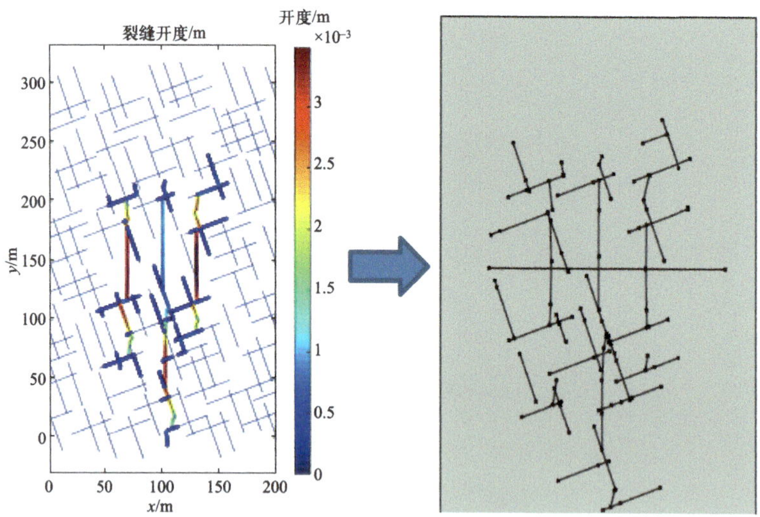

图 7.2　水力压裂裂缝数据导入和显示

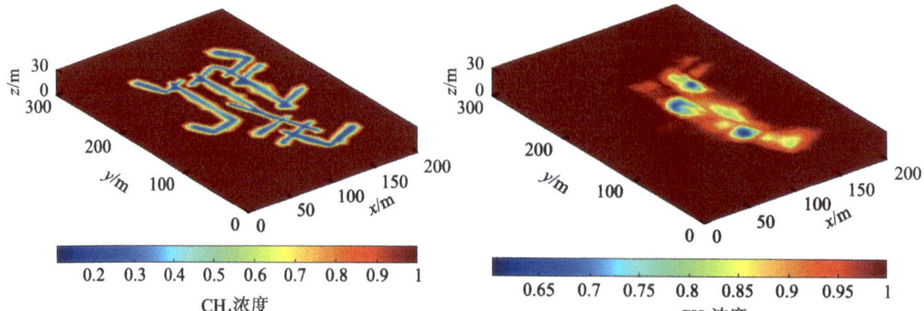

(a) 生产初期　　(b) 半年后

图 7.4　CH_4 浓度变化预测

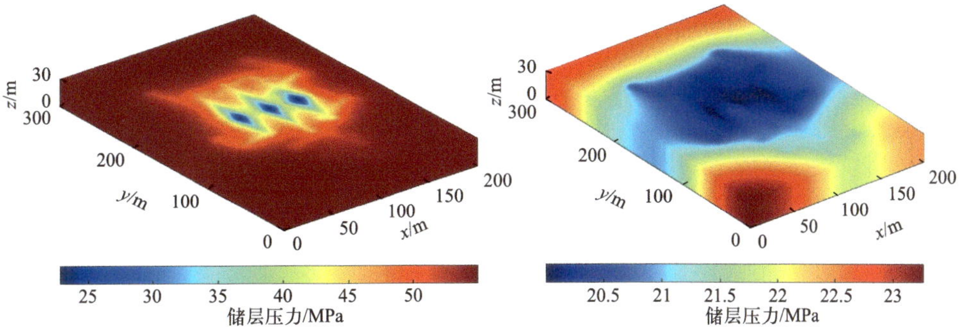

(a) 生产初期　　(b) 半年后

图 7.5　储层压力变化预测

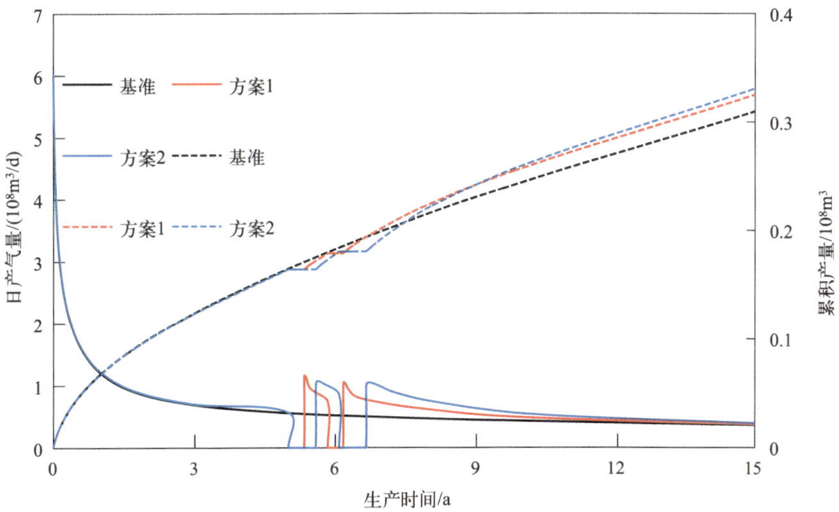

图 7.8　单压裂井不同注气时间方案下的生产动态预测

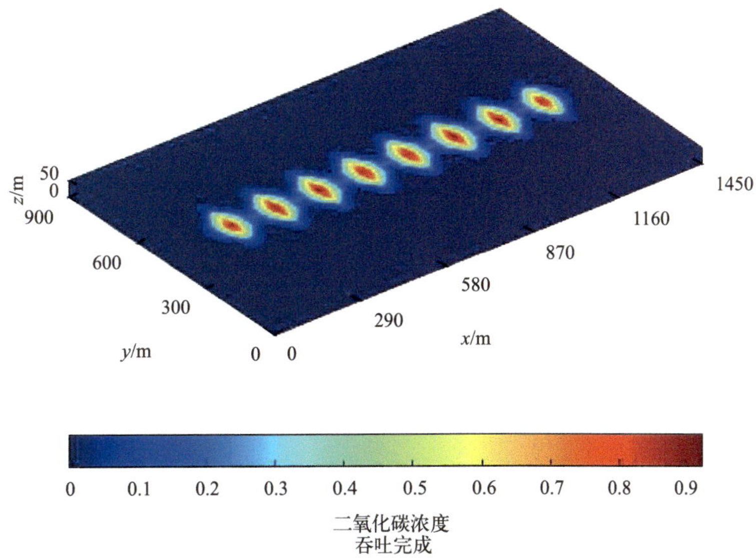

图 7.9

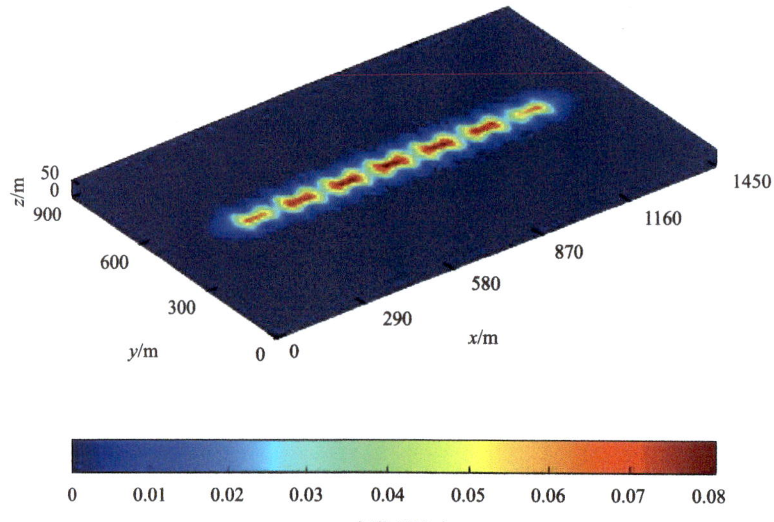

生产结束

(a) 裂缝系统不同时刻下的二氧化碳浓度分布

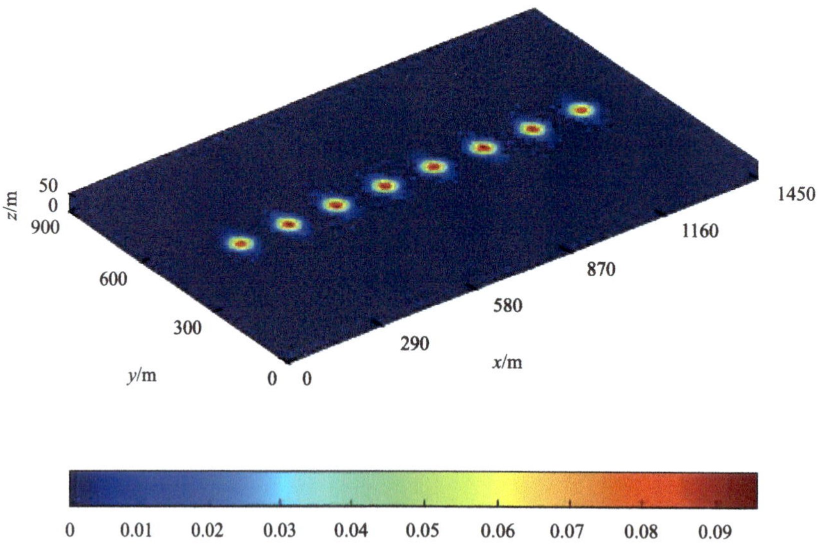

吞吐完成

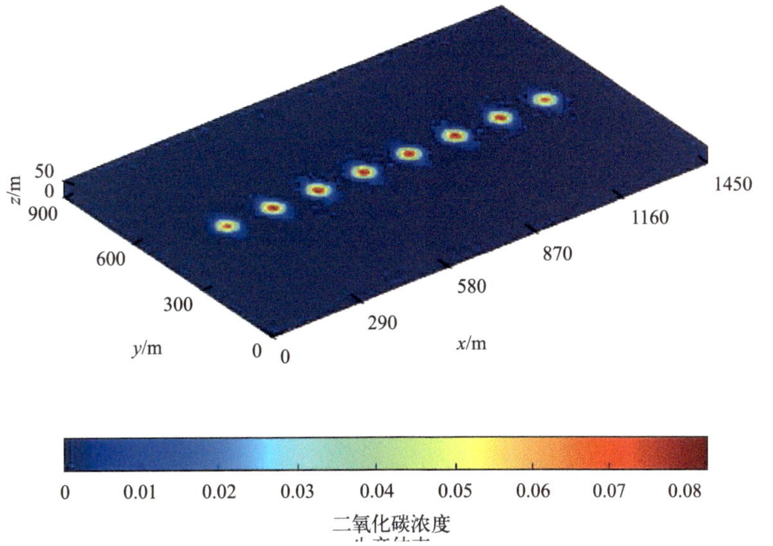

图 7.9 单压裂井裂缝和有机质系统不同时刻下的二氧化碳浓度分布

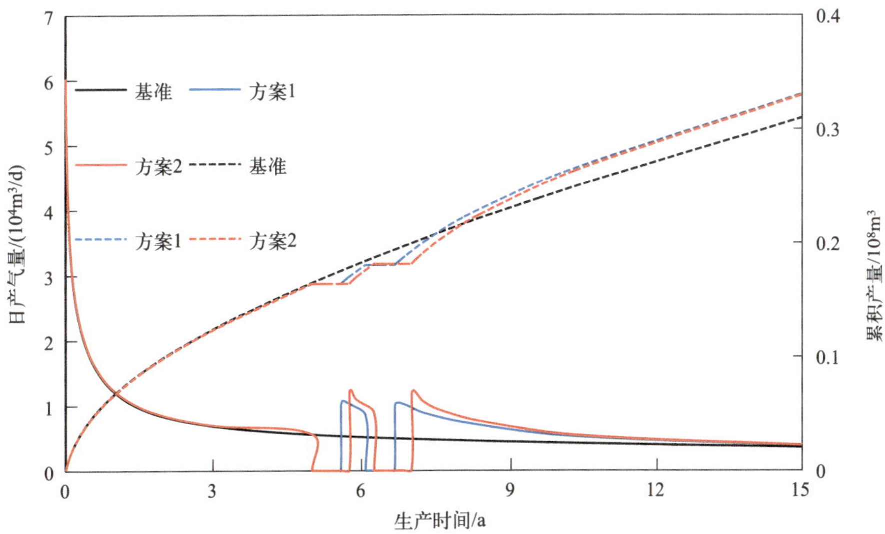

图 7.10 不同闷井时间下的单压裂井吞吐生产动态预测

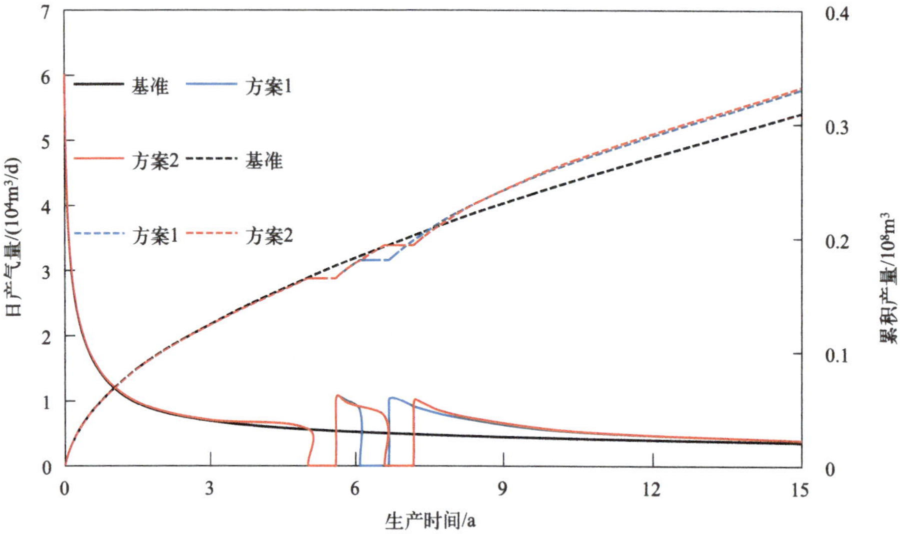

图 7.11 不同生产时间下的单压裂井吞吐生产动态预测

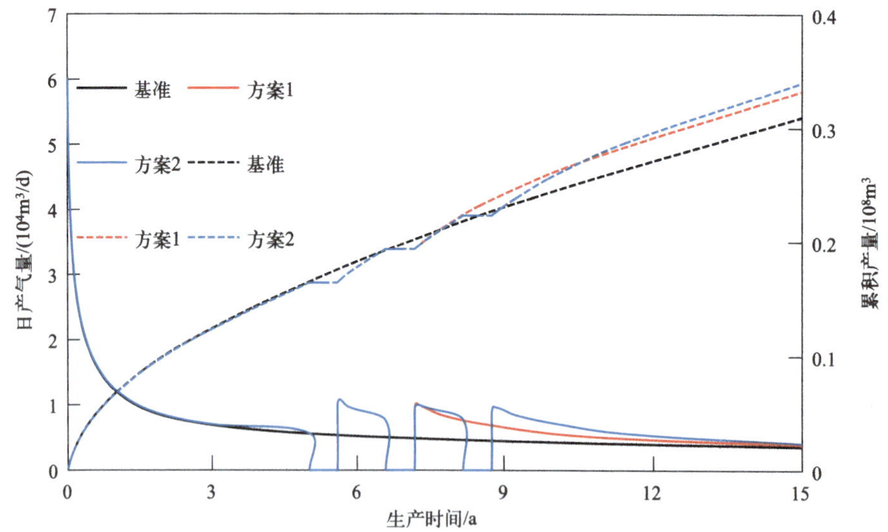

图 7.12 不同吞吐次数下的单压裂井生产动态预测

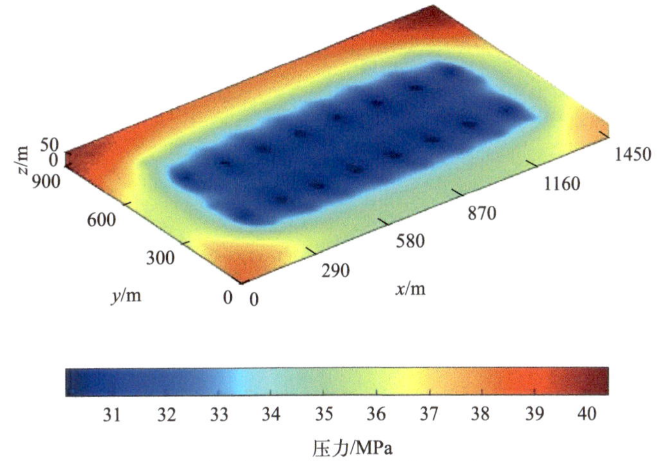

(a) 同时生产结束时(5年)的压力分布

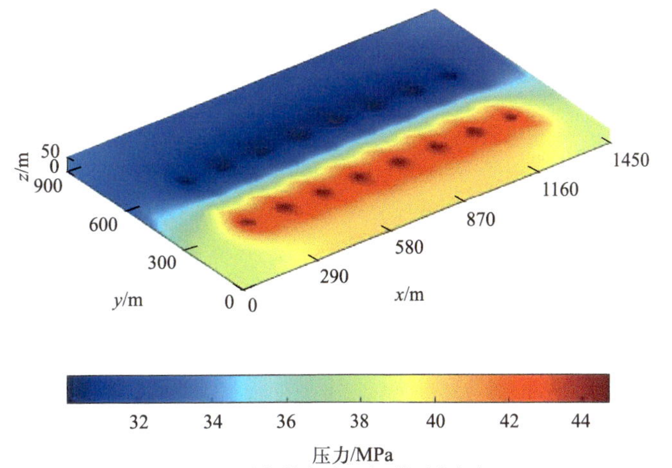

(b) 注气结束时(15年)的压力分布

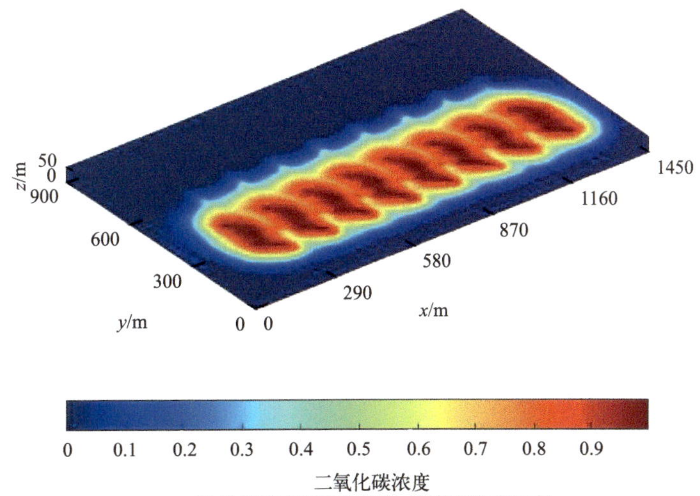

(c) 注气结束时裂缝系统二氧化碳浓度分布

图7.15

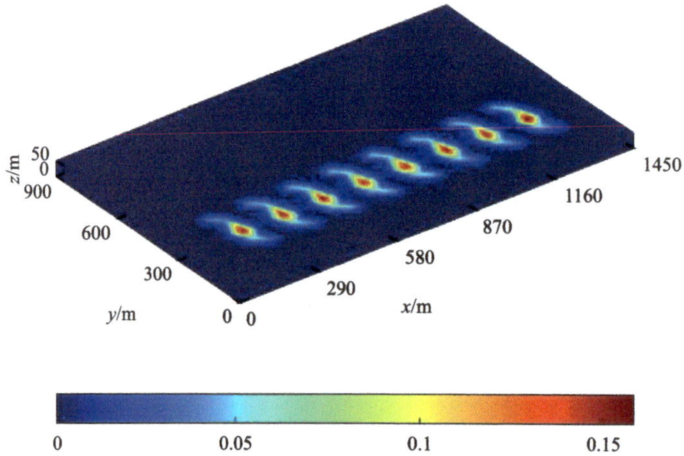

(d) 注气结束时有机质系统二氧化碳浓度分布

图 7.15　压力与二氧化碳浓度分布示意图

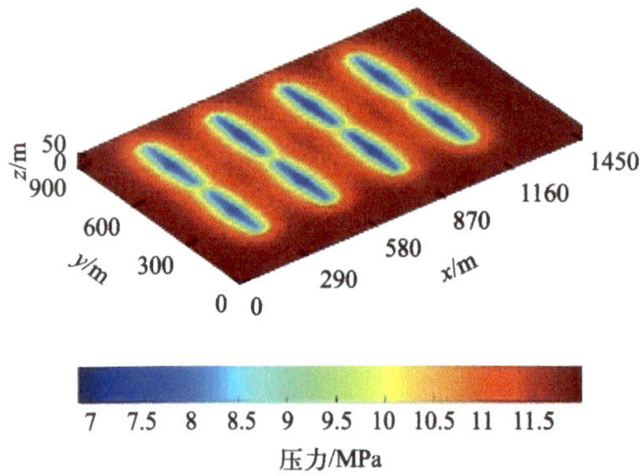

(a) 同时生产结束时(5年)的压力分布

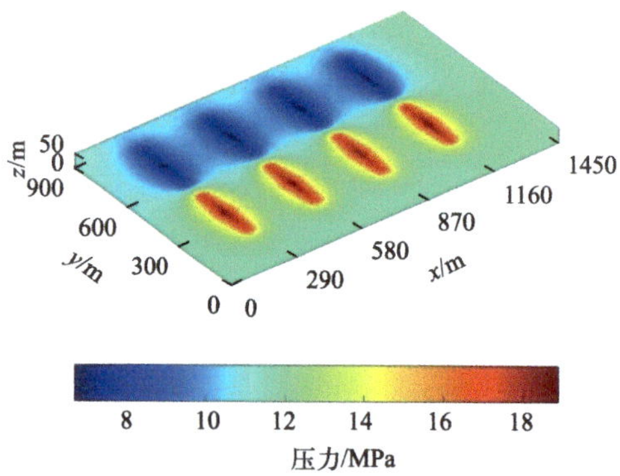

(b) 注气结束时(15年)的压力分布

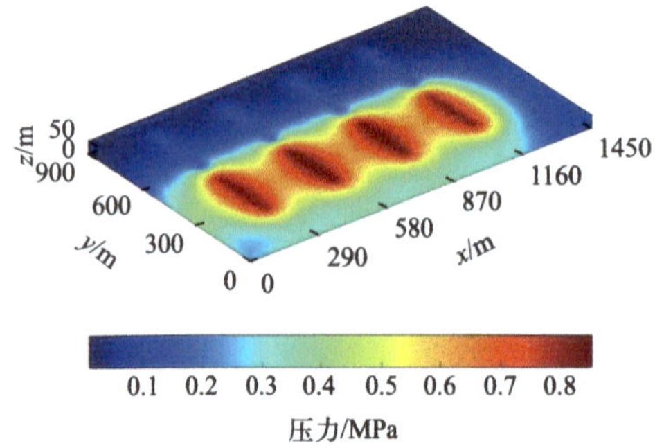

(c) 注气结束时裂缝系统CO_2浓度分布

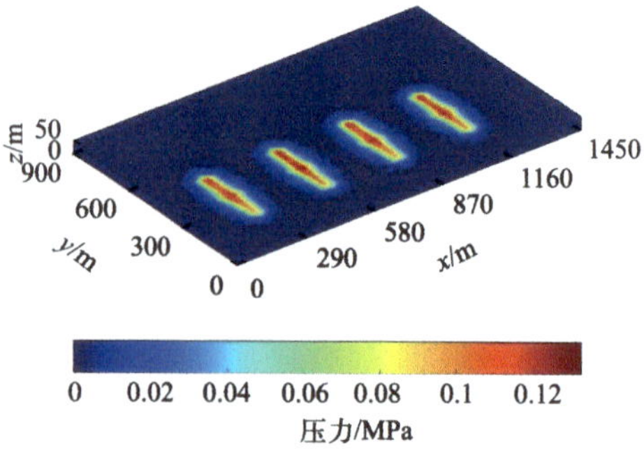

(d) 注气结束时有机质系统CO_2浓度分布

图 7.19　压力与 CO_2 浓度分布示意图

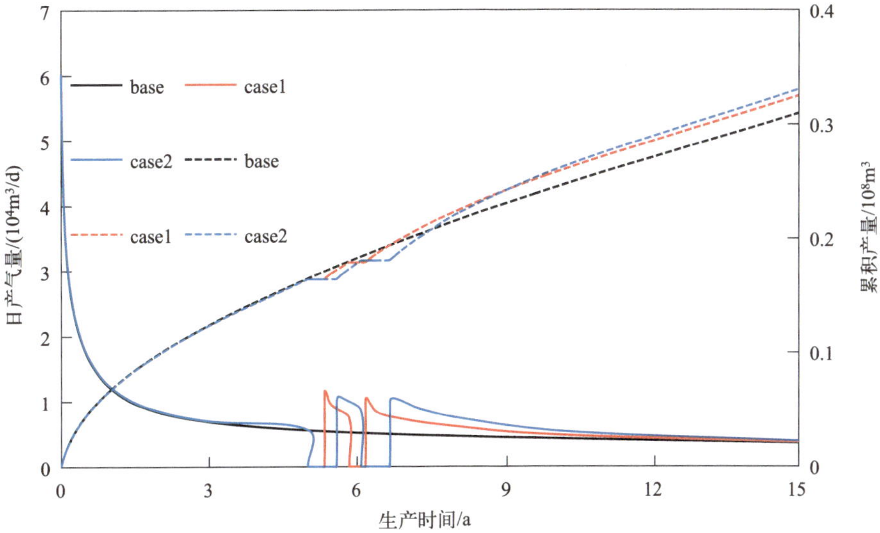

图 7.22　单压裂井不同注气时间方案下的生产动态预测

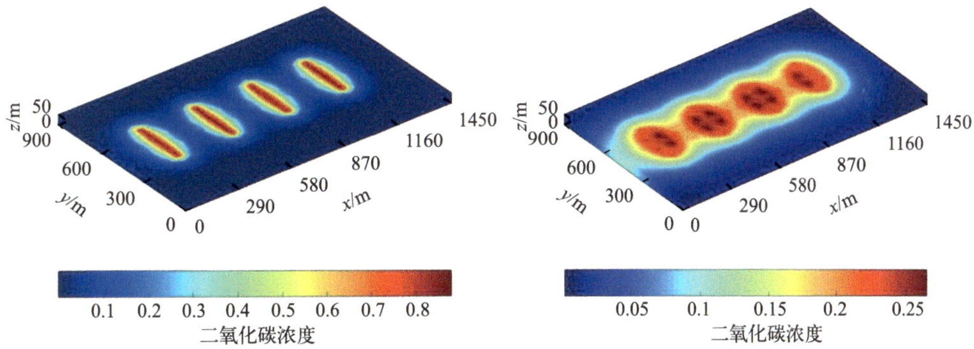

(a) 裂缝系统不同时刻下的CO_2浓度分布

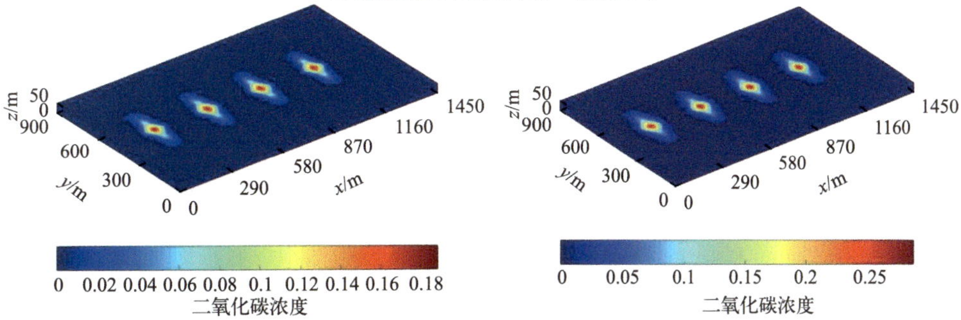

(b) 有机质系统不同时刻下的CO_2浓度分布

图 7.23　单压裂井裂缝和有机质系统不同时刻下的 CO_2 浓度分布

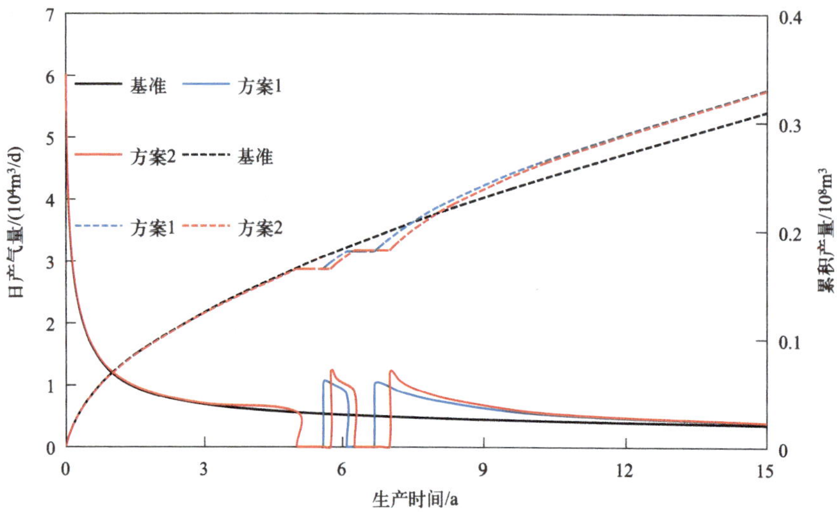

图 7.24　不同闷井时间下的单压裂井吞吐生产动态预测

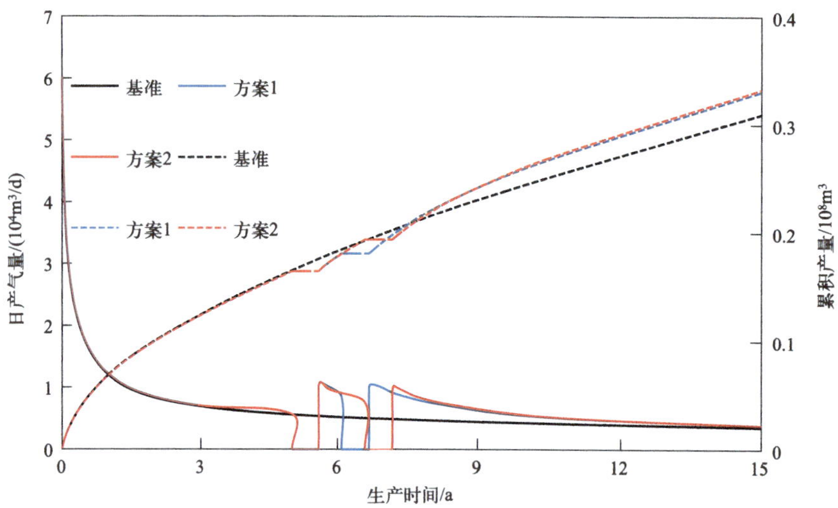

图 7.25　不同生产时间下的单压裂井吞吐生产动态预测

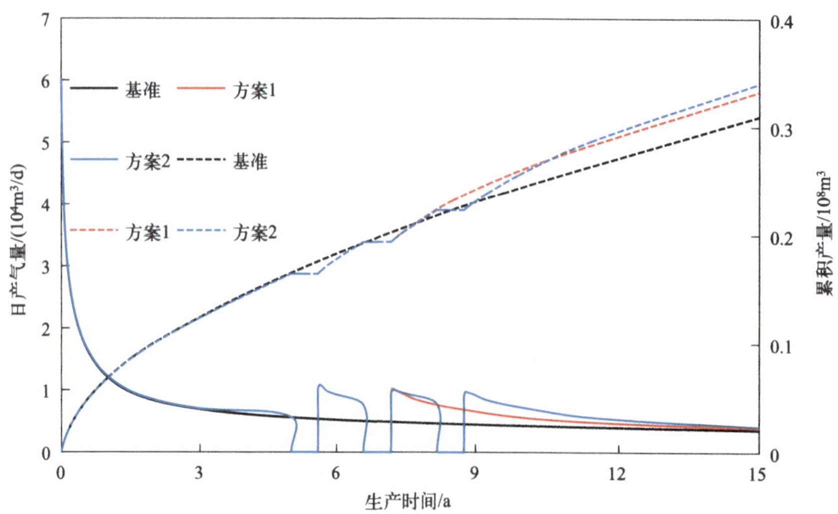

图 7.26　不同吞吐次数下的单压裂井生产动态预测

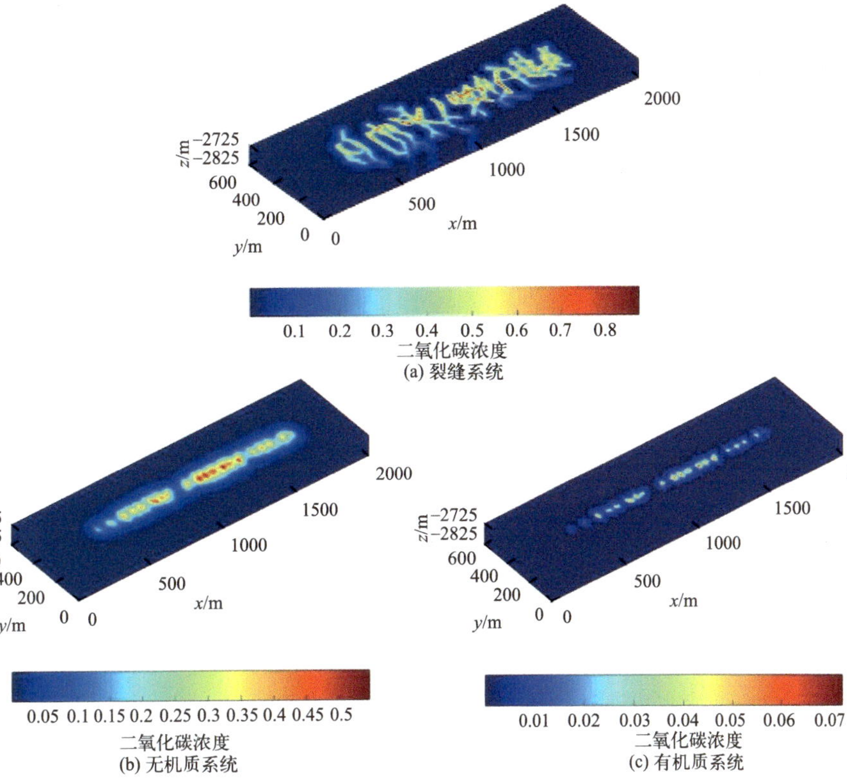

图 7.31　实际井吞吐结束时的 CO_2 浓度分布

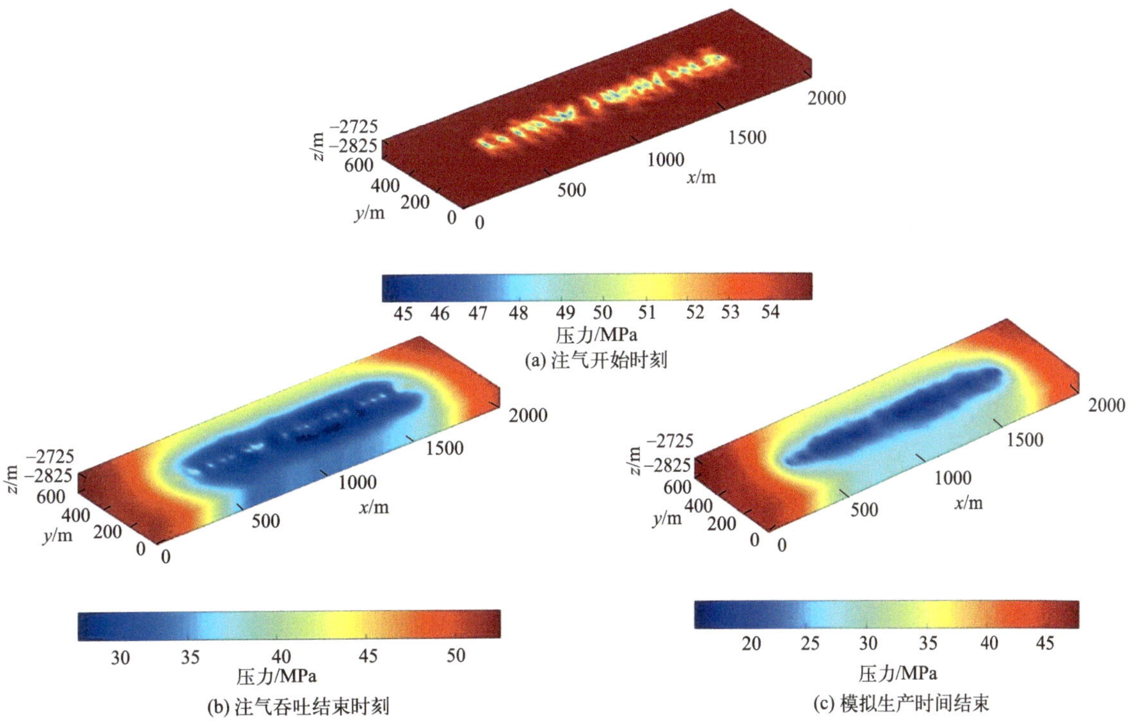

图 7.33　实际井注气吞吐过程中裂缝系统压力分布图